I0069354

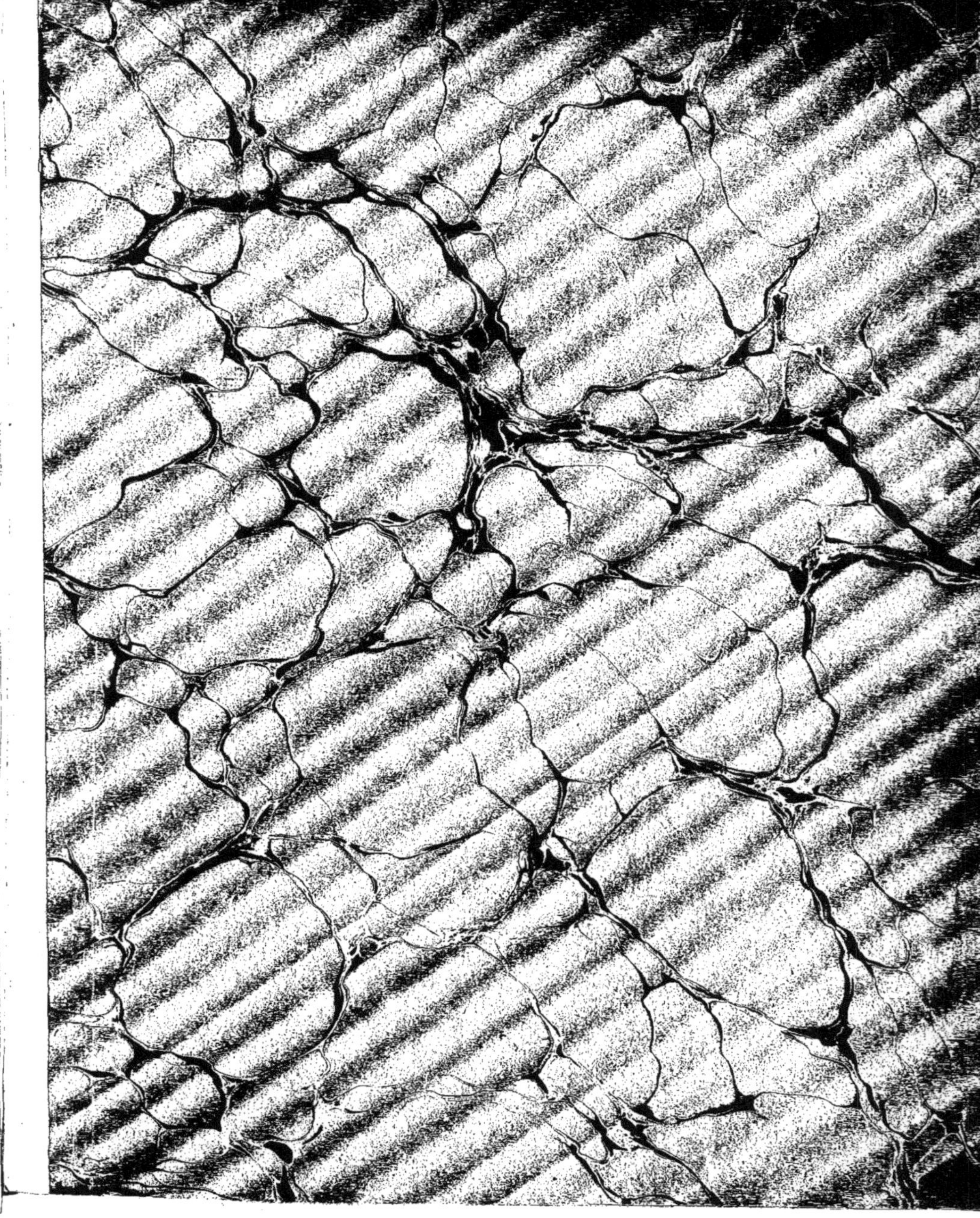

MÉMOIRES
PRÉSENTÉS PAR DIVERS SAVANTS
À L'ACADÉMIE DES SCIENCES DE L'INSTITUT DE FRANCE.
EXTRAIT DU TOME XXIV.

FLORE CARBONIFÈRE DU DÉPARTEMENT DE LA LOIRE ET DU CENTRE DE LA FRANCE,

PAR

F. CYRILLE GRAND'EURY,

INGÉNIEUR À SAINT-ÉTIENNE.

PREMIÈRE PARTIE. — BOTANIQUE.

PARIS.
IMPRIMERIE NATIONALE.

M DCCC LXXVII.

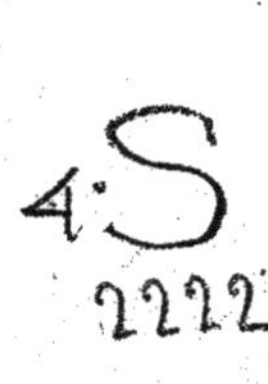

FLORE CARBONIFÈRE

DU

DÉPARTEMENT DE LA LOIRE

ET

DU CENTRE DE LA FRANCE.

LIBRAIRIE POLYTECHNIQUE DE J. BAUDRY,

RUE DES SAINTS-PÈRES, N° 15,

A PARIS.

FLORE CARBONIFÈRE

DU

DÉPARTEMENT DE LA LOIRE

ET

DU CENTRE DE LA FRANCE,

PAR M. F. CYRILLE GRAND'EURY,

INGÉNIEUR À SAINT-ÉTIENNE.

EXTRAIT DES MÉMOIRES PRÉSENTÉS PAR DIVERS SAVANTS
À L'ACADÉMIE DES SCIENCES.

PREMIÈRE PARTIE. — BOTANIQUE.

PARIS.
IMPRIMERIE NATIONALE.

M DCCC LXXVII.

A

MONSIEUR AD. BRONGNIART,

MEMBRE DE L'INSTITUT DE FRANCE.

PRÉFACE.

Il y a environ douze ans que je m'occupe de botanique fossile à Saint-Étienne, en plein terrain houiller, et que je cherche à appliquer les changements de flore à la classification des dépôts carbonifères. Je n'ai rien publié jusqu'à présent; j'ai attendu que mes études fussent plus avancées, pour en faire un ouvrage plus complet.

Cet ouvrage comprend deux parties.

La première partie a pour objet la flore, peu connue et très-riche, du Plateau central de la France, où le terrain houiller supérieur, paraissant plus développé qu'en aucun autre pays, forme de nombreux bassins dont les végétaux fossiles analogues rentrent, en général, dans la flore de Saint-Étienne, que je décris, avec celle du grès à anthracite du Roannais, comme *Flore carbonifère du département de la Loire*.

La seconde partie traite des changements lents, il est vrai, mais importants à la longue et plusieurs fois renouvelés, que la flore carbonifère a successivement éprouvés et auxquels j'ai recouru : 1° pour fixer l'âge relatif des différentes formations carbonifères du globe en général et de la France en particulier; 2° pour établir le parallélisme et l'ordre de succession, par étages, des bassins houillers du centre et du midi de la France; et 3° pour raccorder les systèmes de gisement et les couches de houille du bassin de la Loire.

J'ai été dirigé dans l'appréciation des débris de plantes fossiles par M. Ad. Brongniart, l'illustre maître qui a tracé la voie à suivre, et je puis dire que c'est à ses conseils dévoués et à son haut encouragement que je dois d'avoir pu mener mes études à terme ; qu'il veuille bien agréer ici l'expression de ma plus vive reconnaissance. Je dois aussi remercier MM. Williamson, Schimper, Carruthers, Dawson, qui m'ont fourni quelques renseignements, avec une obligeance parfaite.

Afin de mieux classer les empreintes de plantes fossiles de Saint-Étienne, je les ai comparées à celles recueillies et nommées au Muséum, par les soins de M. Brongniart, depuis plus de cinquante ans, et provenant de presque toutes les parties du monde. Et, dans le but de déterminer plus exactement les rapports d'âge des différents systèmes de dépôts houillers, j'ai fait un certain nombre d'excursions en France et plusieurs voyages à l'étranger.

Pour mettre mon travail au courant des connaissances actuelles, j'ai pris à tâche de lire tout ce qui a été publié sur la matière, ce qui, à présent, est long et difficile, le nombre dès écrits en allemand et en anglais sur les plantes fossiles étant devenu considérable; et beaucoup d'entre eux étant dispersés dans des recueils périodiques peu répandus.

Ce mémoire a été présenté par M. Brongniart à l'Académie et soumis à l'examen d'une commission composée de MM. Tulasne, Daubrée et Brongniart, rapporteur; l'impression en a été votée par l'Institut dans la séance du 12 août 1872. (Voir *Comptes rendus*, 2e sem. p. 391.) Jusqu'en 1875 j'ai continué activement mes recherches et résolu beaucoup de nouveaux problèmes touchant soit la botanique fossile, soit la stratigraphie des terrains carbonifères.

Saint-Étienne, le 1er juin 1875.

C. GRAND'EURY.

SOMMAIRE.

Première partie. Description, détermination et inventaire des débris de plantes; restauration des principaux types.

Considérations générales : sur la nature de la flore et la physionomie de la végétation, sur le climat et la topographie de la période carbonifère, sur les conditions de dépôt du terrain houiller et la formation des couches de houille.

Seconde partie. Changements généraux de la flore; division en époques de la grande période carbonifère. — Âge relatif des principaux terrains carbonifères de l'hémisphère Nord en général et de la France en particulier.

Changements secondaires de la flore; recherche des étages naturels. — Synchronisme, parallélisme et ordre de superposition des bassins houillers isolés du centre et du midi de la France.

Modifications régionales et locales de la flore; zones et niveaux de végétation. — Correspondance des systèmes de gisement, raccordement et synonymie des faisceaux de couches et couches isolées du bassin houiller de la Loire.

FLORE CARBONIFÈRE

DU

DÉPARTEMENT DE LA LOIRE

ET

DU CENTRE DE LA FRANCE,

ÉTUDIÉE

AUX TROIS POINTS DE VUE

BOTANIQUE, STRATIGRAPHIQUE ET GÉOGNOSTIQUE.

PREMIÈRE PARTIE.

BOTANIQUE SYSTÉMATIQUE.

PRÉLIMINAIRES.

Avant de commencer l'examen des végétaux fossiles du bassin houiller de la Loire, peut-être n'est-il pas inutile de présenter quelques observations sur l'état où se trouvent leurs débris, sur les difficultés que rencontre leur détermination ; je dois au moins dire un mot des voies et moyens suivis et employés : c'est ce que je vais faire dans un court exposé des conditions actuelles de la botanique fossile des terrains anciens.

La flore houillère diffère des flores qui, de nos jours, recouvrent la surface de la terre, par l'existence de genres, de familles et même d'ordres la plupart éteints ou en voie de disparition, aussi remarquables par leur port que par leur organisation, souvent anomale, conformément à cette loi, que les êtres organisés qui se sont succédé à la surface du globe s'éloignent d'autant plus des êtres vivants que l'on remonte davantage le cours des temps géologiques.

Comparativement aux flores actuelles, cette flore primordiale est pauvre en groupes et en espèces; elle ne comprend que des Cryptogames vasculaires et des Phanérogames gymnospermes.

Mais la végétation carbonifère montre, par la quantité des individus, non moins que par leur vigoureuse croissance, une exubérance de force sans pareille, qui a fait surnommer *Âge de plantes* l'époque de la terre où elle florissait. Car c'est elle qui, ayant fourni les matériaux dont la houille est formée, a donné par là naissance à une masse tellement prépondérante des combustibles minéraux, que, d'après les calculs de M. Bischof, la proportion de ceux renfermés dans les terrains secondaires et tertiaires est sans importance à côté de la masse prodigieuse de charbon accumulée dans le terrain houiller.

L'étude des plantes de cette formation géologique offre de grandes difficultés, à cause de leur mauvaise conservation et de leurs formes particulières.

Ces plantes fossiles ne sont jamais complètes, mais invariablement à l'état d'organes non-seulement isolés, mais encore mutilés; et leurs débris, dispersés par la sédimentation, gisent pêle-mêle et mélangés, plus particulièrement dans les schistes, que, pour cela, on a appelés les *herbiers de la flore*. De plus, ces débris, dans les circonstances ordinaires de gisement, sont rendus très-incomplets par une désorganisation partielle, qui en a fait disparaître des parties entières et des plus importantes; et ce qui en reste est plus ou moins profondément et diversement altéré par la fossilisation. Il n'y a pas jusqu'aux caractères superficiels qui ne soient souvent faussés par la compression et fréquemment effacés, détériorés au contact de roches plus ou moins grossières.

De cet état de désintégration, de désorganisation des plantes fossiles, il résulte, pour leur appellation, une nomenclature compliquée et, pour leur détermination, des difficultés qui sont loin d'être toutes surmontées.

On a été conduit à créer des groupes génériques pour chaque catégorie d'organes, et souvent pour leurs diverses parties constituantes dissociées; on a décrit comme espèces distinctes les parties séparées d'une même plante, et même, pour peu que les caractères employés changent dans l'étendue d'un seul et même organe, ses différentes parties isolées ont pu donner lieu à autant d'espèces. C'est ainsi, pour ne citer qu'un exemple, que les diverses couches combinées avec leurs différents états de conservation, non de la tige entière, mais de l'écorce seulement du *Lepidodendron Veltheimianum*, Presl., ont été décrites sous vingt-huit noms d'espèces et rangées dans plusieurs genres.

Très-généralement, on est réduit, pour la détermination des plantes fossiles, aux seuls caractères, légers, souvent fallacieux, de la forme extérieure de leurs empreintes; et lorsqu'on trouve, par exception, des débris avec la structure conservée, ils sont presque toujours dépouillés des caractères superficiels qui pourraient les faire rattacher aux empreintes des organes, dont ils compléteraient la connaissance.

Dans un état de choses aussi peu favorable, et qui fait de la botanique fossile la branche la plus difficile et la plus en retard de la paléontologie, on doit s'attacher, ce semble, avant tout, en s'aidant de toutes sortes de considérations, à bien et exactement déterminer les rapports des débris fossiles avec les plantes actuellement existantes; car, rapprochée avec certitude d'un groupe supérieur vivant, par l'un de ses organes, je suppose, une plante fossile, par cela seul, en devra partager tous les traits distinctifs dans ses parties inconnues ou détruites.

Et d'abord, lorsqu'il s'agit des plantes houillères, si éloignées des plantes vivantes, on doit se demander si les caractères et leur dépendance sont dans l'ordre des faits et des combinaisons actuels [1].

Les plantes carbonifères offrent des structures très-anomales, comme celle des *Sphenophyllum*, et des traits d'organisation très-singuliers [2]; mais certains caractères que l'on pouvait croire propres à ces végétaux se retrouvent dans les plantes vivantes [3].

[1] Il ne peut y avoir de doute pour les éléments anatomiques et les tissus, qui ne sauraient être, comme on l'a prétendu d'après des pétrifications imparfaites, plus simples ou moins compliqués que ne l'exigent à présent les mêmes fonctions à remplir.

[2] Qui ont fait dire à M. Unger des plantes devoniennes, qu'elles présentent des structures si étranges que l'imagination la plus vive n'aurait pu se les figurer.

[3] La chambre pollinique des graines silicifiées de Saint-Étienne existe dans les

Les progrès de la botanique fossile apprennent tous les jours davantage que les types de l'ancien monde réunissent les particularités de plusieurs types vivants, et que les plantes houillères les plus ressemblantes de forme à celles d'aujourd'hui, comme les Fougères, s'en éloignent même beaucoup au fond, ainsi qu'on le verra; le bois de *Cordaïtes*, semblable à celui des *Araucaria*, est combiné à des feuilles, à des graines et à des fleurs n'existant pas dans ces plantes vivantes[1].

Cependant les caractères de premier ordre, ceux de structure essentielle et de reproduction, paraissent devoir concorder dans les plantes vivantes et fossiles; les *Lepidodendron*, quoique arborescents, dont la foliation est celle des Lycopodes, en ont aussi l'organisation et la fructification; les capsules de *Marattia*[2], suspendues aux véritables *Pecopteris*, coïncident dans ces Fougères au port de *Cyathea* avec la structure caulinaire des *Angiopteris;* les traits principaux de quelques plantes fossiles très-anomales sont même conservés dans les représentants actuels dégénérés des groupes dont elles paraissent faire partie.

Dès lors il est bien difficile d'admettre avec certains paléobotanistes (pour parler comme M. Dawson), sans preuves décisives et contre l'analogie, des discordances comme la reproduction par spores des Sigillaires et des Camalodendrées, dont la tige est organisée comme celle des Gymnospermes; autant vaudrait dire que lesdites plantes, formant les *Cryptogames exogènes* de M. Williamson, seraient en dehors du système botanique, puisque les règles les plus générales, c'est-à-dire les plus absolues, de l'économie végétale actuelle ne leur seraient pas applicables. MM. Unger et Göppert ont mis en avant l'idée de prototypes de formation (*Bildungsanfänge*) réunissant chacun en soi des caractères plus tard séparés et s'excluant aujourd'hui; mais on n'a point encore constaté un seul de ces prototypes, et le *Medullosa* cité comme exemple a tout

graines de Cycadées (*Comptes rendus*, 1875, 2e sem. p. 305). J'ignorais, lors de la rédaction de ce mémoire, que, comme dans les *Medullosa* décrits à la page 129, un *Angiopteris* se fût trouvé ayant la couche corticale divisée en coins radiaux. (De Vries et Harting, 1853, *Monographie des Marattiacées*, p. 147, pl. VII, fig. 17.)

[1] A des feuilles de *Dammara*, à des graines ressemblant à celles du *Gingko biloba* (dont les *Cardiocarpus* ont la forme et les corpuscules), à des inflorescences femelles de Taxinées, mais à des anthères rappelant mieux celles des Gnétacées.

[2] M. Ed. Strasburger a trouvé aux sores des *Pecopteris* (voir p. 67 de ce mémoire) la structure de ceux du genre *Marattia* (*Jenaische Zeitschrift für Naturwissenschaft*, 1874, p. 87, 88).

simplement la structure d'un pétiole d'*Angiopteris*, d'après les recherches très-précises de M. B. Renault[1]. Il est vrai que la plupart des plantes houillères ne rentrent pas dans les limites des groupes de plantes vivantes, mais elles se rattachent par les liens les plus importants aux groupes principaux, et les accords que j'ai trouvés entre les organes des plantes que j'ai rétablies m'autorisent à considérer tous les types de l'époque houillère comme devant faire partie des classes ou au moins des embranchements de végétaux actuels, conformément aux vues de l'illustre M. Brongniart[2].

Cela posé, l'embranchement auquel appartient une plante fossile pourra se reconnaître à un seul de ses organes, pourvu qu'il possède un des traits essentiels de l'organisation.

L'appréciation des rapports de classe et surtout de famille exigera que la comparaison porte sur l'ensemble des parties trop peu dépendantes pour conclure d'après l'une d'elles, mais que, par le fait, je suis souvent parvenu à rapprocher de manière à pouvoir rétablir plusieurs des plus importants types de plantes carbonifères.

Dans tous les cas, la détermination des principaux rapports naturels des plantes fossiles, pour être définitive, devra être fondée sur les organes de reproduction, qui seuls, ou presque seuls, sont appelés à définir les groupes supérieurs de plantes, ou, à leur défaut, sur la structure de la tige, à laquelle certains botanistes accordent une valeur presque égale lorsqu'il s'agit de l'embranchement.

Mais les organes de reproduction, outre qu'ils sont, d'ordinaire, séparés de ceux de végétation, sont généralement si mal conservés, ayant perdu leurs parties essentielles, que parfois ils sont même moins valables que ceux de végétation. D'un autre côté, si les tiges fermes, ligneuses, nous ont transmis leur structure, c'est à l'état de fusain fragmentaire dispersé ou de bois pétrifié sans l'écorce. Quant aux tiges succulentes et herbacées, elles ont perdu, sans en laisser aucune trace, dans les cir-

[1] Étude du genre *Myelopteris* (*Mémoires présentés à l'Académie*, t. XXII, n° 10).

[2] Les Américains suivent M. Brongniart, les Anglais avec M. Schimper placent les Sigillaires près des Lycopodiacées et rapportent les Calamodendrons aux Calamites; il faut convenir qu'il n'y a pas association ordinaire et proportionnée de graines avec les Sigillaires et les Calamodendrons, et qu'aux débris de Sigillaires sont plutôt mêlées des macrospores. M. Göppert, en Allemagne, maintient les Sigillaires et les Calamodendrons parmi les Phanérogames gymnospermes.

constances ordinaires de gisement, tout leur intérieur, et sont invariablement réduites à leur enveloppe corticale houillifiée.

Cependant on n'aura qu'une idée très-imparfaite des plantes de l'époque houillère, et l'on ne pourra parler sérieusement de leurs rapports, soit entre elles, soit avec les plantes vivantes, tant que l'on ne connaîtra pas leur structure. Aussi est-ce une bonne fortune de rencontrer des restes divers de plantes avec leurs tissus conservés, soit dans le carbonate des houillères, soit, mieux, dans la silice compacte [1].

J'ai eu cet avantage, j'ai découvert un nouveau gisement de végétaux pétrifiés qui m'a beaucoup servi : il consiste en toutes sortes d'organes de plantes contenus dans certains galets de quartz geysérien faisant partie de poudingues qui affleurent près de Grand'Croix; on y trouve, dans un bon état de conservation, notamment des graines aussi variées que nombreuses, des bourgeons floraux, des fructifications cryptogamiques, etc. Le Kieselschiefer du Roannais m'a fourni la structure de quelques restes de végétaux beaucoup plus anciens.

Mais ces gisements spéciaux sont rares, et n'ont conservé d'ailleurs qu'une mince partie de la flore, qu'il me faudra d'abord étudier d'après les empreintes qui représentent la plupart des groupes et espèces dont elle se compose.

En ce qui concerne les groupes, une première chose à faire sera de bien distinguer les catégories d'empreintes analogues dont on a fait des genres fossiles, ce qui est de première importance pour les groupes hétérogènes, comme celui des Calamariées, où l'on confond trop aisément tout ce qui a le caractère commun de tiges articulées [2]. Je me suis appliqué à faire ce premier classement préalable.

[1] On trouve : quelques restes de plantes calcifiés dans le Cypridinenschiefer de Thuringe, dans le calcaire de transition de Falkenberg (Silésie); de petits fragments sidérifiés dans le carbonate des houillères à Radnitz (Bohême); des pétrifications calcaires remarquables à Burntisland (culm d'Écosse) et dans les lower coal-measures du Lancashire, près Oldham; des tiges silicifiées dans le terrain houiller supérieur de l'Ohio, à la surface du Rothliegende de la Saxe, de la Bohême (mais lui appartenant, d'après M. O. Feistmantel), dans le grès des Vosges et aux environs d'Autun (empâtées dans une argilolithe et par suite plus anciennes que cette roche). A Londres, M. Carruthers m'a dit avoir la preuve que le *Psaronius Brasiliensis*, Brong., provient de la Bohême.

[2] On acquiert la preuve tous les jours plus certaine que des empreintes semblables appartiennent à des végétaux très-différents; c'est ainsi que les feuilles si

Les catégories ou genres d'organes démêlés, je me suis efforcé de les rassembler, non point par l'analogie, comme c'est possible pour les plantes secondaires et tertiaires qui se rattachent de près ou appartiennent aux genres des végétaux vivants, mais par le rapprochement positif des parties; et lorsque j'y suis parvenu, je l'indique dans la terminologie, comme il y a tendance à le faire aujourd'hui, par l'emploi d'un radical commun désignant l'organe le plus caractéristique du groupe rétabli.

En ce qui concerne les espèces, leur détermination offre des difficultés et des incertitudes de plusieurs autres sortes.

Leur distinction est encore assez facile lorsqu'elles sont isolées; mais lorsqu'elles sont voisines et semblables, à quelques légères différences près, leur délimitation est aussi incertaine que difficile, si bien qu'il n'y a pas deux paléobotanistes d'accord sur leur nombre, que les uns réduisent commodément, et que les autres multiplient peut-être plus utilement pour la stratigraphie. En les étudiant sur place, je me suis adressé à leurs différentes parties pour les mieux reconnaître et circonscrire.

D'un autre côté, il est rare que les échantillons à classer ressemblent entièrement à ceux qui ont servi de types à l'établissement des espèces. J'indique, pour être précis, s'il y a entre les uns et les autres identité, égalité, ressemblance ou seulement analogie plus ou moins lointaine; les formes dérivées sont mises à l'écart comme *subspecies;* j'ai soin, lorsque l'analogie est douteuse, d'affecter le qualificatif de l'espèce du préfixe *sub* ou d'un adverbe approprié; je ne forme d'espèces nouvelles que pour les objets tout à fait nouveaux; et encore je choisis, pour les nommer, des adjectifs qui rappellent les espèces dont les nôtres se rapprochent le plus.

Quant à la réunion des parties séparées des mêmes plantes en espèces complètes, restaurées, but auquel devront tendre, en définitive, tous les efforts, c'est là une tentative aussi longue que difficile, à ce point que, si j'ai atteint ce résultat désirable, ce n'est que de proche en proche et par des observations continuées sur les lieux pendant très-longtemps, à l'égard des espèces communes ou abondantes, après avoir

analogues de *Cordaites* se rapportent à plusieurs genres éloignés, que certains *Volkmannia*, ressemblants d'aspect, diffèrent beaucoup par l'organisation; des *Volkmannia* me paraissent même représenter des épis mâles de *Calamodendron*.

trouvé les intermédiaires qui relient les parties entre elles, et même seulement quelquefois après les avoir rencontrées réunies.

Cet ouvrage, qui embrasse toute la flore houillère, est l'exposé de nos propres observations sur les végétaux fossiles tels qu'on les trouve *in situ*, mises en rapport avec ce qui a été écrit, à leur sujet, généralement d'après des spécimens de collection [1].

Chaque type de plante est examiné dans ses divers organes, en commençant par celui qui est le plus en évidence, puis étudié dans son port et sa station, pour être apprécié, enfin, dans ses affinités botaniques.

Les genres sont rassemblés par classes; des cadres artificiels sont institués pour décrire avec plus d'ordre les débris fossiles qui vont ensemble, mais que l'on ne saurait rapprocher qu'avec doute.

Les groupes sont remaniés, les espèces sont modifiées et complétées, suivant les progrès de nos recherches.

La définition de chaque espèce est suivie, en vue de son emploi en stratigraphie, sous le mot *habitat*, de l'énumération complète de tous ses gisements, en hauteur comme en étendue horizontale, dans tout le bassin de la Loire; les principaux endroits cités sont écrits sur une carte d'étude de ce bassin houiller, placée en tête de notre atlas.

Nous ne pouvons donner, dans un travail aussi étendu, les dessins des nouvelles espèces que nous signalons, non plus que ceux des variétés et détails complémentaires des espèces connues; leurs empreintes ainsi que tous les spécimens à l'appui de notre texte sont déposés au Muséum de Paris, dans une collection à part.

Nos figures sont en partie théoriques. Les planches jointes à ce mémoire intéressent seulement la connaissance des groupes et de leurs affinités; et quatre tableaux de végétation représentent les divers types de plantes tels que nous les avons pu rétablir par l'assemblage de leurs diverses parties prises sur nature.

Il est fait usage, dans le cours de ce mémoire, de quelques termes locaux, dont voici le sens : le mot *dessolarde* s'applique à un joint prononcé de stratification; celui de *gore* désigne un schiste compacte, noir, non feuilleté; une *mise* est un lit très-mince; on appelle *gratte* un grès à gros éléments, passant au poudingue.

[1] Nos observations anatomiques ont été faites rapidement, comme pour les corps opaques, sous la lentille à réflecteur du microscope Chevalier.

DÉTERMINATION, DESCRIPTION

ET

INVENTAIRE DES DÉBRIS DE PLANTES FOSSILES.

Ordo, ratio ipsa.

THALLOPHYTES.

Les Thallophytes, qui forment aujourd'hui tout un monde de productions végétales, sont à peine représentés, d'une manière peu évidente, dans le terrain houiller.

Cependant M. Cornu a remarqué un *Mucor* dans une graine silicifiée de Grand'Croix, et ce cryptogamiste a même cru reconnaître, ainsi que M. Strasburger, un filament d'*Œdogonium* dans la préparation d'une feuille de *Cordaites* provenant du même endroit.

Classe des CHAMPIGNONS.

On a signalé depuis longtemps, sur des empreintes diverses, de petits Champignons parasites, mais d'après la forme seulement, sans avoir pu constater dans leur prétendu réceptacle la présence d'organes reproducteurs, cependant nécessaires pour déterminer la nature véritable de tels fossiles.

Ces apparences de Champignons, étant communes à Saint-Étienne, sont à mentionner.

D'abord leur forme égale et leur constante manière d'être dans le même degré de développement, sur des feuilles différentes et de plusieurs provenances, semblent déjà annoncer des productions organiques; puis, de même que les petits Champignons entophylles, elles paraissent avoir été immergées dans l'épaisseur du limbe foliaire, avant de faire saillie sur l'une de ses faces pour s'ouvrir à maturité.

EXCIPULITES PUNCTATUS.

Ponctuations abondantes, inégalement distribuées sur beaucoup d'empreintes de *Pecopteris Pluckeneti*, mais non sur toutes, même sur celles qui gisent ensemble, et, en tout cas, absentes à Rive-de-Gier, à Bességes et à Graissessac, où cette Fougère est commune; ponctuations sans rapport avec les nervures, paraissant s'être développées dans l'épaisseur de la feuille, parfois assez bien marquées d'un ostiole cratériforme, enfin très-analogues à celles que MM. Göppert et Geinitz ont signalées et figurées sous le nom d'*Excipulites Neesii*, Göpp. [1], ou encore à celles constatées en grand nombre par le docteur Weiss sur le *Callipteris conferta*, et tenues par lui [2], ainsi que par M. Schimper [3], pour des Champignons.

On peut les détacher sous forme de petites lentilles, tout comme les *Excipulites Neesii* répandus sur une Fougère de Charbonnier (près Brassac), laquelle Fougère nous paraît concorder avec l'*Hymenophyllites Zobeli*, Göpp., où ce Champignon fossile a été découvert. Ce ne sont pas, en tout cas, des bases de poils tombés, non plus que des glandes.

HYSTERITES CORDAITIS. (Pl. I, fig. 7.)

Conceptacles nombreux, plus ou moins ramassés ou dispersés sur les feuilles de Cordaïtes, auxquelles leur existence paraît attachée, de forme assez constante, d'ordinaire allongée dans le sens de la feuille et s'ouvrant sur une face de celle-ci par une fente longitudinale de déhiscence, qui les fait ressembler, d'apparence, aux Hystériées (voir pl. I, fig. 7). Il y en a qui, moins allongés, ressemblent aux petites cupules elliptiques figurées par Germar [4] sur le *Nevropteris subcrenulata*. Mais nous avons vu sur les feuilles du *Dammara Brownii* des lenticelloïdes analogues, de forme plus variable, il est vrai, et souvent en taches irrégulières, comme les marques d'une véritable maladie, mais néanmoins parfois assez semblables pour faire douter que leurs analogues fossiles soient réellement des Champignons.

[1] *Die foss. Farrnkräuter*, p. 262. — *Die Verstein. d. Steink in Sachsen*, p. 3.
[2] *Die foss. Flora d. jüng. Steink. u. d. Roth. in Saar-Rheingebiete*, p. 19 et 78.
[3] *Traité de paléontologie végétale*, I, p. 142.
[4] *Die Verstein. der Steink. v. Wettin u. Löbejün*, p. 11, pl. V, fig. 1.

CORMOPHYTES.

La flore carbonifère paraît bien se partager entre les Cryptogames vasculaires et les Phanérogames dicotylédones gymnospermes, comme M. Brongniart l'a justement exprimé dans son *Genera*, et comme ce mémoire en fournira, je crois, une démonstration on peut dire complète.

PLANTES CRYPTOGAMES VASCULAIRES.

Les Cryptogames vasculaires fossiles, par la variété des types, par la quantité des individus et le port arborescent de la plus luxuriante végétation, ont joué un grand rôle dans la végétation primitive. Si quelques-unes montrent des rapports plus ou moins étroits avec les Cryptogames, généralement herbacés et humbles, du monde vivant, la plus grande partie, y compris les Fougères, dénotent des groupes éteints, qui agrandissent et remplissent le cadre de cet embranchement. Quoi qu'il en soit, les Cryptogames fossiles de l'époque houillère se rangent assez bien, avec avantage, dans trois groupes principaux, plus ou moins naturels, et qui auraient rang de classes, savoir : les *Calamariées*, les *Filicacées*, les *Sélaginées*.

Classe des CALAMARIÉES, Endlicher.

Le terrain houiller renferme en abondance les débris divers de plantes, toutes caractérisées par des organes appendiculaires en verticille et des tiges articulées, semblables en cela aux Prêles, mais de forme, de structure, de fructification si multiples et si différentes, qu'elles paraissent former toute une classe de végétaux, la plupart disparus, représentés seulement aujourd'hui par les *Equisetum*, mais que la forme calamitoïde qu'ils affectent généralement m'engage à désigner plutôt par le nom de *Calamariées* que par celui d'*Équisétacées*.

Ces végétaux, avec les Calamodendrées, sont, sans contredit, du nombre de ceux dont l'étude présente le plus de difficultés, parce que, avec une organisation diverse et éloignée, les débris, à l'état fossile, se présentent avec des caractères semblables.

Les variations d'opinions sur les Calamites méritent qu'on les résume ici succinctement, pour faire ressortir l'importance majeure qu'il y a de plus en plus aujourd'hui à bien classer les différents fossiles de cette forme, souvent mêlés, et que l'on est trop enclin à confondre dans un seul et même groupe.

Les Calamites, après avoir été prises, dans l'origine, pour des roseaux gigantesques, furent rapprochées, en premier, par M. Ad. Brongniart, des *Equisetum,* avec lesquels elles ont, en effet, une plus grande somme d'analogies qu'avec aucun autre genre de plantes vivantes. Mais après que Cotta, en 1832, eut fait connaître, sous le nom de *Calamitea,* des bois fossiles rappelant les Calamites par la forme extérieure, les idées devinrent indécises sur l'organisation de ces végétaux. Les auteurs du *Fossil Flora* avaient été portés à croire que les Calamites représentent l'écorce de tiges dont l'intérieur a disparu. Unger, reprenant et généralisant l'idée de Cotta, que les *Calamites* sont les impressions des *Calamitea,* révoqua en doute la parenté des Calamites avec les Prêles et proposa d'en former une famille à part. Plus tard, le docteur Petzholdt vint à trouver en Saxe, à Gittersee, des Calamites debout avec des indications de structure qui, pour lui, établissent leur étroite alliance avec les *Equisetum;* il sépara, en conséquence, les Calamites des *Calamitea.* M. Brongniart, en 1849, a adopté et M. Göppert admet aujourd'hui cette séparation. Cependant des découvertes récentes faites en Angleterre y ont fait exprimer, par MM. Dawes, Salter, Williamson, l'opinion nouvelle que les Calamites ne sont rien autre chose que l'empreinte intérieure de tiges ligneuses et très-médulleuses; tandis que M. Binney veut encore que ce soient les écorces de *Calamodendron.* Et aujourd'hui MM. Schimper et Williamson en sont arrivés à ne plus voir dans tous ces débris que les restes d'un seul et même type de tiges ligneuses, représentant des Prêles vivaces et arborescentes.

Ces diverses manières de voir sont pourtant fondées sur des faits réels, mais isolés, et dont les caractères particuliers ont été étendus à des plantes très-différentes, qu'il importe de soigneusement distinguer. M. Dawson, qui a observé les Calamites en place, les éloigne essentiellement des Calamodendrons.

Les Astérophyllites ont donné lieu, de leur côté, aux mêmes divergences d'opinions, car, tandis que, pour M. Geinitz, ce sont des plantes généralement indépendantes, que M. Dawson tient séparées des Calamites, MM. d'Ettingshausen et Schimper les envisagent comme des rameaux de Calamites, et M. Brongniart comme des rameaux de Calamodendrées.

Dès lors rien ne paraît plus utile que de bien reconnaître et différencier, genre par genre, les débris de tous ces végétaux.

Genre CALAMITES, Suckow.

Tiges articulées, fistuleuses et cloisonnées, généralement à l'état d'une mince enveloppe corticale de houille; enveloppe entourant un noyau articulé, costulé avec alternance des côtes aux articulations; côtes souvent pourvues en haut, et parfois aussi en bas, de saillies tuberculaires.

Superficie de l'écorce moins bien sillonnée et articulée que le moule, dont elle reflète d'autant moins vivement la forme qu'elle est plus épaisse; cicatrices raméales déprimées sur les articulations, en des points de convergence des côtes; aucunes cicatricules délimitées et, dans tous les cas, absence complète de trace vasculaire sur les tubercules, dont les côtes ne sont pas toujours ni nécessairement pourvues à leurs extrémités.

Endoderme à l'intérieur, de nature cellulaire, isolé, présent en général dans les tiges debout, souvent dérangé de sa position naturelle relativement à l'écorce, mais, lorsqu'il est resté en rapport de position avec celle-ci, formant, par son union avec les crêtes saillantes de l'écorce à l'intérieur, des canaux correspondant aux côtes du moule. Diaphragmes au niveau des articulations, tendus à travers la tige creuse.

Tels sont les caractères plus complets des Calamites, d'après les parties conservées dans les circonstances ordinaires de gisement, sans la structure vasculaire, qui ne pouvait qu'occuper la place des canaux précités, ou plutôt les arêtes intérieures de l'écorce que parcourent souvent des filets vasculaires, mais que nous ne connaissons pas encore suffisamment.

La distinction des espèces de Calamites est regardée comme très-difficile, sinon comme impossible. Aussi rien ne diffère plus que la manière de faire des auteurs à ce sujet : tandis que les uns, comme de Gutbier, en possession d'un petit nombre de fragments isolés, ont tiré des plus minces différences des motifs à autant d'espèces, les autres, comme M. d'Ettingshausen, croyant voir ces différences se fondre les unes dans les autres au milieu d'un grand nombre d'échantillons, les négligent trop et restreignent, avec peut-être plus d'inconvénients, le nombre des espèces.

Il est cependant à remarquer que les côtes, d'une largeur variable des tiges plus grosses aux plus petites et aux branches, conservent la même forme et sont séparées par les mêmes sillons, de telle sorte que les cannelures du moule, combinées avec la manière d'être des articulations, les tubercules expectants et les cicatrices raméales, nous paraissent pouvoir servir de base à une bonne classification spécifique. Ces caractères, en effet, sont en rapport avec l'organisation vasculaire, et, à ce titre, ils ne doivent pas avoir été influencés par la différence dans la vigueur du développement et les causes tant intérieures qu'extérieures qui n'ont qu'un effet secondaire sur la structure.

Les espèces les plus caractéristiques du genre, et qui paraissent en même temps voisines, sont les *Calamites Suckowii, Cistii, ramosus*, et le *Cal. cannæformis*, qui cependant est le centre d'une autre série. Nous allons examiner successivement ces espèces, qui ont été de notre part l'objet d'études particulières sur les lieux et dans les roches où elles se sont développées.

CALAMITES SUCKOWII, Brongniart. (Tab. nost. I.)

C. à côtes plates séparées par des sillons faibles mais nets, à tubercules arrondis, peu saillants, bien délimités, en haut des côtes.

Dans la sole de la deuxième couche au plâtre du puits de la Pompe (Treuil), nous avons eu une bonne occasion d'étudier cette espèce au lieu et à la place où elle s'est développée, et d'en reconnaître presque tout le système souterrain, en suivant avec assiduité, en 1867, l'enlèvement à ciel ouvert d'une partie de cette sole.

Un individu complet résulte de la répétition des mêmes organes naissant successivement les uns des autres et formant un ensemble plus ou moins compliqué de rhizomes et de tiges ascendantes, ensemble esquissé d'après nature (pl. I, fig. 1). En faisant fouiller la sole à un endroit, nous avons mis à découvert une tige mince et verticale A, donnant, à ses diverses articulations, des rhizomes horizontaux de petit diamètre, lesquels, après s'être allongés de $0^m,40$ à $0^m,80$, se relèvent en tiges ascendantes, en s'élargissant pour ainsi dire tout à coup; celles-ci, à leur tour, mais seulement à leur partie inférieure, poussent aussi des rhizomes, qui se relèvent de la même manière, et ainsi de suite. De sorte qu'un individu de cette espèce se compose de rhizomes définis, traçants et situés à diverses hauteurs, relevés en tiges ascendantes, le tout occupant un espace de plusieurs mètres carrés en étendue horizontale. La tige mère, les rhizomes et la partie basse des tiges aériennes émettent à leurs articulations des radicules simples ou rameuses.

Les tiges seules offrent les caractères de l'espèce; les rhizomes, plus étroits, moins fermes, très-délicats, peu apparents, souvent presque effacés, sont mal articulés, n'ont pas de côtes bien nettes, offrent, en un mot, avec les tiges une telle différence de forme, que, envisagés séparément, ils eussent, en toute certitude, fait l'objet d'une espèce à part.

Les tiges, renflées à leur origine, s'amincissent lentement; les articulations, très-rapprochées à la base, à partir du point où les rhizomes se dilatent en se relevant, s'éloignent dans la partie supérieure, où les tubercules qui terminent ordinairement les côtes disparaissent. L'enveloppe de houille, très-mince, nous a paru formée, à l'intérieur, de lamelles subéreuses parallèles à la surface, et à la superficie, lisse comme un épiderme, de cellules plus ou moins allongées, les sillons semblant occupés par du tissu fibro-vasculaire. L'enveloppe de houille, à elle seule, n'a pas formé toute la paroi de la tige, comme on l'a cru : une sorte d'endoderme uni, formé d'une seule couche de cellules, est dans les tiges, où il semble encore occuper sa vraie et naturelle position par rapport à l'écorce, séparé d'environ un demi-millimètre de celle-ci, de sorte que, cette écorce ayant tout au plus un quart de millimètre ou un demi-millimètre, la paroi tout entière ne dépasse pas un millimètre. En face des articulations et à l'extrémité supérieure de chaque mérithalle, cette couche cellulaire interne s'avance en cloison dans l'épaisseur du moule. Quelquefois elle offre des lignes saillantes à l'encontre des carènes intérieures de l'écorce, comme si, et cela est à croire, un cercle de lacunes eût existé entre ces deux couches, qui comprenaient un tissu intermédiaire, actuellement disparu. La figure 4, pl. I, est le rétablissement certain, dans leur rapport de position, des diverses parties conservées des tiges de *Calamites Suckowii.*

A leur origine, les rhizomes sont très-étroits, et ont apparemment des articulations très-rapprochées (fig. 5). Ils s'élargissent rapidement et atteignent bientôt leur grosseur, qui est de $0^m,06$ au plus. Leurs articulations, imparfaitement exprimées, font saillie au lieu d'être contractées. Les côtes ne sont pas nettes. Aucun tubercule ne se voit contre les jointures. Leur conformation n'est d'ailleurs pas fixe, mais ils diffèrent toujours sensiblement des tiges par l'ensemble des formes. Avant de se relever, ils s'élargissent un peu de loin, s'essayent à acquérir la régularité des côtes et la netteté des articulations non plus dilatées qui distinguent les tiges, mais toujours sans tubercules. Ils sortent en nombre des joints rapprochés à la base des tiges ascendantes et aussi, comme en B, fig. 1, des divers nœuds de tiges rampantes ou couchées par la sédimentation. Leur longueur varie; ils peuvent être très-courts; et, de même que M. Geinitz [1], nous avons vu à Blanzy, à la découverte Maugrand, surgir d'une articulation une tige rapidement dilatée sans, pour ainsi dire, former rhizome, comme en C, fig. 1.

Les radicules, entièrement désorganisées à l'intérieur, ne sont plus représentées que par une mince pellicule cellulaire affaissée, ayant pris par le tassement la forme rubanaire, dans le milieu de laquelle cependant on découvre encore la trace sinueuse d'un faisceau vasculaire central. Dans leur état d'aplatissement, elles ont de 5 à 15 millimètres de largeur, leur longueur variant de $0^m,10$ à $0^m,20$, $0^m,30$ et même davantage. La pellicule épidermique qui les représente à l'état fossile est striée en long et tramée en travers d'une façon caractéristique, qui fait que leur empreinte n'est pas sans ressembler à celle que laisserait une fine toile sur l'argile plastique (fig. 6). La conservation d'un aussi mince épiderme et d'un axe vasculaire si délicat permet de soupçonner que le tissu interne dissous était des plus lâches, peut-être lacuneux, ainsi que sans doute celui qui dans les tiges existait entre l'écorce et l'endoderme.

Les radicules sont simples ou rameuses. Leurs ramifications sont alternes, subperpendiculaires, plusieurs fois répétées, rappelant celle des *Pinnularia*, que nous connaissons pour des racines différentes, à surface striée. Les radicules sortent des rhizomes et de la partie inférieure des tiges; les rameuses sont peut-être propres aux rhizomes. Des rhizomes, elles s'étendent à peu près horizontalement assez loin; des tiges, elles rayonnent tout autour de

[1] *Die Verst. d. Steinkohl. in Sachsen*, pl. XIII, fig. 3.

manière à produire, au niveau des jointures, des verticilles que M. Geinitz considère comme foliaires [1], ainsi que M. Dawson [2]. On peut encore s'assurer que ces organes tiennent aux tiges; mais la manière dont l'attache se fait, les points précis où elle a lieu, sont choses à peine discernables. Cependant à la partie inférieure de quelques côtes et dans l'axe des sillons de l'entre-nœud inférieur, on voit des saillies légères coniques *i, i, i, i* (fig. 4), que je croirais avoir servi de points d'attache aux radicules, ce qui serait conforme aux *Equisetum*, si ces points étaient situés au-dessous au lieu d'être au-dessus des articulations. Il est, en tout cas, certain que les radicules n'étaient pas fixées aux renflements tuberculaires qui terminent supérieurement les côtes, parce que, indépendamment de toute considération organographique, les rhizomes dépourvus de tubercules ont des racines, et que certaines tiges, comme celle E (fig. 4), également privées de tubercules et dont le développement est incomplet, sont entourées de nombreuses racines courtes et un peu plongeantes.

Nous avons déjà dit qu'il n'y a que la maîtresse tige, les rhizomes et la partie inférieure des tiges ascendantes qui ont produit des radicules étalées. Or ce sont précisément les seules parties de la plante qui paraissent s'être développées souterrainement dans la vase, comme le prouvent bien les déplacements, ploiements, déchirements des empreintes couchées à plat et déposées dans la vase que les racines ont traversée. La partie supérieure des tiges, au contraire, a été exposée aux influences du dépôt, parce que les empreintes stratifiées qui les environnent n'ont plus été tourmentées par la croissance de la plante, que les tiges de celle-ci sont toutes plus ou moins penchées et quelques-unes presque couchées dans le même sens, et coupées ras par la sédimentation, à une certaine hauteur; mais cela ne devait pas les empêcher de pousser même beaucoup de radicules flottantes, que l'on trouve déposées en nombre avec les empreintes de cette Calamite.

De toutes nos observations, enfin, sur les circonstances de gisement de ces végétaux, nous inclinons à croire que les rhizomes et les bases renflées des tiges se développaient dans la vase, où ils prenaient racine, tandis que leur partie supérieure, à sommité aérienne et probablement fructifère, était soumise à l'influence de la sédimentation, fléchissait au gré des eaux courantes et était finalement rompue. Par suite de leur mode de développement souterrain, ces plantes, qui vivaient pendant le dépôt de la roche où on les trouve aujourd'hui, s'accommodaient très-bien de l'élévation incessante du sol vaseux où elles végétaient, en se reproduisant sans cesse à des niveaux

[1] *Die Verst. d. Steink. in Sachsen*, p. 5, pl. XIII, fig. 8.

[2] Voir *The Quarterly Journal of the geological Society*, 1871, p. 156.

graduellement plus élevés. De plus, comme il n'y a rien d'impossible à ce que la tige verticale A (fig. 1), qui donne lieu à tant de rejetons, soit simplement issue d'un rhizome profond, l'ensemble figuré pourrait bien n'être qu'une partie d'un individu qui, à l'imitation de l'*Equisetum limosum*, se serait multiplié par des rhizomes définis, et en quelque sorte perpétué par des rhizomes principaux traçants dans une grande étendue de terrain inondé.

Dans une dessolarde arénacée des carrières du Treuil, nous avons été, en outre, favorisé par la découverte du groupe figure 2 et d'un autre où la multiplication des tiges était plus concentrée : chacun d'eux se compose de rhizomes ramifiés, striés, dilatés aux nœuds, d'où partent horizontalement des radicules et d'où s'élèvent des tiges caractéristiques de l'espèce en question.

La figure 3 représente de minces rhizomes courant dans un joint de schiste à Villars; dans les roches du mur de la grande couche d'Avaize, on voit de gros rhizomes entre-croisés en grand nombre dans tous les sens, comme ceux d'une herbe traçante très-diffuse.

Dans les grès schisteux du toit de la 6ᵉ, à la Roche-du-Geai, il y a des tiges debout, beaucoup plus longues que celles signalées précédemment, et l'on doit admettre que les circonstances de lieu influaient beaucoup sur le port de la Calamite qui nous occupe.

J'ai eu dernièrement l'occasion d'examiner à Monteux, près la Fouillouse, une forêt fossile de *Calamites Suckowii*, plus complète sous certains rapports, formée par la superposition de tiges hautes et *longuement effilées*, dans le grès compacte, et de tiges plus courtes, renflées, inclinées, couchées et naissant en nombre les unes des autres, dans le grès schisteux. Le groupe II, à droite du tableau de végétation A, donne une idée de la manière dont se présentait hors du sol l'espèce la plus caractéristique du genre Calamite.

Habitat. Très-abondant dans la sole de la 2ᵉ, au Treuil; également au toit de la 3ᵉ, au puits Robert et au puits de la Chaux. — Nombreux à l'emprunt de Montmartre, à Avaize (entre la Rullière et la 3ᵉ). — Carrière de la Mine, à Montrambert. — Vers 250 mètres au puits de Tardy. — Puits Beaunier et des Combeaux, à Villars. — Puits Adrienne et puits Malval de la Malafolie. — Puits n° 2 de Combe-Blanche, à Unieux. — Puits Ravel de la Porchère. — Toit de la couche des Barraudes, toit de la couche Siméon. — Puits Chaleyer et Voron de la Chazotte. — Puits Petin de la Calaminière (16ᵉ couche). — Puits Rigodin de Saint-Chamond, à 100 mètres. — Recherche du Grand-Logis, à Valfleury. — A la Poizatière. — Puits Charrin de Grand'Croix. — Puits Saint-Charles de la Péronnière. — Puits Saint-Denis de Lorette. — Toit de la grande couche de Rive-de-Gier. — A Saint-Priest. — A la Bertrandière, etc.

CALAMITES CISTII, Brongniart. (Pl. II, fig. 1 et 3.)

C. à côtes étroites plus ou moins carénées, séparées par des sillons ouverts et terminées par des tubercules oblongs peu nets.

Les tiges communes de cette espèce, qui se montrent encore formées des mêmes parties que le *Calamites Suckowii*, sont, à Saint-Étienne, très-semblables, pour ne pas dire identiques, aux spécimens de Wilkesbarre, qui ont servi de types à l'établissement de ladite espèce.

Voici la série des faits les plus importants que nous avons réunis sur cette Calamite, déjà moins caractéristique que la précédente.

Parties aériennes. Nous avons trouvé deux sommités de tiges, l'une, A (pl. II, fig. 1), pourvue de nombreux appendices ramulaires, puisqu'ils sont articulés; l'autre, B, plus petite, avec des rameaux minuscules. La branche C avec deux rameaux est d'Avaize; la petite branche D se résolvant en plusieurs rameaux est de Tardy; le rameau E avec deux ramules opposés vient de Terre-Noire. Il faut admettre que les rameaux étaient rapidement caducs lorsqu'ils se développaient, puisque les tiges n'en présentent que très-rarement, comme en F. C'est une remarque générale que tous, de quelque ordre qu'ils soient, sont conformes et privés de feuilles comme les tiges et ne paraissent pas en avoir porté. Toutes sortes de tiges, branches et rameaux, gisant souvent ensemble, annoncent une plante rameuse, qui devait contraster beaucoup, par le port, avec le *Cal. Suckowii.*

Parties souterraines. A Roche-la-Molière, nous avons, en 1863, observé beaucoup de tiges debout paraissant appartenir à l'espèce en question, comme celles fig. 3, G, H, I, J, plus ou moins élancées sans changement de diamètre, sauf que les plus naines sont un peu renflées au milieu; elles ne sont pas généralement cambrées à la base, où les plus grosses finissent presque tout à coup par un raccourcissement rapide des mérithalles, de manière à se terminer par une base arrondie plutôt que conique, où l'écorce charbonneuse s'amincit et où de courtes racines sortent de cicatrices oculaires encore discernables; on ne voit pas, ce qui est cependant possible, que ces bases de tiges aient tiré leur origine de rhizomes délicats, déliés, ayant tombé en pourriture dès que les tiges aériennes pouvaient se subvenir. Il y a des *Cal. Cistii* recourbées à la base; ce sont peut-être les véritables.

Nous figurons en K une Calamite debout assez semblable, d'un joint de laquelle nous aurions bien vu se détacher une tige-rhizome.

Il est bien possible que les tiges de *Calamites Cistii* aient surgi en touffes, comme cela est indiqué p. 195 du *Quarterly Journal*, 1851, ou comme nous l'exprimons en L dans notre figure 3, pl. II, ou mieux en M, toutes ces petites tiges paraissant bien être en relation, par le pied, les unes avec les autres. Il n'est pas rare de rencontrer, dans les grès schisteux, de ces petites Calamites, les unes plus fortes, fermes et rigides, les autres plus faibles, plantulaires, fusiformes et recourbées à la base, ou linéaires, lesquelles toutes, par leur disposition relative figurée en N et leur direction convergente, indiquent assez avoir eu des rapports individuels les unes avec les autres.

Habitat. Nombreux à Avaize; au-dessus de la 3ᵉ, à Côte-Thiollière; vers 140 mètres, au puits de la Chaux; dans la sole de la 2ᵉ, au Treuil; à l'emprunt de Montmartre. — A 15 mètres au-dessus de la 4ᵉ, au puits Châtelus. — Puits Montsalson nᵒ 1. — Toit de la 5ᵉ, au Treuil (Muséum). — Puits du Brûlé de la Béraudière. — Mur de la 6ᵉ, à la Roche-du-Geai. — Tunnel de la Ricamarie (Palais des Arts). — Puits Stern de Montieux. — Dans le charbon de la 8ᵉ, au Treuil. — Nombreux au puits des Combeaux de Villars. — Toit de la couche des Barraudes. — Beaucoup au puits Malval de la Malafolie. — Puits du Crêt de Roche-la-Molière. — Tranchée du chemin de fer de Sorbiers. — Puits Voron de la Chazotte. — A 100 mètres, au puits Rigodin de Saint-Chamond. — Non rare à Rive-de-Gier, Grand'Croix, Mouillon, Montbressieux, puits Saint-Privat. — Nombreux à Landuzière. Beaucoup à Communay, etc.

CALAMITES RAMOSUS, Artis. (Pl. II, fig. 4 et 4'.)

C. à côtes peu accentuées et séparées par des sillons moins nets, pourvues de tubercules allongés et peu définis; à cicatrices raméales importantes, inégales, nombreuses, de branches et rameaux souvent encore attachés.

Les cicatrices raméales existantes à presque toutes les jointures caractérisent bien l'espèce. Elles sont à cheval sur l'articulation, et situées autant et quelquefois plus en dessous qu'en dessus. Les branches, épaissies à l'insertion, sont souvent très-fortes par rapport à la tige, qui paraît cependant avoir été organisée comme les autres véritables Calamites. Les rameaux sur les joints sont articulés avec les deux entre-nœuds, comme ceux-ci le sont entre eux, c'est-à-dire que les côtes de la branche se nouent en quelque sorte en haut et en bas avec celles des articles supérieur et inférieur, qu'une ligne de contraction a lieu et qu'un diaphragme est tendu dans l'intérieur de la cicatrice.

Certains de nos échantillons ressemblent tout à fait à la figure 2 de l'*Antediluvian Phytology* de Artis ou aux spécimens de *Cal. ramosus* de la vallée de l'Ohio que nous avons vus au Muséum de Paris.

Il n'est pas rare de trouver sur les tiges des branches latérales, sur les branches des ramifications plus faibles, et ainsi de suite jusqu'à des ramuscules de quelques millimètres, qui, de même que les rameaux et les branches de divers ordres, ne paraissent pas plus que les tiges avoir porté des feuilles.

Les cicatrices sont très-inégales: rares et plus faibles sur les tiges principales, elles sont relativement plus fortes sur les branches moyennes et surtout sur les grosses branches, qui portent des divisions souvent presque aussi grosses que ces branches elles-mêmes. Les petits rameaux et surtout les brindilles paraissent avoir été généralement caducs.

De toutes nos observations, enfin, nous avons lieu de concevoir, comme nous en représentons une pl. II, fig. 4, des tiges principales de moyenne force, recourbées et amincies à la base, s'élevant d'abord avec un diamètre à peu près constant, et de légères pousses latérales caduques, et se ramifiant en diminuant de diamètre vers le sommet, où des branches importantes partageaient la vitalité de la tige.

Habitat. Cantonné à Rive-de-Gier: en quantité dans un schiste de Bâtarde, au Mouillon, au puits de Grézieux, à Lorette; au puits Montribout de Grand'Croix.

CALAMITES CANNÆFORMIS, Schlotheim. (Pl. III, fig. 1 et 2.)

C. à côtes moyennes bombées, séparées par des sillons étroits, prononcés sans être pénétrants; à enveloppe charbonneuse de nature cellulaire à l'intérieur sur les côtes; à endoderme légèrement strié en long; à articulations assez espacées, en général.

Cette espèce se présente à Saint-Étienne, comme à Wettin et à Manebach (*Petrefactenkunde*, p. 399, pl. XX, fig. 1). Nous discuterons plus loin les différences qu'elle offre avec le *Cal. varians.*

Les tiges sont un peu resserrées aux articulations. Elles s'amincissent plus lentement à la base, et y ont des jointures proportionnellement plus espacées. On remarque de rares cicatrices raméales à la partie supérieure des tiges, et au contraire de nombreuses cicatrices de rhizomes vers la base, où elles sont marquées par un concours de côtes plus ou moins nombreuses. L'écorce, faible, paraît avoir été susceptible de croître un peu en épaisseur avec l'âge, comme dit l'avoir reconnu le major de Röhl.

La figure 2 de notre planche III représente un ensemble de tiges coudées naissant les unes des autres, de manière à ne laisser subsister aucun doute, à défaut d'autres preuves, que les Calamites ne fussent herbacées.

Rien ne paraît plus irrégulier que le mode de multiplication, sur un fond sableux d'eaux basses, de ces tiges, qui parfois ont dû fortement se recourber pour prendre leur direction naturelle. Naissant par une extrémité très-mince, elles atteignaient plus ou moins rapidement leur épaisseur renflée de 0^{m},12 à 0^{m},15 en moyenne, les plus petites sortant des plus grosses, qui, elles-mêmes, tiraient leur origine soit de leurs pareilles soit de rhizome horizontaux à sulcature moins régulière, un peu renflés aux nœuds et envoyant des racines rameuses. Les tiges aussi poussent des radicules, et il est à remarquer, sur l'exemple *a* de Montrambert, qu'elles descendent du dessus du joint sans y être le moins du monde articulées, comme les jets caulinaires. Les tiges jouissent largement de la faculté de se reproduire sous les formes similaires de rejetons, de rhizomes. Il y a des tiges plus ou moins couchées, comme celle *b* du Quartier-Gaillard, qui produisent alternativement des tiges-rhizomes et des radicules fortes striées. Les tiges dérivées peuvent naître par une insertion assez large, que, au Bardot, j'ai vue se produire, comme en *c*, presque entièrement en dessous de l'articulation; *e* est une petite tige verticale sortant d'une tige horizontale. Les tiges coudées présentent généralement des rejetons *d*, *d*, *d*.

Dans les carrières du Treuil on voit de grandes tiges, *o*, *p*, *q*, *r*, *s*, fig. 1, pl. III, groupées comme si elles appartenaient à un même individu, arquées et amincies lentement à la base, progressivement rétrécies en haut, avec des articles de plus en plus allongés, comme c'est le cas de toutes les vraies Calamites.

Dans d'autres circonstances, à la carrière Fauriat, nous avons relevé, fig. 1, des tiges debout, *m*, *n*, coudées à angle droit à leur partie inférieure, où elles se continuent horizontalement dans une dessolarde (ou joint de stratification), un peu plus minces, mais très-conformes, avec quelques grandes racines rameuses.

On voit par là que le mode de développement de cette espèce variait beaucoup avec les circonstances de lieu.

Habitat. Beaucoup au-dessus et au-dessous de la couche des Littes, dans le toit de la Serrurière et, ce semble, dans la houille de cette même couche, à Montrambert. — Nombreux à la Béraudière, au puits Adrienne de la Malafolie, au puits Saint-Louis du Bessart, à l'emprunt du Crêt-Pendant (où cette espèce forme presque à elle seule une mise de houille schisteuse). — Fendue des Combes. — Rullière d'Avaize. — Carrière Sauzéa. — Bois-Monzil. — Porchère. — Puits Darnon de Saint-Chamond. — Comberigole, etc

ESPÈCES IMPARFAITEMENT CONNUES, DOUTEUSES.

Les espèces qui précèdent, par la connaissance que nous avons pu en acquérir en les observant sur les lieux, caractérisent assez bien le genre *Calamites*. Celles qui suivent sont connues incomplétement par des parties isolées : elles doivent, pour cela, être mentionnées à part.

CALAMITES MAJOR, Weiss. On trouve, dans les couches supérieures, des Calamites en quelque façon intermédiaires entre les espèces *Suckowi* et *can-*

næformis, par leurs côtes assez plates quoique convexes, mais plus larges, plus croisées aux joints, comme celles du *Cal. major* figuré par le docteur Weiss dans sa Flore de Saar-Rheingebiete, p. 119, pl. XIII, fig. 6.

Habitat. A Montmartre, à Montrambert, au Bardot, à Avaize.

Calamites gigas, Brongn. Quoique cette espèce soit réputée permienne, nous croyons cependant en avoir trouvé, à 140 mètres de profondeur au puits de la Chaux, d'énormes tiges, dont un tronçon aplati avait plus de $0^m,30$ de large, avec une faible écorce, des côtes convexes de $0^m,005$ à $0^m,01$ de large, des articulations relativement rapprochées et marquées par un enchevêtrement des côtes effilées et quelque part renversées les unes sur les autres de manière à paraître ininterrompues, enfin si semblables de tous points à la Calamite représentée sur la planche XXVII de l'*Histoire des végétaux fossiles*, que je ne crois pas avoir à douter de l'identité spécifique par cela même que cette espèce est permienne, car, comme on le verra, un certain nombre d'espèces du Rothliegende prennent réellement naissance dans les terrains houillers supérieurs du centre de la France.

Calamites pachyderma? Brongn. (Pl. III, fig. 3.) Hautes et fortes tiges columnaires, rigides, entourées d'une écorce de houille de 2 à 4 millimètres, cependant encore composées des mêmes parties que les véritables Calamites. Les articulations ne sont ni noueuses ni contractées; les côtes, sur le moule, sont larges, peu saillantes et séparées par des sillons arrondis. Nous en avons vu debout, à Roche-la-Molière, de 4 à 5 mètres de hauteur, sans appendice aucun, sans variation de grosseur ni autre changement qu'une plus mince enveloppe de houille vers le bas. Il y en a au Treuil de $0^m,20$ à $0^m,30$ de diamètre. Un gros tronçon cambré, du toit de la 7ᵉ, présente, sous une écorce assez épaisse de nature prosenchymateuse s'effeuillant en lames parallèles à la surface, des côtes convexes de $0^m,004$ de large, marquées de cellules allongées en travers, et entre lesquelles, dans les sillons, ce semble, et à la jonction de l'écorce avec l'endoderme, courent quelques filets vasculaires.

Par le noyau, ces tiges puissantes se réfèrent assez au *Cal. cannæformis*, et, par l'ensemble des caractères, plutôt au *Cal. pachyderma*, autant que la figure donnée par M. Brongniart permet d'en juger. A les admettre pour Calamites, ce sont les géants du genre, qui nous paraîtraient avoir pu s'élever, comme des Cierges gigantesques, jusqu'à 15 et 20 mètres de hauteur.

Calamites anceps. (Pl. III, fig. 4.) Nous avons trouvé au Quartier-Gaillard une petite tige debout, bien cannelée et articulée, sans racine, comme une Calamite, mais avec une écorce plus épaisse que de coutume. Cette tige, sidérifiée, montre, sous l'écorce de houille nettement délimitée en dedans :

1° du tissu ligneux, correspondant aux sillons et formant crête à l'intérieur, composé de fibres disposées en lames radiales, sans dessins pariétaux ni rayons médullaires discernables; et 2°, immédiatement sous les côtes, des traces assez vagues de tissu cellulo-vasculaire et, plus à l'intérieur, de parenchyme. La présence d'un endoderme nous porterait à considérer encore cette tige comme une Calamite, qui est peut-être déjà assez différente des autres. Les rapports des parties l'éloignent des Calamodendrées, où les côtes sous l'écorce correspondent, dans les *Calamodendron*, aux lames fibreuses, et, dans les *Arthropitus*, aux faisceaux vasculaires.

CALAMOCLADUS, Schimper.

M. Schimper, croyant que les Astérophyllites sont les rameaux des Calamites, leur a donné le nom de *Calamocladus* [1], qui doit être détourné de cette application.

En effet, les branches de toutes les grosseurs que l'on rencontre souvent ensemble avec les tiges de Calamites leur sont conformes de tous points, n'ont ni feuilles ni cicatrices foliaires et ne présentent, pour toute différence, que des côtes plus étroites. Ces branches de Calamites sont ordinairement simples et faibles, sauf celles du *Calamites ramosus*, qui, inégalement fortes et persistantes, donnaient lieu à une ramification bien différente de celle que l'on connaît aux Astérophyllites. Elles sont fixées à la tige par une base au moins aussi large qu'elles-mêmes sont épaisses, ce qui les distingue des plus minces rejetons souterrains prenant naissance par une origine amincie.

D'un autre côté, on ne trouve pas, d'ordinaire, les Astérophyllites mêlées aux Calamites : il y a, à Saint-Étienne, à Communay, à Commentry, et surtout dans le nord de la France, des schistes encombrés de Calamites sans Astérophyllites, et là où celles-ci abondent, sans ou avec Calamites, c'est en compagnie de tiges bien différentes, auxquelles je suis parvenu à les rapporter. A Ronchamp, les Calamites et les Astérophyllites ne sont pas ordinairement associées; le docteur Andrä a dit ne pas connaître de localité où

[1] *Traité de paléontologie végétale*, t. I, p. 323.

les Calamites coexistassent avec les Astérophyllites; au Canada, m'écrit M. Dawson, celles-ci se rencontrent habituellement dans d'autres couches que les Calamites. Il existe d'ailleurs une si grande disproportion quantitative entre les Astérophyllites et les tiges calamitoïdes, que forcément une bonne partie, plus de la moitié, à mon avis, des plantes possédant cette dernière forme n'ont pas porté d'Astérophyllites.

En sorte qu'il paraît bien vraisemblable, d'après ces preuves positives et négatives, que les Astérophyllites ne sont pas les rameaux des véritables Calamites; les sommets de Calamites pourvus de rameaux que j'ai trouvés ne me permettent pour ainsi dire pas de conserver de doute à cet égard, sauf pour quelques tiges droites et individuelles d'une forme simulée de *Cal. Cistii.*

CALAMOSTACHYS, Schimper.

Les épis que l'on a pris l'habitude de rapporter aux Calamites, et que pour cela M. Schimper a appelés *Calamostachys,* appartiennent, comme on le verra, aux Astérophyllites; les petits chatons que j'aurais lieu de rattacher aux Calamites en diffèrent beaucoup, et revendiquent pour eux la nouvelle dénomination appliquée improprement aux épis d'Astérophyllites.

Ces petits chatons, si délicats qu'ils sont souvent à peine perceptibles, sont assez fréquemment mêlés aux Calamites, et particulièrement au *Cal. Cistii* et *foliosus,* au Treuil et à la Culatte (en grand nombre), à l'Éparre, etc.; ils tiennent encore souvent à des rameaux articulés sans feuilles, que l'analogie me ferait rapporter aux Calamites.

Ces chatons sont trop mal conservés pour être susceptibles d'une description précise; ils paraissent dépourvus de bractées. Nous en reproduisons quelques-uns pl. V, fig. 1, 2 et 3.

CALAMORRHIZA.

Le terrain houiller renferme beaucoup de radicules que nous présumons avoir appartenu, en grande partie, aux Calamariées.

Les racines de Calamites, souterraines ou adventives, sont minces, égales, homogènes, comme celles des Cryptogames vasculaires; elles n'ont pas augmenté en diamètre; un filet vasculaire se montre quelquefois dans l'axe. Elles ne se distinguent pas toujours facilement de celles des Annularia ou des Fougères herbacées; cependant leur surface peut les faire reconnaître, comme étant analogue à celle dont nous avons parlé à la page 16.

VÉGÉTATION ET AFFINITÉS DES CALAMITES.

Parties constituantes. Il résulte des développements qui précèdent que les tiges de Calamites sont formées de trois zones, savoir : 1° d'une couche extérieure, aujourd'hui houillifiée, que l'on voit parfaitement représenter toute l'écorce [1] des Calamites en place et particulièrement du *Cal. Suckowii;* 2° d'une couche sous-jacente de tissu, invariablement détruit, sous la forme d'un cercle de canaux vides alternant aux articulations; 3° d'un revêtement intérieur de nature cellulaire. C'étaient des tiges à mince paroi; elles étaient fistuleuses, car, en face des articulations, est souvent tendu un diaphragme (*phragma* de Lindley) en continuation de l'endoderme.

Nature herbacée. Le cercle des canaux, qui par sa régularité mathématique doit refléter le système vasculaire, ne prenait pas d'épaisseur, non plus sans doute que la moindre fermeté, car il n'en reste jamais rien à l'état fossile. Pour cette raison, ces plantes devaient rester herbacées : la plupart d'entre elles, en effet, se présentent à l'état

(1) M. Dawson le croit aussi ; les radicelles comme les branches en partent effectivement.

d'empreintes presque aussi minces que les Nöggérathiées, et elles n'offrent pas, dans la longueur des articles, la périodicité qui distingue les plantes vivaces, les *Calamophyllites* et les *Calamodendrons*, leurs analogues de formes. Dès lors, il n'est plus étonnant que le système vasculaire ait constamment disparu, par un naturel effet de la macération, conformément à l'expérience de M. Göppert[1], suivant laquelle l'épiderme intérieur résiste aussi bien à cette action dissolvante que l'écorce, tandis que le tissu intermédiaire disparaît dans l'*Eq. eburneum*, les *Hippurites*, etc.

Organes appendiculaires.

Les tubercules situés à l'extrémité supérieure des côtes, prenant naissance à l'intérieur, s'atténuent à travers l'écorce, sur laquelle ne correspondent aucunes cicatrices indiquées par un changement de surface, limitées par un contour précis et, en tout cas, marquées des traces vasculaires que les feuilles, par leur chute, laissent toujours sur les tiges herbacées. D'ailleurs il y a des Calamites privées de ces tubercules, qui disparaissent généralement dans les parties supérieures des tiges. Les Calamites étaient donc privées de feuilles, et aussi de gaînes, par la même raison. Toutefois ces tubercules doivent représenter des organes latents, et l'analogie, sous beaucoup de rapports, des Calamites avec les *Equisetum* conduit à y voir les dents rudimentaires de gaînes avortées.

D'autres tubercules existent encore parfois en bas des côtes, et représentent sans doute, par leur position et en vertu de la même analogie, des racines non développées; et, en effet, quelques-uns d'entre eux, plus saillants, paraissent bien avoir servi de points d'attache à des radicules.

Mais si, dans certaines circonstances favorables, les tubercules inférieurs pouvaient se développer en radicules, il n'en est pas de même des autres, qui n'ont jamais, que je sache, poussé en feuilles.

Développement aérien.

Il est à remarquer que les rameaux des Calamites sont insérés

[1] *Die fossile Flora des Uebergangsgebirges*, p. 53, 104 et 105.

sur l'articulation, plus conformément aux Prêles qu'à toutes autres plantes actuelles. Ces rameaux sont naturellement privés de feuilles, comme les tiges dont ils partagent l'organisation.

Les Calamites portent rarement des branches, au reste inégalement fortes et réparties. Toutefois, certaines tiges sont marquées d'un grand nombre de cicatrices raméales; mais celles-ci, généralement très-petites, annoncent des rameaux rapidement caducs, sans compter celles qui, dans une espèce, ne figurent que des rameaux avortés ; comme si la plus rapide croissance en hauteur des tiges eût paralysé le développement des organes appendiculaires. Car, en dehors du *Cal. ramosus*, les rameaux persistants sont petits et rares; les *Cal. Suckowii* et *cannæformis* ne paraissent guère en avoir produit.

Quoi qu'il en soit, les tiges s'amincissent en haut et les articles s'y allongent, contrairement aux *Calamophyllites* et au *Calamodendron*, c'est-à-dire qu'après avoir poussé de leur plus grande hauteur, avec un sommet arrondi, elles s'effilaient, se ramifiaient, préludant ainsi sans doute, au terme du développement, à la reproduction, sous la forme de chatons particuliers d'une seule sorte.

Développement souterrain.

Par leur mode de végétation souterraine et à fleur de terre, les *Calamites Suckowii* et *cannæformis* participent du développement des Prêles et, en particulier, de l'*Eq. variegatum*. Il n'y a pas jusqu'au rapprochement des articulations à la base, combiné avec le rétrécissement de la tige, qui ne soit imité des *Equisetum* vivants. De même encore que ces végétaux, les Calamites avaient, principalement à leur base enterrée, la puissance, reconnue aussi par M. Dawson (dans les *Coal-Measures* des South Joggins[1]), d'en produire de nouvelles, qui atteignaient rapidement toute leur épaisseur. Cette multiplication des tiges se répétait, et peut-être qu'en outre les individus assuraient leur pérennité par des rhi-

[1] *On the Coal-Measures of the South Joggins in Nova Scotia.*

zomes traçants, qui envahissaient une aire plus ou moins étendue de marais houillers, de la même manière que certains *Equisetum* se répandent dans les terres inondées. Les tiges, en poussant des racines à la base, pouvaient se rendre indépendantes et, quoique ne vivant qu'une période de végétation, perpétuer en quelque sorte l'existence de ces végétaux en se reproduisant par bourgeons souterrains.

Le *Calamites Sackowii* émergeait çà et là; le *Cal. Cistii* formait des touffes par ses tiges rameuses, rapprochées. Les Calamites, en général, s'élevaient plus ou moins haut, suivant les espèces et la vigueur de leur développement; il y en a qui s'élançaient en hautes colonnes, roides, malgré la mince paroi, et maintenues néanmoins fermes par leur intérieur creux et cloisonné. Port.

Dans le tableau de végétation A, nous avons figuré parallèlement le port des Calamites, des Calamophyllites et des Calamodendrons, en nous limitant à la réalité des faits bien constatés par nous à Saint-Étienne. On voit les Calamodendrons, indépendants, vivaces, ligneux, s'élever à 20 et 30 mètres de hauteur, tandis que les Calamites, herbacées, restaient comparativement petites, mais n'en multipliaient leurs tiges qu'avec plus de profusion.

Les Calamites sont nombreuses dans les forêts fossiles de Saint-Étienne, où on les voit debout, implantées normalement aux strates, traversant des superpositions de grès schisteux et paraissant s'être tout particulièrement plu dans la vase sableuse, car elles ne sont jamais plus fortes ni plus puissantes que dans les grès [1]. On remarque aisément qu'elles se développaient le pied dans l'eau en action sédimentaire, et qu'elles s'accommodaient de l'exhaussement continuel du sol en donnant des jets de plus en plus élevés, tout en paraissant avoir conservé une certaine tendance à s'enraciner profondément. Mœurs.

[1] Richard Brown a signalé des Calamites debout, principalement dans les roches sableuses (p. 115, *The Quarterly*, etc. t. VI).

Affinités.

Sous le rapport des mœurs et du développement, aussi bien que des formes les plus importantes de la tige, les Calamites montrent une si grande somme de ressemblances avec les Prêles, que, d'après ce que nous en connaissons, on doit les considérer comme de proches parentes. L'absence de véritables racines, contrairement aux Calamodendrons, la présence de radicules adventives, sont bien de nature à confirmer cette alliance, sans compter que M. Göppert a prétendu leur avoir découvert, par son procédé d'incinération, l'organisation superficielle des *Equisetum*[1].

Mais cette ressemblance extérieure si complète des formes et du port entraîne-t-elle une structure de la zone vasculaire détruite analogue avec les canaux essentiels de M. Duval-Jouve? C'est ce qu'il est permis de croire, sans qu'il ait été encore possible de bien le vérifier. Évidemment on ne saurait l'admettre *a priori*, mais, à défaut d'une véritable Calamite bien conservée avec sa structure vasculaire, on est bien réduit à conclure d'après les parties restantes.

Il est certain pour nous, en tout cas, que les Calamites ne sont pas les restes ou les parties jeunes des Calamodendrées, et, en cela, nous différons de M. Williamson, qui, dans un opuscule récent[2], arrive à admettre que les Calamites et les Calamodendrons appartiennent au même type, en se fondant sur ce que ceux-ci portent à la surface les caractères de celles-là. Si l'on considère que les organes appendiculaires en verticille se trouvent dans des plantes vivantes très-éloignées, telles que les Rubiacées, Cupressinées, Équisétacées, etc., et que l'analogie la plus complète des formes extérieures se trouve également exprimée sur les *Casuarina* comme sur les *Equisetum*, on n'aura pas de répugnance à admettre que la forme calamitoïde puisse appartenir à des plantes houillères également très-éloignées. La nature paraît bien, comme on le verra, avoir prodigué cette forme, qu'elle a combinée autrement dans des plantes plus ou moins différentes. Il est au moins sur-

[1] *Abhandlung der Steinkohlen*, p. 63 et 77.

[2] *On the organisation of the fossil Plants of the Coal-Measures*, part I.

prenant que l'on n'ait pas encore mis la main sur une Calamite avec la structure conservée. Mais, quoi qu'il arrive par la suite, leur port équisétoïde et leur distinction d'avec les Calamophyllites me paraissent deux points définitivement acquis.

La plupart des tiges décrites par Petzholdt[1], comme représentant la structure des Calamites, ne me paraissent pas être au nombre de ces plantes, ni appartenir aux autres Calamariées dont la description suit; elles forment un type à part en faveur de notre opinion, que les Calamariées sont des plantes aussi variées que nombreuses et, par suite, d'autant plus difficiles à étudier.

CALAMITES FOLIOSUS, Gr.

Dans les couches moyennes et supérieures de Saint-Étienne, au puits de la Culatte (vers 400 mètres), au Treuil, à Avaize, etc., il y a beaucoup d'empreintes calamitoïdes faciles à confondre avec le *Cal. Cistii*, mais à sulcature moins prononcée. Les tiges articulées à grande distance sont, ou encore munies de courtes feuilles rapprochées et soudées à la base, ou marquées de leurs insertions formant une chaîne annulaire de cicatrices allongées horizontalement et percées d'un trou central (voir pl. V, fig. 4). Ces cicatrices sont indépendantes des côtes; peut-être sont-elles en rapport avec

[1] *Ueber die Calamiten und Steinkohlenbildung*, 1841. Toutefois la *Calamite* de Zauckerode, p. 37, tab. V, fig. 2, se rapporte assez bien aux nôtres, tandis que celle p. 30 et 40, tab. IV et tab. V (fig. 1), n'est pas sans avoir des points communs avec les tiges des *Astérophyllites*.

les points qui, sur le moule (pl. II, fig. 2), sont situés au niveau des jointures à chaque intervalle de 3 ou 4 sillons inférieurs et dans la verticale des côtes supérieures pourvues en bas d'un tubercule ponctiforme. Certaines tiges portent quelques branches simples ou plus rarement des branches composées, mais dont les rameaux ne sont jamais pinnés; elles sont munies de feuilles très-particulières, carénées, plus ou moins longues, quelquefois très-longues, sans rigidité, retombantes.

Le port de la plante représentée ici ne doit pas s'éloigner de celui du *Cal. Cistii.* Cette espèce-ci ne serait-elle donc que l'état de conservation imparfaite du *Cal. foliosus?* Les tiges qui nous occupent ont un épiderme extérieur très-rapproché du noyau calamitoïde, tandis qu'il y a des *Cal. Cistii* ne présentant qu'un endoderme. Le *Cal. foliosus* ne révélerait-il point le feuillage fugace des Calamites en général? Si cela est possible pour certains *Cal. Cistii,* la différenee de composition des tiges ne permet pas de l'admettre pour les véritables Calamites. En tous cas, si les Calamites ont porté des feuilles, ce ne peut être que comme le *Cal. foliosus,* et aucunement comme les *Astérophyllites.* Le *Calamites foliosus* a ses feuilles soudées à la base, en prolongement supérieur des mérithalles, comme dans les *Equisetum;* il rappelle les *Phyllotheca* rapprochés des Calamites par M. Bunbury.

Genre ASTEROPHYLLITES, Brongniart.

Nous avions formé [1] le genre fossile *Calamophyllites* pour les tiges que nous savons avoir porté les *Astérophyllites.*

Ces tiges sont loin de présenter la simplicité de forme et de composition des *Calamites.* Nous allons en examiner successivement les diverses parties, en commençant par l'empreinte extérieure des tiges, ordinairement isolée, et que nous sommes forcé de considérer séparément, sous le nom spécial de *Calamophyllites,* jusqu'à ce qu'on soit parvenu, et l'on n'y arrivera sans doute jamais complétement, à rattacher entre elles et par espèces les diverses parties des plantes en question.

Calamophyllites, Gr. On a remarqué depuis longtemps, entre les *Calamites* et les *Astérophyllites,* une différence notable, qui les a fait séparer par MM. Brongniart et Andrä. M. Geinitz dit (p. 8

[1] *Comptes rendus des séances de l'Académie des sciences,* 1869, t. LXVIII, p. 705.

de sa Flore de Saxe) que les tiges d'Astérophyllites sont incomplétement articulées et inévidemment costulées, qu'elles forment bourrelet aux articulations. On sait que, à cause de leur surface unie, Lindley et Hutton ont décrit comme *Hippurites* les tiges de certains *Asterophyllites*.

En vertu de la loi d'égale conformation, qui doit se vérifier entre parties similaires d'un même organe, les tiges d'Astérophyllites doivent présenter les mêmes caractères et porter par suite des feuilles ou les cicatrices qu'elles ont dû laisser en tombant.

Ces tiges, en effet, ordinairement moins grosses que les Calamites, sont lisses, articulées à plus courts intervalles, garnies encore de longues feuilles libres, rigides, dressées, ou marquées de leurs cicatrices persistantes, rondes ou transversalement elliptiques, bien différentes des tubercules terminant les côtes des Calamites, en ce qu'elles sont nettement définies, pourvues toujours d'une cicatricule vasculaire centrale très-évidente et situées au-dessus de la ligne d'articulation, sans rapport avec les stries inconstantes ou les côtes d'emprunt de la surface. La tige est en outre décorée de grosses cicatrices discoïdales, disposées en verticilles périodiquement renouvelés, situées au-dessus de l'articulation et dénotant des branches axillaires d'Astérophyllites. Il faut ajouter que les articles où se trouvent les cicatrices raméales sont encore notablement plus courts que les autres, que la longueur des entre-nœuds varie périodiquement d'un verticille de rameaux au suivant, et que les tiges ne s'effilent pas vers le sommet, comme les Calamites.

Au nombre de ces tiges figurées, nous citerons : le *Cal. Germarianus*, Göpp., du terrain houiller de la Silésie supérieure, ayant une surface extérieure unie, des colliers de cicatricules tuberculeuses aux articulations, des verticilles de gros disques entre les articulations, et un noyau intérieur de *Cal. varians* (p. 122, pl. LXII, fig. 1, *Foss. Flora d. Uebergangsgebirges*, 1852) ; l'*Hippurites longifolia* de Lindley et Hutton, et principalement le *Cal. verticillatus* des mêmes auteurs (*Fossil Flora*, vol. II, p. 159) ; le *Cal. varians* de Germar (p. 47 ; pl. XX, *Petrif. strat. lithanth. Wettini et Lobejuni*) ; le *Cal.*

Göpperti d'Ettingshausen (p. 27, pl. I, fig. 3 et 4, *Steinkohlenflora von Radnitz*); le *Cal. tuberculatus*, Gutbier (p. 24, pl. II, fig. 4, *Abd. u. Verst. d. Zwick. Schwarzkohl.*), avec ses tubercules marqués d'un point central; etc.

Endocalamites, Gr. Nous avons bien constaté la présence, dans l'intérieur des tiges d'Astérophyllites, d'un moule calamitoïde isolé et à distance de l'écorce mince, ce moule ayant plus ou moins la forme du *Cal. approximatus*, du *Cal. infractus*, Gut., aussi du *Cal. varians*, ou également du *Cal. cannæformis;* et nous pensons que les Calamites que l'on a figurées [1] avec rameaux d'Astérophyllites sont accompagnées d'une écorce extérieure indépendante, qui a échappé à l'observateur.

Le moule calamitoïde est souvent séparé de l'écorce. Or, il ressemble aux Calamites, à part de plus courts entre-nœuds, qui varient périodiquement de longueur, et une différence, non toujours saisissable, de la surface extérieure de l'enveloppe de houille; mais l'appellation devait au moins en être modifiée.

Nature des tiges d'Astérophyllites.

L'écorce des Calamophyllites reste mince; l'enveloppe charbonneuse du moule peut atteindre de 3 à 5 millimètres. Le moule calamitoïde des Calamophyllites est souvent marqué de côtes tranchantes comme ceux des *Equisetites* de l'âge secondaire, auxquels nos tiges sont bien un peu comparables dans leurs parties conservées, particulièrement à l'*Eq. Mougeotii*, Br. (Schimper, *Traité de paléont. vég.* p. 278, pl. XIII, fig. 1 et 4), et encore plus à l'*Eq. arenaceus*, Jäger (*ibid.* pl. X, fig. 3, p. 270). Les tiges d'*Equisetites* du terrain houiller, à rapprocher des *Calamophyllites*, viennent à l'appui de cette analogie entre plantes que les traits restants de l'organisation rapportent mieux aux *Equisetum* que les *Calamites*. Il est vrai que les *Astérophyllites* ont des feuilles isolées et des rameaux axillaires, ce qui constitue une grande différence, mais cette différence n'est pas essentielle; elle est d'ailleurs rachetée, au moins en partie, par une organisation apparemment

[1] *Fossil Flora*, p. 49, pl. XV et XVI; et Flore de Radnitz, pl. X, fig. 2.

semblable à celle des *Equisetites* secondaires, que, suivant Schönlein [1], leur moule calamitoïde, qu'il appelle *Holzkörper*, éloignerait de leurs analogues vivants, avec lesquels ils n'auraient d'identique que la ressemblance extérieure. Il y a des Calamophyllites qui ne sont pas sans rappeler les *Phyllotheca*, et aussi les *Schizoneura*, que M. Schimper rattache également aux *Equisetum*.

Ces rapports des Calamophyllites avec les Équisétacées des terrains secondaires inférieurs, s'ils ne sont pas si importants, si décisifs qu'il s'ensuive nécessairement une proche parenté, seraient au moins de nature à nous porter à y voir des plantes cryptogames, alors que les épis de fructification, que je suis en droit de leur rapporter, ne le démontreraient pas surabondamment, à défaut de la structure vasculaire de la tige.

D'un autre côté, les Astérophyllites, par leurs organes foliaires, se relient aux *Annularia*, dont la structure acrogène nous et maintenant connue; et les fructifications, pour différer de part et d'autre, ne dépassent pas les modifications qui existent entre genres de plantes de la même famille.

Par les traits apparents de l'organisation de leur tige, les Astérophyllites paraissent bien former un type à part et disparu, différent des Calamites, en ce que ici c'est l'écorce qui est façonnée intérieurement en Calamite, et des Calamodendrons, en ce que, chez ceux-ci, le bois est, comme on le verra, intimement uni à l'écorce. La structure signalée par Petzholdt appartiendrait plutôt aux *Astérophyllites* qu'aux *Calamites*.

Asterophyllites, Br. On sait que les *Asterophyllites* sont des branches articulées simples ou ramifiées, une seule fois d'ordinaire, toujours dans un même plan, avec feuilles relevées, disposées en verticille.

On sait à peu près déjà qu'ils naissent en verticilles, de tiges calamitoïdes; comme leurs rameaux distiques sont inégaux et iné-

[1] *Abbildungen v. foss. Pflanzen an dem Keuper Franken.*

galement obliques, il faut croire que leur plan passait par la tige commune et était vertical comme dans les *Thuya*, contrairement à la règle physiologique que les branches bilatérales sont disposées horizontalement.

Les Astérophyllites détachés des Calamophyllites ont un axe uni, ou strié par la présence d'un moule calamitoïde indépendant, et portent des feuilles roides, uninervées. Mais il y en a d'autres, à aspect ligneux ou à feuilles marquées de plusieurs nervures parallèles; je les rapproche, sans une certitude absolue, des Calamodendrées, pour des raisons qui trouveront leur place plus loin. Je connais même des Astérophyllites avec feuilles bifurquées et qui, sous ce rapport, pourraient avoir quelque alliance avec les *Bornia*, que nous décrivons plus loin, à la suite des *Sphenophyllum*.

Il est important de savoir, pour la spécification, que les feuilles, longues et appliquées sur les tiges, sont d'autant plus courtes et ouvertes jusqu'à être étalées, qu'on les observe sur des rameaux de dernière formation.

On rencontre avec des tiges d'Astérophyllites, auxquelles je les rapporte, des empreintes de feuilles soudées ou plutôt connivéntes par leur bord rentrant, que le major de Röhl a confondues avec les gaînes d'*Equisétites*, et qui sont assez analogues aux partitions foliaires des *Schizoneura;* les feuilles soudées ont de $0^m,10$ à $0^m,15$ et plus de longueur; elles se rapportent aux Astérophyllites les plus voisines des *Annularia*, notamment à l'*Ast. equisetiformis.*

Volkmannia, St. Les *Volkmannia*, ou épis d'Astérophyllites (avec lesquels on les trouve associés, mais que l'on n'a pas encore rapportés à leurs espèces respectives), sont des rameaux, peu modifiés en général, à feuilles bractéales seulement un peu soudées à la base.

Ils sont distiques ou disposés en panicule au bout des branches ou au sommet des tiges.

Leur diversité dénote plusieurs genres prévus par le comte de

Sternberg et par M. Brongniart, et des genres peut-être assez différents et, en tout cas, assez nombreux en espèces.

Parmi ceux qui diffèrent notablement par l'*habitus* extérieur, on peut citer les *Volk. Binneyana*, *sessilis*, *elongata*, *distachya*, *arborescens*, le *Huttonia spicata*, l'*Equisetites infundibuliformis*. D'après la disposition des organes essentiels, il faut distinguer les *Volkmannia* et *Bruckmannia* à conceptacles portés par des pédicelles caulinaires issus de l'axe, soit du milieu des mérithalles, soit de plus haut, soit de plus bas, des *Bowmanites* de Binney ou *Cingularia* de Weiss, à conceptacles épiphylles en plusieurs rangées concentriques.

Mes observations portent principalement sur les *Volkmannia*, que je suis parvenu à rattacher aux Astérophyllites, et aux *Annularia*, qui leur sont alliés de près; les conceptacles de ces épis sont pleins de spores, et leur axe présente la structure des Cryptogames : ce sont, en effet, les seuls et uniques appareils de reproduction de ces végétaux, que l'origine caulinaire des sporanges éloigne des *Equisetum*, où ils procèdent de feuilles transformées, et des autres Cryptogames vivantes, où ils sont épiphylles.

Port des Astérophyllites. Nous représentons pl. IV une tige nue et une tige garnie de feuilles et couronnée de rameaux d'Astérophyllites, avec leurs diverses parties conservées à l'état fossile, c'est-à-dire l'écorce mince présentant les caractères des Calamophyllites, le moule intérieur calamitoïde séparé de l'écorce par une zone de tissu détruit, les feuilles de la tige ou leurs cicatrices, et les branches d'Astérophyllites.

Nous sommes non-seulement parvenu à réunir avec certitude ces diverses sortes de débris par groupes, mais quelquefois par espèces; et, quelles que soient leur structure et leur affinité, nous sommes à peu près sûr d'avoir bien rétabli dans le tableau de végétation A les Astérophyllites cryptogames, aux tiges faibles, quelques-unes fléchissant sous le poids des feuilles terminales et retombant peut-être plus ou moins, à la manière des Rotangs; ces tiges produisant, à chaque reprise de végétation, des verticilles de rameaux qui, par suite sans doute d'une poussée terminale prépondérante, étaient vite caducs et laissaient, à intervalles égaux assez rapprochés, des anneaux de disques d'insertion. Certaines espèces, incapables de fermeté et de tenue, restaient à l'état de plantes presque aussi herbacées que les *Annularia*.

Après ces considérations sur les Astérophyllites, nous allons passer en revue leurs divers débris, relativement très-rares par rapport aux tiges calamitoïdes, en juxtaposant ceux que nous avons pu, à grand'peine, raccorder spécifiquement.

CALAMOPHYLLITES LONGIFOLIUS. — ASTEROPHYLLITES EQUISETIFORMIS, Schlot. POACITES ZEAEFORMIS, Schlot.

CALAMOPHYLLITES LONGIFOLIUS. Nous avons trouvé au Quartier-Gaillard une sommité de tige bien plus complète et plus remarquable que l'*Hippurites longifolia*, Lind. et Hutt. (*Fossil Flora of Great Britain*, vol. II. p. 106), garnie de feuilles appliquées et apparemment soudées par le bord, planes, linéaires, aiguës, insérées à des sortes de renflements tuberculaires au-dessus de la ligne d'articulation; tige couronnée par un verticille de branches à feuilles déjà moins dressées, produisant des ramuscules grêles retombant avec de petites feuilles ici étalées à l'insertion; l'écorce est mince, unie, cependant quelquefois striée, mais par une cause qui lui est étrangère; la tige n'est ni renflée ni contractée aux jointures. Au même endroit on trouve des tiges nues analogues à la première, possédant quelquefois un moule calamitoïde indépendant de l'écorce. Sur notre tableau A, nous figurons exactement en II une tige de cette espèce.

ASTEROPHYLLITES EQUISETIFORMIS. Cette Astérophyllite du terrain houiller supérieur du centre de l'Allemagne montre, par le fait et le gisement le plus connexe, qu'elle représente les branches des tiges dont nous venons de parler : branches non renflées aux nœuds, garnies de feuilles sèches, roides, peu ouvertes, serrées et soudées à la base, où elles sont planes avec rebords membraneux rentrants, tandis qu'elles sont carénées et subulées à l'extrémité libre. De ces branches naissent des rameaux distiques plus ou moins développés, avec des feuilles étalées et ramenées avec le diaphragme articulaire dans le plan des ramifications; on voit bien que lesdits rameaux prennent naissance à l'aisselle des feuilles. L'aspect de cette espèce est multiple : les branches sont tantôt faibles et presque simples, tantôt composées et plus ou moins considérables; les rameaux débiles avec leurs feuilles étalées et libres rappellent l'*Asterophyllites foliosus*, l'*Annularia radiata* aussi ou *carinata*, et parfois encore l'*Annularia longifolia* (qui a été confondu avec l'*Ast. equisetiformis*), ou plutôt l'*Annularia calamitoides* de Schimper.

Habitat. En quantité au-dessus de la 2e, au Quartier-Gaillard; au toit de la couche des Littes, à Montrambert; à Chaponost. — Nombreux à la carrière Sauzéa, au mur de la Manouse, dans une mise de gore du toit de la 7e, à Montieux. — Au Bardot. — Emprunt de Montmartre. — A Chavassieux (Palais des Arts). — Au Crêt-Pendant. — Au Clapier. — A la Béraudière. — A Villebœuf. — Vers 290 mètres au puits de Tardy. — Roche-la-Molière. — Puits Saint-Louis du Bessard. — Entre les 13e et 14e, à Méons. — A Saint-Chamond.

COLEOPHYLLITES ZEAEFORMIS. Avec les débris qui précèdent on trouve assez souvent des lambeaux de gaînes plus ou moins fissurées suivant les commissures de longues feuilles soudées, que Schlotheim a représentées dans un mauvais état de conservation (*Die Petrefactenkunde*, p. 416, pl. XXVI) sous le nom de *Poacites zeaeformis*, et que nous connaissons pour avoir envaginé les tiges de *Calamophyllites longifolius*.

Habitat. Béraudière. — Montsalson. — Quartier-Gaillard. — Chavassieux.

CALAMOPHYLLITES COMMUNIS. — ENDOCALAMITES VARIE APPROXIMATUS.

ASTEROPHYLLITES HIPPUROIDES, Br.

CALAMOPHYLLITES COMMUNIS. Tiges faibles, ni renflées, ni contractées aux joints, articulées à intervalles ordinairement assez courts, mais variables; tiges à l'état d'une écorce mince, unie ou à peine accidentée par des plis ou gerçures en long; tiges pourvues de longues feuilles isolées ou marquées de leurs cicatrices situées au-dessus de l'articulation imparfaitement exprimée; tiges en outre décorées de verticilles de grosses cicatrices raméales au-dessus des jointures et sur des articles fort raccourcis.

ENDOCALAMITES VARIE APPROXIMATUS. Plusieurs de ces tiges sont en possession d'un moule calamitoïde analogue au *Calamites approximatus*. (*Histoire des végétaux fossiles*, pl. XXIV, fig. 1, v. β).

ASTEROPHYLLITES HIPPUROIDES, Br. Les Astérophyllites que nous tenons pour avoir appartenu aux tiges précitées ressemblent assez aux *Ast. equisetiformis*; mais, portant des feuilles non soudées et plus aciculaires, ils sont presque identiques aux exemplaires d'Alais et des Alpes que M. Brongniart a désignés *Ast. hippuroides* (*Prodrome d'une histoire des végétaux fossiles*, p. 159).

Le tableau A de végétation représente en III la tige de cette Astérophyllite, avec ses feuilles et ses branches en haut, et leurs cicatrices en bas.

Habitat. Ces divers débris fossiles se trouvent en quantité à 460 mètres au puits

Saint-Marcellin de Comberigole. — Au détournement du Gier. — Nombreux au puits Saint-Louis du Bessard. — Puits Camille du Cros. — Montieux. — Puits Desgranges. — Puits de la Manufacture. — Assez à l'emprunt du Crêt-Pendant. — La partie foliaire à la Malafolie, à la Niarais, à Saint-Jean de Toulas, à Communay, etc.; le noyau calamitoïde, à Montieux, à Lorette, à la Poizatière, etc.

VOLKMANNIA GRACILIS, Presl. (Pl. VI, fig. 1.)

On trouve à Saint-Étienne, intimement associés aux *Asterophyllites equisetiformis* et *hippuroides*, des épis seulement plus longs et plus larges avec la première espèce qu'avec la seconde, comparables aux *Volkmannia gracilis* (p. 53, pl. XV, fig. 3, vol. II, *Versuch einer geog. bot. Darst. d. Flora d. Vorwelt*), que M. O. Feistmantel rapporte à l'*Ast equisetiformis*. M. Germar a figuré nos épis lorsque l'axe est mis à nu (p. 22 et 23, fasc. II, pl. VIII, fig. 5, Flore de Wettin et Löbejün).

Les bractées sont très-nombreuses, peu étalées à la base; l'axe est finement strié, mais non costulé, sauf quoi il ressemble assez au *Bruckmannia tuberculata;* mais une différence en même temps qu'une analogie, c'est que, un peu au-dessus des articulations, il y a de petits points saillants qui paraissent être des attaches d'organes reproducteurs, et en effet un *Volkmannia* silicifié d'Autun, des plus ressemblants, montre des pédicelles axillaires peltés portant chacun quatre sacs remplis de microspores, de manière que notre figure 1, pl. VI, représente très-bien, et d'aspect et de construction, le type habituel de nos *Volkmannia,* dont la structure de l'axe différerait peu de celle de la même partie dans les *Annularia.*

Habitat. Montrambert. — Carrière Sauzéa. — Quartier-Gaillard. — Bardot. — Montieux. — Nombreux à Comberigole. — Puits Saint-Louis, etc.

CALAMOPHYLLITES INGENS. — ENDOCALAMITES VARIANS, Sternb.

Calamophyllites ingens. Tiges plus fortes, à écorce mince, articulées à intervalles variant entre de plus grandes limites; à surface unie, avec crevasses et sillons longitudinaux sans suite; à insertions foliaires très-oblitérées; à étages isolés de cicatrices raméales sur de très-courts articles.

Ces tiges sont mises en lambeaux par désarticulation en travers et fissuration en longueur; elles sont rarement complètes dans leur pourtour.

Habitat. Fréquent au toit des couches du Sagnat et du Péron, à Roche-la-Molière. — A la Malafolie. — A Unieux. — Au Bois-Monzil. — Au Treuil. — Aux Platières. — A la Chana. — Toit de la couche des Littes. — Au Quartier-Gaillard.

Endocalamites varians, Sternberg. Dans les carrières du Treuil, on voit debout des tiges à surface analogue, qui renferment à l'intérieur un moule de Calamite près de l'écorce, mais séparé d'elle, et rappelant à la fois le *Cal.*

varians et le *Cal. cannæformis*, entre lesquels la confusion est si facile que je ne doute pas que beaucoup de *Cal. cannæformis*, réputés si communs, ne soient des noyaux de Calamophyllites.

Il n'est pas rare de trouver des tiges moyennes avec des articles ou parfois tous très-rapprochés, comme sur le *Cal. interruptus*, Schl. de Manebach (*Petrefactenkunde*, pl. XX, fig. 2), ou plus généralement inégaux, comme dans le *Cal. varians* (*Petrif. str. lith. Wettini et Lobejuni*, p. 47, fasc. IV, pl. XX), avec des articles majeurs qui diminuent progressivement jusqu'aux plus petits (en face desquels sont situées les cicatrices raméales de la surface), pour recommencer plusieurs fois la même série, ce qui indique des périodes de végétation que n'offrent pas les vraies Calamites. C'est par erreur que Germar a rattaché la surface au moule; elle en est séparée par une zone de tissu détruit. M. Stur joint le *Cal. varians* à l'*Ast. equisetiformis*.

Le tableau de végétation A représente en IV une tige de cette sorte, couronnée d'Astérophyllites.

DIVERS.

Asterophyllites rigidus, Br. nec St. Cette espèce à feuilles relevées, rigides, planes, presque contiguës, est si mal définie que sous son nom MM. Geinitz et Feistmantel ont décrit des Astérophyllites tout différents de ceux qui ont servi de types. — A Robertane; beaucoup à Lorette; à Communay, etc.

Asterophyllites grandis, Stern. Cette espèce, à feuilles beaucoup moins nombreuses, très-étalées à la base et relevées en coupe, se présente comme l'a figurée Sternberg à la Niarais, et comme l'a figurée M. Geinitz à Monteux, sous Saint-Martin-en-Coailleux, à Montbressieux.

Nous pourrions encore signaler des tiges nombreuses au Mouillon, formées d'une écorce striée avec cicatrices foliaires, et d'un moule calamitoïde intérieur. Nous avons trouvé une sommité de ces tiges avec les origines de rameaux effeuillés auxquels se réfèrent de longues branches simples d'*Asterophyllites longifolius*, Ettin., à jointures noueuses, à très-longues feuilles, de manière à pouvoir donner la restauration dans notre tableau A, en V, de la partie supérieure d'une tige de cette sorte de verticillaires.

Volkmannia effoliata, Gr. Nous ne voulons pas passer sous silence, parce que leur mauvais état de conservation les laisse dans une demi-obscurité, certains épis d'Astérophyllite, à verticilles de sporanges peltés soudés par quatre et s'ouvrant à l'intérieur, sans aucune bractée discernable, de même que dans les *Equisetum*, et comme nous en donnons une idée par la figure 2, pl. VI. On verrait même ces épis, assez nombreux, rayonner en nombre d'une articulation de Calamophyllite. Je dois dire que le tout est très-vague et laisse grandement à désirer. Un *Bruckmannia* analogue a de très-courtes bractées.

Bruckmannia Grand'Euryi, B. Ren. — M. Renault décrira sous ce nom (*Comptes rendus de l'Académie*, t. LXXXII, p. 994) un nouveau type très-remarquable de *Volkmannia* découvert dans les quartz de la Péronnière.

ANNULARIA, Brongniart.

Quoique assez bien caractérisé par des rameaux de divers ordres situés dans un même plan, ainsi que par des feuilles uninerviées, soudées à la base en une sorte d'anneau, le groupe des *Annularia*, qui renferme, à n'en pas douter, des plantes aquatiques flottantes et nageantes, nous paraît hétérogène; il comprend, en effet, des espèces qui, comme les *Annularia radiata, minuta*, ressemblant davantage aux *Asterophyllites*, seraient mieux désignées collectivement par *Asterophyllites-Annularioides*.

On aurait constaté, dans les magmas siliceux d'Autun, que la tige de l'*Ann. longifolia* possède une organisation cryptogamique, confirmée par la structure, aujourd'hui connue, de l'axe du *Bruckmannia tuberculata*, que nous rapportons à cette espèce.

Or, les épis d'*Annularia* sont conformes à ceux de beaucoup d'*Asterophyllites*, et il nous paraît exister, entre ces deux sortes de plantes, une parité générale de fructification et d'organisation qui nous les fait considérer comme formant un groupe naturel, une famille détruite de grande importance, car leurs débris sont partout communs et répandus.

ANNULARIA MINUTA, Brongn.

On trouve rarement dans le bassin de la Loire des *Annularia* minuscules, semblables aux échantillons d'Anzin étiquetés ainsi au Muséum par M. Brongniart; à petites feuilles peu nombreuses, lancéolées et ne paraissant pas soudées à la base ni bien ramenées dans un même plan, à peu près comme dans le *Bechera dubia*, Sternb., rapproché des *Chara* (*Flore du monde primitif*, 2e cah. p. 47, pl. II); rappelant aussi l'*Ast. spicata* de Gutbier, auquel un échantillon de Villebœuf se rapporte bien avec ses épis (*D. Verst. d. Zechst. u. Roth. oder d. Perm. i. Sachsen*, p. 9, pl. II, fig. 1 et 2), ou également l'*Ann.*

radiiformis de Weiss, lorsque les feuilles sont plus petites, ou encore l'*Ann. radiata* lorsque, au contraire, les feuilles sont plus longues, toutes plantes faibles, traînantes ou peut-être même flottantes à l'occasion, mais pas nageantes.

Habitat. A la Péronnière. — Puits Saint-Louis du Bessard. — A Méons. — Au Clapier. — A la Béraudière. — A Roche-la-Molière. — Emprunt de Montmartre. — Quelques-uns à Communay et dans l'entre-brèche de Molineau.

Annularia radiata, Brongn. et Stern. Cette espèce, qui se rapproche encore plus des Astérophyllites herbacées, ne se montre qu'à Montrond, aux Rouardes.

ANNULARIA SPHENOPHYLLOIDES, Zenker. — VOLK. PSEUDOSESSILIS.

(Pl. VI, fig. 3.)

Annularia sphenophylloides. Sous ce nom, au lieu d'*Annularia brevifolia*, on désigne généralement aujourd'hui, à l'étranger, ces petites plantes étalées, connues de tout le monde, à rameaux menus presque aussi grêles les uns que les autres, avec rosaces de petites feuilles spatulées de *Galium*, convexes avec dépression médiane, et terminées par une légère pointe.

Les débris de ces plantes sont répandus partout à Saint-Étienne : nous n'en indiquerons que les principaux gisements.

Beaucoup : vers 290 mètres au puits Châtelus, à Villars, au puits Rolland de Montaud. — A Landuzière, à Communay.

Plus ou moins nombreux : à Montsalson. — Au-dessus de la 2ᵉ au Treuil et au Quartier-Gaillard. — A l'emprunt de Montmartre. — Au puits de Tardy. — A Villebœuf. — A Avaize. — Puits du Gagne-Petit. — Chez-Guichard à Côte-Chaude. — Toit de la couche des Barraudes. — Galerie Bande (Roche-la-Molière), toit de la couche Siméon. — A la Porchère (15ᵉ couche). — Carrière du Bois-Monzil — Puits Avril de Montaud. — Puits de la Chana. — Puits Stern de Monticux. — Fendue de l'Éparre. — Toit de la 8ᵉ (Barallière). — A Montessu. — A la Chazotte. — Fendue Vivaraise. — Puits Saint-Félix de Janon. — Puits du château de Saint-Chamond. — A la Niarais. — Au Mouillon. — A Montbressieux. — A Molineau.

Et notamment encore : au puits Rabouin d'Unieux. — Chez-Marcon à Saint-Priest, dans la brèche du Mont-Ravel. — A Valfleury. — Aux Trois-Combes. — A 490 mètres au puits Saint-Privat. — Puits Saint-Charles de la Péronnière. — Puits Martoret. — A Combe-Plaine. — A Montrond, etc.

Volkmannia pseudosessilis. A Épinac et à Ronchamp, mieux qu'à Saint-Étienne, nous avons trouvé, avec d'abondants *A. brevifolia*, des épis mélangés et, ce semble, connexes, courts, grêles, et, ce qui les caractérise surtout, portant serrés contre l'axe, entre les verticilles de bractées aiguës soudées à la base, des sporanges tout autour, grossissant en haut, où ils paraissent protégés par un éperon de la bractée supérieure; mais on les verrait assez bien suspendus à des pédicelles se détachant de l'axe un peu au-dessous du joint supérieur, ce que MM. Feistmantel et Stur auraient aussi observé dans des épis, sans doute analogues, qu'ils rapportent aux Astérophyllites. (Voir *Verl. Mittheil. u. fruch. d. foss. Calamarien, in Zeit. d. deut. geol. Gesell.* 1873, p. 261.)

Par l'ensemble des formes, ils ressemblent au *Volk.* pl. VI, fig. 4, Binney (*Obs. on the struct. of fossil Plants found in the carb. strata*).

Nous donnons, fig. 3, pl. VI, un exemple de ces épis pinnés.

ANNULARIA LONGIFOLIA, Br. — EQUISETITES LINGULATUS, Germ.
BRUCKMANNIA TUBERCULATA, Sternb. (Pl. VI, fig. 4 et 5.)

Annularia longifolia. Cette espèce est aussi connue et caractéristique que la précédente; elle n'est pas moins répandue, et est plus abondante; ses débris de plus grandes dimensions sont généralement mêlés à ceux de l'*Annularia sphenophylloides*. En voici les principaux gisements :

Habitat. En quantité considérable : au-dessus de la couche des Littes à Montrambert, à la Porchère (schistes de la 17e), à l'emprunt de Montmartre, à Bois-Monzil, à Méons (9e à 12 couches).

Beaucoup : aux puits Camille et de la Bâtie, du Cros; au bois de Montraynaud. — Au toit et au mur de la couche de Villars. — Dans les roches de la 8e, à la Barallière et à Montaud. — Puits du Brûlé (Béraudière). — Au-dessous de la 12e (Reveux). — Au puits Châtelus. — Puits de la Chana. — Aux Combettes.

Plus ou moins nombreux : à la Niarais. — Puits de la Culatte. — Chez-Guichard. — Toit de la couche des Barraudes. — A la tranchée Villefosse et à la carrière Malterre de Villars. — Toit de la couche Siméon. — Galerie Baude, ainsi qu'au-dessus du Petit-Moulin, à Roche-la-Molière. — A la Malafolie. — Toit de la 8e à Gagne-Petit. — Puits Saint-Louis. — A 40 mètres au-dessus de la 8e à Méons. — Puits de la Manufacture. — A Villebœuf. — Au Bardot. — A Avaize. — A la Chazotte. — A Saint-Chamond. — Au Mouillon. — A Montbressieux. — A Montessu. — Au puits Saint-Honoré d'Unieux, à la Chauvetière, recherche de la Palle, etc.

Et notamment encore : vers 505 mètres au puits Saint-Privat. — A Grand'Croix. — A Lorette. — Au Sardon. — Au Grand-Couloux. — A Rive-de-Gier. — A Communay, à Gandillon, au Grand-Recou, à Valchery, etc.

Equisetites lingulatus. Parmi les débris d'*Ann. longifolia* on trouve des tiges rompues aux articulations, où est tendu un diaphragme auquel font suite, tout autour, à l'extérieur, des feuilles en languettes étalées soudées à la base, comme cela est représenté à la pl. X, fig. 3 et fig. 1, de la Flore de Wettin et Löbejün. Il y a un cercle seulement de lacunes entre la couronne extérieure et la dentelure interne qui dénote un noyau calamitoïde, et ces lacunes paraissent résulter, au niveau de l'articulation, du passage des faisceaux vasculaires se rendant aux feuilles, auquel cas, dans la longueur des entre-nœuds, une zone vide existerait entre l'écorce unie et l'axe, ainsi que dans les Calamophyllites. Or M. Renault a trouvé à Autun une petite tige qui nous paraît s'y rapporter, ayant une écorce mince, séparée, par une zone de parenchyme détruit, d'un cercle ligneux caractérisé par des lacunes contre lesquelles se voient des fibres barrées annelées ou même spiralées, disposées sans ordre, comme dans les Cryptogames vasculaires. C'est là une organisation qui n'est pas sans analogie avec celle des *Equisetum*, en confirmation des vues premières de M. Brongniart, qui, dans son *Prodome* (p. 155), a émis l'opinion que les *Annularia* peuvent bien être des Équisétacées flottantes. Peut-être que la tige pl. XV de la Flore de Saxe, avec ses feuilles munies de fibrilles radiculaires, comme il s'en développe dans l'eau, appartient à l'espèce en question. Les cicatrices laissées par la désarticulation des branches sur les tiges principales se présentent plus ou moins comme dans l'*Equisetum laterale*.

Bruckmannia tuberculata. Tels que Sternberg les a montrés pl. LXV, fig. 2, 4ᵉ cahier (*Vers. geog.-bot. Darst. d. Flora d. Vorwelt*), je trouve partout constamment et intimement mêlés aux débris d'*Ann. longifolia* des épis si longs que je n'ai pas encore pu les suivre jusqu'aux deux bouts à la fois; je les ai rencontrés souvent parallèles les uns aux autres et dans un cas tous recourbés dans le même sens et convergents à un bout; j'en ai même vu sortir de tiges que je rapporte à l'*Ann. longifolia;* deux paraissent terminer une petite branche, et un semble naître, unique, du milieu d'un verticille de feuilles, comme si en nombre ces inflorescences eussent été en rapport avec la force de l'axe qui les a produites.

Nous sommes donc porté à réunir, avec Germar et M. Schimper, ces épis à l'*Ann. longifolia*. Seulement, tandis que, jusqu'alors, on les a décrits avec des capsules axillaires opposées, j'ai bien et exactement reconnu, sur l'empreinte, que les sporanges sont portés, au nombre de deux superposés, par des pédicelles naissant du milieu de chacune des nombreuses côtes dont l'axe charnu est marqué, formant ainsi des verticilles fertiles entre les verticilles foliaires, d'une manière identique aux *Calamostachys*, et comme nous le représentons fig. 4, pl. VI. La figure 4′ est un axe de *Bruckmannia* dépourvu de ses bractées.

Le *Calamostachys* annoncé par M. Renault dans le Bulletin de la Société botanique de France, séance du 23 juin 1871, est exactement le *Bruckmannia tuberculata;* je l'ai reconnu au premier aspect et par la comparaison de tous les détails. L'axe offre une lacune en face de chaque côte et, plus intérieurement, un cylindre de vaisseaux disposés sans ordre; les sporanges sont remplis de spores globuleuses triradiées, comme dans les Lycopodes.

Port de la plante entière. L'*Annularia longifolia,* dont l'organisation, dans ses traits essentiels, est maintenant connue, poussait, du fond de l'eau, des tiges assez fortes, ramifiées plusieurs fois de suite sans ordre, jusqu'aux derniers rameaux, grêles, longs, nageants, pinnés. On trouve quelquefois, principalement dans les schistes, où la plante paraît avoir ses racines, au milieu des formes normales, des branches et rameaux pourvus de feuilles aciculaires, flexueuses, non plus bien situées dans un même plan, et que tout indique avoir flotté dans l'eau. De manière que la plante entière me paraît avoir eu le port pl. VI, fig. 5, composée qu'elle était de tiges munies de courtes feuilles, de branches nombreuses, flottant d'abord avec des feuilles aciculaires, jusqu'à ce que, nageantes les unes et les autres, elles recouvrissent la surface de l'eau de la plus élégante végétation, en des points divers de laquelle s'élevaient des épis groupés en plus ou moins grand nombre.

PINNULARIA, Lindley et Hutton. (Pl. VI, fig. 6.)

Nous avons bien observé que les *Pinnularia* sont des racines souterraines, et non des feuilles, comme on l'avait cru d'abord.

Ils abondent à Saint-Étienne dans beaucoup de schistes, où ils sont en place. Il y a donc intérêt à savoir à quelles plantes les rapporter.

Nous nous sommes bien rendu compte que, comme l'exprime la figure 6, pl. VI, ce sont de petites racines en place, fourchues et pinnées plusieurs fois de suite, plus ou moins étendues, peu plongeantes, partant, de tous côtés et à différents niveaux, d'un pivot d'où, d'abord assez fortes, elles vont s'affaiblissant peu à peu jusqu'aux extrémités, qui offrent quelque analogie avec le *Pinnularia capillacea,* Lindl.

Lindley a supposé que ce peuvent être les parties submergées des *Asterophyllites* ou des *Annularia.* M. Geinitz les rattache aux *Asterophyllites.* J'ai lieu de croire que ce sont plutôt les racines de l'*Annularia longifolia,* et non point, en tous cas, celles des *Calamites,* ainsi que disent l'avoir reconnu Salter et MM. Dawson et Binney.

EQUISETITES, Sternberg.

Il y a d'autres restes non raccordés de plantes, peut-être également organisées, comme la série de celles dont nous venons de terminer l'étude, mais présentant la différence que, à la place de feuilles, les tiges devaient être entourées de véritables gaînes, plus ou moins semblables à celles des *Equisetum.* Nous les considérons à part, pour ne pas interrompre dans la description l'unité que les *Asterophyllites* semblent former avec les *Annularia*.

EQUISETITES GEINITZII. — CALAMITES APPROXIMATUS, Sternb.
(Pl. V, fig. 5.)

Eq. Geinitzii. Tiges très-identifiables à celles fig. 4 et 5, pl. X, *Die Verst. der Steink. in Sach.* p. 4, représentées ordinairement par une écorce parfois assez épaisse, articulées toujours à de courts intervalles; écorce plus ou moins gercée en long, marquée aux articulations, sur une bordure saillante, d'une cicatrice annulaire alternativement un peu dilatée et contractée sans délimitation de cicatricules, mais avec des points vasculaires distincts, enfin comme d'une trace de gaîne tombée; écorce en outre ornée de cicatrices discoïdales, disposées en étages isolés ou même assez fréquemment en deux étages superposés, très-déprimées en cône, occupant presque toute la hauteur des entrenœuds; écorce encore, de temps en temps, pourvue d'un verticille unique de cicatrices plus considérables, contiguës, serrées latéralement et, par suite, plus hautes que larges, indiquant d'autres organes tombés que les premières et accompagnées de plus courts articles. La figure 5, pl. V, représente l'une de ces tiges, avec le noyau interne dont il va être question.

Une remarque, également applicable aux Calamophyllites, c'est que les cicatrices raméales présentent à l'intérieur un cercle dentelé qui doit être la trace du cylindre vasculaire de la branche.

Habitat. Aux toits des couches du Sagnat et du Péron. — Puits Desgranges de Roche-la-Molière. — Au-dessus de la 2ᵉ au Treuil. — A Monticux. — A la tranchée du bois Sainte-Marie, etc.

Endocalamites approximatus. Dans plusieurs de ces tiges, on trouve un noyau calamitoïde, séparé de l'écorce par une zone vide : noyau identique au *Cal. approximatus* (*Histoire des végétaux fossiles*, p. 132, pl. XXIV, v. α), fortement contracté aux articulations, où sont tendus des diaphragmes épais, relevé de lignes saillantes séparant des bandes longitudinales de tissu cellulaire, recouvert d'une enveloppe de charbon unie et finement striée à la surface, où se voient, sur les jointures, des cicatrices en quinconce, correspondantes aux cicatrices raméales de l'écorce, auxquelles on les verrait, dans quelque cas, encore reliées par des pinceaux vasculaires. Toutes ces circonstances sont indiquées sur notre figure 5, pl. V, qui réunit tout ce que nous savons, pour le moment, de ces tiges, également composées à l'état fossile des mêmes parties que les Calamophyllites et se liant, par des formes intermédiaires, au *Calamophyllites ingens*.

Ces noyaux calamitoïdes, ordinairement faibles, sont souvent bordés, sur les empreintes, d'une large bande charbonneuse, dont ne sont pas accompagnées les vraies Calamites, et que l'on peut croire provenir de l'écorce aplatie.

Habitat. Puits du Crêt (Roche-la-Molière). — Puits Saint-Félix (Platières). — A Chavassieux (Palais des Arts). — Emprunt du Crêt-Pendant. — Puits de la Culatte. — Emprunt de Montmartre. — Toit de la couche des Littes, etc.

EQUISETITES PRISCUS? Geinitz.

Nous avons trouvé, au puits Rolland de Montaud, à Avaize, au Treuil, des portions assez importantes de gaînes que la ressemblance des formes fait identifier à celles des Prêles. Ces gaînes, sèches, sont marquées de bandes vasculaires qui se dirigent dans les dents subulées réunies par une membrane mince, plus ou moins ridée en travers, comme dans le *Bockschia flabellata*, Göpp.; elles sont de longueur variable, mais de forme assez semblable à l'*Eq. priscus*, Geinitz.

MACROSTACHYA INFUNDIBULIFORMIS, Bronn. (Pl. XXXII, fig. 1.)

Grands bourgeons spiciformes depuis longtemps connus, atténués et recourbés à la base, comme des organes latéraux, à la manière de l'*Eq. curta* de Dawson, destinés à la fructification, car, ainsi que le montre notre figure 1, pl. XXXII, ils sont formés de très-nombreux coronules emboîtés, formant des planchers où reposent de gros sporanges comme dans les *Cingularia*, et relevés de courtes gaînes avec dents aiguës, carénées, scarieuses, bien définies par de Gutbier, alternes et imbriquées d'un verticille au suivant.

Le fait que, en se soudant, les bractées forment gaîne, est commun aux épis de Calamariées et n'est pas suffisant pour décrire les épis qui nous occupent comme *Equisetites;* nous les désignons génériquement, avec M. Schimper, par le nom de *Macrostachya*.

Ces épis, charbonneux et aplatis, ont été rapportés par M. Geinitz aux tiges d'*Equisetites;* mais ils sont beaucoup plus nombreux et comptent parmi les formes communes du bassin houiller de la Loire.

Habitat. En grand nombre au toit de la couche du Sagnat Midi et dans la fausse sole de cette couche. — Abondant dans un schiste du puits Desgranges. — Assez à la tranchée du bois Sainte-Marie. — Plein une mise de schiste à Montrambert. — Commun à la sole de la couche des Littes, à la Terrasse. — Nombreux à Gandillon, au-dessus de la 3e à la Béraudière. — Plusieurs au fond du puits Rabouin, à Grand'Croix. — Au toit du Péron. — Tranchée de la Chiorary. — Galerie Baude.

— Toit de la 2ᵉ au puits Charles de Latour. — A la Malafolie. — A Unieux. — A Montessu. — Tranchée de Montmartre. — Vers 170 mètres au puits de la Culatte. — Vers 250 mètres au puits Châtelus. — Puits Montsalson n° 1. — Toit de la couche des Barraudes. — Puits Rolland. — Bois-Monzil. — Puits des Combeaux. — Porchère. — Niarais. — Au-dessus de la 2ᵉ au Treuil. — Toit de la 5ᵉ à la Marie-Blanche. — Toit de la 7ᵉ à Montieux. — A Chapoulet. — Vers 490 mètres au puits Saint-Privat. — Puits Saint-Jean du Nouveau-Ban. — Puits Saint-Denis de Lorette. — Puits Sainte-Mélanie de Montbressieux. — Mouillon. — Grandes-Flaches. — Puits Charles de la Péronnière. — A Valfleury.

GENRE AUTONOME. — SPHENOPHYLLUM, Brongniart.

Les *Sphenophyllum* sont des plantes herbacées, à tiges noueuses, avec feuilles verticillées, semblables en cela aux Astérophyllitées, mais bien différentes : 1° par des sillons non alternants, comme MM. Weiss et Schimper l'ont bien remarqué; 2° par des feuilles minces, planes, cunéiformes, obtriangulaires, plus ou moins profondément dentées, émarginées, lobées, avec nervures égales aussi nettes et aussi bien bifurquées que dans les Fougères.

Un examen attentif de beaucoup de ces plantes m'a appris que le nombre des feuilles est un multiple de 3, qu'il peut être de 6, 9, 12, et sans doute aussi 18; que, sous le rapport du nombre des feuilles, les *Sphenophyllum* forment deux séries d'espèces : l'une où les verticilles se composent toujours de six feuilles biséquées, ayant deux nervures radicales et naissant de tiges largement sillonnées; l'autre où les feuilles, en nombre variable des tiges aux branches, ont une seule nervure radicale et correspondent sur la tige à autant de petites côtes.

M. B. Renault a signalé, comme pouvant appartenir aux *Sphenophyllum*, de petites tiges silicifiées d'Autun, présentant sur la coupe un triangle vasculaire curviligne à côtés rentrants, formé à l'intérieur de fibres spiralées aux angles et entouré d'une zone, croissant en épaisseur, de tissu rayonnant, mais formé de cellules bout à bout, de sorte que l'organisation est, au fond, celle des Acrogènes. Les préparations indiquent des rameaux solitaires naissant à l'aisselle des feuilles, dont les cicatrices forment un anneau autour de la tige, d'où dix-huit faisceaux vasculaires se portaient sans doute à autant de feuilles tombées. Le triangle ligneux traverse les articulations; les tiges sont renflées et tuméfiées aux nœuds. Tout cela ne laisse pas que d'être très-conforme aux tiges de *Sphenophyllum* et très-favorable à l'identité générique de ces deux sortes de débris fossiles.

Sphenophyllum Stephanense, Renault.

Cependant la preuve du fait restait à trouver, lorsque je découvris dans les galets de la Péronnière une tige plus complète, avec des feuilles; elle est décrite par M. B. Renault[1] sous le nom de *Sphenophyllum Stephanense*, avec six feuilles dressées correspondant à six faisceaux primaires, qui partent par deux de chaque angle du corps vasculaire, se subdivisent en trois branches chacun en dehors de la tige dans un limbe de feuille à trois nervures et terminé par trois dents. De pareilles feuilles peuvent se voir dans le *Sph. saxifragæfolium*, dont la tige est, en outre, labourée de sillons semblables à ceux de notre spécimen silicifié. Il est donc, en tout cas, bien certain que nous avons affaire à la structure des tiges de *Sphenophyllum*, et non à celle des Astérophyllites, comme M. Williamson le prétend[2], d'après des exemplaires calcifiés munis de feuilles plus nombreuses, apparemment simples; mais le *Bechera grandis* (p. 19, vol. I, *Fossil Flora*) paraît se rapporter à quelque *Sphenophyllum*, et je connais des tiges de *Sphenophyllum angustifolium* avec de nombreuses feuilles aciculaires à peine soudées légèrement deux à deux à la base.

Les épis du *Sphenophyllum* ont été plusieurs fois figurés, mais sans détails qui nous fissent connaître la manière dont les sporanges sont portés. J'avais d'abord observé la disposition de ceux-ci en rangées longitudinales (fig. 8, pl. VI), comme on doit l'attendre de la structure de l'axe, lorsqu'une empreinte de *Sph. angustifolium*

[1] *Annales des sciences naturelles*, 5e série, t. XVIII.

[2] *On the organisation of the fossil Plants of the coal-measures*, part V, *Asterophyllites*, 1873. Les formes extérieures révélées par les coupes ne me paraissent pouvoir s'accorder qu'avec les *Sphenophyllum*.

me les a laissé voir couchés sur les pédicelles réfléchis des bractées (fig. 9), au crochet desquelles ils paraissent fixés, peut-être deux par deux et géminés, comme je l'aurais mieux reconnu dans l'épi du *Sph. oblongifolium* (fig. 11). D'après cela, les sporanges sont épiphylles, comme dans les Lycopodes; et les *Sphenophyllum*, par la structure singulière de leurs petites tiges herbacées, par leur inflorescence, diffèrent assez essentiellement des *Asterophyllites* et *Annularia* pour les en éloigner désormais.

Les *Sphenophyllum* sont abondants et assez variés. Leur étude sur les lieux nous permet de restaurer les plus fermes, disposés en touffe épaisse (fig. 13, pl. VI). Il semble que, suivant le milieu, les conditions topographiques, ces plantes pouvaient être tout ensemble aquatiques, flottantes, nageantes et aériennes. Aussi leur spécification est-elle très-difficile. Comme elles sont herbacées, il est à croire qu'il existe entre les feuilles et les tiges quelque dépendance de forme, que nous avons essayé de mettre à contribution.

1re *série*. Sphenophyllum Schlotheimii, Brongn. — *Sph.* à feuilles cunéaires obtuses arrondies, entières, non frangées, convexes, avec nervure radicale unique, subdivisée plusieurs fois jusqu'à la marge; les feuilles sont plus ou moins nombreuses, jusqu'à douze sur les petits rameaux géniculés; les tiges, striées faiblement, ont été bien figurées par Germar et Geinitz. La plante paraît avoir été faible de port et expansive.

Habitat. Considérablement dans l'étage de Rive-de-Gier; en quantité au p. Grézieux, au p. Montribout, à Montbressieux; nombreux au Mouillon, au p. du Replat, à Chapoulet, à Landuzière (légèrement dentées); plusieurs au p. Saint-Louis, à la Niarais; quelques-uns à Montrond, aux Rouardes, aux Arcs. — Il y en a au Grand-Couloux, à Valfleury, à la Bertrandière (d'après les tiges).

Subspecies, truncatum, Schimper (*Traité de paléontologie végétale*, I, 340), à feuilles de *Sph. emarginatum*, mais non fissurées au milieu, tronquées, planes, évasées, entières, ou également crénelées, ou dentées. Cette sous-espèce, à Rive-de-Gier, se distingue difficilement parmi les nombreuses modifications de l'espèce précédente.

Habitat. A Rive-de-Gier, aux Rouardes, Chapoulet, Valfleury. — Niarais.

Ce type monterait à Saint-Étienne sous une autre forme; à la Porchère, au toit de la Grille Nord, à la Malafolie, à 540 mètres au p. Ambroise.

Sphenophyllum angustifolium, Germar. (Pl. VI, fig. 7, 8, 9 et 10.) — *Sph.* à feuilles longues, étalées, délicates, planes, bifides et trifides, plus ou moins comme elles ont été figurées par MM. Coemans et Kichx (*Monographie des Sphenophyllum d'Europe*, p. 24, fig. 7, pl. I); à rameaux débiles incapables de se soutenir, à épis de fructification (pl. VI, fig. 8) recourbés à la base.

Habitat. Toit de la Grille. — Aux Barraudes. — Assez à Montsalson, à Avaize. — A Montmartre. — A Villebœuf comme à Montaud. — A la Béraudière, au bois de la Garde. — Couche des Littes.

Subspecies, bifidum. — Tiges à plus petites feuilles bifides, sèches, roides, carénées, dressées en prolongement supérieur des côtes; les unes sveltes et élancées, comme bifurquées et rappelant certains Lycopodes, avec de longs épis terminant la ramification (pl. VI, fig. 7); les autres plus robustes, plus ramifiées.

Habitat. P. Merle de Côte-Thiollière. — Nombreux au-dessus de la 2e au Treuil. — P. Devillaine à Montrambert, à la Sainte-Chapelle. — P. du Crêt (Barallière). — Quartier-Gaillard. — A 170 mètres au p. de la Culatte. — Nombreux à la tranchée Villefosse à Villars. — A la fendue Saint-Jean, à Roche-la-Molière, à la Chauvetière, couche des Combes, etc.

Les tiges, trop régulièrement sillonnées pour ne pas l'avoir été à l'état de vie, portent des rameaux relativement forts, comme s'ils eussent été produits, lors du développement terminal de la tige, par un partage inégal de celle-ci; ils sont axillaires, bien que à cheval sur le joint. Les côtes sont ou terminées en haut par une cicatrice à un seul passage vasculaire (fig. 10, pl. VI), ou prolongées par des feuilles uninerviées, simples dans quelques cas.

2e *série.* Sphenophyllum emarginatum, Brongn. — On trouve, près de Molineau, à Communay, à la Poizatière, des *Sphenophyllum* avec des feuilles cunéaires comme celles du *Sph. truncatum,* mais essentiellement fissurées au milieu, par suite, sans doute, d'une double nervure radicale, et rentrant dans le type décrit p. 34, fig. 8, pl. II (*Sur la classification et la distribution des végétaux fossiles*, 1822), mais plus analogue à la v. *Brongniarti* de Coemans et Kichx.

Sphenophyllum saxifragæfolium, Sternb. — *Sph.* à feuilles moins cunéiformes, peu rétrécies à la base, inégalement fissurées deux fois successivement, par suite de deux nervures radicales qui se subdivisent dès la base; à tiges notablement sillonnées.

Habitat. A Combe-Plainc. — A Montbressieux. — Au Sardon. — A Combe-rigole. — Aux Arcs. — A Communay (nombreux). — A Montrond.

Sphenophyllum oblongifolium, Germar. (Fig 11 et 12, pl. VI.) — *Sph.* à feuilles oblongues, élargies au milieu et toujours rétrécies au sommet, essentiellement bilobées par l'effet de deux nervures radicales reconnues par M. Geinitz, à lobes dentés (*Petrif. strat. lith. Wettini et Lobejuni*, p. 18, fasc. II, fig, 3, pl. VII).

Les feuilles, généralement ramenées du même côté, indiquent des plantes traînantes. Il y en a à feuilles planes plus grandes, très-inégales, plus allongées latéralement qu'en avant et surtout qu'en arrière, comme si elles eussent flotté (v. *natans*).

Les tiges, désarticulées, portent des feuilles, un peu soudées à la base, en continuation supérieure des entre-nœuds. Les plus grosses branches (fig. 12, pl. VI) ont, contre et sur les jointures, des cicatrices foliaires allongées horizontalement et marquées de deux points. Elles présentent de larges sillons, peu prononcés; la surface des côtes est fibreuse, celle des sillons est celluleuse et pointillée, peut-être par des stomates.

Habitat. Beaucoup dans un schiste de la Malafolie, à 330 mètres au p. Ravel, au Bois-Monzil, à 150 mètres au p. de la Chana, à 410 mètres au p. de la Culatte, au p. de la Bâtie.

P. du Crêt (Roche-la-Molière), p. Courbon (Béraudière), p. de Tardy, aux Barraudes, p. des Rosiers, toit de la 8ᵉ à Montaud, mur de la 2ᵉ au Treuil, p. Robert. — A Avaize, à Sainte-Barbe. — P. du Crêt (Barallière), Chez-Marcon à Saint-Priest. Chazotte. A Bachassin, Saint-Chamond.

Var. *natans* à Villebœuf, au Quartier-Gaillard comme au p. du Clos (Clapier), comme à l'emprunt de Montmartre. — Emprunt du Crêt-Pendant. — Sole des Littes à Montrambert. — A la Sainte-Chapelle.

3ᵉ *série*. Sphenophyllum majus, Bronn. — *Sph.* à longues feuilles cunéiformes, largement fissurées au milieu, avec au moins deux ou plutôt quatre nervures radicales se bifurquant lentement plusieurs fois de suite et produisant une texture de feuille de *Nöggerathia*.

Habitat. Au toit de la Grille à Roche-la-Molière. — Près de la 11ᵉ à l'Éparre. — Non rare à la Malafolie. — P. Petin de la Calaminière.

Sphenophyllum Thonii, Mahr. — J'ai trouvé à Saint-Étienne des *Sphenophyllum* curieux, à larges et longues feuilles orbiculaires arquées avec nervation dissymétrique, tout à fait semblables, sous tous les rapports, du moins en ce qui concerne les feuilles non frangées, à cette espèce d'Ilmenau (*Ueber Sph. Thonii*, p. 433, pl. VIII, vol. XX, *Zeitschrift d. deut. geol. Gesellschaft*), rappelant, les unes, les frangées, certains petits *Cyclopteris*, et les autres certains *Blattina*; feuilles tenant à la tige, articulée à longue distance, par une large base, avec quatre nervures radicales qui se dichotomisent plusieurs fois de suite chacune.

Habitat. — A Tardy. — A Montrambert. — A Avaize. — A Chavassieux.

Genre BORNIA, J. Römer.

Ce genre remarquable est largement représenté dans le Roannais.

BORNIA TRANSITIONIS, Göpp.

Tige composée d'un noyau décrit comme *Calamites transitionis* et d'un épiderme situé à distance du noyau (Stur). Ce noyau est marqué de côtes planes, toujours en ligne droite, sans alternance aucune, d'un côté à l'autre des jointures, qui souvent ne sont pas mieux indiquées que dans le *Bornia scrobiculata*; des points déprimés se remarquent à la jointure dans les sillons; Römer aurait reconnu que l'enveloppe du noyau est de nature cellulaire (*Zeit. d. deut. geol. Gesell.* vol. XVI de 1864, p. 167). L'épiderme, que j'ai trouvé en rapport avec le noyau calamitoïde, ressemble aux *Stigmatocanna*, sauf que les cicatrices situées d'un côté des articulations sont en verticille comme dans les *Anarthrocanna*; cet épiderme étant au *Cal. transitionis* comme les *Calamophyllites* sont aux *Endocalamites*. Les tiges sont pourvues de feuilles singulières, de 0^{m},02 à 0^{m},50 de long, deux, trois ou quatre fois bifurquées de suite dans un même plan (v. Stur, *D. Culm. Flora d. Mähr. Dach.* 1875, p. 2 à 19, pl. I à IV). Les épis terminaux aphylles d'une espèce de Vandée paraissent comme formés, autour d'un mince axe sillonné sans interruption, de verticilles rapprochés d'appendices portant chacun plusieurs capsules.

Habitat. A Combres, fendue Guetton (nombreuses tiges de toutes grosseurs, quelques-unes cambrées et commençant par un court rhizome, d'autres émettant des rejetons, comme les Calamites, dont elles paraissent avoir eu le mode de végétation; certaines de ces tiges ressemblant à celles illustrées tab. III, fig. 3, et tab. IV, *Foss. Flora d. Uebergang.*). — Aux travaux des Rollandes. — A Valsonne et entre Pradines et Régny (palais Saint-Pierre, à Lyon). — A Régny et à Naconne, quelques débris de plus petites tiges.

CLASSE DES FILICACÉES.

Les Fougères dominent tellement dans les parties moyennes et supérieures du terrain stéphanois, que leurs divers débris remplissant les schistes fossilifères contribuent aussi à former la masse principale de la houille, comme on le verra. Les stipes et tiges sont proportionnés aux frondes, aussi variées que nombreuses. Il y en a avec des dimensions considérables et des formes spéciales difficiles à reconnaître. Je suis parvenu à en raccorder assez bien les divers organes, et il me sera possible de reconstituer plusieurs types de ces Fougères du monde primitif, qui, avec des formes de frondes souvent très-analogues, pour ne pas dire presque identiques, à celles de nos jours, joignent une fructification discordante, une structure et un port aussi remarquables qu'étrangers, souvent, au monde actuel.

Après des tentatives impuissantes pour la classification plus naturelle des frondes de Fougères fossiles, on en est encore réduit à les grouper systématiquement par l'emploi combiné de la découpure des feuilles en rapport avec leur nervation.

Si l'on peut croire, avec Presl, Fée, MM. Brongniart, d'Ettingshausen, que les caractères de végétation des feuilles, judicieusement employés, offrent quelque base d'un bon classement des groupes inférieurs de Fougères, c'est à la condition, bien entendu, d'avoir, au préalable, coordonné ces plantes suivant leurs rapports naturels, ce qui exige toujours l'emploi des caractères de fructification, car les mêmes formes de frondes se présentent dans des genres différents. Autrement dit, la classification doit commencer par en haut, c'est-à-dire qu'il faut d'abord déterminer la tribu par l'emploi du caractère le plus élevé, avant d'y pratiquer des coupures décroissantes au moyen des caractères de plus en plus inférieurs qui relient les plantes entre elles par des ressemblances de plus en plus complètes dans les détails.

La solution est-elle possible pour les Fougères fossiles du terrain houiller?

L'ordre d'importance croissante des caractères de fructification est, à part l'indusium, la répartition et la forme des sores et, au plus haut degré, la structure du sporange.

Dans les Fougères fossiles, on peut encore arriver, au prix de longues recherches, à découvrir la distribution des sores et leur relation avec la forme et la nervation des feuilles. Mais on sait que, sur les caractères de fructification d'ordre inférieur, M. Göppert a essayé sans succès de rénover la classification des Fougères fossiles.

En observant que certaines Fougères, comme les *Pecopteris*, ont presque toujours des frondes fructifères mêlées aux frondes stériles, et que l'examen attentif sur les lieux des espèces les moins fécondes y fait souvent découvrir des traces de fructification, j'en conclurais que l'absence constante de ces traces sur des frondes communes, comme les *Alethopteris*, est presque une preuve que la fructification était marginale ou terminale; car, si, par la macération que les plantes fossiles ont éprouvée, les organes de reproduction des Fougères ont dû pourrir et disparaître, d'après les expériences de Lindley[1], le réceptacle doit toujours être resté discernable.

Si l'on pouvait maintenant encore induire des mêmes expériences que les frondes dont il ne reste que des réceptacles fructifères ont pu avoir des capsules et un indusium comme les Fougères vivantes, la présence presque constante de capsules charbonneuses sur les feuilles de *Pecopteris* serait une bonne raison de croire, si je ne l'avais constaté, que ces organes sont ligneux et agglomérés, comme dans les Marattiacées.

Mais le mode de répartition, la forme et la composition même des sores n'offrent que des ressources auxiliaires de classification, d'autant plus faibles que, dans les circonstances ordinaires de gisement, ces caractères sont peu précis. Il n'y a que la structure des sporanges qui puisse nous fixer définitivement sur les affinités

[1] *Fossil Flora of Great Britain*, vol. III, p. 4-12.

générales des Fougères fossiles, soit entre elles, soit avec les Fougères vivantes.

Mais la découverte de ces petits organes bien conservés est extrêmement rare, et l'on ne peut espérer mettre jamais la main dessus pour chaque espèce.

A supposer, cependant, que, par des rapprochements et comparaisons nombreuses, on parvînt à classer les empreintes de Fougères plus naturellement d'après les caractères superficiels de la fructification, la découverte d'une capsule s'y rapportant, avec la paroi conservée, éclaircirait tout à coup leurs affinités générales.

Du moins, c'est de cette manière, et grâce aux gisements de végétaux silicifiés d'Autun et de Grand'Croix, que je crois être parvenu au classement naturel de la plus grande masse des Fougères du terrain houiller supérieur.

Mais beaucoup de Fougères ont des traces si incertaines de fructification, et il y en a un si grand nombre qui n'en ont pas encore présenté le moindre vestige, qu'il faudra toujours se laisser guider, dans la partie descriptive, par la nervation et la forme des feuilles; nous verrons à ce sujet (2e partie), par plusieurs exemples, que, dans le classement générique, il faut avoir plus égard au mode général de ramification des frondes qu'à leurs découpures limbaires.

Il n'y avait pas seulement à classer les frondes de Fougères : il devenait non moins désirable de les rattacher aux autres organes des mêmes végétaux. J'ai obtenu à cet égard des résultats avancés, et dans la description qui suit je me permets de partager tous les débris de Fougères fossiles entre trois grands cadres ou tribus, savoir : 1° le cadre des HÉTÉROPTÉRIDES ou des Fougères diverses, comprenant comme frondes les *Sphenopteris* en général, quelques *Pecopteris* herbacés, et comme souches et pétioles les *Tubicaulis*, les *Rhachiopteris*, etc.; 2° la tribu des PÉCOPTÉRIDÉES arborescentes, comprenant comme frondes les *Pecopteris* proprement dits, et comme tiges les *Caulopterides* et *Psaronius*; 3° la tribu des NÉVROPTÉRIDÉES, comprenant les *Alethopteris*, *Calli-*

pteris, *Odontopteris*, *Nevropteris*, etc. comme frondes, les *Aulacopteris* comme supports de ces frondes et les *Medullosa* comme structure de ces supports. Dans chaque cadre ou tribu, les frondes, stipes ou tiges et structures seront successivement examinés.

CADRE DES HÉTÉROPTÉRIDES.

J'entends par Hétéroptérides toutes les Fougères herbacées et frutescentes dont les frondes, généralement sphénoptéroïdes, comprennent cependant des formes pécoptéroïdes qui m'empêchent de les désigner, avec quelques auteurs, par Sphénoptérides ou Sphénoptéridées.

Ces Fougères sont rares et peu variées à Saint-Étienne, et comme leur fructification reste peu connue, on sera réduit à les classer d'après la forme et la nervation. Les indications fructifères, jointes à la multitude des formes, annoncent un certain nombre de genres et peut-être les représentants de plusieurs tribus.

SPHENOPTERIS, Brongniart.

Les *Sphenopteris*, caractérisés en général par des pinnules rétrécies à la base, découpées en lobes décroissants et divergents, parcourues par des nervures étalées, pinnées et très-obliques, sont de formes très-diverses, qui motivent plusieurs subdivisions.

SPHENOPTERIS ARTEMISIÆFOLIA? Sternb.

J'ai vu à Roche-la-Molière et à Méons quelques fragments d'une Fougère semblable à celle publiée à la page 176, pl. XLVI, de l'*Histoire des végétaux fossiles*.

SPHENOPTERIS-TRICHOMANOIDES, Göpp. (*Rhodea*, Presl.)

Sph. à frondes plus ou moins divisées en partitions terminales linéaires, filiformes, uninervées, terminées par des sores, ou plutôt par des capsules allongées.

Sph. filifera, Stur. A Viremoulin (concession du Désert), j'ai trouvé les restes d'une Fougère très-divisée de la même manière que le *Sph. filifera* de Mohradorf (Stur, *Culm-Flora d. Mähr.* p. 34, pl. VIII, fig. 1). Cette

Fougère, qui a des rapports avec le *Sphen. bifida*, Lind. des environs d'Édimbourg, rappelle le *Trichomanes trichoideum;* certaines feuilles présenteraient encore le sommet recourbé des *Hymenophyllum* en voie de développement.

Sph. Göpperti, Etting. Aux travaux des Rollandes, à la fendue Guetton et dans le Kieselschiefer du Roannais, j'ai trouvé une Fougère appartenant à un type développé dans le terrain devonien supérieur et le calcaire carbonifère. Cette Fougère, analogue aux *Sph. refracta*, Göpp., *asteroides*, Feist., est identique autant que possible aux figures par lesquelles MM. d'Ettingshausen et Stur ont représenté le *Sph. Göpperti* du culm inférieur de Moravie; dans cette espèce les extrémités des lobes sont bifurquées sous un angle très-ouvert.

SPHENOPTERIS-DAVALLIOIDES, Göppert.

Sph. à lobes linéaires tronqués.

Sph. elegans, Brongn. Des fragments de feuille à Régny et de rachis à Naconne, dans le Roannais.

SPHENOPTERIS-DICKSONIOIDES, Göppert.

S. à pinnules plus ou moins rétrécies à la base, à divisions moins décroissantes et plus ou moins dentées, à nervures rares, ascendantes. J'ai vu sur l'espèce suivante des indices de fructification aux anfractuosités terminales des feuilles, et j'ai remarqué sur plusieurs *Sphenopteris* de la fosse l'Archevêque d'Aniche (Nord) que ces indices sont les marques de capsules isolées, sans apparence d'anneaux élastiques.

Sphenopteris Gravenhorstii, Brongn. Telle que p. 191, pl. LV, fig. 3, de l'*Histoire des végétaux fossiles*, cette espèce se présente :

Habitat. à Grand'Croix, au puits de Grézieux, au Monillon, à Frigerin (École des mineurs), à Valfleury.

SPHENOPTERIS-CHEILANTHOIDES, Göppert.

S. à pinnules et lobes arrondis, entiers, de nature coriace, bombés et à bord recourbé en dessous, avec nervures flabellato-pinnées ordinairement peu évidentes. Ces Fougères ne m'ont paru représentées dans les couches inférieures de Saint-Étienne que par quelques débris d'une espèce participant à la fois du *Sph. irregularis* et du *trifoliolata*.

SPHENOPTERIS-ANEIMIOIDES, Schimper.

S. à pinnules subaiguës, tels que *Sph. latifolia*, *muricata*, ayant la nervation des *Aneimia* et en particulier de l'*Aneimia flexuosa*. — Aucun à Saint-Étienne, où le groupe est remplacé par des formes pécoptéroïdes.

PECOPTERIS-SPHENOPTEROIDES, Brongn.

M. Brongniart avait séparé, sous ce nom, des formes intermédiaires entre les *Pecopteris* et les *Sphenopteris*, telles que le *Pecopt. cristata* et autres espèces, qu'il est avantageux pour la classification de séparer en général des *Sphenopteris*, et qu'il peut être utile de sous-grouper de la manière suivante.

PECOPTERIS-DICKSONIOIDES. (Pl. VII, fig. 1.)

Les *Pecopt. cristata, chærophylloides* et autres analogues imitant les *Dicksonia rubiginosa,* Kaulf.; *scabra,* Will., etc. sont, par la forme et la nervation, plutôt des *Sphenopteris* que des *Pecopteris*, et pourraient avoir leur place près des *Sphenopteris-Dicksonioides.* J'ai observé sur une sorte de *Sph. chærophylloides,* que je représente pl. VII, fig. 1, des capsules plus ou moins nombreuses irrégulièrement distribuées, comme dans les *Mohria,* plutôt cependant ramassées vers la marge, lesquelles capsules, quoique assez frustes, se montrent sous le microscope (fig. 1, *a*) obovales sans anneaux, comme celles des Osmondacées ou plutôt des Schizéacées, vu que les cellules de la paroi, formant un réseau étiré, se raccourciraient un peu au sommet, sans se modifier toutefois notablement, mais de manière à nous fournir peut-être une sorte de transition des Schizéacées aux Marattiacées.

Pecopteris cristata, Brongn., à pinnules délicates, découpées d'une manière assez caractéristique.

Habitat. Au Mouillon; au Ban; à Valfleury; à la Bertrandière; à Landuzière; à Montrond; une variété au Cros, à Montaud, à Montrambert, à la Culatte; et une forme chérophylloïde à Rive-de-Gier (palais Saint-Pierre, à Lyon).

Pecopteris leptopteroides. On trouve à Saint-Étienne, dans les couches supérieures seulement, des Fougères découpées, fort délicates, à limbe très-mince, à nervation lâche très-nette.

Habitat. A la Richelandière (couche des Rochettes), à Sainte-Barbe, au nord du Chambon.

PECOPTERIS-ANEIMIOIDES.

Fougères analogues aux *Sph. Aneimioides*, par la nature de la surface et la nervation, mais que l'on a décrites comme *Pecopteris*, telles que les *P. Loshii*, *Sauveurii*, *Pluckeneti*, etc.; à pinnules obtuses, nerviées comme celles de l'*Aneimia tomentosa*, à peine rétrécies à la base. Je donne pl. VII, fig. 2, *b*, une Fougère en fructification, que je crois pouvoir rapporter au groupe en question, largement représenté à Saint-Étienne par deux types spécifiques.

1er Type. — PECOPTERIS SUBNERVOSA, Gr.

Fougères très-élégantes, à fronde triangulaire, à pinnules planes larges et coriaces, très-variables de contour, avec nervures fortes et flabelliformes; que je ne trouve nulle part décrites identiquement comme elles se présentent à Saint-Étienne, quoique analogues, dans les extrémités, au *P. nervosa*, p. 297, pl. XCV, fig. 2 (*Hist. végét. fossiles*), mais offrant, dans les parties moyennes, des différences dont cette espèce ne paraît pas susceptible; elles rappellent également les *Sph. Schillingsii*, Andrä, et *decipiens*, Lesq. Ne pas les confondre avec celles auxquelles M. Römer a donné le même nom spécifique.

Habitat. Plusieurs à Chavannes et à Saint-Chamond, à Avaize, fendue Vivaraise, p. de la Chaux, Calaminière, Montcel, p. Jovin, p. Camille du Cros, p. Châtelus, p. de Tardy, p. Palluat, p. des Rosiers, p. du Ban (Malafolie), Côte-Chaude, Villebœuf; à la Porchère, aux Platières, à la Béraudière, à la Terrasse, à Gandillon; v. *succedanea* à la base des couches de Chaponost, comme aux Hautes-Villes.

2e Type. — PECOPTERIS PLUCKENETI, Schlot.

Espèce susceptible de prendre dans ses diverses parties, selon la vigueur du développement, des aspects très-variables, dont j'ai mis longtemps à connaître l'identité; à pinnules sessiles et même un peu unies à la base d'attache, généralement quinquélobées, avec nervures peu apparentes, espacées, flabellato-pinnées. Cette espèce gît souvent de compagnie avec la précédente, à laquelle la lient des intermédiaires. Le rachis, assez gros, strié, avec des points saillants, contiendrait un faisceau vasculaire unique, fermé à la base du pétiole. Dans certains schistes fins, on voit en place des pivots striés, que l'on peut rapporter à cette espèce; et ces pivots s'élevant debout avec des racines paraissent être nés de rhizomes fugaces, traçants. Je donne dans le tableau de végétation B un port irrégulier à cette espèce en herbe, commune et abondante à Saint-Étienne.

Habitat. Nombreux au-dessus de la 2ᵉ au Treuil comme au Grand-Coin, au toit de la couche de Côte-Chaude, au puits des Rosiers, à la Terrasse, au puits de la Bâtie, à la carrière du Bois-Monzil. Au toit de la 14ᵉ à la Porchère, à la Côte, aux Barraudes, aux Platières, tranchée de la Chiorary, puits du Ban de la Malafolie, à 40 mètres au puits de la Barge, recherches du Chambon, toit de la couche des Littes, puits de Tardy, puits de la Manufacture, toit de la 7ᵉ à Montieux, puits du Crêt de la Barallière, puits Saint-Louis du Bessard, à l'Éparre, à Villars, Chez-Marcon à Saint-Priest, puits Charles des Roches, à Chanay, Montcel, Calaminière, fendue Vivaraise, puits Rigodin, à la Giraudière (sans *Excipulites*), etc.

A Tartaras, à Lorette, à Grand'Croix, à Comberigole et à Communay, une forme un peu différente, à pinnules plus denses et à plus petits lobules.

PROPRIÉTÉS COMMUNES AUX PECOPTERIS PRÉCÉDENTS ET SUIVANTS.

Paragonorrhachis, Gr.

On a décrit comme *Schizopteris* (nom à réserver pour des végétaux indépendants) des expansions anomales de rachis et non des parasites qu'on pourrait appeler *Paragonorrhachis;* on les a constatées sur certains *Pecopteris,* tels, par exemple, que le *Pecopt. dentata;* moi-même je les ai trouvées sur plusieurs types de Fougères, savoir : 1° sur le rachis de celle pl. VII, fig. 2 (proche du *P. Pluckeneti*), portant des capsules ligneuses isolées à surface réticulée sans anneau (fig. 2, *b*); 2° sur deux *P. Biotii* (l'un stérile et l'autre fertile, avec capsules aussi sans anneaux) présentant autour du rachis des expansions membraneuses bien différentes de celles du *Pecopt. dentata;* 3° sur une Fougère (rappelant le *P. subnervosa*) avec la penne secondaire inférieure schizoptéroïde, et sur une 4ᵉ espèce (rappelant le *Pecopt. cristata*) avec productions filiformes à la base des pennes primaires.

PRE-PECOPTERIS, Gr. (SCHIZÉACÉES).

Dans le terrain houiller moyen il y a de nombreuses Fougères, à la vérité pécoptéroïdes, mais à plus petites pinnules minces, plus ou moins connées à la base, souvent un peu crénelées, avec nervure moyenne flexueuse évanouissante et nervules lâches ascendantes; *folii circumscriptio triangularis*, et, par suite, variables dans les diverses parties; Fougères dont M. Brongniart avait fait le fond de ses *Pecopteris-unitæ,* que Göppert a distinguées comme *Pecopteris-Aspidioides*, et dont quelques-unes sont décrites comme *Sphenopteris*, telles que les *Sph. Laurenti*, Andrä, *serrata*, Lindl.

Senftenbergia, Cord.

La fructification est essentiellement différente de celle des vrais *Pecopteris*, si, comme j'ai lieu de le croire, le *Senftenbergia elegans* nous l'exprime sous la forme de sporanges isolés sur les nervures, ainsi que cela ne se remarque plus aujourd'hui que dans les *Mohria*, *Aneimia*, *Schizea*, et terminés par une coiffe tantôt plus complète que celle des Schizéacées, tantôt moins complète [1].

Pecopteris dentata, Brongn. Gein. *Pecopt.* on ne peut plus semblables à ceux de la Saxe figurés sous ce nom par M. Geinitz. (*Die Verst. d. Steink. in Sachsen*, pl. XXX, fig. 2); la pinnule inférieure (anadrome des Allemands) est toujours plus allongée.

Habitat. Assez fréquent dans l'étage de Rive-de-Gier, à Montbressieux, à Combe-rigole, à 500 mètres au puits Saint-Privat, à Montrond, au détournement du Gier, à Robertane; plus maigre à Saint-Chamond comme à la Chazotte; à Montieux; Chez-Huguet, à Montrond, à Molineau et à Lorette, la forme sinuée ordinaire.

Pecopteris Biotii, Brongn. *P.* réuni au précédent, dont il diffère par des pinnules de forme oblongue plus sinueuses, plus petites, plus denses, par tout le facies en un mot, et, comme preuve, par les expansions du rachis.

Habitat. Forme type au toit du Sagnat; assez au puits de la Chana; nombreux à Montsalson; à Chaponost, à Montrambert, au Treuil (2e couche), au Cros, puits Petin, fendue de la Ronze, à Méons, à Gandillon; forme distendue au Bois-Monzil, à Roche-la-Molière, à Villebœuf, à Montrambert avec la forme type.

Divers. — *Pecopteris aspidioides*, Stern. nec Brongn. Fougère polymorphe, rappelant tantôt le *Pecopt. Reichiana*, Göpp. à pinnules infléchies et à nervures simples, tantôt le *Pecopt. flavicans*, Presl, de Brzas (Bohême), à pinnules connexes décurrentes, tantôt et le plus souvent, et mieux, le *Pecopt. aspidioides*, Stern. de Radnitz (*Versuch einer geog.* I, pl. L, fig. 5), à nervures simples ou bifurquées. J'ai vu une Fougère de forme analogue montrant à une face l'apparence des sores d'*Asplenium*, mais à l'autre face des fossettes avec l'empreinte d'un seul gros sporange au bout de chaque nervure.

Habitat. A la Niarais, à la Poizatière, à Chapoulet, à Lorette, à Communay.

Sphenopteris integra, Andrä. — A la Malafolie, à Avaize, et mieux aux Hautes-Villes, on trouve des Fougères très-semblables à cette espèce, à pinnules ovalo-rhombiques, un peu infléchies à la base rétrécie et très-décurrente, à nervures fines flexueuses et nervure moyenne à peine plus forte.

Pecopteris erosa, Gutbier. — Cette espèce caractéristique, qui aurait une

[1] M. D. Stur aurait constaté sur un *P. Biotii* de Wettin la présence de sporanges ovales de *Senftenbergia* (*Verhandl. der k. k. geol. Reichs.* 1873, p. 269). Le même a reconnu, dans les granulations fructifères du *Pecopteris Bredovi*, des capsules de *Schizea* que je crois voir sur un autre *Pre-pecopteris* de Givors.

fructification de même forme, si ce n'est de même structure, que la suivante, se trouve au Sardon et à Lorette [1].

Oligocarpia Gutbieri, Göpp. — A Montrond et à Comberigole j'ai trouvé deux empreintes qui se réfèrent assez bien à cette espèce par des pinnules se rejoignant à la base, avec nervules clair-semées et nervure moyenne peu distincte, mais sans les fructifications constatées par M. Göppert sous la forme de groupe de capsules non soudées avec un anneau imparfait; on ignore le mode d'attache des capsules.

RHACHIOPTERIS, Corda.

Pétioles isolés de Fougères de petite dimension, herbacées, dont on a formé plusieurs genres. M. Williamson, qui en a rapporté un aux *Sphenopteris*, fait remarquer très-justement que la section varie beaucoup d'un point à un autre des rachis de divers ordres.

Anachoropteris pulchra, Corda. A faisceau vasculaire mince, réfléchi, involuté en apparence du côté inférieur, contrairement à l'analogie; ces pétioles se trouvent dans les galets de la Péronnière, où ils ressemblent à ceux des Sphérosidérites de la Bohême (*Beit. z. Flora d. Vorwelt*, p. 86, pl. LVI).

Rachiopteris forensis (pl. XIII, fig. 1). Je ne sache pas que l'on ait signalé jusqu'à présent des pétioles herbacés, comme ceux de la Péronnière, dont je donne la coupe pl. XIII, fig. 1, avec un faisceau vasculaire en ω.

Zygopteris Lacatii, Ren. On trouve à Grand'Croix cette espèce de pétiole parmi des capsules de *Botryopteris* qu'il pourrait bien avoir portées.

Clepsydropsis duplex, Ung. et Will. Dans le Kieselschiefer du grès à anthracite de Combres, il y a des pétioles très-épais du genre *Clepsydropsis* devonien d'Unger (*Beit. z. Palæont. d. Thüring*, p. 79, pl. VII); ils ressemblent spécifiquement au *Rachiopteris duplex* de Williamson (*Philos. Transact. Roy. Society*, 1874); dans un spécimen que je lui ai porté à Manchester, cet auteur a reconnu de suite son espèce de Burntisland.

PHTHOROPTERIS, Corda.

Tiges rudimentaires, au milieu d'une agglomération dense de rachis parallèles et de radicelles entremêlées.

Cotta, Corda, MM. Göppert et B. Renault nous en ont fait con-

[1] A l'angle supérieur des pennes, M. Feistmantel signale une production schizoptéroïde (*Steink. Perm. ablag. N. W. von Prag.* 1873, p. 77, tab. I, fig. 3).

naître de très-beaux exemples, sous les noms de *Tubicaulis*, *Tempskya*, *Asterochlæna*, etc., avec des rachis qui, isolés, sont décrits comme *Zygopteris*, *Selenopteris*, *Anachoropteris*. Les *Warzelstock* avec pétioles de *Selenopteris* sont comparables à ceux des *Osmunda*.

Tous ces pétioles sont minces et ont été tenus par Corda pour des rachis de Fougères herbacées. Ceux que j'ai vus silicifiés m'ont bien paru de la forme et de la dimension des rachis des Fougères précédemment considérées, lesquelles, si elles n'étaient pas voyageuses comme le *Pecopt. Pluckeneti*, formaient des touffes, comme je le représente sur le tableau B, d'après un système de racines et de pétioles que j'ai vus en place à Montmartre : racines souterraines semblables entre elles mais très-inégales et ordinairement rameuses, descendant d'un centre d'où l'on verrait s'élever des pétioles. Dans le banc de quartz de Saint-Hilaire, près de Buxière-la-Grue (Allier), il y a des agglomérations importantes de plus gros pétioles parallèles, avec des radicules dans l'intervalle.

Groupe des PÉCOPTÉRIDÉES ARBORESCENTES,
de la sous-famille des MARATTIACÉES.

Les véritables *Pecopteris* sont aussi nombreux que variés à Saint-Étienne, où la plupart semblent provenir de Fougères en arbre. Leur fructification paraît, de plus, modelée sur le même type essentiel. De manière que, par le port de la plante entière, aussi bien que par les organes de reproduction, ces Fougères formeraient un groupe assez naturel.

Ce groupe demanderait à être désigné par le caractère le plus général des organes de reproduction; mais ceux-ci, outre qu'ils n'ont pas été constatés sur toutes les frondes de la même forme, sont incomplétement connus et analysés; et, jusqu'à nouvel ordre, il est préférable de rassembler les Fougères en question d'après les frondes, que j'ai trouvées le plus généralement pourvues d'organes reproducteurs de forme analogue.

Ainsi considéré, le groupe des véritables *Pecopteris* pourrait assez bien se définir :

Par des frondes bipinnées (ambitu subrectangulari), *avec une faible décroissance des divisions plus faciles à identifier spécifiquement; par des pinnules entières non confluentes ni rétrécies à la base, traversées, suivant toute la longueur, par une nervure moyenne très-marquée, et, latéralement, par des nervules subperpendiculaires, simples ou bifurquées.*

La forme et les découpures des feuilles les ont fait comparer aux *Cyathea*, dont, de plus, ils ont le port arborescent; mais leur fructification, composée de capsules coriaces sans anneau élastique d'aucune sorte, leur assigne une place près des Marattiacées.

Plusieurs *Pecopteris* étaient connus avec des réceptacles saillants de *Cyathea* et avec des sores d'*Asterocarpus;* mais on ignorait au moins la structure des capsules.

Après avoir découvert les divers modes de fructification de la plupart des empreintes de *Pecopteris*, j'ai trouvé, dans les magmas silicifiés d'Autun et de Grand'Croix, les moyens de constater cette structure et, par suite, de déterminer rigoureusement la place de ces Fougères dans la méthode naturelle.

Nous allons décrire successivement les genres et espèces de frondes, avec leurs organes de reproduction; la connaissance assez complète que nous avons de ces deux parties nous permettra de généraliser les résultats acquis.

Sous le nom de *Stipitopteris*, nous examinerons ensuite les pétioles épais de ces Fougères, de dimension moyenne assez égale et en rapport avec celle des cicatrices de *Caulopteris*, dont ils ont de plus la structure.

Puis nous étudierons, avec toute l'attention qu'ils méritent, les *Caulopteris* et les bases de ces tiges, qui sont les *Psaronius*.

Nous finirons le grand chapitre des Pécoptéridées par un essai de restauration du port de ces Fougères, qui ressemblent de forme aux *Cyathéacées*, mais avec une fructification identique à celle des Marattiacées.

1er Groupe. — PECOPTERIS-CYATHEOIDES, Brongn.

ASTEROTHECA, Presl., pour ASTEROCARPUS, Göpp.

P. à pinnules souvent contiguës, attachées par toute la base, avec nervules peu obliques, généralement simples.

Les véritables *Pecopteris,* et cela est à remarquer, sont très-souvent fructifères et présentent parfois autant de frondes fertiles que de stériles, et des frondes à peine modifiées, seulement un peu plus coriaces et de nature plus cellulaire.

J'ai bien et assez généralement reconnu que la fructification a lieu sous la forme d'*Asterotheca*, c'est-à-dire moins, comme on l'a dit, de sores indusiés circulaires à déhiscence stelliforme, qui les a fait comparer par M. Göppert aux Gleichéniées et en particulier aux *Kaulfussia,* que, comme l'indique notre planche VIII, fig. 1, de groupes de capsules autour d'un point, au nombre de trois à cinq, comme dans les *Mertensia,* mais soudées et formant ce que l'on appelle des *synangium.* Les capsules, piriformes, sont appliquées tout autour d'une saillie inférieure à la feuille (fig. 1, β), correspondant, sur son dos, à une dépression ponctiforme de la surface. Leur ensemble, conique, est plus ou moins saillant.

Dans une préparation en travers (fig. 1, α), on les voit soudées autour d'un axe central plus solide. Elles sont formées d'un filet de tissu (fig. 1, γ), étiré vers le sommet aigu, sans connecticule, ainsi que dans les Marattiées, auxquelles M. Brongniart avait intuitivement rapproché, d'après la forme seulement, les *Asterocarpus* de M. Göppert. La figure 2, ε et δ, représente deux modes de déhiscence: 1° de capsules séparées, par fissure en dedans; 2° de capsules encore soudées, par communication intérieure préalable. Je ne saurais dire si les sores sont indusiés dans leur jeunesse comme dans le *Chorionopteris Gleichenioides* de Corda; je les croirais plutôt nus dans les vrais *Asterotheca* propres aux *Pecopteris* (1).

(1) Les *Asterocarpus,* fréquents en Saxe, que M. Geinitz rapporte aux *Alethopteris,* paraissent, d'après ses figures, appartenir évidemment aux *Pecopteris.*

PECOPTERIS ARBORESCENS, Schlot., Brongn., Andrä. (Pl. VIII, fig. 6.)

P. à pinnules courtes, égales, contiguës, obtuses-tronquées, planes, à nervules simples; à *synangium* carrés dans l'ensemble, formés en général de quatre ou de cinq ou trois capsules soudées autour d'un réceptacle conique; capsules à paroi réticulée, à mailles allongées vers le sommet. Rachis ponctué.

La planche VIII, fig. 6, *a* et *b*, représente la fructification de cette espèce.

Habitat. Cette espèce, telle qu'elle est figurée dans Brongniart et Germar, existe en quantité à Rive-de-Gier et paraît absente à Saint-Étienne.

Nombreux au puits Malassagne du Mouillon, à Montbressieux et au puits Saint-Charles de la Péronnière, aux Rouardes et à Communay. — Entre la Bâtarde et la Bourrue, et au toit de celle-ci à Rive-de-Gier, au toit de la Grande-Couche à Couzon, au Grand-Couloux, à Saint-Martin-de-Cornas, au Grand-Recou, à la Poizatière, à Robertane et à Gandillon (avec pennes plus écartées).

PECOPTERIS ALPINA, Presl.

Cette espèce à aspect plus lâche, à pinnules plus ovales, moins rectangles, à nervures plus ascendantes souvent bifurquées, se trouve à Montrond, à Rive-de-Gier, à Bayard aussi; de même à Chavannes, et peut-être encore sous Saint-Martin-en-Coailleux.

PECOPTERIS SELAGINORRHACHIS, Gr.

A Rive-de-Gier, on trouve des *Pecopteris* que, faute d'attention, on confondrait avec l'une ou l'autre des deux espèces précédentes; mais les pennes sont plus espacées, et le rachis est si velu que j'en avais pris des portions isolées pour des *Selaginites*. Le facies est d'ailleurs un peu différent; toutefois, la fructification est approximativement la même.

PECOPTERIS PULCHRA, Heer.

Cette espèce diffère des précédentes par des pinnules distantes plus étroites et des nervules un peu obliques. Cette distinction s'applique à de nombreuses Fougères de Rive-de-Gier, de Robertane et de Saint-Étienne aussi, et paraît justifiée par d'autres différences.

PECOPTERIS CYATHEA, Brongn. (Pl. VIII, fig. 7.)

Comparé au *P. arborescens*, le *P. Cyathea* a des pinnules plus longues, inégales, moins contiguës, moins rigides, avec nervures souvent bifurquées; son état fructifère ressemble à celui de Manebach figuré dans *Die Petrefactenkunde*, 1820, p. 403, pl. VII, fig. 11. Ses réceptacles sont semblables à ceux figurés par M. Göppert (*Foss. Flora d. perm. Form.* pl. XVI, fig. 2); les *synangium*, nombreux, plus saillants, sont serrés et comprimés; les capsules paraissent davantage soudées autour de plus fortes saillies correspondant à des dépressions plus accentuées à la surface dorsale. La figure 7, *c* et *d*, de notre planche VIII représente cette fructification. Le rachis est uni ou à peine pointillé à distance.

Habitat. Cette espèce, habituelle à Saint-Étienne, paraît rare à Rive-de-Gier.

Nombreuse au toit des Littes et à la fendue des Combes à Montrambert; beaucoup à Avaize, à Montsalson, à l'emprunt de Montmartre, au puits de la Culatte, au Quartier-Gaillard, au Bois-Monzil, sous Nanta, au Bas-Lardier.

Puits de Tardy, puits de Villars, à la Porchère (15e), au puits Neyron de Roche-la-Molière. — Toit de la 8e à Gagne-Petit, mur de la 13e à Reveux, sous Chaigneux, à Gandillon, à Valchéry, à Chavannes, etc.

PECOPTERIS CANDOLLEANA, Brongn. (Pl. VIII, fig. 8.)

On entend aujourd'hui par cette espèce les *Pecopt. affinis* et *lepidorrhachis*, si voisins de l'espèce précédente par l'ensemble des caractères, qu'ils pourraient bien n'être que la partie inférieure des mêmes frondes, mais à pennes abruptement terminées, à pinnules plus obliques, plus longues, plus larges, plus espacées, souvent un peu renflées au bout, avec nervules plus minces, moins apparentes, bifurquées ordinairement et quelquefois trifurquées. D'ailleurs le rachis est marqué de pointillés écailleux.

L'état fructifère rappelle l'*Hemitelites Trevirani*, Göpp. (non différent du *Pecopt. Candolleana* de Wettin, d'après Stur); il est assez analogue à celui représenté dans la Flore de Saxe, p. 28, pl. XXXI, fig. 7 : nous le dessinons pl. VIII, fig. 8, *e*, *f* et *g*; les pinnules fertiles ne le sont pas généralement jusqu'au bout; les *synangium*, moins saillants, sont formés de quatre ou cinq sporanges plus ronds, moins soudés, et dont les impressions moins confuses qui se remarquent au dos de la feuille y donnent lieu en apparence à deux lignes de réceptacles de chaque côté de la nervure moyenne, le tout assez différemment du *Pecopt. Cyathea*.

Habitat. A peine un échantillon à Rive-de-Gier. A Unieux, toit de la couche Siméon, puits des Barraudes. — Assez à Villars. — Nombreux vers 250 mètres au puits des Rosiers. — Beaucoup au toit de la 8e à Montaud. — En quantité au puits de la Culatte. — Au-dessous de la 7e *bis* au Clapier, fendue Saint-Jean, Chauvetière, etc.

PECOPTERIS SCHLOTHEIMII, Göppert.

Les très-nombreuses Fougères de la série précédente, après avoir été l'objet de distinctions spécifiques très-minutieuses par M. Brongniart, ont été réunies, par M. Göppert et d'autres auteurs allemands, sous le nom de *Pecopt. Schlotheimii*, comprenant, par le sens et l'extension qu'on lui a donnés, les *Pecopt. affinis* et *lepidorrhachis*, les *Pecopt. Cyathea*, *arborescens*, le *Pecopt. platyrrhachis*, et même encore le *P. aspidioides*. Cependant j'ai reconnu que ces espèces diffèrent même assez par la considération nouvelle du rachis et des fructifications. Néanmoins, l'institution de cette espèce multiple est très-commode pour noter la plus grande partie de toutes ces Fougères, très-difficiles à séparer dans la plupart des cas.

Habitat. Il y a des *Pecopt. Schlotheimii* partout, en masse à Saint-Étienne, abondants à Rive-de-Gier; je n'en indiquerai que les principaux gisements.

Beaucoup au puits Petin, aux toits des 14e et 15e à la Porchère, au puits Adrienne de la Malafolie, au puits des Barraudes, au Bois-Monzil, au-dessus de la 2e au Quartier-Gaillard, à la tranchée de Montmartre, puits Rolland de Montaud, au Bardot, à Montrambert, à Givors, à Gandillon, à Chavannes, à Robertane.

Plus ou moins à Montessu, à Unieux, toit de la couche Siméon, à Roche-la-Molière en général, toit de la 8e à Montaud; aux puits Châtelus, Saint-Joseph de la Béraudière, Lacroix du Montcel, Saint-Louis du Bessard, Descours de Saint-Jean, du château de Saint-Chamond; Villebœuf, fendue Vivaraise, puits Bayettan de Communay, à la Chauvetière comme à Avaize, à la Poizatière, à Molineau.

PECOPTERIS HEMITELIOIDES, Brongn. (Pl. VIII, fig. 9.)

P. à plus grandes pinnules, subperpendiculaires, espacées, à nervules simples ascendantes; cette Fougère est souvent fertile, et les sores, beaucoup plus volumineux et charbonneux que dans aucun autre *Pecopt. Cyatheoides*, sont composés de capsules rondes moins soudées, à filet structural plus ouvert. La planche VIII, fig. 9, *h* et *i*, représente une penne fructifère et une pinnule grossie. Il y a des pennes en partie fertiles, en partie stériles.

Habitat. Nombreux au Brûlé du Clapier, vers 200 mètres au puits de Tardy. — Quartier-Gaillard, Bois-Monzil, fendue des Combes, puits de la Barge, puits Baude, toit du Petit-Moulin, entre la Rullière et la 3e, au nord du Chambon.

Subspécies prior. Dans les couches moyennes et inférieures de Saint-Étienne, la même espèce se présente avec des pinnules plus larges, rapprochées, et des nervules toujours simples, notables, moins ascendantes.

Habitat. Nombreux au toit de la 8e, à la Barallière, à Montieux, à Montaud, à Villars, à Saint-Jean, au puits de la Chana. — Fréquent au puits David des Roches, à la Bâtie. — Saint-Chamond, Calaminière, Chazotte, Montcel 13e), Chez-Marcon à Saint-Priest, Bois-Monzil, puits Rolland, Béraudière, fendue des Combes, puits Raboin d'Unieux. — Au Bois-de-Montraynaud. — A Rive-de-Gier et à Montrond, une autre variété.

PECOPTERIS TRUNCATA, Germar.

Telle qu'elle est représentée pl. XVII, p. 43, fascicule IV de la Flore de Wettin, cette espèce, à laquelle l'auteur rapporte l'*Asterocarpus multiradiatus* de Göpp., existerait à Saint-Étienne, mais avec des *synangium* plus considérables encore, formés de capsules très-grosses.

Habitat. A la Béraudière, aux Barraudes, à Villars, à Côte-Chaude.

PECOPTERIS OREOPTERIDIA, Schlot., Brongn.

Dans les couches moyennes de Saint-Étienne, plus semblable à la fig. 9, pl. VI, p. 407, de la *Petrefactenkunde* de Schlotheim, et, plus bas, ressemblant davantage aux figures de M. Brongniart, cette espèce, d'aspect variable résultant des diverses parties et de leur conservation, différant du *Pecopt. polymorpha* par des pinnules plutôt dilatées et adhérentes à la base que contractées, par une nervure moyenne plus faible et moins déprimée, par des nervules moins denses, moins obliques, seulement bifurquées; cette espèce, disons-nous, paraît avoir partagé le mode de fructification des véritables *Pecopteris cyatheoides*, avec une forme de *Pecopt. nevropteroides.*

Habitat. Nombreux à Montrond, près Givors. — Commun à Saint-Chamond. — Chazotte. — Puits Grégoire de Reveux. — Puits Saint-Louis du Bessard. — A Montrambert (École des mineurs). — Au Quartier-Gaillard. — A Rive-de-Gier, à Montbressieux. — Communay.

PECOPTERIS EUNEURA, Schimper. (Fig. 3, pl. VII.)

P. à nervules prononcées, peu obliques, ouvertement dichotomes dès la base; que j'ai vus plusieurs fois passer sur la même penne à un état fructifère, au sujet duquel je me suis longtemps mépris; cela provient de ce que, d'ordinaire, les pinnules fertiles (fig. 3', pl. VII) sont entièrement recouvertes de grosses capsules ligneuses géminées, perpendiculaires à la veine du milieu, comme si elles étaient attachées le long des nervules, par le sommet, au point de bifurcation de ces dernières; mais c'est là une fausse apparence, produite par le tassement et venant de ce que le réceptacle est très-près du rachis, de ce que les *synangium* sont convergents; car, à la faveur d'une compression oblique, on peut apercevoir ceux-ci comme fig. 3, *f;* les deux capsules extérieures des *synangium* à quatre capsules paraissent plus développées que les intérieures, gênées dans leur croissance; dans une empreinte de Decize, certaines pinnules aplaties de champ ont des capsules de 3 millimètres environ de longueur.

Habitat. A Roche-la-Molière comme au puits Saint-Louis du Bessard. — Avaize. Fendue des Combes. — Puits Saint-Félix des Platières. — Tranchée de la Chiorary. — Nombreux au Bois-Monzil. — Puits de la Bâtie. — Chez-Marcon à Saint-Priest. — Commun dans le toit de la 8e à Montaud.

PECOPTERIS ALETHOPTEROIDES. (Fig. 4, pl. VII.)

P. à longues et plus ou moins étroites pinnules, distantes, obliques, décurrentes et connées, au moins vers le sommet des pennes, que je trouve comparables au *Mertensia palmata;* de nature délicate, avec nervules rares, bifurquées tout près de la nervure moyenne en des points d'attache de *synangium* à quatre capsules, que l'aplatissement fait apparaître comme dans l'espèce précédente. La figure 4, *g*, *h*, *i*, *j*, *k*, pl. VII, représente successivement deux pennes stériles, deux pennes fertiles à pinnules notablement plus étroites, et la fructification grossie, telle qu'elle se présente quelquefois.

Habitat. Frondes stériles et fertiles nombreuses dans l'entre-deux de 6ᵉ à la Roche-du-Geai. — Fréquentes aux Platières, à Montsalson. — Au Clapier comme à Villebœuf. — Au puits Beaunier de Villars, comme à la 8ᵉ à la Barallière. — A Montaud. — A la Porchère. — Au-dessus de la couche du Petit-Moulin à Roche-la-Molière. — Au puits Saint-Joseph de la Béraudière.

PECOPTERIS LAMURIANA, Heer.

P. non-seulement conformes à p. 13, fig. 12, *Die Urwelt der Schweiz*, mais identiques aux mêmes Fougères des Alpes que j'ai vues aux Écoles des mines de Paris et de Saint-Étienne, et différentes du *Pecopt. abbreviata*, au moins en ce que les pinnules ne sont pas lobées jusqu'au bout. On en trouve beaucoup à Rive-de-Gier, dénotant de grandes feuilles oblongues lancéolées avec un sommet qui rappelle le *Pecopt. pennæformis*. Cette espèce est placée ici avec doute; je n'en connais pas la fructification.

Habitat. Nombreux au puits Saint-Louis de Grand'Croix, au Mouillon. — Plusieurs à 505 mètres au puits Saint-Privat. — Puits Saint-Charles de la Péronnière. — Puits du Martoret. — Montbressieux.

PECOPTERIS FERTILIS. (Fig. 12, pl. VII.)

Fronde pécoptéroïde de Frigerin, fig. 12, *s* et *t*, pl. VIII, à surface inférieure recouverte de longues capsules en aiguilles couchées, dans des sens différents, d'une pinnule à l'autre. Ces capsules apparaissent encore associées par groupes, et il est à croire que cette abondante fructification, si elle n'appartient pas au mode des *Asterotheca*, rentre dans celui des *Scolecopteris*.

SCOLECOPTERIS SUBELEGANS, Zenker. (Fig. 3, pl. VIII.)

Sous le nom de *Scolecopteris elegans*, Zenker a fait connaître (*Linnæa*, t. XI, p. 509, 1837) un véritable *Pecopteris*, dont je ne reconnais pas bien l'espèce, avec une fructification comme j'en ai trouvé à Grand'Croix (fig. 3, *j* et *k*, pl. VIII), formant des groupes de quatre ou cinq petites capsules suspendues, libres, terminées en pointe, à déhiscence longitudinale, que l'on avait prises pour des pieds de vers, d'où le nom *Made* ou Σκώληξ. La forme des capsules et leur mode de déhiscence rapprochent cette Fougère des *Angiopteris;* mais l'auteur n'a pas fait connaître leur structure. J'ai bien observé, dans les préparations de M. B. Renault, que leur paroi est réticulée, comme fig. 4, *m* et *l*, pl. VIII, sans aucune trace d'anneau, par des cellules irrégulières à la base, s'étirant de plus en plus vers le sommet. Les capsules sont soudées entre elles à la suite du pédoncule, auquel elles sont suspendues. Ce pédoncule est plus ou moins court, et il y a des exemples où l'on ne saurait décider si l'on a affaire à un *Asterotheca* ou à un *Scolecopteris*, deux modes de fructification que je trouve voisins, en ce que les *Scolecopteris* seraient aux *Asterotheca* comme les *Eupodium* sont aux *Marattia*. Zenker définit son *Scolecopteris* sans indusium. Cependant certains groupes de capsules, comme celui fig. *n*, en présenteraient des restes à la base.

SCOLECOPTERIS RIPAGERIENSIS. (Pl. VIII, fig. 5.)

Je représente figure 5, planche VIII, les détails d'une Fougère fertile des galets de la Péronnière, à pinnules plus larges et nervules bifurquées (*o*), à gros *synangium* oblongs, notablement suspendus (*p*), composés chacun de quatre fortes capsules ovales remplies de spores et soudées avant la déhiscence (*r*), s'écartant à la maturité (*q*). Je ne vois pas bien à quelle espèce d'empreintes on pourrait rapporter cette belle fructification; la forme et la nature épaisse du limbe indiquent un *Pecopteris-Nevropteroides*.

2° Groupe. — PECOPTERIS-NEVROPTEROIDES, Brongniart.

P. à pinnules libres et nervure moyenne marquée, assez semblables aux *Pecopteris* ordinaires, mais à pinnules ordinairement un peu contractées à la base et parcourues de nervules fines nombreuses et plusieurs fois bifurquées, ces Fougères participant ainsi à la fois des *Pecopteris* et des *Nevropteris*.

Cette diagnose s'appliquerait à plusieurs des espèces précédentes, mais la fructification de celles-ci diffère assez de celle décrite ci-dessous, que je soupçonne propre à la plupart des Fougères en question, laquelle est fort remarquable par l'abondance de longues capsules pendant de toute la surface inférieure des pinnules, où encore on les voit, plus ou moins distinctement, associées par quatre, d'une manière assez analogue aux *Scolecopteris*.

Je n'ai pour le moment aucun motif de croire que ces Fougères, plus variées sinon plus abondantes à Rive-de-Gier qu'à Saint-Étienne, soient arborescentes.

PECOPTERIS POLYMORPHA, Brongn., SCOL. CONSPICUA.
(Pl. VIII, fig. 10 et 11.)

Le *Pecopt. polymorpha*, facilement reconnaissable, est très-commun dans les bassins houillers du centre et du midi de la France; de gros et longs pétioles finement striés l'accompagnent constamment.

Cette espèce est partout abondamment mêlée à des frondes fructifères épaisses, charbonneuses, avec indications ordinaires de sporanges en longues aiguilles rabattues en travers du limbe de la pinnule écrasée de champ, comme l'indique la figure 10, pl. VIII; les aiguilles suspendues sous les pinnules convexes et formant masse contre la côte moyenne ont été ramenées par la compression du rocher dans le plan de la fronde; dans cet état fossile, les sporanges, sans doute ouverts, sont partagés par un sillon suivant la longueur. À l'extrémité des jeunes frondes, les groupes de capsules rappellent les *Asterotheca;* ils sont seulement plus saillants et plus aigus qu'à l'ordinaire.

Aux champs de la Justice, près d'Autun, j'ai trouvé quelques pinnules silicifiées portant de nombreuses capsules, longues, très-aiguës, recourbées, sessiles, associées par quatre. J'en donne quatre coupes fig. 11, pl. VIII. La coupe en long, *v*, est remarquable, les capsules y paraissant contiguës, lisses et soudées jusqu'à une certaine distance du limbe; la coupe transversale *v'*, encore plus intéressante, laisse voir le limbe foliaire recourbé et prolongé latéralement jusqu'à envelopper presque les longues capsules; les coupes *u* et *u'*, parallèles au limbe, montrent les capsules serrées comme les mailles d'un réseau irrégulier, où se détachent bien les parois des sporanges, mais non sans des traces intermédiaires de tissu déchiré; la paroi est coriace; la déhiscence paraît avoir eu lieu par une fente intérieure.

D'après tout cela, on pourrait croire que, à l'origine, les capsules étaient contiguës et soudées; que les bords du limbe, enroulés et croisés, les abritaient; que, plus tard, les groupes se mettaient de plus en plus en évidence, s'allongeaient et finissaient par se scinder en quatre capsules, qui s'ouvraient à maturité, en laissant échapper de très-fines spores, encore présentes dans l'échantillon silicifié d'Autun.

Le *Pecopteris polymorpha*, avec ses grandes feuilles longuement pétiolées, nous offre ainsi une fructification type qui en fait une des Fougères les plus originales du terrain houiller.

Habitat. Non rare à Rive-de-Gier et des plus répandus à Saint-Étienne.

Quelques-uns aux Rouardes à la Péronnière, à Montrond.

Assez à Communay, Chez-Huguet, au puits Petin, à la Bertrandière; au mur de la Forestière et au toit du banc supérieur de la 13e à Chanay; entre la 13e et la 14e et à 45 mètres au-dessus de la 8e à Méons. — Abondant au puits de la Bâtie. — Beaucoup à la Malafolie, à Roche-la-Molière, à la Porchère et au puits Saint-Louis du Bessard. — Beaucoup au puits Beaunier de Villars, à la fendue du Cros. — Commun au mur de la 5ᵉ à Montaud, au toit de la 8ᵉ à la Barallière, à la carrière du Bois-Monzil, au-dessus de la 2ᵉ au Treuil. — Nombreux entre la Rullière et la 3ᵉ d'Avaize. — Dans l'entre-deux de 6ᵉ au Quartier-Gaillard. — A Villebœuf. — Carrière Saint-Pierre à Montrambert. — Fendue des Combes, à la Chauvetière (Muséum). — Toit de la 7ᵉ à Montieux. — Tunnel de Terre-Noire (École des mineurs). — Au toit de la 3ᵉ à Côte-Thiollière. — Bois de Bayard. — Landuzière, etc.

PECOPTERIS BUCKLANDI, Brongn.

Cette espèce, que l'union des pinnules à la base et les nervules plus ascendantes distinguent de ses congénères, se trouve fréquente à Communay, à Rive-de-Gier, rare à Saint-Étienne.

PECOPTERIS PTEROIDES, Brongn.

Cette espèce, assez semblable au *Pecopt. polymorpha*, s'en distingue cependant assez par une fronde plus plane, par des pinnules plus rétrécies à la base, à nervation plus fine, plus névroptéroïde, sans compter la pinnule basilaire.

M. Geinitz a décrit et figuré sous ce nom des Fougères très-différentes de celles pour lesquelles l'espèce dont il s'agit a été formée.

Habitat. A Montaud. — A Montrambert. — A Méons. — Sous Chaigneux. — A 233 mètres au puits Notre-Dame. — A la Bertrandière. — A la Giraudière, à Lorette, à Montbressieux, etc. — Assez à Communay.

Le *Pecopteris Cistii*, Brongn., de provenance anglaise et américaine, existe très-probablement à Communay et à Grand'Croix.

3ᵉ Groupe. — GONIOPTERIS, Presl.

P. sous forme de pennes à pinnules toujours soudées dans leur plus grande étendue, ou de folioles plus ou moins longues seulement sinuées ou crénelées, à nervures plus ou moins fasciculées dans chaque lobe ou lobule, d'une manière quelque peu semblable aux *Diplazium;* il y en a des quantités à Saint-Étienne, qui se rangent autour des *Pecopt. unita* et *arguta*, liés l'un à l'autre par des formes transitoires, telles que les *Pecopt. emarginata*, *Lartetii*, *elegans*.

Or le *Pecopt. unita* partage, jusqu'à un certain point, la fructification des *Pecopteris-Cyatheoides* dans ce qu'elle a d'essentiel et n'en paraît différer que par des points secondaires, toutefois assez importants, considérés en bloc.

PECOPTERIS UNITA, Brongn. (Pl. VIII, fig. 13.)

P. à folioles le plus souvent isolées, plus ou moins profondément pinnatifides, jusqu'à être presque pinnées; à partitions décurrentes avec nervation pinnatifasciculée et nervules inférieures arquées; l'état de moyenne division correspondant à l'espèce type, l'exagération dans un sens, à la *var. major*, et la diminution dans l'autre sens, aux *Pecopt. emarginata* et *longifolia*.

Cependant les deux écarts principaux pourraient bien former deux sous-espèces indépendantes, savoir :

Subspecies major, Br., subpinnatifide, type ordinaire de Rive-de-Gier;

Subspecies emarginata, Göpp., crénelé, type commun à Saint-Étienne.

Les folioles, entièrement ou partiellement fructifères, que l'on trouve communément avec les stériles, sont recouvertes de fructifications en lignes horizontales et en trois séries verticales de chaque côté de la côte moyenne, de manière à simuler une sorte de quadrillage.

M. Geinitz a désigné par le nom de *Stichopteris* de pareilles folioles fructifères avec des sores incomplétement développés ou mal observés, et M. le docteur Weiss, par celui de *Ptychocarpus hexastichus*, un état faussé par la pression, des sores rabattus dans des sens divers et apparaissant, comme je l'ai vu aussi, sous la forme de grosses capsules sillonnées.

Je me suis beaucoup occupé de ces fructifications, et j'ai bien reconnu, comme l'expriment les figures 13, *x*, *y*, *z*, pl. VIII, que ce sont des capsules allongées et ouvertes en long, arrangées en grand nombre autour de saillies coniques et formant des sortes d'*Asterocarpus* pendants. Mais à la disposition en éventail des capsules renversées, on juge qu'elles doivent être restées soudées jusqu'au sommet de l'axe. Dans un schiste fin et dur de la Chapelle-sous-Dun, les *synangium*, formés de cinq ou six capsules, sont visiblement déprimés au sommet comme je l'indique. Dans les plus jeunes frondes, les *synangium*, incomplétement développés, sont très-légèrement marqués de rayons, comme si l'organogénèse s'y fût produite par compartiments. Il y a même des cas où les *synangium* apparaissent comme de grosses capsules discoïdes avec le centre ombiliqué.

Dans les *habitat* suivants je cite indistinctement l'espèce type, les sous-espèces et leurs états fructifères.

Habitat. Nombreux : à 50 mètres au-dessous de la 7e *bis* au puits Châtelus, au Bois-Monzil, à 250 mètres au puits des Rosiers. — Puits Lafond (Baralliére), puits du Brûlé, puits de la Bâtie. — Beaucoup au puits Camille, à la tranchée du bois

Sainte-Marie et à Villebœuf, au toit de la 8ᵉ à Montieux. Assez nombreux : galerie Baude. — Gore Sagnat. — Puits Rolland. — A Côte-Chaude. — Porchère. — Mur de la 13ᵉ au Montcel. — Puits de l'Isérable.

Et au puits Imbert du Cluzel. — Au Clapier. — Puits Beaunier de Villars, puits du Crêt de la Barallière; puits Avril de Montaud. — Puits Desgranges. — Puits de la Manufacture. — Puits Robert. — Tranchée de Montmartre. — A Unieux, à Montrond, à la Poizatière, etc.

Var. major. Commun à Rive-de-Gier. — Puits Saint-Louis de Grand'Croix. — Puits Malassagne du Mouillon, etc.

Var. emarginata. En particulier au toit de la couche du Péron, à la Malafolie, etc.

Var. longifolia. Au puits Neyron (Roche-la-Molière). — A Montrambert. — Puits de Tardy. — Chauvetière, etc.

PECOPTERIS LARTETII, Bureau (*Bull. Société géol.* t. XXIII, p. 847, pl. XIV).

Fougère ressemblant à certaines modifications de l'espèce qui suit, mais à nervure médiane un peu décurrente à la base, de manière à servir, en quelque sorte, de trait d'union entre l'espèce précédente et la suivante.

Habitat. A Communay et à Lorette, avec des formes analogues au *Pecopt. elegans* de Wettin.

Cependant cette sous-espèce de Germar que je rapporte au *Pecopt. arguta* ne se présente manifestement qu'à Villebœuf, à Tardy, au toit de la couche des Littes, au puits Rolland de Montaud.

PECOPTERIS ARGUTA, Brongn.

Espèce des plus caractéristiques.

Habitat. Assez nombreux à l'emprunt Villefosse. — Dans les roches de la 2ᵉ au Treuil. — Puits Palluat. — Bois-Monzil. — Commun au toit de la 8ᵉ. — A 340 mètres au puits Châtelus. — Toit de la couche des Barraudes. — A Montaud. — A la Barallière. — Toit de la couche Siméon. — Tranchée du bois Sainte-Marie. — Emprunt de Montmartre. — Puits Saint-Joseph de la Béraudière. — Sole de la couche des Littes. — Galerie Baude et puits Neyron à Roche-la-Molière. — A 50 mètres au-dessous de la 7ᵉ *bis* et à 340 mètres au puits Châtelus. — Chez-Marcon à Saint-Priest. — Mur de la Forestière. — Fendue Vivaraise. — Puits Saint-Louis du Bessard. — A la Porchère (15ᵉ). — A la Barallière (9ᵉ à 12ᵉ). — Galerie Saint-Claude de Méons. — Puits Rolland de Montaud. — Puits Pété d'Unieux. — A Saint-Jean de Toulas. — A Montrond, etc.

PECOPTERIS MARATTIÆTHECA, Gr. (Pl. VII, fig. 5.)

Fougères curieuses, pécoptéroïdes, à nervules simples subperpendiculaires et parallèles, sur lesquelles se voient d'épaisses bandes fructifères saillantes, telles que je les représente fig. 5, pl. VII, sous forme ou de quatre sporanges renversés et soudés (*k*), ou, lorsque le déversement est moins complet, de deux lignes accolées chacune de quatre sporanges, que l'on jurerait être des capsules enfermées dans une enveloppe commune avec crête (*l* et *o*), tout comme dans les *Marattia* avant la déhiscence. Dans une Fougère silicifiée, sans doute analogue, les bases des capsules se présentent en plan sur deux rangées connexes (*m*); et en coupe faciale (*n*), lesdites capsules se montrent soudées entre elles entièrement.

C'est bien là, si je ne me trompe, un *Pecopteris* à fructification véritable de *Marattia*.

Habitat. Ces Fougères ne sont pas rares. Communes au nouveau puits de Villars. — Puits Rolland. — Chez-Guichard à Côte-Chaude. — Emprunt de Montmartre. — A Avaize. — Puits David des Roches. — A 470 mètres au puits Ambroise.

PECOPTERIS ANGIOTHECA. (Pl. VII, fig. 6.)

On trouve à Autun de petites pinnules de *Pecopteris*, portant par chaque nervule une double rangée de quatre capsules suspendues, libres, indépendantes (voir pl. VII, fig. 6).

Parmi les *Pecopteris* des quartz de Grand'Croix, il y en a d'analogues, mais les capsules, toujours libres sur deux rangs, paraissent comme enfoncées dans l'épaisseur du limbe, qui, replié en bas, peut parfaitement avoir été clos dans le principe et s'être creusé en logettes transversales, où les organes de reproduction se sont formés (voir pl. VII, fig. 6'). Je n'ai cru reconnaître en empreinte ce mode de fructification que sur un *Pecopteris* de Puertollano (Espagne).

PECOPTERIS DANAEÆTHECA. (Pl. VII, fig. 7.)

Je représente pl. VII, fig. 7, une pinnule amplifiée d'Autun, où les sporanges rectangulaires paraissent soudés dans le sens longitudinal comme dans le sens transversal, de manière à rappeler les *Danaea;* les capsules forment en plan un quadrillage, et en coupe longitudinale des groupes de deux, soudées.

OBSERVATIONS GÉNÉRALES SUR LES PECOPTERIS.

Le nombre des espèces de *Pecopteris* stéphanoises décrites peut paraître exagéré, et cependant je suis persuadé qu'il est sensiblement plus considérable. On pourrait y joindre, d'autres pays, le *Pecopt. eucarpa*, le *Hawlea pulcherrima*, les *Asterocarpus Sternbergii* et *multiradiatus*, Göpp., etc.

On peut faire la remarque que le mode d'arrangement et de connexion des capsules est très-multiple dans les Pécoptéridées. Mais les capsules conservent à peu près la même forme et dénotent une pareille phase primordiale de développement, double caractère qui les distingue des Marattiées vivantes et révèle une importante division disparue de cette sous-famille. C'est là un point qui me paraît bien établi et qui méritait que je m'appliquasse à le mettre en évidence, avant de continuer la description des autres parties, qui, offrant de nouvelles particularités, contribuent pour une juste part à éloigner, sans les séparer de leurs analogues vivants, sous le nom de Pécoptéridées, un grand groupe éteint de Marattiacées carbonifères, remarquables sous tous les rapports, ainsi qu'on va pouvoir en juger, avec une assez complète connaissance de cause, par ce qui suit.

SPIROPTERIS, Schimper.

Vernationis, ou feuilles de Fougères dans la période de vernation, encore enroulées en crosse, mais où l'on distingue déjà des rudiments de *Pecopteris*.

Les débris n'en sont pas rares : Saint-Chamond, Méons, Porchère, Villars, Tardy, Malafolie, Grand'Croix, etc.

Selaginoides, ou frondes modifiées, en voie d'évolution, pourvues de poils ou d'écailles scarieuses, comme les pétioles de Fougères, divisées en lobes subdivisés eux-mêmes et souvent circinés, sans indication de pennes et de pinnules, ce qui les a fait prendre pour des Lycopodes, et nommer entre autres *Selaginites Erdmanni;* cependant quelques-unes présentent des indices non équivoques de *Pecopteris*.

Empreintes analogues au *Selaginites Erdmanni*, à Saint-Priest, au Mouillon; empreintes rameuses et poilues, sans recourbement des extrémités, à la fendue Rullière, au Plat-de-Gier.

Schizopteroides, ou rachis avec ramifications latérales, plus ou moins ailés, et modifiés en *Schizopteris* particuliers, qui pourraient bien être une autre sorte de dégénérescences, fréquentes dans les Fougères primitives.

STIPITOPTERIS, Gr. (Pl. XIII, fig. 2.)

Qu'il me soit permis de désigner par ce nom les pétioles dont la forte grosseur et les restes de structure s'accordent avec la supposition de rachis de Fougères en arbres. Ils gisent, en effet, pour ainsi dire toujours mêlés avec les *Pecopteris* et les *Caulopteris*, d'une manière si intime que je ne saurais plus douter de leur commune dépendance.

Les empreintes de ces pétioles très-aplatis ont de $0^m,05$ à $0^m,10$ et $0^m,12$ de largeur, 1 mètre et plus de longueur, sans embranchement (ce qui est à remarquer); ils sont à l'état d'une mince enveloppe houillifiée, de nature prosenchymateuse (Corda et Unger); leur surface est unie ou chagrinée ou marquée d'aspérités diverses, que l'on reconnaît, à leur répartition inégale, n'être que les points d'attache d'organes accessoires, tels que poils, paléoles, piquants, etc., et qui, par leur inconstance, ne sauraient intervenir sûrement dans les distinctions spécifiques. D'ailleurs je suis loin de les avoir rattachés à leurs frondes respectives, et je me trouve forcé de les examiner à part sous un nom spécial.

Mais d'abord quelle est leur organisation? Les restes de faisceaux intérieurs, que leur mauvais état général de conservation permet encore parfois de discerner, les adaptent aux cicatrices de *Caulopteris*. Ces faisceaux vasculaires, à l'état de feuillets charbonneux, forment souvent, près de l'écorce, un circuit plus ou moins fermé. La coupe ci-contre d'un gros pétiole silicifié est tout à fait conforme, comme on le verra, aux cicatrices foliaires des *Caulopteris;* cette coupe présente deux profils, l'un fermé et l'autre ouvert, de faisceaux vasculaires accompagnés de cellules fibreuses. Dans un autre échantillon silicifié d'Autun, dont je donne la coupe fig. 2, pl. XIII, le faisceau périphérique s'ouvre en haut, sans doute déjà à une certaine distance de la tige, et un V se remarque en outre dans l'intérieur.

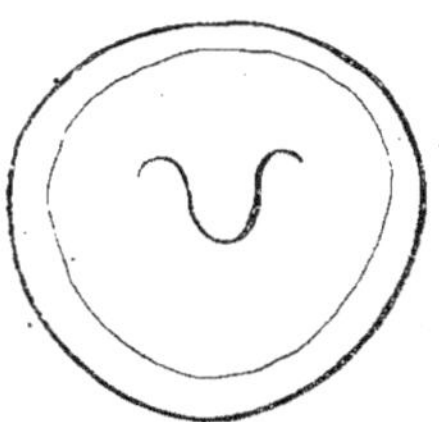

Habitat. Nombreux et abondants dans les schistes à *Pecopteris* des couches moyennes et supérieures de Saint-Étienne, notamment dans les schistes charbonneux de triage à Roche-la-Molière, à la Malafolie, à Unieux, au Clapier, au Grand-Treuil, etc. On les voit paraissant avoir formé une partie importante de la houille d'Avaize et avoir contribué à la formation de celle de la 6e au Crêt-Pendant, des 9e à 12e au puits Saint-Louis, de la 2e au Treuil, etc. On les distingue en nombre parmi les Cordaïtes dans les schistes charbonneux de la 8e au Treuil, dans la houille du Péron. Il y en a beaucoup au Bois-Monzil, à la Barallière, etc.

Stipitopteris æqualis. Catégorie très-nombreuse, à surface à peu près unie, ou légèrement pointillée à distance, ou pourvue de poils très-fins, de $0^m,06$ à $0^m,08$ de largeur moyenne, de 1 à 2 mètres de longueur, sans ramification, de grosseur peu variable, mêlés aux *Pecopteris* les plus communs de Saint-Étienne, entre autres aux *P. Schlotheimii, cyathea, Candolleana*, etc.

Habitat. En quantité dans les schistes charbonneux du Sagnat, de la 8ᵉ, de la 6ᵉ et d'Avaize. — Plus ou moins commun dans la houille du puits Châtelus, etc. Nombreux dans les schistes de la couche des Combes, de Tardy, etc.

Stipitopteris punctata. A surface piquée de nombreuses ponctuations rapprochées, ou encore hérissée de toutes petites pointes crochues.

Habitat. Très-commun à Rive-de-Gier. — Chazotte. — Puits Rabouin. — Chez-Marcon à Saint-Priest. — Puits Ravel de la Porchère, à Chapoulet, etc. — A Saint-Étienne ceux des schistes de la 8ᵉ, du puits de la Chaux, du puits de la Chana, de Chaponost, etc., ne sont pas les mêmes; de largeur moyenne plus constante, ils ont de petits organes paléolaires plutôt qu'aciculaires. Point n'est utile de décrire leurs modifications, qui doivent manquer de fixité.

Stipitopteris delineata. A saillies notables étirées en long et affectant le moule, outre de petites ponctuations superficielles.

Habitat. Mur de la Forestière. — Toit du Péron (Roche-la-Molière). — 9ᵉ à 12ᵉ à la Barallière. — Porchère. — Au-dessous de la 7ᵉ *bis* au Clapier. — Puits Rolland de Montaud. — Puits de Tardy. — Assez à la fendue des Combes, etc.

Stipitopteris verrucosa. A surface glanduleuse et finement papillaire, parsemée de verrues affectant le moule et auxquelles correspondent, à la surface, des cicatrices rondes d'organes tombés, sans doute épineux.

Habitat. Calamiuière. — Toit de la 14ᵉ à la Porchère. — Reveux. — Puits de la Chana (320 mètres).

Stipitopteris notata. Longs pétioles très-considérables de $0^m,10$ à $0^m,15$ de large, avec un épiderme épais, rugueux.

Habitat. Reveux. — Toit de la 8ᵉ à Montaud. — Toit de la 3ᵉ à Côte-Thiollière. — Puits Palluat. — Puits Saint-Louis du Bessard.

CAULOPTERIDES.

Depuis que je suis parvenu à bien reconnaître les divers débris, souvent méconnaissables, des tiges de Fougères, je les tiens pour extrêmement abondants et assez variés, surtout dans les couches moyennes et supérieures du système stéphanois; c'est comme les restes de Cordaïtes; il y en a dans toutes les roches du terrain houiller supérieur. Or, comme par le gisement connexe, joint à plusieurs sortes de considérations significatives, je leur ai rattaché les *Pecopteris*, aucune autre sorte de débris fossiles ne mérite plus de fixer l'attention, car, après, je pourrai rétablir dans le port, l'organisation et jusqu'aux organes fructifères, une grande masse des Fougères du monde primitif.

Ces tiges présentent trois états différents : 1° leurs parties supérieures avec des cicatrices de Fougères en arbres, à ne pouvoir pas s'y tromper ; 2° leurs parties moyennes prépondérantes avec les cicatrices dissimulées sous une enveloppe radiculaire, et très-altérées par l'accroissement en longueur; et 3° leurs bases de pose que j'ai étudiées en place. Ces trois états fossiles seront envisagés successivement sous les dénominations générales de *Caulopteris*, de *Psaroniocaulon* et de *Psaronius*.

Je n'ai presque pas trouvé de *Protopteris*, dans le vrai sens du mot, c'est-à-dire des tiges de Fougères caractérisées, à l'extérieur, par des cicatrices foliaires à une seule trace vasculaire hippocrépique, comme dans les Dicksoniées, et, à l'intérieur, par un cylindre vasculaire périphérique qui les rattacherait aux Cyathéacées ; je dois dire pourtant que par les cicatrices certains *Caulopteris* réaliseraient la transition aux *Protopteris*.

Et c'est à peine si j'ai trouvé quelques représentants du genre *Megaphytum*, assez communs dans le terrain houiller moyen.

MEGAPHYTUM, Artis. (Pl. XIII, fig. 3.)

Tiges longtemps mal appréciées, mises à côté des *Lepidodendron*, ornées de très-grosses cicatrices bisériées (comme cela ne se voit plus dans les Fougères vivantes), mais analogues à celles des *Caulopteris*; tiges marquées, en effet, de verrues accessoires et striées par des radicules adventives, identiquement comme les tiges de Fougères. On ne connaissait pas encore la structure des cicatrices. J'ai trouvé au Cros un *Megaphytum*, dont je représente une partie pl. XIII, fig. 3, avec des cicatrices de $0^m,08$ à $0^m,10$ de large, moins hautes et contenant d'une manière distincte une trace vasculaire assez nette pour qu'on la puisse bien voir affecter un circuit complet, mais renfoncé profondément en haut, comme on peut l'attendre d'un pétiole creusé en profonde gouttière; une trace vasculaire horizontale se remarque, en outre, de chaque côté et à la base du renfoncement en nez: de grosses verrues ressortent sur la surface, que sillonnent des radicules extérieures libres, mais collées à la tige.

MEGAPHYTUM M'LAYI, Lesq., *vel* GOLDENBERGII, Weiss.

De la Baraillière, un beau spécimen, égal, par ses cicatrices foliaires, au *Meg. M'Layi*, Lesq. (*Palæontology of Illinois*, p. 458, pl. XLVIII). Du Bois-Monzil, un échantillon analogue, peut-être plus ressemblant au *Meg. Goldenbergii* (Schimp. *Traité de paléontologie végétale*, p. 713, pl. LIV). L'échantillon du Cros appartient au même type.

Au Montcel et à Montieux, nous avons trouvé deux empreintes comparables. pour la dimension et la forme des cicatrices, au *Megaphytum majus*, Presl. (*Versuch einer geognostisch-botanischen Darst.* t. II, pl. XLVI).

CAULOPTERIS, Lindley et Hutton.

Tiges généralement représentées par une plus mince enveloppe corticale en houille que n'en produiraient les Fougères actuelles, ornées élégamment de grosses cicatrices foliaires, ovales, elliptiques, comme celles des tiges de Fougères actuellement existantes; cicatrices disposées en hélice, même quand elles forment des séries verticales plus ou moins distantes; cicatrices s'espaçant et s'étirant d'ailleurs dans les parties inférieures des tiges, tout comme aujourd'hui.

Les cicatrices foliaires, déprimées, présentent un cercle concentrique intérieur fermé et figurant une couronne, qui a fait nommer ces tiges *Stemmatopteris;* en outre, et ceci restait douteux ou n'était pas connu, elles renferment encore au centre, un peu plus haut ou un peu plus bas, une autre trace vasculaire en forme de V très-ouvert ou d'un profil renversé de rail Barlow, à bords excurvés, ou bien d'un fer à cheval ou d'un U à bords parfois au contraire incurvés, lequel faisceau, dans tous les cas, doit offrir, concurremment avec les autres traces vasculaires, les meilleurs et

11.

les plus sûrs caractères de la détermination spécifique. Cette conformation est générale, et c'est par erreur que l'on distinguait des *Caulopteris* avec cicatrices présentant un grand nombre de points vasculaires, supposés et non constatés.

Le cercle concentrique, fermé, quoi qu'on en dise, représente, d'après une tige et des pétioles silicifiés, une trace vasculaire, de même que le faisceau central, qui tire, lui, sans doute, son origine d'une couche plus profonde de l'axe de la tige.

Nous n'avons presque pas, dans les terrains houillers supérieurs du centre de la France, de *Protopteris* comme ceux que j'ai vus en Angleterre, avec un seul faisceau vasculaire en fer à cheval; cette disposition ne se présente que dans nos *Psaronius* ligneux (*Tubiculites*) d'une tout autre organisation [1].

Si l'on compare la structure vasculaire des cicatrices de nos *Caulopteris* avec celle des tiges de Fougères vivantes, on peut voir sur les *Cyathea*, et en particulier sur le *Cyathea arborea*, que, si les nombreux trous des cicatrices se réunissaient en lignes continues, elles affecteraient deux figures assez analogues, c'est-à-dire un ovale et un V en dedans et vers le sommet.

Mais, et cela est bien remarquable, parce que c'est général, les faisceaux vasculaires des tiges de *Caulopteris* sont nombreux et distribués dans tout l'intérieur comme dans les souches bulbiformes d'*Angiopteris*. De sorte que, avec un port de *Cyathea*, les *Caulopteris* ont une organisation interne de Marattiacées, en harmonie avec la fructification des frondes. Le système radiculaire complète l'anomalie du port.

Dans l'ignorance où l'on restait de la structure des cicatrices, on a partagé, d'après des raisons futiles, les tiges fossiles en question en plusieurs groupes, qui, à ne prendre que celles du terrain houiller du centre de la France, se rangent autour d'un même type, où la similitude n'exclut pas la variété, bien au contraire;

[1] M. Carruthers estime que, par leurs faisceaux foliaires tournés en dedans, les *Protopteris* diffèrent assez des *Caulopteris Lindleyana, macrodiscus*, etc., dont les faisceaux foliaires seraient tournés au dehors.

cependant nous sous-distinguerons les *Ptychopteris*, parce qu'ils offrent des rapports plus complets avec les *Psaroniocaulon* et, par suite, avec les *Psaronius*.

L'enveloppe mince et délicate des *Caulopteris* est, d'ordinaire, mise en lambeaux, la plupart du temps encore si incomplets ou si imparfaits, que leur détermination spécifique très-incertaine est loin d'offrir la valeur stratigraphique de celle des frondes. Ces traces de tiges sont plus communes et plus variées qu'on ne le pense. Je noterai d'abord celles que je n'ai pas pu classer.

Habitat. Plusieurs à Saint-Chamond et à la Chazotte. — Puits de la Vengeance. — Puits de l'Isérable. — Puits du Crêt de la Barallière. — Avaize. — Toit de la Grille Nord. — A la Poizatière. — A Communay. — Une forme particulière à Saint-Chamond et à la Chazotte. — Bois-Monzil. — Toit de la couche des Rosiers.

CAULOPTERIS PROTOPTEROIDES. (Pl. X, fig. 1.)

C. du puits Saint-Jean du Ban, à cicatrices ovales, avec un circuit vasculaire qui ne paraît pas si bien fermé en haut qu'on ne puisse le croire susceptible de s'ouvrir, lorsque, comme dans un exemple analogue de Ronchamp, la petite cicatricule transversale du sommet tend à s'élever davantage, et se réduit à un point entre les bouts s'écartant du faisceau périphérique ouvert; le tout assez semblablement aux *Protopteris*. — M. O. Feistmantel a figuré et décrit une tige analogue du N. O. de Prague comme *Caulop. peltigera* (*Palæontographica*, 1874, p. 147, pl. XXIV). *Première série.*

CAULOPTERIS PERFECTA. (Pl. IX, fig. 1.)

C. de la carrière de Sauzéa, à grosses cicatrices elliptiques, pourvues, indépendamment de la couronne interne, d'un faisceau central en U et d'un point entre les extrémités de celui-ci, ce qui constitue le diagramme vasculaire le plus compliqué que je connaisse. Dans l'intervalle des cicatrices, la surface présente de grosses verrues denses.

CAULOPTERIS PELTIGERA, Brongn. (Pl. IX, fig. 2.)

Dans les spécimens de Bességes, qui annoncent des tiges énormes pour des Fougères en arbres, la cicatrice centrale est en V très-ouvert avec les pointes excurvées, comme la planche IX, fig. 2, en donnerait un exemple, si, par l'allongement, cette trace vasculaire se surbaissait et se portait plus bas par rapport à la hauteur de la cicatrice. Une plus petite tige de ce type, plutôt que de cette espèce, m'a offert un grand nombre de feuillets vasculaires dans tout l'intérieur. Dans quelques exemples, les radicules extérieures cachent plus ou moins les cicatrices.

Habitat. A 505 mètres au puits Saint-Privat. — Toit de la 10e au Bessard. — Toit de la 2e au Treuil. — Puits de la Chana. — Platières. — Toit de la 8e à Montaud. — Béraudière. — Carrière Saint-Pierre et puits Devillaine à Montrambert. — Puits de Tardy. — Puits Ambroise. — Au-dessous de la 13e (Reveux).

CAULOPTERIS CISTII, Brongn.

C. à cicatrices ordinairement distantes, elliptiques, décurrentes, à surface verruqueuse ou sillonnée, ressemblant, à Saint-Étienne, davantage à ceux de la Saxe. (Geinitz, *D. Verst. d. Steink. i. Sach.* p. 31, pl. XXXIV, fig. 1 et 2.)

Habitat. Au Replat des Grandes-Flaches. — A Méons. — A Janon. — Au-dessus de la 2e au Treuil. — Au-dessus de la 3e au puits Robert. — Puits Palluat. — A la Roche-du-Geai, avec une couche de radicules extérieures.

CAULOPTERIS NEOMORPHA.

C. à petites cicatrices elliptiques, allongées, contiguës, ayant un circuit intérieur étroit, allongé, fusiforme, et un faisceau central arqué et récurvé. C'est une nouvelle espèce fort élégante.

Habitat. A Saint-Chamond, à la Chazotte, à Lorette.

CAULOPTERIS PYGMÆA.

Dans une carrière de Château-Creux comme au toit de la 5e à la Marie-Blanche, petites tiges debout, de $0^{m},04$ à $0^{m},06$ de diamètre, figurées dans le tableau de végétation B, renfermant des feuillets vasculaires discontinus disposés concentriquement, les extérieurs moins fermés et s'ouvrant pour alimenter les couronnes intérieures de six rangées de cicatrices à peu près contiguës, piriformes, saillantes en bas et donnant lieu à une tige anguleuse et ondulée, semblable à celle de certains *Cyathea;* mince écorce, sur laquelle glissent en y adhérant, surtout dans les parties basses, de fines radicules, dissimulant plus ou moins les cicatrices, d'ailleurs altérées.

Habitat. On trouve des tronçons de tiges analogues au Montcel et au Bardot.

CAULOPTERIS MINOR, Schimper. (Pl. IX, fig. 3.)

A cicatrices presque carrées, un peu obliques, superposées en séries longitudinales; les séries distinctes sont séparées par des bandes striées; les cicatrices sont marquées d'une couronne vasculaire correctement fermée, et dans l'intérieur, vers le haut, d'un faisceau transversal avec pointes un peu relevées.

Habitat. Toit de la couche du Sagnat à Roche-la-Molière.

CAULOPTERIS ENDORRHIZA. (Pl. IX, fig. 4.)

C. à cicatrices obovales contiguës, avec un arc vasculaire situé en bas du cercle intérieur et toujours un peu excurvé; et ce qui fait de cet échantillon un objet très-remarquable, qui n'est pas le seul de son genre, c'est que les radicules, au lieu de descendre extérieurement, glissent sous et contre l'écorce dans l'intérieur de la tige. *Deuxième série.*

Habitat. Vers 95 mètres au puits de la Chaux. — Dans les schistes charbonneux d'Avaize. — Dans le charbon de la 3ᵉ, au milieu de Cordaïtes, etc.

CAULOPTERIS PATRIA, Gr.

Dans les couches supérieures de Saint-Étienne et à Decize (Nièvre), j'ai trouvé un *Caulopteris* à cicatrices contiguës formant des séries longitudinales, séparées par d'étroites bandes en zigzag, avec fossettes verruqueuses; cicatrices subcarrées à circuit intérieur en ellipse hexagone et trace vasculaire centrale sinusoïde. Et ce qui en fait une espèce remarquable au même titre que la précédente, c'est qu'on y voit très-bien à l'intérieur de l'écorce des radicules sortant d'une mince enveloppe cellulaire un peu plus interne; ces radicules fibreuses, entre lesquelles on verrait encore du tissu cellulaire conjonctif, descendent d'abord entre les séries longitudinales de circuits internes des cicatrices (circuits que l'on voit résulter de la déviation des faisceaux vasculaires), puis plus tard, avec détours, entre les cicatrices elles-mêmes.

Nota. Le même cas de racines internes descendant entre le corps vasculaire et l'écorce dans une zone étroite se retrouve dans une toute petite tige de Commentry, de deux à trois centimètres de diamètre, ornée de six séries de petites cicatrices, toujours conformées de la même manière.

CAULOPTERIS STIPITOPTEROIDES.

Tiges fluettes unies et plus ou moins semblables à des pétioles, mais renfermant de nombreux feuillets vasculaires et présentant des sorties de racines à la surface, qui parfois est recouverte d'une couche de radicules; cependant ces tiges ont des cicatrices foliaires si rares, si éloignées, que je n'en ai encore vu que des indices. *Troisième série.*

Habitat. Chazotte. — Quartier-Gaillard. — Méons.

CAULOPTERIS DISTANS.

Autres petites tiges entièrement recouvertes de petites papilles d'une manière semblable à certains pétioles chagrinés, mais où j'ai surpris, à de très-longs intervalles, des cicatrices foliaires évidentes.

Habitat. Toit de la couche du Sagnat, à Roche la Molière.

PTYCHOPTERIS, Corda.

Nous arrivons aux tiges de Fougères les plus abondantes, caractérisées par la décurrence des cicatrices, par leur disposition à s'entourer presque immédiatement de radicules appressées, plus ou moins nombreuses et formant une couche plus ou moins épaisse et dense de houille, qui recouvre les cicatrices, d'ailleurs susceptibles de s'allonger et de se laisser effacer, si bien que, à la longue, on n'en découvre plus que des indices vagues.

Ces tiges, variables dans la dimension et dans quelques détails, appartiennent certainement à plusieurs espèces voisines, qui pourraient bien avoir porté les *Pecopteris* du type *Schlotheimii*, car on les trouve gisant ensemble et parfois exclusivement avec les *Stipitopteris æqualis* et *Psaroniocaulon sulcatum* dans des schistes, où le mode d'association constante de ces débris végétaux met hors de doute leur identité générique.

PTYCHOPTERIS MACRODISCUS. (Brongn.)

Tiges aplaties de différentes largeurs, de $0^m,10$ à $0^m,20$, avec un nombre variable, en conséquence, de séries longitudinales de cicatrices étirées et confluentes en haut comme en bas, striées par la descente extérieure de radicules libres, qui forment bientôt tout autour une couche dense, régulière, adhérente, qui masque les cicatrices si complétement que ces tiges, très-abondantes, sont rarement à nu et reconnaissables. Les cicatrices, à pourtour généralement assez mal défini, présentent un cercle intérieur complet et en dedans une trace vasculaire horizontale. Le moule renferme de nombreux feuillets vasculaires dans tout l'intérieur, comme les *Psaronius*, auxquels je suis en mesure de pouvoir rapporter les tiges dont il s'agit.

Habitat. Mur de la 2e au Treuil. — Nombreux près de la 3e à la Barallière et à la sole des Littes. — Toit de la 3e au puits Robert et au puits de la Chaux. — Mur de la 3e et dans les schistes de triage à Montrambert. — Dans le charbon du Clapier. — Assez dans les débris de triage du puits Palluat. — Roche-du-Geai. — Bois-Monzil. — Puits Beaunier. . . Plusieurs au-dessus de la 14e à la Porchère. — Puits de la Bâtie. — Dans le charbon du puits Saint-Louis du Bessard, de la 8e à Montieux. — Puits Baby et Petin de la Chazotte. — A Méons, à la Poizatière.

Avec cicatrices étirées et à distance sous une couche de plus en plus forte de radicules, dans le toit de la 8ᵉ à la Barallière, dans les roches du puits de Tardy, au toit de la couche des Littes. — A cicatrices étroites à Valfleury. — A grosses cicatrices espacées, à la Péronnière; de même dans le lit du Péchigneux (en ω'' de la carte), où cependant les cicatrices ont un dessin vasculaire particulier.

PTYCHOPTERIS OBLIQUA, Germar. (Pl. X, fig. 2.)

A surface plus égale, à cicatrices toujours obliques, arrondies en haut et non plus confluentes avec les cicatrices supérieures dont les coussinets passent de côté; cicatrices ayant la couronne concentrique surélevée d'une manière analogue à certains *Cyathea* et une trace vasculaire centrale inverse, c'est-à-dire tournant sa convexité en haut; mais ses ailes sont relevées. C'est évidemment une espèce distincte de la précédente. (Voir pl. X, fig. 2.)

Habitat. Puits Petin de la Calaminière. — Puits Lacroix du Montcel.

PTYCHOPTERIS INCERTA.

A la longue, les cicatrices des tiges de Fougères s'altèrent et deviennent méconnaissables, au moins par places, sous la couche grossissante des radicules; dans cet état, il y a des empreintes qui se rattachent très-bien au *Ptych. macrodiscus*, d'une part, et au *Psar. sulcatum*, d'autre part; mais il n'en manque pas d'autres qui révèlent des cicatrices bien différentes, de *Caul. Cistii*, *elliptica*, etc. C'est pourquoi le nom sous lequel je vais en donner l'énumération n'a rien de spécifique et est cependant nécessaire pour inventorier des restes analogues sous certains rapports.

Habitat. Latour. — Malafolie. — Roche-la-Molière. — Porchère (17ᵉ). — Puits Palluat. — Toit de la couche des Littes. — Dans la houille de la couche des Rochettes. — Au puits Verpilleux. — Puits Voron de la Chazotte. — Petites tiges au Sardon, avec traces de cicatrices très-espacées.

PSARONIOCAULON, Gr.

Il faut bien convenir que les *Caulopteris* caractéristiques sont rares, et cependant les tiges de Fougères se révèlent très-abondantes à Saint-Étienne, mais elles sont rendues méconnaissables, sur la plus grande partie de la hauteur, par le recouvrement radiculaire combiné avec la détérioration des cicatrices; dans cet état, on en trouve des tronçons de $0^m,15$ à $0^m,40$ de largeur constante sur 5 à 10 mètres de longueur; elles sont représentées par une enveloppe charbonneuse d'épaisseur à peu près invariable, striée irrégulièrement par des radicules : ce sont bien des tiges de Fougères et principalement de *Ptychopteris*, ce que l'on reconnaît : 1° aux traces, non équivoques quoique vagues, de cicatrices foliaires étirées, espacées sous la couche de radicules; et 2° aux feuillets vasculaires à bords recourbés en dedans et apparaissant sur la coupe comme des lignes noires sinueuses, que ces tiges renferment.

Ces troncs de tiges sont partout communs à Saint-Étienne, et je considère leur exacte appréciation comme l'un des plus importants résultats de mes recherches sur les lieux, en tant qu'elle prouve que les Fougères en arbres étaient, à l'époque de formation du terrain houiller supérieur, infiniment plus nombreuses qu'on ne le croit encore aujourd'hui.

L'enveloppe de houille dissimulant les cicatrices altérées est constante et assez bien délimitée en général; cependant on reconnaît sans peine qu'elle est formée de radicules libres, serrées, appliquées sur la tige, dont elles sillonnent irrégulièrement la surface en longueur; peut-être se collaient-elles l'une à l'autre à la faveur d'une couche cellulaire lâche extérieure à l'étui prosenchymateux, comme dans les *Angiopteris*. Cette origine de l'enveloppe de houille est un des points sur lesquels je n'ai pas pu jusqu'à présent me former une idée bien nette.

La composition de cette enveloppe est un fait très-remarquable en ce que, du moment que c'est l'état habituel de ces tiges de Fougères, il nous indique que celles-ci s'entouraient presque aussitôt, à peu de distance du sommet, de radicules qui descendaient conglutinées le long de l'écorce, en nombre assez peu variable sur une grande hauteur, mais de plus en plus abondantes vers la base; ce qui est bien différent des tiges vivantes, où elles ne sortent, emmêlées de fibrilles, presque uniquement que près du sol, sans être serrées et régulièrement réparties autour de la tige, où elles ne forment pas, en tout cas, une couche mince, régulière et compacte.

On voit que le plus grand nombre appartiennent aux *Ptychopteris*, mais j'ai des preuves qu'elles se rapportent aussi à des *Cau-*

lopteris. D'un autre côté, elles se lient aux *Psaronius* d'une manière évidente. C'est le cas sans doute du *C. Freieslebeni*, Gut. d'Oberhohndorf[1]. Le *Ptychopteris striata* de Corda doit trouver place ici.

Cet état commun de différentes tiges indéterminables de Fougères demandait à être examiné et noté à part.

En voici d'abord les principaux gisements, sans distinction des deux types que j'ai pu y reconnaître.

Habitat. Très-abondants dans l'étage moyen, où, avec les *Stipitopteris*, ils contribuent à former une partie notable de la houille; beaucoup dans la houille et les schistes de triage du puits Palluat, des puits Devillaine, dans le charbon d'Avaize, dans la houille des Rochettes au puits Saint-Jean; formant avec *Psar. carbonifer* et écorces de *Calamodendron*, la veine de charbon trouvée à 19 mètres au puits Ferrouillat. — Nombreux dans un schiste au Crêt-Pendant, à la Chauvetière. — En quantité sous les fours à coke de Méons. — Communs en 8ᵉ, ils abondent en 9ᵉ et 12ᵉ, dans le groupe de la 3ᵉ et la série d'Avaize. — Assez à Gandillon, commun à Rive-de-Gier, à la Chazotte et à Saint-Chamond. — Vers 90 mètres au puits du Mont avec *Pecopt. Cyathea*. — Aux Roches-de-Ricolin. — A Montraynaud.

PSARONIOCAULON SULCATUM.

A enveloppe de houille assez mince, laquelle, bien que souvent compacte et délimitée nettement à la surface extérieure sillonnée de radicules, se montre entièrement formée de celles-ci, non exactement parallèles, aplaties, serrées et soudées, descendant tout autour de la tige en si grande régularité, qu'elles enveloppent d'une couche de houille uniforme le noyau portant des traces de cicatrices et pourvu ou non de feuillets charbonneux très-minces d'origine vasculaire.

Ces tiges, abondantes et répandues, se rapportent sans nul doute, en majeure partie, aux *Ptychopteris*, mais apparemment aussi encore à d'autres *Caulopteris*, que la plupart du temps il est impossible de déterminer.

Habitat. J'en ai vu dans l'intérieur des mines, de très-longues appliquées aux toits du Sagnat, du Péron, à Roche-la-Molière, de la 12ᵉ au puits Saint-Louis, de la 7ᵉ au puits Neyron de Bérard, de la couche des Littes.

Beaucoup au Quartier-Gaillard et au Clapier, en général. — A la sole de la couche des Littes. — Bois-Monzil. — A la Porchère. — Schiste de triage du Sagnat.

Communes dans la houille d'Avaize et du puits Châtelus. — A la carrière Jacasson. — Dans les roches du puits de Tardy. — Au toit de la 8ᵉ à Montaud. — Entre la couche Siméon et le Petit-Moulin. — De 70 à 90 mètres au puits de Méons. — Schistes de 8ᵉ et de 9ᵉ à 12ᵉ à la Barallière, de 17ᵉ à la Porchère.

[1] *Ueber einen foss. Farrenstamm, a. d. Zwick. Schwarzkohlengebirges*, 1842.

Plusieurs à la carrière des Razes à Firminy. — A la tranchée de la Béraudière. — Au toit de la 2ᵉ au Quartier-Gaillard.

Non isolément au Deveis. — Fendue Rochefort. — Refonçage du puits Châtelus. — Puits de la Culatte. — Puits Rolland. — Puits de la Chana. — Tranchée Villefosse. — Puits Ravel. — Aux Barraudes. — Galerie Baude. — Puits Monterrad. — Toit de la 2ᵉ Latour au puits Charles. — Puits nº 1 de Combe-Blanche. — Recherches du Chambon. — Puits Saint-Joseph (Béraudière). — Fendue Vivaraise. — Puits Descours. — Puits Stern. — Fendue du Cros. — Au Montcel-Sorbiers. — Dans la houille de la 3ᵉ à Côte-Thiollière. — A Communay, etc.

Puits Saint-Denis de Lorette. — Au Mouillon. — Carrière d'Assailly. — Carrière Burlat. — Puits Saint-Louis. — Vers 500 mètres au puits Saint-Privat.

PSARONIOCAULON ENDOGENITUM.

Tiges représentées par une écorce charbonneuse plus forte, ayant jusqu'à $0^m,01$ et $0^m,02$ d'épaisseur et, quoique plus compacte, formée aussi de radicules, mais si denses, si serrées qu'elles paraissent intracorticales, comme plongées dans la masse charbonneuse de manière à faire croire que primitivement elles étaient réunies dans un tissu conjonctif, ce qui expliquerait et leur rigoureux parallélisme et leur fusion intime en une masse tout à fait charbonneuse, dont la surface externe est même moins enrubanée par des radicules que l'interne; le tout enfin comme si ces dernières, descendant à l'intérieur, ainsi que dans le *Caulopteris endorrhiza*, se fussent repoussées à l'extérieur et y eussent donné lieu à une couche dense sous l'épiderme. C'est au moins d'après cela que dans le tableau de végétation B j'ai rétabli la Fougère arborescente de gauche, dont l'écorce rejetée en dehors se brise et tombe en lambeaux. Beaucoup de *Psaronius* en place offrent tous les signes de développement d'une pareille couche corticale très-épaisse et en quelque sorte composée de racines minces parallèles et très-serrées.

Habitat. Nombreux à la fendue des Combes. — Emprunt de Montmartre. — Carrière Sauzéa. — Clapier. — Grand-Coin. — Emprunt du Crêt-Pendant. — Charbon schisteux de la 7ᵉ à Bérard. — Toit de la 8ᵉ couche à la Barallière. — A Reveux. — A la Chazotte. — A Avaize. — Puits Lacroix du Montcel.

PSARONIUS, Cotta, sectio ASTEROLITHI, Göpp. — *Trimatopteris*, Corda.

Caractérisés essentiellement par des bandes vasculaires dispersées dans tout l'intérieur, comme dans les Marattiées, dont ils ont en outre la structure des racines, d'après Corda et M. Brongniart, ces fossiles, d'ailleurs divers, puisque les uns ont leurs racines extérieures et les autres intérieures, nous représentent les bases des tiges de Fougères en arbres.

On en connaît la structure dans ses différents détails, mais l'ensemble du port est tout à fait inconnu, indépendamment de ce qu'on en confond tous les débris dans un seul groupe. Je les ai étudiés en place, à la vérité dans un état de conservation si mauvais que les parties qui ne sont pas détruites sont indistinctement houillifiées, mais néanmoins dans des conditions telles que j'ai pu juger de leur port, de leur mode de végétation et même de leurs mœurs, d'après les circonstances de la station.

L'état d'altération des tissus ne permet pas de les rapporter sûrement aux espèces silicifiées, ni même d'en bien distinguer les différentes espèces. Toutefois, je les étudierai par catégorie, avec d'autant plus d'attention qu'elles complètent nos connaissances sur les véritables *Pécoptéridées.*

PSARONIUS IN LOCO NATALI. (Pl. XI.)

Bases de tiges de Fougères arborescentes debout à leur endroit natal, lesquelles, d'après les observations que j'en ai faites depuis 1862, d'abord à Roche-la-Molière, puis autour de Saint-Étienne et dans diverses localités du centre de la France, se montrent composées : 1° d'un noyau minéral ; 2° d'une enveloppe houillifiée.

1° Noyau plus ou moins puissant, de $0^m,05$ jusqu'à $0^m,20$, et renfermant (ce qui avait fait prendre par le comte de Sternberg les pareils pour des débris de Musacées) dans tout l'intérieur, — plus semblables en cela aux Lycopodes qu'aux Fougères, — des feuillets charbonneux repliés, de nature vasculaire, mieux disposés en cercle vers le centre, mais toujours discontinus, sans apparence de gaîne prosenchymateuse et en l'absence du tissu cellulaire de remplissage, dont la place est occupée par des substances minérales mécaniquement introduites.

2° Enveloppe houillifiée, ordinairement très-épaisse, de nature corticale, dans laquelle on voit descendre, parallèlement à l'axe, des radicules qui, très-minces vers l'intérieur, grossissent un peu en se portant vers l'extérieur, où elles sortent très-lentement, toujours simples, égales, sans ramifications ni mélange de fibrilles, comme dans les Fougères actuelles. Ces radicules, une fois libres et ayant atteint leur diamètre définitif et énorme de plus de $0^m,01$, descendent encore quelque temps avant de s'étaler à la base des tiges et de finir en pointe, les radicelles, à leur extrémité libre.

Vers la base, le noyau central renferme moins de faisceaux vasculaires et diminue de diamètre jusqu'à disparaître, comme dans les Fougères; pendant que, à l'inverse, les radicules, en se multipliant en masse, grossissent démesurément l'enveloppe de houille en proportion de leur nombre, et forment un amas conique plus ou moins considérable de racines innombrables, étalées, par lequel la tige est en quelque sorte assise sur le sol, que le tassement, rejeté latéralement par la plante, a fait bomber, sous celle-ci comme la planche XI le représente fidèlement.

De cette base, qui paraît coïncider à un temps d'arrêt dans la sédimentation, s'élancent des tiges nues ou radiculées, c'est-à-dire circonscrites à une couche corticale assez bien délimitée, ou produisant d'ici et delà, ou tout autour et sur toute la hauteur, des étalages importants de radicules; il faut ajouter que l'enveloppe la mieux limitée de houille apparaît souvent comme formée de radicelles, sillonnant toujours un peu la surface.

J'ai pu suivre ainsi des tiges de 5 à 6 mètres de hauteur, passant en haut aux *Psaroniocaulon*, tant par la constitution de l'écorce que par les formes superficielles du moule, sur lequel j'ai remarqué des esquisses imparfaites de *Caulopteris*, cependant moins précises que dans le *Ps. arenaceus*.

J'ai pu, en outre, suivre en bas, dans le mamelon de pose, un prolongement inférieur très-aminci de la tige; ce prolongement nu, renfermant quelques faisceaux vasculaires, forme un court rhizome oblique avant de prendre son essor, comme dans les Fougères arborescentes d'aujourd'hui.

Et un fait de nature à nous renseigner sur les conditions topographiques au milieu desquelles ces tiges croissaient, c'est que les radicules, au lieu de descendre en général jusqu'au pied avant de s'étaler, sortent et s'épanouissent à diverses hauteurs, comme si, — et cela est manifeste, — la plante se fût développée au milieu des eaux courantes et se fût en quelque façon constamment appuyée sur le lit montant des dépôts, en émettant des racines nouvelles au fur et à mesure de l'enfouissement des autres; il faut croire alors que les tiges vivaces périssaient dans leur partie inférieure trop enfoncée dans la boue pour être accessible à l'air. Aux changements horizontaux que l'on remarque dans la roche, on juge parfaitement que les racines n'étaient pas souterraines, mais tombaient dans l'eau.

Nous avons ainsi, dans les bases de tiges qui pullulent dans les forêts fossiles du bassin de la Loire, les témoins de nombreuses Fougères en arbres qui croissaient dans les eaux sédimentaires pendant la formation du terrain houiller supérieur.

Habitat. En plus de l'énumération que je donne, à propos des forêts fossiles, page 330, nombreux au toit de la couche des Littes, au toit du Sagnat et au toit du Péron. — Toit de la Grille Nord. — Toit de la 14e à la Porchère. — Carrière Holzer dans les couches de Latour. — Communes dans les forêts fossiles qui surmontent la 2e au Treuil. — Toit de la 7e au puits Neyron, etc.

PSARONIUS CORTEUS. (Pl. XI.)

Je crois bien devoir distinguer, parmi les *Psaronius* en place, ceux à enveloppe corticale ordinairement très-épaisse, compacte, charbonneuse et parfois formée de houille pure, que l'on voit cependant percée de radicules, mais de radicules minces à l'état de filets pierreux rampant sous l'écorce avant d'y entrer, rigoureusement parallèles et descendant dans la substance charbonneuse, comme si elles étaient réellement intracorticales, ainsi que les racines adventives dans le *Pourretia coarctata* de Gaudichaud. Les radicules à l'état de *Wurzelanfänge* ou de *processus radicales*, non encore libres, épaississent l'écorce en se multipliant, comme dit M. Göppert; et, en sortant, en devenant indépendantes, elles s'amplifient, perdent leur parallélisme et ressemblent aux radicules libres de tous les autres *Psaronius*.

Des tiges de $0^m,04$ à $0^m,06$ de diamètre au noyau, avec $0^m,02$ à $0^m,03$ d'écorce, sont dans quelques cas très-bien limitées au dehors, comme celle pl. XI, fig. 4; mais elles jouissent de la faculté de pousser, selon les circonstances variables de la station, des radicules libres.

Les noyaux des *Psaronius* qui nous occupent auraient porté des cicatrices ovalaires plutôt que des cicatrices décurrentes de *Ptychopteris*.

La couche d'écorce radiculaire est parfois inégale et mal limitée en dedans; des radicules sont même égarées dans le moule. Les feuillets vasculaires, striés, peu nombreux dans les petites tiges, se multiplient considérablement dans les noyaux de $0^m,15$, comme l'indique la figure 6, où, quoique sans nul doute dérangés, ils montrent un ensemble instructif, des dérivations périphériques avec crochets tournés en dedans, la section g étant prise plus bas que la section g'. Dans les parties inférieures, où les racines sortent en foule, l'épaisseur de houille entourante, plus ou moins pure, peut aller, à partir du noyau, jusqu'à $0^m,05$ et $0^m,08$. Certaines de ces tiges, très-petites, comme celle fig. 5, ont déjà une forte couche charbonneuse. Cette formation de houille aussi importante autour de *Psaronius* est remarquable, et sa compacité est en faveur de la supposition de radicules longtemps contenues dans un tissu cortical très-dense et vivace, avant de devenir indépendantes après avoir percé au dehors.

Les figures 1, 2 et 3 ont été relevées à Roche-la-Molière en 1863, de même que le croquis 6, qui s'y rapporte. La figure 5 a été prise dans les forêts fossiles de Château-Creux. La figure 4', que je crois pouvoir mettre en rapport avec la figure 4, vient de Côte-Chaude.

Ces *Psaronius* sont d'ailleurs communs et ne sont pas toujours faciles à distinguer des autres.

PSARONIUS CARBONIFER, Corda[1].

Je crois pouvoir rapprocher de cette espèce des tronçons et lambeaux de tiges, recouverts d'une couche charbonneuse plus ou moins épaisse, jusqu'à plusieurs centimètres de houille, plus dense à l'intérieur, et que l'on voit formée, comme dans la figure grossie de Corda, de petites radicules indépendantes serrées et à forte enveloppe sur le noyau, plus grosses, plus lâchement conglutinées vers le dehors, où elles ne sont plus bien parallèles.

Le noyau se rapporte assez bien aux *Ptychopteris*. J'en ai vu un en place, prolongé par un *Psaroniocaulon sulcatum* de plusieurs mètres de hauteur.

Habitat. Base en place à la carrière du Mouillon, à Montrambert, au Quartier-Gaillard, au Treuil. — Tronçons isolés : schistes de 9ᵉ à 12ᵉ à la Barallière. — Bois-Monzil. — Puits Palluat. — Clapier. — Villars. — Rieux. — Malafolie. — Carrière Petin, à Assailly — A la Poizatière, etc.

PSARONIUS GIGANTEUS (*radices*), Corda.

Grosses radicules vides, aplaties, formant des amas fasciculés plus ou moins considérables, qui se rapportent aux *Psaronius* en place; elles sont formées d'une très-mince pellicule corticale et d'un intérieur sans doute lâche et lacuneux, car de pareilles racines en place, dans un gore blanc de Tardy, non déprimées, montrent, quelques-unes, un faisceau vasculaire étoilé et encore entouré d'un reste de fine gaîne, comme dans le *Psaronius giganteus* de Corda[2] ou le *Psaronius asterolithus* de Chemnitz et Neu-Paka[3], ou comme d'énormes radicules silicifiées d'Autun à étui cortical très-mince et à intérieur lacuneux et spongieux. Et par ainsi nos nombreux *Psaronius in loco natali* auraient contenu tous probablement du parenchyme lacuneux dans les tiges en même temps que dans les racines, et rentreraient dans les *Trimatopteris* de Corda ou les *Psaronii asterolithi* de Göppert. Quoi qu'il en soit, le tissu lacuneux des racines, à lui seul pour Corda, et joint à leur grosseur pour M. Brongniart, dénote des plantes marécageuses ou de lieux humides, ou plutôt inondés et d'eau courante, d'après mes observations directes.

Habitat. Répandues principalement dans les couches moyennes. — Assez à la fendue des Combes, dans les schistes du Sagnat et du puits Palluat. — A Montaud. — Au Clapier. — Au Cros. — Faisceau des 9ᵉ à 12ᵉ à la Barallière, etc.

PSARONIUS LIGNOSUS, Gr.

Dans le toit de la 14ᵉ à la Porchère, base de tige sidérifiée, en place, en-

(1) *Beiträge zur Flora der Vorwelt*, p. 94, fig. 1 à 4, pl. XXVIII.
(2) *Ibid.* p. 109, pl. XLVI.
(3) *Die Dendrolithen, in Beziehung*, etc. p. 29, pl. IV.

tourée d'une très-forte épaisseur de houille assez compacte, se résolvant au dehors en une masse de radicules; tige assez forte, très-ligneuse et formée d'une quantité innombrable de lames vasculaires très-rapprochées, parallèles, à cours ondulé et réunies par du tissu cellulaire conjonctif. Au microscope, les lames ligneuses se laissent voir formées de fibres celluleuses étroites et allongées bout à bout, avec utricules et gros vaisseaux scalariformes dans le milieu.

Cette constitution de tiges très-ligneuses de Fougères ne paraît pas rare; elle annonce un nouveau type de *Psaronius.*

PSARONIUS OGYGIUS.

Dans les galets de la Péronnière, débris divers d'un même *Psaronius*, à étudier, ayant des racines petites, à paroi épaisse, et de forts faisceaux vasculaires serrés, sans gaîne. La surface corticale d'un spécimen est papillaire; les cicatrices, que je n'ai pas encore pu y découvrir, doivent être très-espacées.

RESTAURATION ET AFFINITÉ DES FOUGÈRES EN ARBRES DU MONDE PRIMITIF.

Les *Psaronius* en place ont un corps vasculaire de grosseur variable, depuis quelques centimètres jusqu'à $0^{m},10$, $0^{m},15$ et $0^{m},20$, entouré, à la base, d'un amas conique de radicules qui peut aller à $1^{m},50$ et 2 mètres de diamètre et à $0^{m},50$ et $0^{m},80$ de hauteur; de ce cône de racines, la tige s'élève, nue ou garnie de radicules étagées; certaines d'entre elles se rattachent positivement aux *Ptychopteris* par l'intermédiaire des *Psaroniocaulon.*

Les *Psaroniocaulon* que j'ai vus invariables sur de très-grandes longueurs, aux toits des couches de houille, accusent des tiges élevées de 20 mètres au moins en moyenne.

Je me représente, ainsi que je les figure sur le tableau B de végétation, la plus grande partie des Fougères en arbres du monde primitif comme de très-hautes colonnes, couronnées au sommet actif d'une ombelle élégante de grandes feuilles, ornées immédiatement au-dessous de grosses cicatrices foliaires elliptiques, et bientôt, et sur la plus grande partie de la hauteur, uniformément recouvertes de radicules pressées, formant une enveloppe égale, continue et lentement croissante.

Ces tiges ont dû pousser très-vite, car leur intérieur, généralement cellulaire, était peut-être très-lâche et lacuneux, et cela quoique l'écorce et les racines, si denses et si fermes, aient absorbé beaucoup de nourriture; et, en y comprenant les Tubiculites, elles devaient, par la quantité et la diversité des formes comme par leurs dimensions, donner beaucoup de cachet à la végétation si luxuriante de l'époque houillère. Elles vivaient dans les fonds humides et se plaisaient dans les eaux courantes.

Les feuilles longuement pétiolées qu'elles portaient sont, pour la plupart, les vrais *Pecopteris*, auxquels étaient suspendues, à la face inférieure, sous la forme habituelle d'*Asterotheca* et de *Scolecopteris*, des fructifications abondantes, qui les rattachent aux Marattiacées.

Les tiges, organisées comme les bulbes d'*Angiopteris*, avaient le port des *Cyathea*, mais avec des traces vasculaires à elles propres dans les cicatrices.

C'étaient donc des Fougères bien remarquables que les Pécoptéridées, réunissant des caractères aujourd'hui associés différemment, mais, et c'est un point sur lequel il faut appuyer, parfaitement compatibles dans les traits essentiels, de manière que, si l'on associe ces Fougères fossiles aux Marattiacées, c'est à la condition toutefois d'étendre les limites de cette tribu, que la plus merveilleuse végétation représentait le plus richement possible, à la fois en quantité, vigueur, grandeur et variété, pendant la formation des terrains houillers supérieurs du centre de la France.

PSARONIUS, Cotta. Sectio HELMINTHOLITHI, Göpp.
TUBICULITES. (Fig. 3 et 4, pl. X.)

Parmi le fusain des couches moyennes et surtout supérieures de Saint-Étienne, il y a beaucoup de débris tubiculaires de tiges que je suis parvenu à rapporter aux *Psaronius*, mais à des *Psaronius* bien différents de ceux déjà examinés, par des racines intérieures, des faisceaux foliaires plus simples et d'autres caractères, qui les font nettement distinguer, sur les échantillons sciés et polis, des *Psaronius* à radicules extérieures.

Nous avons examiné :

1° Les *Psaronius* à radicules descendant en dehors et collées le long de la tige, à laquelle elles constituent une enveloppe devenue charbonneuse, plus ou moins régulière, comme dans les *Psaronius carbonifer, musæformis*, etc., du grès houiller;

Et 2° ceux où il semble que les radicules descendent d'abord très-petites dans une enveloppe charbonneuse, qu'elles épaississent avant de sortir plus grosses au dehors, en quantité considérable, comme dans les *Psaronius corteus*.

Nous avons constaté par le fait que ces bases de Fougères vivaient au milieu des eaux courantes, comme sans doute les *Ps. speciosus, alsophiloides, dubius, giganteus, asterolithus, Parkeriæformis, macrorrhiza*, etc., à parenchyme médullaire lacuneux.

Mais il est d'autres *Psaronius*, et ce sont peut-être les véritables, ligneux, dont les radicules, petites et égales, à enveloppe fibreuse dense et épaisse, descendent en masse, parallèles et plus ou moins serrées dans une large zone de parenchyme cortical et sous une écorce houillifiée, comme les *Psaronius Brasiliensis, Gutbieri, Schemnitzensis, infarctus, plicatus*, dont on ne connaissait pas la limite extérieure, que je suis en mesure de définir. Ce sont ces *Psaronius* seuls, appartenant à la section des *Helmintholithi* de M. Göppert, qui ont pu produire, par la réunion de leurs racines ligneuses, ces masses de fusain auxquelles il peut convenir de donner le nom de *Tubiculites*, pour désigner cet état fossile spécifiquement indéterminable.

Voici ce que je sais de l'habitus, de l'organographie et de l'histologie de ces *Psaronius*, d'après les spécimens complets sidérifiés de la Porchère et les débris de tiges charbonnifiés de la houille. J'en donne deux dessins, fig. 3 et 4, pl. X.

Habitus. Tronçons de tiges plus ou moins complets, de 0m,05 à 0m,20 et même à 0m,40 de diamètre, presque entièrement formés de tubicules égaux serrés et parallèles, parfois de nature si ligneuse qu'il faut faire attention pour ne pas les confondre avec du bois ordinaire; tiges ayant un petit corps vasculaire central plus altérable, et souvent disparu; tiges fort bien limitées, à l'extérieur, par une enveloppe de houille, sur laquelle glissent cependant, à la surface, des radicules, comme dans les *Psaronius;* j'en ai suivi de $1^{m},50$ de longueur, sans variation de diamètre et de composition.

Composition organographique. Deux systèmes sont à reconnaître : 1° le corps vasculaire central, très-peu développé, et 2° une large zone corticale, qui forme la plus grande partie de la tige et qui seule a persisté à l'état de fusain.

1° Le corps central paraît se composer, dans toute son épaisseur, d'un grand nombre de bandes vasculaires accompagnées de bandes fibreuses, à distance mais évidemment connexes (*vagina propria vasorum*), le tout réuni par du parenchyme délicat, non lacuneux. Au pourtour de cet axe, le tissu celluloso-fibreux est abondant et présente des sorties vasculaires arquées, à bords recourbés en dedans, évidemment destinées aux feuilles et suivies de lames fibreuses. Ces indices d'organes appendiculaires, confinés près de l'axe, sont parfois nombreux. Ils figurent bien à peu près ceux que M. Göppert a reconnus en suivant l'origine et la course des faisceaux foliaires des *Psaronius,* uniques, se séparant du cercle le plus extérieur du corps vasculaire, que les plus intérieurs tendent à remplacer, comme dans le *Dicksonia Lindeni,* dont les cicatrices sont en outre de la même forme, dit cet auteur, qui rapporte les *Psaronius* aux Polypodiacées.

Sous le rapport des faisceaux foliaires, il résulte une certaine différence avec les *Caulopteris,* en même temps que plus de ressemblance avec les *Protopteris* et autres Fougères subarborescentes des *Rothliegende.*

2° Le système sous-cortical est formé d'une couche épaisse de tubicules à paroi ligneuse, égaux, parallèles, longitudinaux, quelquefois assez bien disposés en séries radiales, plus ou moins serrés, et réunis par du tissu cellulaire conjonctif, ou plongés, si l'on aime mieux, dans du parenchyme cortical notablement allongé dans le sens horizontal et radial. Les tubicules renferment, à l'intérieur, du tissu cellulaire moins résistant, autour d'un filet vasculaire central. Cette composition existe uniformément jusque sous l'écorce houillifiée, dans l'épaisseur et surtout à l'extérieur de laquelle on remarque des traces de grosses radicules, semblables à celles des *Psaroniocaulon,* c'est-à-dire maintenant réduites à une mince écorce de houille n'ayant pas la nature ligneuse qui distingue la paroi des tubicules. Aucune transition n'a lieu entre les deux parties; la zone ligneuse des tubicules intérieurs est nettement limitée contre l'écorce, où elle serait même plus dense et plus serrée.

Par leur filet vasculaire central, les tubicules prennent naissance en dedans de l'enveloppe générale du corps vasculaire, à travers laquelle on les surprend passer. Comme ils doivent avoir la constitution de la tige dont ils sont issus, leur étui fibreux serait-il la continuation de l'enveloppe générale, comme le veut Corda, ou plutôt, d'après mes propres observations, serait-il identique aux gaînes fibreuses qui accompagnent les faisceaux vasculaires de l'intérieur? Dans ce cas, ils participeraient du corps ligneux.

Détails histologiques. Les vaisseaux sont gros, plus ou moins anguleux, rayés, à paroi claire et mince; ils sont immédiatement entourés de parenchyme et même entremêlés de séries longitudinales de cellules; dans les tubicules, ils paraissent plus ou moins accompagnés de minces files de cellules plus allongées.

Le prosenchyme qui accompagne à distance les bandes vasculaires est le même que celui de la paroi des tubicules; il est formé de très-fines fibres, nombreuses, arrangées sans ordre, allongées, sombres et sans doute fortement lignifiées et sans aucuns dessins pariétaux.

L'enveloppe compliquée du corps vasculaire central est formée de clostres plus ou moins allongés, de nature assez cellulaire et en tout cas beaucoup moins ligneuse que les fibres de l'étui des tubicules. C'est cette enveloppe que Corda, ignorant la limite extérieure des *Psaronius,* a considérée comme la véritable écorce.

Le tissu conjonctif des tubicules est formé de cellules constamment allongées dans le sens radial, surtout entre les files rayonnantes de racines; ces cellules sont irrégulières et ne semblent pas être une partie extérieure intégrante des tubicules.

Les *Psaronius* en question se distinguent donc de ceux précédemment décrits par des faisceaux vasculaires engaînés, par des racines internes dans un état particulier de développement, par le parenchyme médullaire non lacuneux. Mais les différences paraissent souffrir des intermédiaires qui relieraient toutes ces tiges entre elles comme appartenant à une même sous-famille.

TUBICULITES.

Les véritables *Psaronius* ligneux paraissent très-communs et très-abondants dans les couches supérieures du système stéphanois, mais charbonnés dans la houille, sous la forme de fragments dispersés de fusain, quelquefois de tronçons de tiges, dans un état de conservation qui m'a tenu longtemps dans l'ignorance de leur véritable nature et origine.

En voici les principaux gisements :

Habitat. Nombreux dans la houille du puits Châtelus et du puits Clapier, du puits Palluat, du puits de la Loire, des Platières, du puits des Barraudes, du puits Neyron de Bérard.

Fréquents dans celle d'Avaize, du puits Achille, du puits Rolland, de la Béraudière.

On en trouve dans le charbon de Roche-la-Molière, du puits Saint-Thomas, du puits Latour, de la 3ᵉ Brûlante au Montcel, de Montmartre, de Villebœuf, du Treuil, de la 8ᵉ à Montaud, de la fendue de Plantère au Cros, du puits Saint-Louis du Bessard, de la fendue de l'Éparre, de la Chazotte, de la 8ᵉ à Montieux et au puits Jabin, de Grand'Croix, de Rive-de-Gier, de Tartaras.

Il y en a dans les grès fins siliceux de Saint-Priest, dans le gore blanc de Montmartre, etc.

Il peut être instructif d'en signaler deux catégories extrêmes, pour donner une idée de ces curieux débris fossiles, appartenant à plusieurs espèces que je ne vois pas le moyen de distinguer dans cet état de conservation.

TUBICULITES RELAXATO-MAXIMUS. Tubicules les plus abondants, à paroi dure et cassante, gros et assez espacés, réunis par un tissu qui devait être relativement tendre pour que les tubes soient souvent déplacés et diversement croisés à l'état fossile; tronçons recouverts d'une épaisse écorce de houille sans radicules, apparemment formés en entier de tubes, sauf dans le milieu et plus ou moins excentriquement, où l'on peut trouver la trace d'un mince corps ligneux très-altéré.

TUBICULITES COARCTATO-MINIMUS. Plus petits tubicules très-serrés et sans doute réunis par un tissu conjonctif plus ferme, pour donner lieu à une masse compacte ressemblant de prime abord à du bois fossile ordinaire; tronçons recouverts d'une enveloppe de houille sans radicules, avec un corps vasculaire central plus ou moins important, où j'ai trouvé au microscope des vaisseaux scalariformes, du tissu libérien et du parenchyme.

CE QUE L'ON PEUT DIRE DE LA NATURE ET CONCEVOIR DU PORT DES PSARONIUS LIGNEUX ET DES TUBICULITES.

L'axe vasculaire est faible; sa structure est celle des Filicinées. Il est entouré d'une épaisseur variable et croissante, d'ailleurs inégale, de radicules internes, à étui fibreux, descendant parallèlement et serrées dans une zone qui devient prépondérante et se recouvre d'une écorce dense et épaisse.

Les radicules internes ont fait comparer ces tiges aux *Lycopodes*, d'ailleurs très-voisins des Fougères, mais cette circonstance n'est pas absolument étrangère à celles-ci : car les galeries de Botanique du Muséum ont reçu récemment, de la Nouvelle-Calédonie, une tige de *Todea* ayant une large zone de parenchyme cortical entre un petit corps ligneux et l'écorce formée de la base des pétioles, zone où descendent de nombreuses radicules égales, pendant que montent, en se portant aux feuilles, les faisceaux vasculaires des pétioles.

Nous avons donc affaire à des tiges de Fougères que les faisceaux des feuilles plus simples éloignent des *Caulopteris*, ayant une moelle corticale (*Rindenmark*) que les radicules, en se multipliant avec l'âge, remplissaient, épaississaient et rendaient très-ligneuse.

Je suis en mesure de concevoir ces tiges avec feuilles pressées au sommet aminci, avec parenchyme cortical que traversaient d'abord les pétioles, et dans lequel bientôt descendaient en foule les tubicules radiculaires qui, naissant de plus en plus haut, restaient parallèles et se portaient à l'extérieur sous l'écorce, qu'ils distendaient, alors que le parenchyme cortical, constamment actif, paraît s'être prêté à l'accroissement de la tige en diamètre, par un développement centrifuge, si tant est que le sens d'allongement d'un tissu soit celui de son accroissement. Aussi l'écorce a perdu bien vite ses écailles ou cicatrices foliaires.

Les radicules en se modifiant pouvaient bien contribuer à la formation de la couche externe, dont elles se détachent par-ci par-là ; elles devaient finir, en tout cas, par effectuer leur sortie à la base, sous la forme d'une gerbe de tubes dilatés, contigus, parallèles, avant de devenir indépendantes.

Les tiges augmentant de diamètre à la base, étant par suite légèrement coniques, devaient s'élever assez haut, si j'en puis juger d'après les tronçons, de grosseur presque invariable sur plusieurs mètres de longueur, que j'ai vus.

D'après cela, je donne, dans le tableau B de végétation, le port restauré de plusieurs de ces tiges singulières, plus fermes et plus ligneuses que ne semble pouvoir le comporter la nature des Fougères, de grosseur et de hauteur très-variables, et ajoutant à la diversité des Fougères en arbres qui occupent un rang si considérable dans la végétation houillère de Saint-Étienne.

Mais quelles frondes les *Psaronius* ligneux ont-ils portées ? Quoique je ne sois pas même en état de faire de conjectures à ce sujet, il ne me paraît pas possible que ce puisse être autre chose que des Pécoptéridées; mais j'ignore totalement lesquelles, et c'est avec le plus vif regret que je laisse cette question à résoudre sur un point de dépendance d'organes que j'ai cependant bien eu à cœur d'élucider par mes recherches sur les lieux.

TRIBU ANOMALE DES NÉVROPTÉRIDÉES.

Les Fougères herbacées et arborescentes dont il a été jusqu'ici question rappellent de plus ou moins loin les mêmes plantes vivantes. Il n'en est plus ainsi, au même degré du moins, de la plupart de celles qui nous restent à décrire.

A des formes spéciales, propres aux terrains carbonifères, elles joignent, quoique herbacées, un port si gigantesque, que le monde vivant en offre à peine, par les *Angiopteris,* un mince reflet. Tous les observateurs attentifs ont été frappés de la dimension considérable que révèlent les débris de leurs frondes tombés sous leurs yeux. Les pétioles, qui atteignent une puissance énorme à la base, ont une structure, à la vérité, assez comparable à celle de ces Fougères vivantes, mais bien plus compliquée, à ce point qu'elle a été et est encore considérée pour monocotylédone par certains botanistes de l'école allemande.

Leur fructification restait dans l'obscurité la plus complète; j'ai eu la chance de la découvrir, dans un *Odontopteris,* sous la forme de capsules précises, uniques à l'extrémité de chaque nervure, et j'ai lieu de croire que les différents types admettaient le même mode de reproduction.

Les Névroptéridées méritent une étude d'autant plus complète, qu'elles sont seulement connues par les feuilles, que plusieurs genres restent incertains, faute de connaître la structure des pétioles, et que leur classification laisse beaucoup à désirer. Leurs débris fossiles abondent sous les trois formes de frondes, de stipes et de structure interne pétrifiée ou charbonneuse.

Je pouvais commencer par l'examen des caractères généraux qui distinguent ces trois sortes de débris, puis chercher à les classer par groupe et à les réunir par espèces; mais leur solidarisation n'est guère possible jusqu'à ce point, et j'ai pris le parti, ne pouvant mieux faire pour le présent, de décrire d'abord les frondes sous leurs divers noms de genres connus, puis les empreintes de leurs stipes, comme *Aulacopteris,* et la structure de ceux-ci, comme *Medullosa.*

Je diviserai la tribu en ALÉTHOPTÉRIDES, comprenant les genres successivement voisins : *Alethopteris* et *Lonchopteris*, *Callipteridium* et *Callipteris*, et en Névroptérides, comprenant les *Odontopteris*, *Nevropteris*, *Dictyopteris*.

Les *Alethopteris* ont des frondes pécoptéroïdes, mais, outre leur port gigantesque, je leur ai trouvé une structure analogue à celles des Névroptérides, auxquels, par suite, ils se rattachent, en dépit des autres ressemblances. Je commencerai même par décrire ces Fougères, pour suivre un meilleur ordre d'exposition.

Sectio ALETHOPTERIDES.

Dans cette première division, je considère en premier lieu les véritables *Alethopteris*, que l'on n'avait pas eu l'idée de ranger près des Névroptérides, auxquels les frondes les lient cependant par les *Callipteris*, et auxquels le port et la structure sont comparables et trop analogues pour douter de leur alliance réciproque, à mon avis, certaine.

Genre ALETHOPTERIS, Sternberg.

Je limite le genre *Alethopteris*, comme son auteur, aux Fougères, très-abondantes à Saint-Étienne, dont les pinnules, connées à la base, tirent des nervures du rachis bordé par la réunion desdites pinnules, semblables en cela à quelques *Pteris*, qui sont des Fougères comparativement plus petites, et dont la structure des pétioles et la fructification sont tout à fait différentes; ce qui inflige un nouveau démenti à la forme des feuilles, qui ici ne signifie donc absolument rien pour la classification générale.

Les *Alethopteris* ont des pinnules marquées jusqu'au bout d'un sillon dorsal notable et de nervures ordinairement denses et subperpendiculaires; pinnules coriaces d'ailleurs, à bord recourbé en dessous et aminci, ce semble, au delà des nervures, comme un *indusium* marginal de *Pteris;* mais c'est à peine si l'on aperçoit rarement, au bout de chacune des nervures, comme un point charbonneux saillant, qu'il faut bien se garder de confondre avec l'épaississement terminal de celles de quelques *Pecopteris*, point charbonneux d'ailleurs dans lequel on pourrait voir l'attache d'un petit sporange unique caduc.

On a cité des pennes de deux pieds de long comme preuve de la grande dimension des frondes.

Les *Lonchopteris,* que l'on ne trouve point à Saint-Étienne, apparaissent comme une modification possible des *Alethopteris,* entre lesquels les *Woodwardites* de M. Göppert serviraient de transition. L'*Alethopteris heterophylla,* Göpp. se lie aux *Nevropteris,* le *Nevropteris lanceolata* de Steininger pourrait se ranger parmi les *Alethopteris.*

ALETHOPTERIS GRANDINI, Brongn.

Caractérisée par des pennes linéaires, obtusiuscules, à lobe terminal court et arrondi, par des pinnules perpendiculaires, obtuses et, on peut dire, toujours réunies par une expansion foliaire du rachis que celui-ci alimente de nervures, et des pinnules à surface convexe, à sillon médian peu prononcé et à nervures arquées, cette espèce est si universellement connue à Saint-Étienne, que je n'en citerai que les principaux gisements.

Habitat. Enormément au toit de la 8ᵉ, à Villars, à Montaud, aux Barraudes, à Gagne-Petit, à Méons. — Au-dessus de la 3ᵉ, à Montsalson et au Quartier-Gaillard. — Entre le Petit-Moulin et la couche Siméon. — Au fond du puits Chapelon, au toit de la Vaure, dans un schiste de la carrière du Bois-Monzil, à la Terrasse.

Beaucoup dans les roches du puits Saint-Augustin du Grand-Ronzy; à 250 mètres de profondeur au puits Châtelus; au toit de la 1ʳᵉ Malafolie; à Montrambert; à Villebœuf; au puits Ambroise, à 380 mètres, à 400 mètres et à 520 mètres (comme au puits Jabin); toit de la 2ᵉ au Treuil; puits Rolland; puits de la Bâtie; en haut d'Avaize. — A Gandillon, au bois de Montraynaud, au Paradix, à Valchéry, sous Chaigneux (avec beaucoup de *Cordaïtes*), 13ᵉ à Méons et à Chanay, à Chavannes, à Sorbiers, à la Croix-de-l'Orme.

Plus ou moins nombreux au puits Saint-Honoré d'Unieux; à Montessu. — 2ᵉ Latour, au puits Charles; fendue Rochefort, à Montmartre. — Fonçage de la Culatte; à 340 mètres de profondeur, au puits Châtelus; à 470 mètres, au puits de la Vogue; aux Platières; passage du Rio-de-Lay (Cluzel); tranchée du Crêt-Pendant; Chez-Marcon près de Saint-Priest; vers 100 mètres en dessous de la couche des Barraudes; à 100 mètres au-dessus de la 13ᵉ, au puits Mars; faisceau des 9ᵉ à 12ᵉ à la Barallière; fendue en 12ᵉ (route de Saint-Chamond); puits Saint-Félix de Terre-Noire; toit de la 3ᵉ, au puits Robert; à Saint-Chamond, en général; petit puits du Magasin, à la Porchère; vers 40 mètres au puits de la Barge; à Cornillon; à la Giraudière.

Une variété à Montrond et à la Bertrandière.

ALETHOPTERIS AQUILINA, Brongn.

Au-dessous du système stéphanois, les *Alethopteris* diminuent rapidement et tombent presque à rien à Rive-de-Gier, et cela en se différenciant de l'*Aleth. Grandini* par des pinnules plus petites, atténuées, subtriangulaires, moins obtuses, décurrentes, *souvent séparées à la base,* la côte moyenne forte et les nervures serrées, les pennes terminées par un lobe obtus, le tout assez semblable à l'*Aleth. aquilina,* qui paraît se trouver dans les galets de la Péronnière, avec bord très-recourbé et surface inférieure poilue.

Habitat. Quelques échantillons à la Péronnière, au Nouveau-Ban. — Au puits Saint-Privat. — En quantité au détournement du Gier, avec une nervation un peu différente; les mêmes à 233 mètres au puits Notre-Dame et à Montrond; un spécimen à Communay.

CALLIPTERIDIUM, Weiss [1].

Ce genre est proposé pour les *Alethopteris,* qui, au moins par la demi-décurrence constante de leurs pennes, indiquée par une ou plusieurs pinnules basilaires insérées sur le rachis principal, forment le passage aux *Callipteris.* Certains *Alethopteris* du type *gigas* ressembleraient assez, sous ce rapport, au *Nevropteris conferta,* colossal d'après Göppert, type du genre *Callipteris;* mais ici les pennes sont obliques et tout à fait décurrentes, et là subperpendiculaires; la nervation diffère en outre assez. Le *Callipteris Sillivanti,* Lesq., est cependant un *Alethopteris.*

D'un autre côté, il y a des *Callipteris,* comme le *Callipt. Wangenheimii* de M. Brongniart, qui se lient aux *Odontopteris,* dont ils ne diffèrent pour ainsi dire plus que par une nervure moyenne, à la vérité évanouissante, et par des nervures qui en divergent davantage. Une penne isolée de *Callipt. affinis,* Göpp., pourrait être prise pour un *Alethopteris;* une penne de *Callipteridium* du Cantal ressemble à une penne de *Callipteris.* Mais nous avons dit, page 57, que, dans la classification générique, les caractères du développement général des frondes dominent ceux de la forme et de la découpure des pennes prises isolément.

Si nous n'avons pas à Saint-Étienne de véritable *Callipteris,*

[1] *Studien über Odontopteriden* (*Zeitschrift d. deut. geol. Gesellschaft,* 1870, p. 853).

nous avons des *Callipteridium* en abondance, représentant au moins quatre ou cinq espèces.

CALLIPTERIDIUM CALLIPTEROIDES.

Avec pinnules oblongues subperpendiculaires et ressemblant assez à celles de l'espèce suivante, mais plus longues et plus serrées, avec nervures plus denses; très-élégantes Fougères, dont les pennes, espacées, sont presque aussi décurrentes que dans les *Callipteris*.

Habitat. Puits Saint-Félix de Janon. — Porchère.

CALLIPTERIDIUM OVATUM (Brongn.) *vel* MIRABILE, Rost.

Avec des pinnules ovales unies à la base, de forme et de grandeur assez variables, à nervure moyenne évanouissante, à nervules obliques, cette espèce, de physionomie particulière, se distingue, entre toutes, par des pinnules semi-rondes ou triangulaires insérées sur le rachis entre les pennes, et plus ou moins confluentes avec les pinnules basilaires inférieures des pennes.

Cette espèce est commune à Saint-Étienne, où elle se présente quelquefois comme le *Felicites pteridium* de Schlot.

Habitat. Beaucoup à Château-Creux, à Avaize. — A Montrambert. — Entre la couche Siméon et le Petit-Moulin. — Entre la couche de Villars et la 14ᵉ de la Porchère, puits de la Culatte.

Quelques-uns : Porchère. — Puits Beaunier. — Toit de la couche Siméon. — Couche des Barraudes. — La Malafolie. — Galerie Baude. — A la Béraudière. — Toit de la 8ᵉ à Villars, à Montaud, à la Barallière. — Tranchée du bois Sainte-Marie. — Toits de la 5ᵉ et de la 2ᵉ au Treuil. — A la Terrasse. — A Gandillon.

Subspecies major, antecedens, avec pinnules plus larges, plus longues, plus rectangles, et nervures plus denses, les pennes étant ordinairement isolées, à Cizeron, à Communay, au détournement du Gier, à Rive-de-Gier.— Avec pinnules allongées au fond du puits Petin, à Chavannes.

CALLIPTERIDIUM GIGAS, Gutbier.

Avec longues pennes à larges pinnules allongées, serrées, contiguës, légèrement falciformes, adhérentes au rachis par toute la base et pourvues d'une nervation dense, cette espèce est richement représentée à Saint-Étienne par de belles Fougères, étiquetées *Al. densifolia* au Muséum, et analogues à l'*Aleth. gigas*, Gut. (*Verst. d. Zech. Roth. oder Perm. Sach.* p. 14, pl. VI, fig. 1, 2 et 3); une extrémité de fronde annonce des feuilles gigantesques.

Habitat. Nombreux au toit de la couche Siméon. — Puits Saint-Félix de Janon.

— Barallière. — Vers 150 mètres au puits de la Vogue. — Puits de Tardy. — Carrière de Montmartre. — Montaud. — Puits des Rosiers. — Montcel-Ricamarie. — Chez-Claudinon au Chambon. — Puits du Ban de la Malafolie. — Puits de la Culatte. — Au Montcel. — A Méons. — Aux Berlans, à Avaize, à la Niarais, sous Chaigneux.

ALETHOPTERIS NEVROPTEROIDES.

Avec pinnules subopposées, plus grandes, plus triangulaires et se séparant à la base des pennes d'une manière analogue, mais non semblable au *Callipteridium plebeium*, Weiss, avec nervation si dense que par là elles ressemblent même plus aux pinnules de *Nevropteris* que celles du *Nevr. pteroides* de M. Göppert; il y a de très-grandes Fougères, des plus remarquables et non décrites, à Saint-Étienne; j'en ai vu de larges pennes de plus de $0^{m},40$ de long, se touchant, au nombre de plusieurs, de manière à faire concevoir le plus ample et le plus épais feuillage. Entre les pennes principales, existent des pinnules divisées qui constituent un caractère très-distinctif.

Habitat. Cette belle Fougère n'est commune que dans l'étage des Cordaïtes.

Fréquente à Saint-Chamond. — A la Chazotte. — A la Cape. — A 510 mètres au puits Saint-Privat. — Bois de Bayard, à Chavannes.

Sectio NEVROPTERIDES.

Les *Nevropterides*, comprenant les *Odontopteris* et les *Nevropteris,* sont les Fougères, dites nerveuses, les plus anomales du terrain houiller, non-seulement par la forme et la nervation, mais encore par la structure des pétioles, que l'on a rapportée à des tiges de Monocotylédones. Elles se distinguent en outre par le port le plus gigantesque, par de nombreuses feuilles stipales inconnues dans les Fougères vivantes, orbiculaires, sessiles, à nervures égales et flabelliformes, appelées *Cyclopteris.*

J'ai eu la chance, unique jusqu'à présent, de trouver leur fructification sous la forme précise de petites capsules isolées au bout des nervures.

Les *Nevropterides* sont représentés à Saint-Étienne par le genre *Nevropteris,* à *Cyclopteris* entiers, peu développé, et par le genre, certainement voisin, *Odontopteris,* à *Cyclopteris* dentés, rongés, laciniés, qui abonde en masse dans les couches moyennes et les couches supérieures.

GENRE ODONTOPTERIS, Brongn. (*Cyclopteris emarginata*). (Pl. XII.)

Les *Odontopteris* sont caractérisés par des pinnules adhérentes au rachis par toute leur base, décurrentes, confluentes et en partie soudées au bout des pennes (ce que les Allemands trouvent à bien exprimer par leurs verbes *anwachsen* et *zusammenwachsen*), et dont les nervures égales, simples ou bifurquées sous un angle peu ouvert, naissent presque toutes du rachis strié.

Port.

La formation cycloptéroïde est très-abondante, et l'on peut dire, à en juger par la proportion de ces feuilles anomales qui se trouvent mêlées aux véritables *Odontopteris*, qu'elles formaient une partie importante du feuillage, le cinquième, je puis supposer, dans quelques cas; ce qui, avec les formes et contours les plus variés, toujours dentés, souvent déchiquetés et fissurés, sous une texture égale, les harmonisant aux découpures odontoptéroïdes par toutes sortes d'intermédiaires, entre autres par des pennes transformées à lobes crénelés, devait valoir aux frondes une rare élégance, que j'ai essayé de reproduire imparfaitement pl. XII. Les extrémités des frondes étaient enroulées en crosse avant l'épanouissement; on en trouve assez souvent qui sont en train de se dérouler et d'autres ramassées en pelote; et il est à remarquer que les premières ont leur axe constamment garni, de chaque côté, de *Cyclopteris* rabattus en dessous, comme si, et je serais assez porté à le croire, les terminaisons seules, au moins dans certains cas, se développaient suivant la forme ordinaire des *Odontopteris*.

Fructification. (Fig. 4, 4' et 4". Pl. XII.)

Je représente fidèlement, en grandeur naturelle, fig. 4, pl. XII, un *Odontopteris* fructifère, ayant les pinnules d'un seul côté du rachis. La figure 4' est une des pinnules, grossie à la loupe, avec une capsule unique située au bout de chaque nervure. Quelle est la structure de ces capsules, terminales comme les sores des *Trichomanes?* Je les représente en grand fig. 4", telles qu'on les voit constamment apparaître à un faible grossissement sous le microscope, légèrement lobées à la marge, avec une ouverture longitudinale de déhiscence sur une face, et présentant dans l'intérieur charbonné quatre lignes en long avec divisions transversales, qu'il est impossible d'interpréter dans l'état de conservation de la penne fructifère. Je crois avoir trouvé les traces de pareilles fructifications sur d'autres espèces d'*Odontopteris*.

On avait cru, par erreur, que la fructification de ces Fougères avait lieu sous la forme fossile de *Weissites vesicularis*, qui n'est, et je l'ai bien reconnu, qu'un état maladif de pinnules tendres, repliées sur elles-mêmes, avec nervures fines et rares, et apparences de stries concentriques qui les font ressembler à des baies, ce qui avait inspiré à MM. Brongniart et Andrä l'idée d'une fructification comme dans les *Onoclea*.

Les *Odontopteris* proprement dits ont des pinnules rhomboïdales aiguës en forme de dents (ce qui leur a valu leur nom générique). Le Dr Weiss a justement, selon nous, partagé le genre en deux sections, celle des *Xenopteris* pour les véritables *Odontopteris*, et celle des *Mixoneura*.

ODONTOPTERIS MINOR, Brongn.

Exactement telle que son auteur l'a décrite et figurée, cette espèce n'apparaît guère qu'en haut du système stéphanois.

Habitat. En quantité à Avaize, et uniquement à la Rullière, sur le Mouriné. — A la carrière des Meules. — Beaucoup à Montsalson, à la sole des Littes.

Assez : puits Saint-Félix des Platières. — A 225 mètres au puits Tardy. — A Villebœuf comme au puits Rolland, comme à Montrambert. — A la Béraudière.

Puits Courbon. — Couche n°s 1-2 de la Ricamarie (Muséum). — Assez au puits du Ban de la Malafolie. — Puits de la Barge. — Fendue Rochefort. — Puits Palluat. — Puits de Gagne-Petit (Muséum). — Aux Barraudes. — Puits Baude.

ODONTOPTERIS REICHIANA, Gutbier (p. 65, *Abdrücke und Versteinerungen der Zwickauer*, etc.).

Par des pinnules plus larges, non aiguës, parfois obtuses et même arrondies, par une pinnule basilaire tronquée et même tailladée, par des nervures fines sans aucune nervure moyenne ni la moindre condensation des nervures pour en tenir lieu, cette espèce, à pennes rapprochées moins ascendantes, que le Dr Weiss a mieux fait connaître, se distingue assez bien de l'*Odon-*

topteris minor, à pinnules plus étroites, relativement allongées, aiguës, à pennes plus obliques, plus grêles, plus ascendantes, avec une nervure mère médiane et des nervures plus accentuées sur une surface plus convexe.

Les fragments de frondes se bifurquent souvent. Les subdivisions du rachis et leur importance varient beaucoup, selon, sans doute, l'aise ou la gêne dans le développement; celles de la planche XII sont dessinées d'après nature.

Aux débris de cette espèce, extrêmement abondants dans les couches moyennes de Saint-Étienne, se trouvent mêlés, en quantité proportionnelle, des *Cyclopteris*, que, ne voyant pas comment les distinguer d'avec ceux, également nombreux, de l'*Od. minor*, je décrirai après les *habitat* de l'*Odontopteris* en question. Celui-ci est si commun, que je ne puis guère en indiquer que les principaux gisements, et si polymorphe, d'ailleurs, que je ne sais pas si je puis en séparer quelques formes extrêmes comme variétés.

Habitat. En grande quantité dans le faisceau des couches de Roche-la-Molière et plus bas jusqu'aux affleurements de Combatée. — Dans le faisceau des couches du Clapier. — Dans les schistes du puits Palluat, du puits Adrienne de la Malafolie. — Toit de la 14ᵉ à la Porchère. — Galerie de Saint-Claude aux bas-fonds Saint-André.

Plein un schiste du puits n° 2 d'Unieux, et le gore du toit de la 7ᵉ à Montieux.

Beaucoup au puits n° 1 de Combe-Blanche. — Au toit de la 2ᵉ au puits Charles, à Côte-Martin. — A Montrambert. — Toit de la couche Siméon et galerie Baude à Roche-la-Molière. — Platières. — Toit de la couche des Barraudes, de la 8ᵉ à Villars et à Montaud. — Puits Saint-Louis du Bessard. — Tranchée du bois Sainte-Marie. — Au toit de la 2ᵉ au Treuil. — Tranchée du chemin de fer de Sorbiers.

Plus ou moins nombreux vers 145 mètres au puits de la Chana. — Au Grand-Coin. — Carrière Malterre à Villars. — Fonçage du puits Châtelus. — Puits Saint-Joseph de la Béraudière. — Fendue du grand puits du Cros. — Puits de la Bâtie. — Puits du Gabet à la Chazotte. — Au Montcel. — Barallière. — Fendue Vivaraise. — Puits Descours de Saint-Jean. — Au-dessous de la crue au puits Mars de Méons. — Toit de la 7ᵉ au Treuil.

Quelques-uns à Montessu. — Fond du puits Rabouin. — Puits Saint-Honoré d'Unieux. — Puits du Ban de la Malafolie. — Puits Bolland. — Puits Voron de la Chazotte. — Puits du château de Saint-Chamond.

Var. primigenia. Plus maigre, grêle: une nuance à Saint-Chamond. — Puits Voron de la Chazotte, à Montrond. — A Communay comme au détournement du Gier. — A peine quelques très-rares débris à Lorette et au Ban.

Var. lanceolata. Plus ample, allongée et aiguë : Béraudière, Tardy, Montsalson, nombreux à la 6ᵉ à la Roche-du-Geai, Treuil. — Avaize.

CYCLOPTERIS TRICHOMANOIDES, Brongn. (*fimbriata*, *conchacea*, Germ. et Kaulf., *biauriculata*, *dentata*, Gutb., *scissa*, *pinnatisecta*, *explicata*).

Avec les abondantes et communes frondes des deux espèces qui précèdent, se trouvent toujours mêlés, en nombre, des *Cyclopteris* de formes et de découpures très-variables, qu'unifie une même nervation, fine, très-nombreuse, dédoublée, flabelliforme, non sans ressemblance avec celle du *Trichomanes membranaceus; Cyclopteris,* en somme, plus identiques aux empreintes étiquetées au Muséum qu'à celle figurée par M. Brongniart comme *Cyclopt. trichomanoides.*

On ne peut douter que ces folioles ne se rattachent à ces *Odontopteris,* qui présentent des pinnules de formes plus ou moins intermédiaires; j'en ai vu les principales modifications attachées encore au rachis strié de ces Fougères[1], à distance ou rapprochées sur une face de celui-ci, souvent à l'angle de ses divisions, comme je les figure pl. XII; le rachis présente parfois de chaque côté et sur une face de nombreux points d'insertion de pareilles feuilles.

Ces feuilles, d'une grande beauté, ont un développement inégal, une surface bombée, ondulée, plissée, déjetée de manières diverses, un bord toujours frangé, denté, lacinié naturellement, une base d'insertion plus ou moins étendue dont elles tirent leurs nervures; leur développement oblique est en éventail, s'il s'est produit en longueur, ou auriculé, s'il s'est produit latéralement, jusqu'au point où la feuille en est turbinée. Ce sont là des folioles stipales, outre lesquelles il y a des pennes modifiées en quelques grandes folioles allongées à lobes crénelés. Enfin la diversité de ces feuilles est si grande que l'on ne saurait vouloir toutes les décrire. Toutefois, pour donner une idée du mobile feuillage des *Odontopteris,* j'en signalerai, dans l'*habitat,* les principales formes, que j'ai du reste indiquées, mais en trop petit, sur ma restauration pl. XII. Voici d'abord les principaux gisements.

Habitat. A Avaize. — Toit de la 7ᵉ à Montieux. — Toit de la 2ᵉ au Treuil. — Au puits Palluat. — Puits Montsalson n° 1. — Aux Platières. — Au Clapier. — A Montrambert. — Malafolie. — Toit de la 2ᵉ à Firminy. — Côte-Martin. — Puits n° 2 d'Unieux. — A Roche-la-Molière surtout, etc.

Fig. 3, pl. XII, *Var. fimbriata:* folioles allongées, flabelliformes, souvent pliées en longueur, à bord denté et découpé. — Au Quartier-Gaillard, à Roche-la-Molière, etc.

Fig. 4, *Var. conchacea:* folioles orbiculaires en éventail, bombées, coquilliformes, à bords faiblement dentés. — A Montieux, Roche-la-Molière, puits Palluat, Malafolie.

Fig. 5, *Var. biauriculata:* folioles à oreilles si développées qu'elles arrivent à se recouvrir, à bord profondément lacéré. — A Roche-la-Molière, au Treuil, à Avaize.

Fig. 6, *Var. scissa:* folioles de plus en plus accessoires, dérivées du rachis à distance, segmentées, laciniées, déjetées, dans la forme pl. I, fig. 12 et 14, de la Flore de Zwickau. — Au Treuil, à la Porchère.

[1] Gutbier et M. Geinitz ont signalé en Saxe des *Spinderblätter* très-déchiquetés sur un rachis d'*Odontopteris Reichiana:* c'est le *Cycl. crispa.*

Fig 7, *var. pinnatisecta :* pennes modifiées, cycloptéroïdes, plus ou moins développées, lobées, à lobes aigus dentés. — Au puits Palluat, à Avaize, etc.

Fig. 8, *var. explicata :* larges folioles étalées, circinées légèrement dans l'ensemble, lobées d'un seul côté. — Au puits Palluat, à 250 mètres au puits de Tardy, etc.

ODONTOPTERIS BRARDII, Brongn. (*Odontopteris crenulata*, Brongn., *Nevropteris Villiersii?* Brongn., *Cyclopteris coriacea, iliciformis*).

L'*Od. Brardii* est parfaitement caractérisé par ses grandes pinnules et son rachis large et plat, parcouru de filandres qui alimentent manifestement les pinnules de nervures. Les dernières divisions des pennes ordinaires sont arrondies, et cependant j'ai lieu d'admettre, comme l'avaient prévu M. Göppert et Unger, que l'*Od. crenulata* est une penne modifiée de l'*Od. Brardii*, et aussi, d'après les mêmes raisons de gisement connexe, que le *Nevropt. Villiersii* en est une penne inférieure. Cette espèce et ses modifications gisent au milieu de rachis considérables, qui les ont portées et auxquels sont encore attachés des *Cyclopteris coriacea;* et en compagnie de tous ces débris se trouvent des *Cycl. iliciformis*, à bord profondément découpé en dents surdentées et roides, avec larges veinules sur une surface ferme et unie.

Habitat. Nombreux vers 85 mètres au puits de Méons. — Puits de la Vogue, puits de la Manufacture, tranchée de la Chiorary, tranchée du chemin de fer de Sorbiers, à 300 mètres au puits Saint-Honoré d'Unieux (M. Baretta), refonçage du puits Neyron de Roche, toit du Péron, puits Beaunier de Villars, à la Porchère, toit de la 8e à Gagne-Petit, à 40 mètres au-dessus de la 8e à Beaubrun, à 340 mètres au puits Châtelus, mur de l'ancienne 9e au Treuil (Muséum), puits Mars de Méons, carrière Bonnet du Montcel, puits Saint-Félix des Platières, puits du Ban de la Malafolie, à 320 mètres au puits de la Chana, affleurements près du puits Saint-Claude, Nanta, Angonan. *Var. alpina*, analogue, mais plus petite, à Robertanc, à la galerie de Saint-Romain-en-Gier, à Lorette, à Landuzière (tirant sur l'*Od. Reichiana*).

ODONTOPTERIS GENUINA.

Avec larges et courtes pinnules subtriangulaires relevées comme les dents d'une scie, avec nervures nettes et espacées, on trouve assez fréquemment à Saint-Étienne, à Montaud, Chez-Marcon à Saint-Priest, à Saint-Chamond, un nouveau type spécifique que sa nervation lâche rapprocherait de l'*Odontopteris alpina*, mais de forme tout à fait particulière et bien différente, plus analogue à l'*Odontopt. Brardii*, comme l'indiqueraient mieux quelques spécimens de Commentry.

ODONTOPTERIS HERCYNA? Röm.

Je crois pouvoir rapprocher de cette espèce (*Palæontographia*, 1862-64, p. 31), de la grandeur de l'*Od. Brardii*, mais à pinnules infléchies tout à fait obtuses, comme celles de l'*Od. obtusa*, et à nervures plus fortes, des Fougères du Treuil, de Villebœuf, du Montcel-Ricamarie, etc.

ODONTOPTERIS-MIXONEURA, Veiss (*Studien über Odontopteriden*).

Cette section me paraît bonne à mettre à profit pour distinguer les *Odontopteris* à lobes obtus, dont les pinnules, séparées, prennent la forme névroptéroïde, et dont les *Cyclopteris*, minces, plus entiers, rapprochent encore ces Fougères des *Nevropteris*.

Certaines pennes à peine lobées d'*Odontopteris Schlotheimii* sont comparables à des folioles crénelées d'*Angiopteris Brongniartiana*, Vriese. L'*Odontopteris Wortheni*, Lesq., de l'Illinois, ressemble davantage à une foliole partiellement lobée d'*Angiopteris*. Mais dans les Fougères fossiles la division est de règle constante, tandis que, dans les *Angiopteris*, elle est exceptionnelle, irrégulière, et paraît résulter d'un état maladif de la plante.

ODONTOPTERIS OTOPTEROIDES.

Avec pinnules oblongues, délicates, légèrement rétrécies à la base et de la forme de l'*Otopteris dubia*, Lindl., j'ai trouvé un *Odontopteris* comparable à l'*obtusa*, mais que plusieurs différences me font considérer à part; c'est apparemment à cette espèce que se rapporte l'*Odontopteris* fructifié décrit précédemment page 111.

Habitat. Tardy. — Villebœuf. — Montaud. — Côte-Chaude. — Culatte.

ODONTOPTERIS OBTUSILOBA, Naumann, *Dyas, oder*, etc. 1862, fasc. II, p. 137, pl. XXXVIII, fig. 1 (*Od. obtusa*, Weiss, *N. lingulata*, Göppert, *N. subcrenulata*, Rost.).

Par ses pinnules arrondies très-obtuses, comme tronquées, contiguës et se recouvrant parfois au bord; par ses lobes terminaux oblongs, arrondis; par ses pinnules névroptéroïdes séparées à la base des frondes, par ses nervures serrées, surtout vers la marge, comme dans les *Nevropteris*, cette espèce s'éloigne assez de l'*Od. Schlotheimii*, mais non de manière à ne pouvoir pas facilement être confondue avec lui par des yeux peu exercés ou qui ne sont pas familiarisés avec l'observation de ces Fougères.

Habitat. Tunnel de Terre-Noire (École des mineurs), le véritable type. — Au puits du Ban de la Malafolie, se rapportant à la figure de Geinitz, ou mieux à celle de la Flore de Saar-Rheingebiete, p. 36, pl. III. — Forme analogue au puits de la Manufacture. — A Unieux, à Avaize. *Var. lingulata* au Treuil (Muséum). — A Villebœuf, comme pl. VIII et IX, fig. 12, p. 104 et 105, *Die Gattungen der fossilen Pflanzen*, etc., ou comme le *Nevr. subcrenulata*, pl. V, fig. 2, p. 11, de la Flore de Wettin et Löbejün. — Empreinte vague au puits Mars. — A Reveux, à la Terrasse.

ODONTOPTERIS SCHLOTHEIMII, Brongn.

Od. à pennes lentement amincies et relevées au bout, à lobes moins arrondis devenant moins névroptéroïdes dans les parties inférieures, à nervation plus lâche, à limbe moins coriace, à surface de nature différente. Chez nous, cette espèce réunit les formes pl. III, p. 412, *Die Petrefactenkunde.*

Habitat. En quantité au-dessus de la couche des Littes, au Grand-Coin, emprunt de la Béraudière. — Nombreux dans un banc de gore à Tardy comme à la carrière de Montmartre; au puits Ambroise, de 200 à 250 mètres. — Dans un banc de la carrière Sauzéa. — Petits puits du Clos, à Châtelus; dans les roches du toit de la couche des Rochettes au tunnel de Terre-Noire. — Chavassieux (Palais des Arts). — Carrière du Clapier. — Assez dans un gore compacte à 230 mètres au puits de la Culatte et au toit de la couche des Rosiers. — Toit de la couche de Côte-Chaude. — Puits Imbert du Cluzel. — Toit de la couche Siméon à la côte du Rieux et au puits du Crêt. — Nombreux dans un schiste du trou du Breuil, et beaucoup à la galerie de la Barge venant de la petite couche supérieure sans doute et, en effet, assez dans les roches du puits du Ban.

ODONTOPTERIS NEVROPTEROIDES.

Dans les couches supérieures et avec les deux espèces précédentes, Fougères que l'on pourrait prendre pour des *Nevropteris rotundifolia*, d'après un échantillon reconnu pour tel par M. Schimper; mais la forme parfois un peu rhomboïdale relevée des pinnules trahit leur origine, et me les ferait rapporter aux *Odontopteris-mixoneura*, aux parties inférieures des frondes de ces Fougères, qui produisent des changements dans ce sens, si je ne les croyais former une espèce indépendante de transition aux *Nevropteris.*

Habitat. Grand-Coin. — Clapier. — Villebœuf. — Tardy. — Treuil. — Déjà une variété au détournement du Gier.

CYCLOPTERIS MACILENTA.

Avec l'*Od. Schlotheimii* et aussi avec les *Nevropteris cordata*, feuilles isolées, de forme variable, de nature très-délicate, très-minces, avec des nervures très-fines et espacées.

GENRE NEVROPTERIS, Brongn. (*Cyclopteris integra*).

Fougères à pinnules ordinairement plus larges, plus considérables, plus fermes que dans les *Odontopteris*, entières, rondes, ovales ou lancéolées, ordinairement contractées et parfois même un peu pédicellées à la base, à nervures plus nettes que dans les *Odontopteris*, à nervure moyenne évanouissante et se répandant en nervures très-nombreuses, obliques, arquées, divergentes, plusieurs fois bifurquées.

Les pinnules varient beaucoup de forme, suivant la place qu'elles occupent sur la feuille ; les folioles basilaires, très-développées, comme de Gutbier et M. Lesquereux en ont figuré un certain nombre d'espèces, sont mêlées aux divers *Nevropteris* auxquels elles doivent se rapporter, ainsi que des feuilles stipales cycloptéroïdes, toujours entières, comme je l'ai constaté moi-même dans le Nord de la France et comme le démontre le *Nevr. Loshii* du Muséum de Munster, publié par de Röhl dans la Flore de Westphalie, pl. XVII.

La fructification a dû être ici encore marginale, et non sous cette forme de champignons ou de points crispés existant entre les nervures, que Gutbier a supposés être des *Asterocarpus*, et que j'ai retrouvés sur des *Odontopteris*. Certains *Nevropteris* des Asturies et du Pas-de-Calais ont un rebord non-seulement modifié mais marqué de toutes petites capsules marginales.

On a été induit à supposer que les *Nevropteris* formaient des feuilles considérables. Et, en effet, leurs stipes sont énormes, et je les ai vus en rapport de dépendance, à Ronchamp, avec du fusain rappelant le *Medullosa carbonaria*.

Ces Fougères, que l'on a comparées aux *Osmunda*, ont leur place près des *Odontopteris*. Certaines variétés d'*Odontopteris obtusiloba* permien peuvent être rapprochées du *Nevropt. Loshii*.

Les *Nevropteris*, si abondants dans le terrain houiller moyen, ne se trouvent à Saint-Étienne que rarement et peu nombreux. Outre certaines grandes folioles de Valfleury, de la Maison-Blanche, de Bayard, du Grand-Recou, rappelant le *Cyclopteris terminalis* de Gutbier, et de petits fragments à pinnules minuscules de Chez-Guichard à Côte-Chaude, et à Montrambert, rappelant les *Nevropt. microphylla*, Brongn., on trouve dans le bassin de la Loire les espèces caractéristiques suivantes :

NEVROPTERIS LOSHII, Brongn.

Avec des formes plus ou moins identiques à celles qui sont figurées dans Brongniart, Göppert, etc.

Habitat. Au puits du Crêt (Roche-la-Molière). — A Montrambert. — A Chavassieux. — A Villebœuf. — A Communay. — Au-dessus de la 8e à la Culatte.

NEVROPTERIS FLEXUOSA, Sternberg.

Avec pinnules planes presque sans nervure moyenne, très-décurrentes, confluentes au bout des pennes, obliques, fléchies, oreillées en bas lorsqu'elles sont séparées, cette espèce est commune à Rive-de-Gier, soit en petit format, comme fig. 9 rétablie, p. 11, *Die Urwelt der Schweiz;* soit avec des formes exagérées, comme les *Nevropt. plicata* et *obovata*, fig. 1, 2 et 3, pl. XIX, vol. II de la *Flore du monde primitif;* affectant des états divers, comme ceux figurés par de Gutbier, *Abdrücke und Versteinerungen*, etc., tels que fig. 10, pl. VII, avec un énorme stipe strié, et, fig. 11, une branche deux fois ramifiée annonçant un rachis un plus grand nombre de fois subdivisé.

Habitat. Nombreux au Sardon. — Commun à Grand'Croix. — Au Ban. — En nombre au Mouillon. — A Montbressieux, à Rive-de-Gier. — Assez à Communay.

NEVROPTERIS GIGANTEA, de Geinitz plutôt que de Sternberg, identique à fig. 1, pl. XXVIII, *Die Verst. d. Steink. in Sachsen.*

Habitat. Refonçage du puits Neyron. — Vers 90 mètres au puits de Méons. — Toit de la 3e au puits de la Chaux. — A la Jusserandière.

Et plus conforme à la figure de M. Brongniart, qui tient un peu de certaines modifications de l'espèce précédente, à Valfleury comme à Montbressieux.

NEVROPTERIS AURICULATA, Brongn.

Espèce caractéristique qui a des rapports de nervation avec l'*Odont. obtusiloba*, et de forme avec le *Nevropt. Villiersii.*

Habitat. Mur de la 13e au Montcel-Sorbiers. — Élargissement du puits Mars. — Puits Saint-Louis. — Grand puits du Cros. — Puits Beaunier. — Puits Neyron et puits Desgranges à Roche. — Porchère. — Forme vague au puits Saint-Félix de Terre-Noire, forme douteuse au-dessus de la couche du Petit-Moulin.

NEVROPTERIS CORDATA, Brongn.

Avec des configurations diverses, plus ou moins comme celles vol. I, pl XLI, p. 119, *The fossil Flora of Great Britain*, les pinnules de cette espèce sont, d'ordinaire, échancrées en cœur à la base, souvent un peu pédicellées et parcourues à distance de fines nervures, ce qui, avec un limbe maigre, les fait facilement distinguer. Elles ont quelque rapport de texture avec l'*Od. Schlotheimii;* leurs grands rachis, larges et striés, ne sont pas non plus sans analogie avec ceux de cet *Odontopteris.*

Habitat. Nombreux et identiquement les mêmes au puits Desgranges, comme au toit de la 1re couche de la Malafolie (puits Malval). — Carrière des Razes. — A 350 mètres au puits de la Chana. — Crêt de Roch. — En plus petit au puits Merle et à Avaize II.

Genre DICTYOPTERIS, Gutbier.

Fougères sans analogues vivants, assez semblables de forme aux *Nevropteris*, mais dont les pinnules, le plus souvent détachées, plus ou moins allongées, falciformes et susceptibles de moindres modifications à la base des pennes et des frondes, ont une nervation réticulée en une sorte de réseau à mailles subrhomboïdales étirées, laquelle n'a pas beaucoup de valeur, car la distribution des organes reproducteurs, que je crois conforme à celle des *Nevropteris*, n'aurait aucun rapport avec ce mode de nervation. On a signalé des *Nevropteris* avec les nervures anastomosées vers le bord, et le genre en question est au précédent comme les *Lonchopteris* sont aux *Alethopteris*.

DICTYOPTERIS NEVROPTEROIDES, Gutbier.

Dict. à petites et étroites pinnules, sans nervure moyenne, seulement bien réticulées au bord, à mailles très-étirées au milieu, si même parfois les nervures s'y anastomosent, enfin telle qu'en Saxe.

Habitat. Fréquente à Lorette. — Plusieurs au Nouveau-Ban. — Entre 400 et 500 mètres à Combe-Rigole. — Nombreuse à 140 mètres au puits Saint-Étienne de la Faverge. — Au détournement du Gier, de transition à l'espèce suivante.

DICTYOPTERIS BRONGNIARTI, Gutbier.

Dict. à larges pinnules un peu courbées en faux, à mailles plus ou moins ouvertes selon la longueur de ces pinnules, sans nervure moyenne ni réticulations plus concentrées dans la partie médiane, identiquement comme p. 63, pl. XI, fig. 7, *Abdrücke und Verst. der Zwickauer*, etc. Cette belle Fougère, dont j'ai vu une fronde bifurquée avec décurrence des pennes par les pinnules, comme dans les *Mertensia*, est commune et abondante à Saint-Étienne.

Habitat. Très-nombreux à la Béraudière et à Montrambert. — A Villebœuf. — A Montsalson. — Au puits Rolland. — Puits de la Manufacture, Jabin et de Gagne-Petit.

Nombreux : petite galerie du puits de la Vogue. — Chanay. — Couche Siméon. — Affleurement de la 9ᵉ à Reveux.

Plusieurs : Chez-Marcon à Saint-Priest. — Puits des Rosiers. — Grand-Coin. — A Avaize. — Toit de la couche des Rochettes. — Toit de la 12ᵉ au puits Saint-Louis. — Galerie Baude à Roche. — Puits Imbert du Cluzel. — Puits Ravel. — Puits du château de Saint-Chamond. — Montcel-Ricamarie. — Puits Saint-Honoré.

DICTYOPTERIS SCHUTZEI, Römer (*D. Pflanz. d. product. Kohl. am Südl. Harzrand. Palæontographica*, 1860, p. 30, pl. XIV, fig. 1).

Dictyopteris d'Elzebachthal, près Zorge (houiller supérieur du Harz), décrit et figuré comme il y en a beaucoup et de tout à fait identiques à Saint-Étienne, à pinnules plus ou moins allongées, atteignant chez nous jusqu'à $0^m,10$ de long sur $0^m,02$ de large, avec nervure moyenne accentuée et des nervules anastomosées, peu obliques; le lobe terminal des pennes est deltoïde, ainsi que dans le *Nevropt. flexuosa;* le rachis est filifère.

Habitat. En quantité à Villars, aux Barraudes, à Avaize II; nombreux au puits du Ban de la Malafolie, à 180 mètres au puits Desgranges; puits Rolland; toit de la 3e (Côte-Thiollière), puits Stern, fendue Saint-Jean, à 380 et à 468 mètres au puits Ambroise; à la Terrasse. On en trouve : au Treuil, Quartier-Gaillard, Montsalson, au puits Jabin, à 140 mètres au puits de la Chaux, fendue Vivaraise, à la Calaminière, puits du Magasin à la Porchère, à Montessu, à 20 mètres au puits du Mont, à Gandillon (plusieurs), aux Berlans, à la Giraudière, au bois de Bayard.

GENRE TÆNIOPTERIS, Brongn.

Ce genre intéressant, que la forme des folioles d'une espèce stéphanoise rapproche des *Angiopteris*, est isolé, mais peut être placé, en attendant qu'on le connaisse mieux, à la suite des Névroptérides.

TÆNIOPTERIS JEJUNATA, Gr.

Longues folioles minces, sèches, étroites, acuminées, à forte et plate côte moyenne, que ses nervures peu serrées, naissant obliques pour se plier presque aussitôt rectangulairement vers le bord, après s'être deux fois bifurquées, ne m'ont pas permis de comparer aux espèces déjà décrites; ces folioles à ailes inégales sont attachées, à distance, à des rachis striés.

Habitat. Nombreux vers 200 mètres au puits de Tardy; plusieurs à Avaize, toit de la 8e à Montaud, au toit de la couche des Rosiers, au Bois-Monzil, à Reveux. Il y en a à la sole des Littes, à Montmartre, puits de la Chana, à Roche-la-Molière, à Montessu, toit de la 8e à Bérard, toit de la 3e à Côte-Thiollière, puits Saint-Jean de Bonnefonds, puits David des Roches, puits Baby et puits Petin de la Chazotte.

TÆNIOPTERIS ABNORMIS, Gutbier.

J'ai trouvé, à 240 mètres au puits de la Vogue, des feuilles remarquables de $0^m,05$ à $0^m,10$ de large, plus ou moins latéralement fissurées par déchirure, ayant une côte moyenne peu prononcée, des nervures immédiatement perpendiculaires, simples ou seulement dichotomes dès la base, comme dans le *T. fallax major*, Göpp. (*Fossil Flora d. Permisch.* p. 136, pl. IX, fig. 3); ces feuilles me paraissent identiques au *T. abnormis*, Gutb. (*Verst. d. Zech. u. Roth. oder d. Perm. syst. in Sachsen*, p. 17, pl. VII, fig. 1-2).

Genre ancien PALÆOPTERIS, Schimper.

Je n'ai trouvé que quelques minces débris de *Palæopteris* dans le Roannais, où M. Ebray a signalé, à Valsonne, la présence des *Cycl. polymorpha*, Göpp., et *Köchlini*, Schimp. (*Végét. foss. terr. transition du Beaujolais*, 1868, p. 17.)

Ces frondes de grande dimension sont remarquables par leur régime fructifère en panicule[1], appelé *Staphylopteris*, Lesq. Ce régime est propre aux Ophioglossées; on peut reconnaître l'inflorescence d'un *Botrychium* dans le *Rhacopteris paniculifera*, Stur (*Culm Flora Mähr. Dachschiefers*, p. 72, pl. VIII, fig. 3); j'ai vu en Angleterre de pareilles grappes de capsules réticulées en long sans anneau; le *Cyclopteris elegans*, Ung. me paraît d'ailleurs rappeler le *Botrychium lunaria*.

Or, les *Doleropteris* décrits plus loin (p. 192) peuvent bien être les descendants du *Palæopteris;* dans ce cas les Ophioglosses auraient été magnifiquement représentées dans la flore primordiale.

AULACOPTERIS, Gr.

Aux *Alethopteris*, aussi bien qu'aux *Nevropteris* et aux *Odontopteris*, sont mêlés, en nombre proportionnel, des stipes considérables, régulièrement striés, parfois aussi finement et d'une manière presque aussi précise que les Nöggérathiées, en sorte que si, comme à l'ordinaire, ils sont aplatis sous la forme de lames charbonneuses presque aussi minces, on peut les prendre pour tels, surtout lorsqu'il n'y a pas de ramification, et même avec des ramifications cependant continues avec le rachis.

C'est ce qu'ont fait: 1° M. Göppert, par ses *Nöggerathia dichotoma*, *tenuistriata* (*Fos. Fl. d. Uebergangs.*, pl. XLI, fig. 7 et 8), tout en soupçonnant

[1] Voir: 1° Carruthers, *Notes on some fossil plants*, dans *Geol. Magaz.* 1872; 2° Balfour, *Introduct. of the Study of palæont. Botany*, 1872, p. 33; 3° Schimper, *Traité de paléont. végét.* p. 476, pl. XXXVI; 4° Crépin, *Description de quelques plantes foss. des Psam. du Condroz*, 1874, p. 5, pl. V.

(p. 213) qu'une empreinte bifurquée analogue pourrait bien appartenir à une Fougère herbacée; 2° M. Sandberger, relativement aux mêmes sortes d'empreintes (*D. Verst. d. Rhein. Schichtensystems in Nassau*, pl. XXXIX, fig. 3 et 5); 3° M. Geinitz (*Darst. d. Flora d. Hainich. Ebersd.*), qui rapporte les *Rhabdocarpus*, à cause de la communauté de gisement, au *Nögg. palmæformis* (pl. XII, fig. 10, 11 et 12), qui lui paraît cependant ressembler à un pétiole de Fougère (p. 25 et 64), et aux *Nögg. crassa* (fig. 16) deux sortes d'empreintes que M. Schimper conserve dans les Cycadinées fossiles (*Traité de paléontologie végét.* t. II, p. 192); 4° M. Römer, à l'égard du *Nögg. palmæformis* (*D. Pflanzen d. prod. Kohleng. a. Südl. Harzrand*, etc. p. 45, pl. VIII); 5° M. le major de Röhl, qui serait porté à y voir des pétioles de Fougère (*Fos. Flora d. Steink. Westphalens*, p. 155 à 157, pl. XXVI, fig. 1 et 4). Une empreinte de stipe analogue a été décrite comme *Schizopteris* par M. d'Eichwald, et une autre de l'Amérique britannique a été prise pour une feuille quelconque par M. Dawson; on en a même désigné comme rhizomes de *Bornia* (O. Heer).

Cependant ces débris existent en quantité considérable dans les couches moyennes et supérieures de Saint-Étienne, où ils ont contribué à la formation d'une notable partie de certaines couches de houille, mêlés aux *Cordaites*, *Stipitopteris* et *Psaroniocaulon*. Je les ai trouvés en aussi grand nombre dans le terrain houiller moyen du nord de la France et à Moston (Lancashire). Sous le nom de *Nögg. palmæformis*, on les signale partout en Silésie (Göppert) et on les dit communs dans la houille et le schiste de Flöha (Gein.). Il est donc très-important d'en bien connaître la nature et la dépendance.

Il y a longtemps que je les connais pour représenter, non des feuilles, mais des organes pétiolaires devenus vides; leur grande dimension éloignait de moi l'idée que ce fussent des pétioles de Fougère. Ils ne renferment pas de feuillets charbonneux vasculaires, comme les *Stipitopteris*. Cependant j'avais remarqué que le striage de la surface et le mode de division s'accordent avec les rachis d'*Odontopteris*, et je les avais trouvés munis de *Cyclopteris*. Ils gisent en étroit rapport avec les *Nevropteris*, les *Odontopteris* et les *Alethopteris*, et, à la longue, par des rapprochements certains, je suis parvenu enfin à établir leur identité. Gutbier en a figuré un fragment de $0^m,08$ de large, comme appartenant au *Nevropt. flexuosa* (*Abdrücke u. Verst.* etc., pl. VII, fig. 10). Les énormes pétioles striés et rameux par dichotomie des *Cyclopteris Acadica* du terrain carbonifère ancien d'Amérique sont de la même sorte (*Geolog. Survey of Canada,* 1873, p. 27, pl. VII). Les stipes de *Callipteris* sont seulement striés plus fin.

Mais alors les frondes de ces Fougères anomales étaient ce qu'il y a de plus gigantesque, si j'en juge d'après les ensembles que j'ai vus de leurs énormes pétioles, dénotant, par leur grandeur et leurs nombreuses ramifications, une volée, une envergure de feuilles prodigieuses, qui pouvaient atteindre 10 mètres de longueur sans exagération et qui alors étaient autrement grandes que les frondes beaucoup moins rameuses d'*Angiopteris;* ce qui ne doit cependant pas trop surprendre, sachant que les plantes houillères les plus analogues aux Cryptogames actuelles s'en distinguent par une augmentation extraordinaire des formes.

Ces Fougères colossales étaient herbacées; j'en ai vu les pétioles debout; je n'ai pas pu les suivre jusqu'au point d'où ils s'élevaient en divergeant, mais j'en ai fait mon bénéfice pour le rétablissement en buissons puissants et épais des Névroptérides sur mon tableau de végétation B.

Une chose est de nature à embarrasser, ce sont les empreintes comme celles (pl. XII, fig. 1 et 1') des deux faces opposées d'une même tige aplatie, ramifiée dans tous les sens, en haut, en bas, et latéralement, à branches fort inégales et réparties très-inégalement, détachées ou représentées par des moignons se ramifiant quelquefois eux-mêmes. On s'imaginerait avoir affaire à une tige comme le *Caulopteris Peachii* des *Northern Highlands* (*The Quarterly Journal,* t. XV, p. 408). Mais les branches inégales sont en continuation de la tige, comme, dans les *Angiopteris,* les pétioles le sont du bulbe, de manière que, si ce bulbe s'allongeait, il en résulterait de fausses tiges analogues; on a cité des *Marattia* dont le *bulbe* monstrueux s'élève à plusieurs pieds comme une tige de $1^m,80$ de circonférence. Rien ne s'oppose donc à ce que, bien que herbacées, les Fougères qui nous occupent aient pu prendre dans certains cas un port arborescent des plus curieux.

Voici d'abord, sans distinction d'espèces, les gisements les plus nombreux d'*Aulacopteris*, pour donner un aperçu de la part importante que ces débris de Fougères, plus charbonneux que les *Cordaites*, ont prise à la végétation.

Habitat. Plus rares dans le bas et diminuant dans le haut, les *Aulacopteris* abondent au milieu, déjà en 9ᵉ à 12ᵉ, et surtout dans l'étage moyen de M. Gruner.

En quantité dans les schistes charbonneux et charbons schisteux du Sagnat, de la Porchère, du puits Saint-Louis du Bessard, du Clapier, du Quartier-Gaillard, de Montrambert; c'est le cas de la plupart des empreintes que l'on aperçoit dans la houille schisteuse et crue du puits de la Loire, du puits Châtelus, du puits du Clapier; elles forment une bonne partie de la houille de 6ᵉ au puits Palluat, et exclusivement le charbon des planches inférieures de la même couche à la Roche-du-Geai. Toutes les houilles de Saint-Étienne en renferment. Beaucoup dans la houille de la fendue de Plantère, dans celle de la 3ᵉ au puits Achille, de la 8ᵉ au Treuil; certain charbon cru d'Avaize en est formé. Communs au toit de la 8ᵉ, à Montaud, à Villars; fréquents à la Malafolie, à Côte-Martin, à Montsalson, à Villebœuf; non rare à la Chazotte.

AULACOPTERIS VULGARIS. (Pl. XII.)

Empreintes bien et régulièrement striées, à embranchements latéraux plus ou moins espacés et rapprochés sans règle, distiques ou plutôt rendus tels par la pression, car, dans les grès fins, où les rapports des parties sont le mieux conservés, ils paraissent plutôt disposés suivant les faces d'un dièdre assez ouvert. Les embranchements, décurrents à la base un peu dilatée, sont ou relativement très-forts, et alors produisant une bifurcation comme en 10, pl. XII, ou faibles et appendiculaires comme en 11, ou alternes, ou assez souvent presque opposés. Les stries, simples, inégales et assez prononcées, passent de la tige dans la branche, en dessus comme en dessous, en laissant des espaces triangulaires où des côtes s'introduisent, comme cela se voit en 12. L'écorce charbonneuse varie de $0^m,0005$ à $0^m,002$ des plus petites aux grosses branches, et les côtes augmentent respectivement de $0^m,0005$ à $0^m,003$. On comprendra l'origine et la forme de celles-ci, lorsque, un peu plus loin, nous traiterons de la structure singulière des énormes pétioles dont il s'agit.

Leurs empreintes s'accordent avec les *Nögg. striata, crassa* de MM. Göppert et Geinitz, et *dichotoma* du dernier auteur, quoiqu'elles aient porté de tout autres feuilles; elles sont généralement plus larges et plus importantes, et paraissent avoir appartenu, à Saint-Étienne, aux *Odontopteris*, comme aussi, avec des sillons plus faibles, plus larges et moins accentués, aux *Alethopteris.* Les *habitat* qui suivent sont partagés par les *Odontopteris,* avec lesquels on trouve les pétioles dont il s'agit, toujours en si grande proportion qu'ils ont pu suppléer en partie le limbe foliaire dans son fonctionnement physiologique.

Habitat. En quantité à la sole des Littes et à la sole de la 3e, à Montrambert; au toit de la Rullière; aux toits du Péron et de la 2e Latour; à la galerie Baude, à la Terrasse. Commun dans le toit de 3e (Côte-Thiollière); au puits de la Culatte; au toit de la 7e (Monticux); au toit de la 3e (Montaud).

AULACOPTERIS CONVENIENS.

Avec les *Alethopteris Grandini,* stipes très-rameux marqués de stries moins nettes, par suite sans doute de quelque différence de structure, mais non d'une manière si tranchée, au moins dans les dernières divisions, qu'on ne puisse pas confondre celles-ci avec les pétioles d'*Odontopteris,* d'autant plus aisément que ces deux sortes de Névroptérides gisent souvent ensemble.

Habitat. Ce sont ces *Aulacopteris* qui forment la houille près la sole des deux bancs de la 6e, à la Roche-du-Geai; plein un schiste très-charbonneux du toit de la couche de Villars; nombreux au toit de la 8e en général, avec *Stipitopteris.*

AULACOPTERIS DISCERPTA.

Avec les *Odontopteris Schlotheimii* principalement, il y a une autre sorte d'*Aulacopteris* facile à distinguer : 1° par une écorce mince alternativement marquée de lignes cellulaires larges et fibreuses plus étroites, ordinairement déchirée en long, rarement entière; et 2° par l'absence presque complète de ramifications, si communes dans les deux espèces fossiles précédentes; il y a des tronçons de 1 à 2 mètres de longueur, de 0^m,10 à 0^m,20 de largeur; on n'en voit que très-rarement avec de petites branches, paraissant ne se produire qu'au bout de ces longs et gros pétioles auxquels j'ai vu attachés des restes de *Medullosa.* Des stipes assez semblables se trouvent avec les *Nevropteris cordata.*

Habitat. En quantité dans les déblais du tunnel de Terre-Noire; aux carrières Drevet et Saint-Pierre de Montrambert; dans la houille schisteuse des Littes et formant, au-dessus, des veines de charbon; dans un schiste du Grand-Coin, carrière du Clapier. Nombreux au toit de la couche des Barraudes, de la masse du Breuil, de la couche du Cluzel, des puits de la Culatte et des Rosiers.

RÉTABLISSEMENT DU PORT DES NÉVROPTÉRIDÉES.

(Voir le tableau de végétation B.)

Après les développements qui précèdent sur les parties et leur association, on peut se faire quelque idée du port gigantesque des Névroptérides, qui ont joué un rôle important pendant la formation carbonifère. Voici comment je puis concevoir le port des trois espèces que je connais le mieux.

L'*Od. Reichiana* me servira de point de comparaison. Le dessin d'ensemble, pl. XII, est la réunion vraisemblable de croquis faits d'après nature. La partie A, prise en 1863 au toit du Péron, est un grand et énorme stipe rameux auquel l'axe C appartient; on y voit, entre autres particularités, un rameau naissant en même temps qu'une énorme branche, que je n'ai suivie qu'en partie; ce que l'on pourrait appeler la tige paraît avoir produit des branches sans ordre, comme l'indiquent nos figures 1 et 1'; B est une grosse branche du Treuil. Les ramifications supérieures viennent de différents endroits, et ne sont pas plus supposées que les portions de frondes terminales esquissées d'après de grands échantillons observés sur place. Que l'on complète par la pensée l'intervalle entre C et A-B, et que l'on prolonge la tige par en bas, et l'on ne sera pas loin de se faire une idée réelle de la grandeur de ces Fougères; que maintenant on réunisse quelques frondes dans divers états de développement en un bouquet diffus, et l'on aura un aperçu de cette riche végétation d'*Odontopteris*.

L'*Alethopteris Grandini*, dont le rachis était aussi grand et peut-être encore plus subdivisé par des ramifications subperpendiculaires, se distingue par un feuillage bien différent, plus développé, uniforme et, dans tous les cas, sans productions stipales.

L'*Odontopteris Schlotheimii* était porté par de longs et hauts pétioles, qui, sans branches sur la plus grande partie de la longueur, se résolvaient, vers le haut seulement, en une production variée et irrégulière de frondes de cette espèce.

C'est au moins ainsi que nous représentons, dans le tableau B, ces trois espèces en touffes séparées, avec des dimensions relatives qui ne doivent pas être exagérées par rapport aux grandes Fougères en arbre et aux petites Fougères en herbe, lesquelles toutes ensemble devaient donner lieu à la plus riche et la plus vigoureuse végétation, pour avoir formé la masse principale de la houille des couches moyennes et supérieures de Saint-Étienne.

MEDULLOSA, Cotta. (*Myelopteris*, Ren.)

En premier lieu, Cotta a décrit sous le nom de *Medullosa elegans*, que M. Göppert a remplacé par *Stenzelia*, M. Brongniart par *Myeloxylon* et M. Renault par *Myelopteris*, de prétendues tiges formées de deux parties : 1° l'une interne, prépondérante, médullaire, traversée par des faisceaux vasculaires ressemblant, dit M. Göppert [1], à ceux des Fougères vers le centre et à ceux des Monocotylédones vers la périphérie, où ils deviennent effectivement de plus en plus fibreux; 2° l'autre extérieure, que ce botaniste considère comme une zone ligneuse avec disposition rayonnante; en raison de quoi il place les fossiles en question parmi les Cycadéacées, ce que M. Schimper a fait après lui. Mais cette zone extérieure, dans les échantillons silicifiés de Saint-Étienne, se montre formée de plusieurs cercles de faisceaux fibreux figurant plutôt une écorce de Monocotylédone, de manière que, en coupe, les *Medullosa* seraient assez semblables aux *Dracæna*. Mais l'organisation des faisceaux est beaucoup plus simple; dans les minces tiges, les faisceaux, parallèles, prennent une disposition régulière inconnue dans les Monocotylédones; ils sont symétriques à un plan, ce qui, avec une section obovale de l'objet à laquelle les cercles de faisceaux ne sont même pas concentriques, établit péremptoirement sa nature pétiolaire. Si l'on compare la section polie (pl. XIII, fig. 5) d'un spécimen de la Péronnière avec celle (fig. 6) d'un rachis d'*Angiopteris*, on remarque de part et d'autre une même disposition de faisceaux; les faisceaux des *Angiopteris* sont seulement allongés dans le sens concentrique et tendent à se rejoindre en un arc continu dans les derniers rameaux, au lieu que, dans les *Medullosa*, ils restent toujours ronds et seraient plutôt allongés, sur la coupe, dans le sens radial. Et

[1] *Fossilflora der permischen Formation*, p. 208 et 220.

tandis qu'ils sont formés exclusivement de vaisseaux dans les *Angiopteris*, avec conduits gommeux sans paroi propre, ils sont plus compliqués dans les *Medullosa*, composés de vaisseaux entourés de fibres du côté interne et accompagnés de tubes gommeux résultant de grosses cellules allongées et bout à bout. La couche corticale fibreuse forme un cercle continu dans les *Angiopteris*, tandis qu'elle est partagée en nombreux faisceaux dans les *Medullosa*. Les spécimens bien conservés de Grand'Croix présentent, en dehors de cette couche corticale, du tissu cellulaire très-fin, recouvert d'un épiderme. Nous avons trouvé au Mont-Pelé, près Épinac, en rapport avec les *Aulacopteris*, que nous considérons comme les écorces houillifiées de *Medullosa* et tel que nous en avons dessiné (pl. XIII, fig. 7) un fragment sous le microscope à la *camera lucida*, un épiderme cuticulaire membraneux, jaunâtre, percé de stomates imparfaitement conservés, sous formes d'ouvertures en des points de convergence du réseau cellulaire. L'existence de stomates sur l'épiderme des *Medullosa* prouve que ces structures fossiles se rapportent à des pétioles. Et, en effet, à la Péronnière, on en trouve assez souvent, comme celui figure 8, pl. XIII, avec des ramifications de Fougères, ce que l'on n'avait pas encore rencontré; nous figurons en M (pl. XII) des *Medullosa* diversement ramifiés de Grand'Croix.

Que sont ces pétioles que M. Williamson a trouvés comparables à ceux du *Marattia*. Quelles feuilles ont-ils portées?

J'en ai trouvé de toutes les dimensions, depuis plus de $0^m,10$, à section circulaire, jusqu'à moins de $0^m,005$, à section obovale. Ils ont à la surface de la zone fibreuse le striage qui distingue les *Aulacopteris*. On trouve non-seulement parmi les *Aulacopteris*, mais quelquefois en adhérence avec eux, du fusain feutré que j'ai reconnu pour avoir une organisation de *Medullosa*, de manière à ne plus douter de leur commune dépendance. Il n'est pas rare, en effet, de rencontrer ce fusain en plaques avec des ramifications, et reproduisant on ne peut mieux le système des stries propres aux *Aulacopteris*.

De la sorte, les *Medullosa* représentent à Saint-Étienne la structure interne des pétioles d'*Odontopteris* et d'*Alethopteris;* je l'avais d'abord crue propre aux *Odontopteris*, avant de la rattacher plus sûrement aux *Alethopteris.*

J'ai trouvé la même structure en rapport avec les stipes de *Nevropteris;* il existe d'ailleurs des *Medullosa* dans le terrain houiller moyen et je crois que cette structure est partagée par tous les *Aulacopteris*, excepté par ceux des *Adiantites* anciens, qui m'ont paru privés de filandres hypodermiques.

De manière que, par la structure au moins, les *Nevropteris, Odontopteris, Alethopteris* et *Callipteris* paraissent bien former un groupe naturel, actuellement disparu, des plus extraordinaires.

Dès lors on doit s'attendre à ce que la structure des *Medullosa* comporte plusieurs types secondaires. Tandis que le *Med. carbonaria* pourrait bien se rapporter aux *Alethopteris*, le *Med. simplex* paraîtrait devoir plutôt appartenir aux *Odontopteris :* cela soit dit sous toute réserve, car un pétiole duquel paraît sortir un *Cyclopt. crenulata* renferme du fusain de *Med. carbonaria.*

Or, il y a analogie entre la structure des *Medullosa* et celle des *Palmacites carbonigenus* et *leptoxylon* de Corda, le dernier avec parenchyme médullaire lacuneux.

Ces deux organisations, désignées par Unger sous le nom de *Fasciculites*, que Cotta a appliqué à autre chose, sont donc tenues à tort par M. Göppert pour une preuve indubitable, dit-il, de l'existence, à l'époque houillère, des Monocotylédones [1], parmi lesquelles M. Schimper les laisse.

Elles n'appartiennent rien moins qu'à cet embranchement, auquel me paraissent également étrangères les structures monocotylédonaires signalées par Hartig, à Wettin, et par le professeur Bailey, en Pensylvanie.

D'où il suit que les seuls bois du terrain houiller que l'on pouvait croire représenter des tiges monocotylédones viennent

[1] *Ueber des Vork. von achten Monocotyledonen in der Kohlenperiode*, 1864.

simplement de pétioles de Fougères, à la vérité très-anomales sous tous les rapports.

MEDULLOSA CARBONARIA.

En contact intérieur avec quelques *Aulacopteris*, fusain comme on en trouve beaucoup à part, avec faisceaux ligneux séparés par du parenchyme; faisceaux ligneux de fibres associées à des vaisseaux, les fibres diminuant de proportion à l'intérieur, tandis que la quantité des vaisseaux augmente en sens inverse; faisceaux de plus en plus espacés en dedans, où domine de beaucoup le tissu cellulaire; le tout mêlé de filandres paraissant quelquefois formées de très-grosses cellules allongées et bout à bout.

Les fibres sont fines, sans dessins; elles sont accompagnées, jusque sous l'écorce, de vaisseaux moyens scalariformes agglomérés avec de plus petits, barrés obliquement, spiralés, et quelques-uns poreux. Les vaisseaux, presque en contact, d'un côté, avec le parenchyme, en sont séparés, de l'autre, par le tissu fibreux, et lorsque le tout est entremêlé de filandres, il en résulte bien une ressemblance avec les *Palmacites* de Corda.

L'adhérence, l'incorporation et la nature libérienne du tissu principalement fibreux attenant à l'écorce, combinées avec le contenu de plus en plus vasculaire des faisceaux ligneux à l'intérieur, la forme et la disposition des éléments ligneux, sinon leur composition, tout donne à ces débris un air de ressemblance avec les Monocotylédones et aussi avec les pétioles de *Cycas*, ce qui doit bien mettre en garde contre les conclusions tirées des apparences.

Habitat. Beaucoup dans le charbon de 6e à Chavassieux, dans un schiste très-charbonneux du toit de la grande couche de Villars, dans des charbons schisteux de la Porchère. — Assez dans la houille des Platières. — Au Conloux.

Dans les roches des Barraudes, de Montaud, du Bois-Monzil, du toit de la 14e à la Porchère, de Villebœuf, du puits Robert, de la galerie de Saint-Claude au bas-fond de Saint-André, de la tranchée du chemin de fer de Sorbiers. — Dans les grès siliceux de Landuzière, etc.

MEDULLOSA ELEGANS, Cotta.

Avec couche fibreuse corticale mieux limitée à l'intérieur, formée de faisceaux alternes enchevêtrés en plusieurs cercles concentriques, et de faisceaux allongés sur la coupe dans le sens du rayon, comme Cotta les a figurés, p. 61, *Die Dendrolithen*, etc., il y a à Saint-Étienne un *Medullosa* qui diffère du *Med. carbonaria*, au moins en ce que, dans le premier, les faisceaux corticaux, de forme différente, sont exclusivement fibreux.

MEDULLOSA LANDRIOTII, Renault.

M. Renault a fait connaître, sous ce nom d'espèce, des *Medullosa* avec faisceaux corticaux ronds et non allongés dans le sens radial, comme il en existe beaucoup dans les quartz de Grand'Croix, avec des *Aleth. Grandini, subspecies aquilina,* qui paraissent bien s'y rapporter. A la forme des faisceaux fibreux sous-corticaux, j'aurais constaté l'existence de cette espèce à la Porchère; et peut-être que le *Medullosa carbonaria* se rattache au même type, qui alors nous représenterait les pétioles des *Alethopteris* en général.

MEDULLOSA SIMPLEX. (Fig. 9, pl. XIII.)

Dans le toit de la 14e, à la Porchère, petite tige debout qui pourrait bien représenter un nouveau type de *Medullosa,* que plusieurs raisons me feraient considérer comme propre aux *Odontopteris;* à faisceaux épars dans tout l'intérieur de la tige, à peine un peu plus nombreux sous l'écorce toujours striée en long, mais d'une manière bien différente de ce qu'on voit dans les espèces qui précèdent, et plus analogue aux stipes d'*Odontopteris,* sans zone fibreuse sous-jacente; faisceaux plus uniformes, plus simples, formés de vaisseaux barrés accompagnés de quelques clostres plutôt que de fibres; pas de tubes gommeux, ce semble; ample parenchyme médullaire, dont quelques cellules offrent, dans une préparation transparente, les apparences de *nucleus* sombres au milieu. Cette structure ressemble davantage à celle des *Angiopteris.*

Habitat. Porchère, Villars, Montaud, Quartier-Gaillard.

AFFINITÉS GÉNÉRALES ET PARTICULARITÉS DES FOUGÈRES DU TERRAIN HOUILLER.

Il est certain que, pour bien apprécier les rapports des Fougères fossiles avec les Fougères vivantes, il faut une connaissance déjà avancée de la fructification.

L'unité du mode de reproduction, sous la forme, la seule commune et abondante, de capsules coniques suspendues, quoique très-différemment conglomérées, place l'ensemble des Pécoptéridées près des Marattiacées, formant un groupe important, sur les caractères duquel nous ne reviendrons pas; la masse et la variété des empreintes de *Pecopteris* fructifères que j'ai examinées et le grand nombre de ceux silicifiés que j'ai vus m'autorisent à être affirmatif sur ce point.

La forme et la structure des stipes, l'analogie des frondes, en l'absence de fructifications mieux connues, rassemblent encore les Névroptéridées dans un groupe remarquable, et que l'on reconnaît ne pouvoir se rapprocher que des Marattiacées.

Or, ainsi qu'on l'a vu, les Fougères du terrain houiller stéphanois appartiennent en très-grande partie à ces deux tribus fossiles des Pécoptéridées et des Névroptéridées, au port si différent, mais que les caractères les plus essentiels de la structure, sinon les organes reproducteurs [1], rattachent les unes comme les autres aux Marattiacées, à cette sous-famille, qui a déployé le plus riche développement dont la classe des Fougères soit capable, et qui offre, chez les vivantes et les fossiles [2], des particularités qui se prêteraient assez aux vues de certains auteurs, qui déplacent ces Fougères pour les rapprocher des Lycopodiacées.

Mais il y a une grande multitude d'autres Fougères, principalement des terrains houillers moyens et inférieurs, qu'il reste à apprécier.

Pour ce qui est de celles de Saint-Étienne, du cadre des Hétéroptéridées, je suis encore parvenu à ce résultat que les *Pecopteris Dicksonioides* et autres, peut-être même *Aneimioides*, les seuls sous-groupes propres au terrain houiller supérieur français, que ces Fougères, dis-je, portent éparses des capsules piriformes analogues à celles des Osmondacées ou plutôt des Schizéacées, sinon même quelquefois identiques à celles des Marattiacées.

En sorte que (et cela change les idées que l'on avait conçues des Fougères fossiles, d'après la distribution des nervures et la forme des frondes, et même, comme nous l'avons vu, d'après la forme et la position des réceptacles) la grande masse et la grande

[1] On sait que, dans les Fougères, comme du reste dans toutes les Cryptogames, les organes de végétation sont plus subordonnés à ceux de reproduction que dans les plantes plus parfaites.

[2] On pourrait citer au nombre des particularités fossiles d'une certaine importance que les spores, plus grosses dans les *Scolecopteris* que dans les *Asterotheca*, sont généralement sphéro-tétraédriques.

variété de ces plantes, à Saint-Étienne et aussi dans les autres bassins houillers du centre de la France, se rangeraient, en l'embellissant et en l'agrandissant, dans la sous-famille des Marattiées.

Voyons ce que l'on peut dire maintenant des alliances des autres Fougères si variées des terrains houillers plus anciens.

Si d'abord nous pouvions nous en rapporter à quelques nouvelles observations sur les *Pre-pecopteris,* nous estimerions que ces Fougères, si nombreuses dans le terrain houiller moyen, partagent le type de fructification des Schizéacées d'une manière plus ou moins analogue au *Senftenbergia elegans* de Corda, genre auquel un spécimen du Muséum réunit l'*Asplenites ophiodermaticus,* et d'après la forme des frondes et des traces de fructification, peut-être aussi les *Aspl. trachyrrhachis, divaricatus,* ainsi que les *Aspidites Silesiacus, Glockeri, oxyphyllus*, etc.

Les découpures limbaires, la position et la forme des fructifications de l'*Hymenophyllites Weissii,* Schimper, du *Trichomanites Beinerti*, Göpp., seraient favorables à la supposition que ces Fougères et certaines autres ont des attaches avec les Hyménophyllées.

Nous ne voyons pas de Polypodiacées, et il n'est même pas probable qu'il y en eût, car les sporanges trouvés avec un anneau ont été soupçonnés par M. Carruthers avoir le mode d'attache de ceux des Hyménophyllées, et quelques très-rares capsules d'Autun ont un anneau trop imparfait pour appartenir aux Polypodiacées. Quant à l'*Oligocarpia Gutbieri*, les anneaux apparemment transverses des capsules dénoteraient plutôt, de concert avec les autres organes, des Gleichéniées que des Cyathéacées.

Ainsi, en définitive, les Fougères du monde primitif ne manifestent avoir des affinités qu'avec les tribus aujourd'hui dissidentes, si je puis employer ce mot pour marquer celles qui, sans doute en décroissance, ne sont plus que faiblement représentées vis-à-vis de la masse des Polypodiacées aujourd'hui prépondérantes, et dont l'existence dans le terrain houiller reste douteuse, en dépit des analogies de forme qui les avaient fait considérer, au contraire, comme très-diversement représentées.

Il faut dire cependant qu'on est loin de connaître le mode de reproduction de certains types de Fougères, par exemple des *Sphenopteris-Cheilantoides* et *Davallioides,* caractérisés dans l'état fructifère par un recourbement du bord des pinnules ou l'épaississement terminal des lobes. Mais, et cela est à remarquer, les indices de fructification qu'ils portent quelquefois dénotent moins des sores en général que la présence de capsules isolées sur la plupart de ces Fougères, que, sous ce rapport, l'analogie me ferait comparer aux *Pecopteris-Dicksonioides.* Cependant la position, l'isolement et l'agglomération des capsules se présentent de manières très-diverses dans les Sphénoptérides, tantôt disséminées, comme dans les *Aspl. heterophyllus, crispatus,* l'*Aspidites Dicksonioides,* tantôt marginales, comme dans les *Aspidites microcarpa, Radnicensis,* tantôt plus ou moins ramassées en tas.

L'examen comparé des organes végétatifs est toujours en faveur de nos conclusions locales, aussi légitimes que possible, puisqu'elles sont fondées sur l'organisation des sporanges.

En ce qui concerne les frondes, M. Brongniart a fait la remarque que la plupart des Fougères du monde primitif avaient la pinnule inférieure à l'extérieur c'est-à-dire en dessous, comme je les ai vues dans les *Todea,* et non en dessus, comme dans la généralité des Fougères vivantes. On peut ajouter une autre remarque concernant une grande masse de Fougères fossiles et que M. Stur signale comme plus particulière aux Fougères du Culm, c'est que, lorsque le rachis est bifurqué, les branches sont plus ou moins décurrentes, comme dans les Gleichéniées, mais sans bourgeon à la fourche. Les expansions schizoptéroïdes du rachis ne sont pas rares dans les *Pecopteris* et *Sphenopteris-Dicksonioides,* telles que le *Schizopteris Gutbierana* sur le *Pecopt. dentata,* le *Schizopteris adnascens* sur les *Sphenopteris Gravenhorstii, Bronni, crenata,* Lind.; elles se rencontrent également dans les *Pre-pecopteris,* et forment un point de contact entre ces diverses Fougères, dont la fructification est probablement analogue; tandis que, dans le monde vivant, on ne connaît, je crois, que l'*Hemitelia capensis* pour avoir des pennes secondaires découpées et dégénérées en *Schizopteris*. La structure des pétioles herbacés est encore davantage celle des Fougères dissidentes.

Les *Psaronius* ont essentiellement la structure des Marattiacées, mais les Fougères en arbre du terrain houiller, de port beaucoup plus noble, ont en même temps une structure plus parfaite par l'arrangement plus régulier des faisceaux vasculaires, par l'organisation plus complexe de ceux-ci, et se distinguent par un système radiculaire original. Dans quelques *Pecopteris* fructifères silicifiés, les bords des pinnules sont non-seulement très-recourbés, mais ils sont même soudés pendant la première phase du développement, ce qui constitue une haute précaution inusitée chez leurs parents actuels.

Les stipes gigantesques des Névroptérides révèlent un groupe disparu, plus parfait que les *Angiopteris*.

Les *Palæopteris*, *Doleropteris* et *Schizopteris* pourraient bien être des représentants aussi beaux que nombreux de la tribu supérieure des Ophioglossées.

Pour ce qui est du pittoresque, enfin, nous voyons, outre des Phthoroptérides herbacés à petites tiges couchées ou à fins rhizomes traçants : 1° une grande abondance de Fougères en arbre, la plupart géantes, couronnées de feuilles aux longs pétioles, quelques-unes, comme le *Caul. peltigera*, ayant un très-grand diamètre pour une Fougère; 2° des touffes et massifs épais de Fougères herbacées gigantesques.

Toutes ces Fougères en hautes tiges et grandes herbes ont concouru, par l'ampleur des formes et la vigueur de leur croissance, aussi bien que les autres familles de plantes dans le terrain houiller moyen du Nord, à former des accumulations de combustible très-importantes dans les dépôts houillers supérieurs du centre de la France.

Le tableau B peut donner une idée de l'aspect imposant de cette merveilleuse végétation, à laquelle on doit une bonne partie des couches moyennes et supérieures de Saint-Étienne.

CLASSE DES SÉLAGINÉES, Endlicher.

La classe des Sélaginées comprend les Lycopodiacées du monde actuel et les Lépidodendrées du monde primitif : les premières, herbacées, humbles, semblables à des mousses, auxquelles on les a comparées; les autres, au port arborescent; toutes de structure assez analogue et de fructification, au fond, identique, mais de formes si diverses, que l'on peut y voir toute une classe de végétaux aujourd'hui déchus de la richesse et de l'ampleur de leurs formes primordiales.

GENRE LYCOPODITES, Goldenberg.

Plantes herbacées du monde primitif, concordant par tous les points de la forme avec les Lycopodes vivants, ayant des feuilles déjetées et inégales, comme dans les *Selaginella* (ce qui les distingue des jeunes rameaux de *Lepidodendron*), une fructification conforme, d'après le peu que l'on en sait, et jusqu'à une structure identique, d'après les petites tiges d'Autun décrites par M. Renault comme *Lycopodium punctatum* (*Annales des sciences naturelles,* 5ᵉ série, t. XII, p. 177, pl. XII et XIII).

LYCOPODITES DECUSSATUS. — J'ai trouvé au bois d'Avaize un bel exemple de *Lycopodites,* formé de nombreux rameaux longs et simples, paraissant bifurqués à leur sortie d'un axe principal; *à feuilles opposées, membraneuses, situées dans le plan des ramifications, avec indices d'autres petites feuilles à peine discernables, en croix sur les premières,* et telles que les représente notre planche XIV, fig. 1. Les feuilles latérales, par le mode de sortie de la nervure unique et par sa position dans le limbe, sont semblables à celles du *Lycopodium volubile;* mais le caractère des feuilles, régulièrement opposées et décussées, nous a paru plus constant dans le *Lycopodium complanatum,* d'une autre physionomie. Notre espèce est plus semblable au *Lycopodites Gutbieri* qu'à aucun des *Lycopodites* de Sarrebruck.

Lycopodites Lycopodioides, Feist. — J'ai trouvé à Robertane une empreinte se rapportant à cette espèce du Riesengebirge (*Palæontographica,* 1875, p. 183, pl. XXX, fig. 1 et 2), laquelle espèce, bien que fondée sur de petites branches rameuses, peut bien être aussi un *Lycopodites,* les ramifications conservant la même grosseur.

Famille des LÉPIDODENDRÉES.

Les *Lepidodendron,* par un mode semblable de végétation et de foliation, par une structure analogue et, par-dessus tout cela, par une fructification identique dans les points essentiels, sont, à proprement parler, les Lycopodiacées arborescentes du monde primitif, qui témoignent, par leur grande taille, d'une intensité de végétation extraordinaire. Ces végétaux sont rares à Saint-Étienne.

Genre LEPIDODENDRON, Sternberg.

Ne voyant pas de différence propre à motiver une distinction, même sous-générique, entre les coussinets fusiformes des *Sagenaria* et les coussinets rhomboïdaux, seulement moins étirés, des *Lepidodendron,* je désignerai sous ce dernier nom toutes les tiges fossiles réduites à leurs écorces, marquées : 1° à la surface, de coussinets foliaires en losanges plus ou moins étirés, séparés par des sillons croisés, et portant des cicatrices foliaires transversales caractérisées par un angle de décurrence inférieur correspondant à une carène médiane du coussinet; 2° sur le moule intérieur, de tubercules saillants et décurrents par suite de la sortie inclinée des faisceaux vasculaires qui se portaient aux feuilles.

L'écorce, prenant de l'épaisseur, manifeste une tendance à se partager en plusieurs couches, qui, offrant des caractères variables, rendent très-difficile l'identification des empreintes des différentes zones corticales appartenant à la même espèce.

Comme, à cause de leur mauvais état général de conservation, la plupart des *Lepidodendron* sont indéterminables spécifiquement, je noterai qu'à leur vague effigie on les voit encore communs dans les schistes de triage de Combe-Rigole, de Grand'Croix, également dans les débris schisteux du puits Saint-Privat; le type *rimosum* et ses dérivés et analogues paraissent les plus habituels. A Saint-Étienne, les *Lepidodendron* sont si rares, que je n'en ai découvert que quelques échantillons peu nets, à Saint-Chamond, au Quartier-Gaillard, aux Barraudes et au toit du Sagnat Midi.

LEPIDODENDRON VELTHEIMIANUM, Presl.

Dans les roches de Saint-Symphorien-de-Lay, les seules rares tiges de plantes que l'on y peut discerner, bien qu'indéterminables pour la plupart, paraissent cependant toutes appartenir aux *Lepidodendron*. Le plus grand nombre avec leurs coussinets obovés, plus ou moins étirés, avec leurs cicatrices à bords inférieurs arqués, se rattachent au *Lep. Veltheimianum*. Dans la fendue Charbonnière, j'ai trouvé, à la sole, de l'anthracite schisteux que l'on n'a pas beaucoup de peine à voir entièrement formé d'écorces appartenant à cette espèce, tant par la forme des coussinets que par ce qui reste de la partie glandulaire des cicatrices (pour dire comme le comte de Sternberg) et encore par les stries et gerçures et la nature de la surface propre à la base des tiges de cette espèce [1], qui se rencontrerait le plus ordinairement dans le Roannais sous la forme d'empreintes de tiges irrégulièrement sillonnées en longueur.

KNORRIA IMBRICATA, Stern.

M. Bellenger m'a remis, comme venant de Lay, un moule de *Knorria* sculpté en losanges réguliers, analogue à une des modifications du *Knorria imbricata* de Landshut; et M. Maussier, un *Knorria* de plus de $0^{m},15$ de large avec des tubercules imbriqués, appliqués et brisés ordinairement au bout, vraiment semblable au *Knorria imbricata* que l'on rapporte au *Lep. Veltheimianum*. M. Ebray a figuré un *Knorria* du Beaujolais plus analogue au *longifolia*.

LEPIDODENDRON TETRAGONUM, Stern.

Sur un morceau d'anthracite de Fragny, faisant partie de la collection départementale de la Loire réunie par M. Gruner à l'École des mineurs, on remarque une vague empreinte de *Lepidodendron tetragonum;* cette espèce paraît bien exister à Bully.

LEPIDODENDRON RIMOSUM, Sternberg.

Avec coussinets saillants longuement étirés aux deux bouts, aigus, séparés plus ou moins par un espace ridé, et marqués, un peu au-dessus du milieu, de cicatrices foliaires rhomboïdo-transversales pourvues de trois points; cette espèce caractéristique se trouve à Montbressieux, semblable à la figure qu'en a donnée Sternberg (*Essai géog. bot. de la flore du monde primitif,* vol. II, p. 180, pl. XLVIII, fig. 15).

Lepidodendron fusiforme, Corda. — Corda a distingué (*Beit. z. Flora d. Vorwelt,* p. 21, pl. VI, fig. 5) une forme de *Lepidodendron* analogue à l'es-

[1] On sait que, dans les parties vieilles et inférieures des tiges de *Lepidodendron*, les coussinets se séparent, deviennent irréguliers et tendent à disparaître, en même temps que la tige se trace de sillons et de crevasses irrégulières en longueur.

pèce précédente, mais avec des coussinets plus ou moins contigus comme ceux du *Sagenaria Glincana* d'Eichwald, et, somme toute, différente dans les modifications qui devraient le plus la rapprocher de l'une ou de l'autre de ces deux espèces.

Habitat. Grandes-Flaches. — Péronnière. — Faverge. — Mouillon.

LEPIDODENDRON STERNBERGII, Brongn.

Cette espèce, identique, d'après Lindley, au *Lepidodendron dichotomum* de Sternberg, a une écorce faible, des coussinets peu saillants, obliques, bitors, marqués de cicatrices notables rhomboïdales pourvues de trois points, tous caractères très-conformes, dans le bassin de la Loire, à ceux exprimés dans le *Fossil Flora*, vol. I, pl. IV, et dans *Die Verst. d. Steinkohlenform. in Sachsen*, pl. III, fig. 2-12. Les branches sont souvent ramifiées par dichotomie; les rameaux ne sont pas effilés; les feuilles, relevées, sont roides et longues. Bref, je me figure la plante entière avec le port que je lui donne dans le tableau de végétation C.

Habitat. Nombreux à Chapoulet. — Recherche du Grand-Logis à Valfleury. — Toit de la 2e bâtarde au puits Sainte-Mélanie de Montbressieux. — Indications dans les schistes de triage de Rive-de-Gier. Entre-brèche de la Niarais.

LEPIDODENDRON ELEGANS, Brongn.

Dans les schistes de Montbressieux on trouve, avec des feuilles bractéales autres que celles qui gisent d'ordinaire parmi les *Lepid. Sternbergii* de Chapoulet, des Lépidodendrons, toujours beaucoup plus minces, d'une rare élégance, à branches ordinairement effeuillées, semblables à celles de l'*Histoire des végétaux fossiles*, 14e liv., pl. XVI, à rameaux minces et longs comme le *Lepid. gracile*, à ramifications répétées et devenant très-grêles, à tige tout au plus aussi volumineuse que celle du *Geological Survey of the United Kingdom*, 1848, vol. II, part II, pl. IX. Cette espèce, qui paraît être restée faible, était très-rameuse, avait les extrémités très-fines, pourvues de petites feuilles ouvertes, assez rapidement caduques, enfin, elle pouvait bien avoir le port que nous essayons de lui restituer au tableau de végétation C.

Rapprochée par Lindley du *Lep. Sternbergii*, avec lequel on l'a confondue, elle nous paraît bien, à tout prendre, en différer sensiblement : 1° par une écorce notablement plus épaisse; 2° par des coussinets proportionnellement plus étroits, plus saillants; 3° par de plus petites cicatrices foliaires, où ne ressort bien, en général, qu'un point vasculaire au centre, et par un feuillage bien différent, mince, petit et ouvert.

LEPIDODENDRON JARENSE (corrugatissimum), Gr.

Au puits du Replat, au Gourd-Marin et surtout au Sardon, j'ai rencontré un Lépidodendron très-joli, à coussinets marqués, sur toute la surface, de fortes rides en travers, au-dessus comme au-dessous de la cicatrice foliaire située assez haut, rappelant le *Lepid. obtusum* de Sauveur (*Végétaux fossiles des terrains houillers de la Belgique*, pl. LXI, fig. 2), ou encore le *Lepid. diplotegioides*, Lesq. de l'Illinois, mais différent, avec une tige assez faible, qui envoie des rameaux, sans, pour ainsi dire, faire de zigzags; le tout recouvert de petites feuilles dressées qui laissent à la plante un aspect assez nu.

LEPIDODENDRON BEAUMONTIANUM, Br.

Empreinte assez imparfaite du Mouillon, quadrillée comme les *Tessellaria*, rappelant le *Lepid. Mielecki*, Göpp., également le *Lepid. Marckii*, de Röhl, toutefois plus semblable à un spécimen inédit d'Angleterre, étiqueté, au Muséum, *Lepid. Beaumontianum*, par M. Brongniart. Le moule de cette espèce présente de très-gros tubercules knorriiformes imbriqués.

GENRE LEPIDOFLOYOS, Sternberg, ET LOMATOFLOYOS, Corda.

Les *Lomatofloyos*, à réunir aux *Lepidofloyos*, se distinguent, les uns comme les autres, par des cicatrices transversales, toujours marquées de trois points vasculaires, celui du centre étant le plus fort, et plus ou moins épaissies au milieu et le plus souvent arrondies en dessous comme en dessus, sans angle de décurrence médiane, ainsi que dans les Sigillaires et contrairement aux Lépidodendrons, mais portées au bout de coussinets foliaires écailleux, dits *phyllodium*, imbriqués plus ou moins et correspondant, sur le moule, à des tubercules knorriiformes. Le *Lepid. brevifolium* les lie aux *Lepidodendron*, dont ils partagent la structure interne. Mais en des points, disposés par étage sur une tige de Rive-de-Gier, étaient fixés des cônes sessiles, qui ont laissé l'empreinte de leurs écailles inférieures autour des insertions.

Les *Lepidofloyos* sont rares à Rive-de-Gier et ne se trouveraient à Saint-Étienne que dans la houille, à Beaubrun, comme à Saint-Bérain (Saône-et-Loire).

LEPIDOFLOYOS ANTHRACINUS, Lind.

M. Baroulier a trouvé en 1849 au toit de la première bâtarde (concession de la Pomme) une empreinte écailleuse ressemblant à un cône à écailles dressées comme dans les Abiétinées, carpellaires et épaisses comme dans les Pins; mais, au lieu d'être en massue tronquée, elles sont arrondies et un peu excurvées au sommet, et cela d'une manière si identique au *Pinus anthracinus* de Lindley (*The fossil Flora*, pl. CLXIV, vol. III) des *coal-measures* de Newcastle, que je crois que ce fossile, considéré par Endlicher et Göppert comme le seul indice de strobile de Conifère du terrain houiller, et comparé au *Sciadopitys verticillata*, n'est qu'un plus petit fragment de *Lepidofloyos* strobiliforme identique.

LEPIDOFLOYOS MACROLEPIDOTUS, Gold.

On a découvert dernièrement à Lorette un fragment pareil sous tous les rapports, seulement plus aplati, au *Lom. macrolepidotus* de Dutweiler (Goldenberg, *Fl. Saræp. fos.* 1er fasc. p. 22, et 2e fasc. p. 44, pl. XIV, fig. 25).

LEPIDOFLOYOS LARICINUS, Sternberg.

Cette espèce caractéristique, et qui ne se prête à aucune équivoque, a été trouvée à Combe-Plaine, au puits de Grézieux, au puits Malassagne du Mouillon; plusieurs tiges au Sardon.

PSEUDOSIGILLARIA.

On sait que les Sigillaires et les Lépidodendrons ne diffèrent pas tellement par les caractères extérieurs qu'il n'y ait des empreintes de forme insolite que l'on peut tout aussi bien ranger près des unes que près des autres tiges. En cherchant des différences de nature à distinguer ces empreintes, je crois avoir reconnu :

Que si, dans toutes les tiges fossiles du groupe des Lépidodendrées, les faisceaux vasculaires, en se portant aux feuilles, sortent toujours obliquement de la tige à travers l'écorce; et si, au contraire, dans les Sigillaires comme dans les Stigmariées, ils en sortent subperpendiculairement, il doit en résulter dans les formes corticales une différence générale propre à établir une séparation fondamentale entre les deux groupes d'empreintes de tiges, savoir :

Que, dans les Lépidodendrées, la décurrence des feuilles qui s'ensuit, si elle ne s'accuse pas sur l'écorce par une carène du coussinet, doit se révéler en dessous, comme cela a toujours lieu, ainsi que l'a vérifié M. Göppert, par des marques longitudinales correspondantes, étirées vers le bas, soit sous forme de fentes, soit sous celle de saillies linéaires fusiformes ou de tubercules foliiformes;

Tandis que, dans les Sigillaires, les cicatrices sous-corticales non-seulement ne sont pas allongées par décurrence, mais encore, au lieu d'être saillantes, comme dans la généralité des Sélaginées fossiles, elles sont déprimées, quelquefois beaucoup.

D'où il résulte que les tiges à moule knorriiforme, par cela seul, seraient parentes des Lépidodendrons, et cela avec d'autant plus de probabilité que les coussinets foliaires seraient eux-mêmes décurrents, en même temps que les dessins de l'écorce trahiraient un développement phyllotaxique analogue. Ce sont précisément là les caractères possédés par des tiges, comme les *Sigillaria rimosa*, Gold., *monostigma*, Lesq., que l'on a prises pour des Sigillaires, auxquelles elles ressemblent bien, à la vérité, en apparence, mais qui, à n'en considérer que la surface, en diffèrent déjà d'une manière significative, d'abord par les lignes qui y tracent, plus régulièrement que dans le *Lepid. Charpentieri*, Göpp., des espèces de losanges allongés, dont les pointes se croisent quelquefois en se recourbant, comme les coussinets de certains *Lepidodendron*, et ensuite par leurs cicatrices foliaires, posées non au milieu, mais au bout de ces losanges.

De pareilles tiges sont également communes à Saint-Étienne comme à Rive-de-Gier, et il est à remarquer que les cicatrices arrondies, en dessous comme en dessus, ne portent la trace bien nette que d'un passage vasculaire central. Les cicatrices, en se rapprochant dans un spécimen, le font ressembler à quelque Lepidofloyos.

PSEUDOSIGILLARIA PROTEA, Gr.

À écorce très-mince sur moule knorriiforme, à cicatrices foliaires transversales élevées au bout de coussinets décurrents et marquées d'une seule cicatricule vasculaire, qui souvent les fait se dilater au milieu; empreintes très-variables dans les détails, mais encore faciles à identifier, quoique certaines formes ne soient pas sans se joindre aux écarts de l'espèce suivante, tandis que d'autres se rapprocheraient des *Lepidofloyos*.

Habitat. Nombreux à une quarantaine de mètres au-dessus du Petit-Moulin. — Toit de la 6ᵉ à Côte-Chaude. — Puits Saint-Thomas de la Malafolie. — A la Barallière. — Au puits Rolland de Montaud. — Toit de la 5ᵉ au Treuil (Muséum).

PSEUDOSIGILLARIA MONOSTIGMA (Lesquereux).

Empreintes variées et non rares à Saint-Étienne, dont quelques-unes, non-seulement d'après la description et l'iconographie de M. Lesquereux, mais par comparaison avec les spécimens que cet auteur a adressés au Muséum, ressemblent tout à fait au *Sigillaria monostigma* (*On the fossil plants of Illinois*, p. 449, pl. XLII, fig. 1 et 4, vol. II, 1866, du *Geological Survey of Illinois*). M. Lesquereux trouve ces empreintes différentes des Sigillaires et comparables, sous quelque rapport, aux Lépidodendrons. Le qualificatif qu'il leur donne vient de l'existence d'une seule trace vasculaire prononcée sur la cicatrice supertoruleuse, c'est-à-dire portée au bout d'une saillie du moule, sur une surface striée élégamment en losanges plus ou moins étirés.

Habitat. Rive-de-Gier. — Vers 500 mètres au puits Saint-Privat. — A Villars. — A Roche-la-Molière.

PSEUDOSIGILLARIA STRIATA (Brongn.).

Tiges marquées de stries longitudinales irrégulières, plus ou moins convergentes vers de petites cicatrices sigillarioïdes très-distantes, d'une manière parfois très-analogue au *Sigill. striata*, Brongn. (*Histoire des végétaux fossiles*, p. 428, pl. CLVII, fig. 5), avec un moule knorriiforme. Cette espèce, avec des cicatrices plus rapprochées, devient assez semblable au *Sigill. rimosa*, Gold., à part les trois points vasculaires de ce dernier.

Habitat. A Montaud comme à Villebœuf et aux Platières. — Montcel-Sorbiers. — Porchère. — Puits David des Roches. — Bois-Monzil. — Puits de la Bâtie.

KNORRIA, Sternberg.

Les *Knorria* ne sont, d'après les observations de MM. Goldenberg, Göppert et les miennes, quoi qu'en pense M. Schimper, que le moule sous-cortical des Lépidodendrées, dont les saillies, plus ou moins foliiformes, nous représentent le passage très-oblique des faisceaux vasculaires à travers l'écorce.

Un Knorria de Saint-Étienne, dont les tubercules sont prolongés par de longs filets horizontaux, reflète même la forme d'une couche plus interne située à distance notable de l'écorce.

Les formes de *Knorria*, variables dans une même espèce, peuvent se retrouver identiques dans plusieurs; elles ne paraissent pas en dépendance certaine avec les caractères superficiels; et ainsi les *Knorria* ne peuvent pas, généralement, plus être rapportés aux genres et espèces fossiles qu'érigés en genres et espèces indépendants, et il n'est guère possible de les noter que sous leur nom collectif. Ces moules, assez fréquents à Rive-de-Gier, ne sont pas des plus rares à Saint-Étienne, où ils paraîtraient en grande partie se rapporter aux Pseudosigillaires.

Knorria Selloni, Sternb. Cette forme fossile se serait trouvée à la Malafolie comme à la sole Sagnat, au puits Saint-Simon de Montieux; à Montrambert, un moule bifurqué.

Genre HALONIA, Lindley et Hutton.

Tiges bosselées en quinconce, suivant des saillies coniques dont la signification est encore à trouver, marquées, sur toute la surface, de cicatricules ponctiformes régulièrement disposées en spirale; tiges auxquelles M. Dawson, en premier, et M. Binney, dans le *H. punctata*, ont reconnu la structure des Lépidodendrons.

HALONIA TUBERCULATA, Brongn.

Petite tige de Chavassieux, à tumeurs excavées d'un ombilic charbonneux marquant l'insertion d'un organe tombé; à surface particulièrement bien conservée par places, divisée en rhombes transversaux réguliers, avec un point central au-dessus comme au-dessous de l'écorce; d'ensemble, cette tige rappelle la *H. tuberculata* du grès carbonifère de Petrowskaja (d'Eichwald, *Lethæa rossica*, pl. XI, fig. 4).

LEPIDOPHYLLUM.

En appliquant, avec le sens qu'il a eu dans l'origne, ce mot aux véritables feuilles de Lépidodendron, il exprime des organes linéaires, plissés en long, analogues aux feuilles de Sigillaires, mais plus étroits, moins roides et généralement moins longs. On trouve ces feuilles, longues avec le *Lepidodendron Sternbergii* à Chapoulet, courtes avec le *Lepidodendron elegans* à Montbressieux.

LEPIDOSTROBUS, Brongn.

Les *Lepidostrobus*, par la structure de leur axe, le gisement connexe et l'attache aux branches, sont maintenant assez connus pour être les cônes reproducteurs des Lépidodendrons; mais comme ils n'ont pas encore été rattachés aux espèces de tiges respectives, on est obligé de les spécifier à part.

Il y en a à une seule sorte de spores (isosporés), soit à microspores, comme le *Lepidostrobus ornatus*, Lindl., soit à macrospores, comme le *Lepid. tenuis*, Binney; ou à deux sortes de spores (hétérosporés), les microspores en haut et les macrospores en bas, en imitation des Sélaginelles, d'après les observations de MM. Brongniart, Binney, Williamson et Schimper.

Lepidostrobus rodomnensis. — Gros cônes longs, barbus, dénotant à Combres (Roannais) un autre *Lepidodendron* que le *Veltheimianum* [1]. Les écailles, débarrassées des prolongements foliaires qui restent dans la matrice, sont rhomboïdes; elles portent des sacs oblongs remplis de macrospores; un cône paraît posséder en même temps des microsporanges.

Lepidostrobus Brongniarti, Berger. — Nous croyons pouvoir rapporter à cette espèce des fragments de strobile et des écailles isolées en gisement intime et parfois exclusif, à Montbressieux, avec le *Lepidodendron elegans*, que l'on confond à tort avec le *Lepid. Sternbergii*. Les écailles courtes, ovalo-lancéolées, ont deux angles divergents aigus à la base, et sont situées au bout de pédicelles sporangifères; quelques-unes se rapportent à la définition du *Lepidophyllum hastatum*, Lesq.

Lepidophyllum glossopteroides? Göppert. — On trouve de nombreuses feuilles bractéales intimement mêlées, à Chapoulet, au *Lepidodendron Sternbergii*, de même forme que celles fig. 3, pl. XLIV, *Die fossilen Farrnkräuter*, seulement plus courtes.

Lepidophyllum majus, Brongn. — A Rive-de-Gier, au Mouillon, plusieurs au Sardon, à Grand'Croix, à Communay; longues et larges feuilles fructifères, identiques à celles désignées sous ce nom, et comme j'en ai vu à Sarre-

[1] A Lay j'ai trouvé des *Lepid.* comme M. Dawson en a figuré un du *lower-carboniferous* de Horton (Canada); un spécimen qui se trouve au palais Saint-Pierre, à Lyon, a les cicatrices foliaires de l'*Ulodendron commutatum*, et les *Lepid. Velth.* de Valsonne sont ridés tranversalement (par suite de retrait ?).

bruck; feuilles supposées appartenir à d'énormes cônes que l'on rapporte aux *Lepidofloyos*, et en particulier au *Lepidofloyos laricinus*.

Variété. Au puits des Platières, feuilles bractéales analogues mais plus petites; et, au Quartier-Gaillard, fragment d'un strobile qui en est formé.

Les sporanges détachés des *Lepidostrobus* ont un test mince, ce qui, avec une forme irrégulière et un point d'attache excentrique, empêche de les prendre pour des graines ou des fruits; on en trouve d'hémisphériques, comme des couvercles de sporanges ouverts sur le plat, mêlés au *Lepidodendron elegans* à Montbressieux.

Du Plat-de-Gier, j'en ai d'énormes, oblongs, conoïdes, avec des macrospores contenues; leur grande dimension dépasse la mesure ordinaire.

MACROSPORES.

Séminules perceptibles à l'œil nu, de 1 à 2 millimètres de large, lenticulaires, présentant un pôle triradié, divisibles en trois ou quatre macrosporules sphérotétraédriques avec trois arêtes et faces de trisection. Un examen attentif de celles de Saint-Étienne ne laisse pas de doute à M. Brongniart que ce ne soient des macrospores semblables à celles des Isoëtes. Par leur forme, elles ressemblent en plus grand à celles fig. 22-25, pl. B, fasc. I, p. 1, *Flora Saræpontana fossilis*, et également bien à celles grossies p. 20, fig. 4, *The Quarterly Journal of the geological Society*, 1849.

M. Goldenberg les a vues renfermées en grand nombre dans des sacs situés à l'aisselle de feuilles bractéales. J'en ai trouvé assez souvent à la base de plusieurs *Lepidostrobus*, entre les bractées; du Replat, près Rive-de-Gier, je tiens un strobile en quelque sorte formé de macrospores sans presque de bractées discernables, dans le type du *Lepidostrobus dubius*, Binney (fig. 4, pl. IX, p. 52, *Observations on the structure of the fossil plants found in the carboniferous strata*, part. II, 1871).

Il y a longtemps que ces corpuscules, très-communs, ont attiré l'attention en Angleterre, où certaines sortes de houilles, comme le *splint-coal*, le *cannel-coal* et aussi le *boghead*, s'en montrent, dit-on, entièrement formées. M. Feistmantel vient de rapprocher les *Carpolithes coniformis*, Göpp., qui ne se distinguent pas nettement des macrospores, des grains de résine dits *Anthracoxus*, réputés abondants en Bohême et signalés en divers endroits de l'Allemagne [1]. Il y en a tellement dans certains gores charbonneux de Rive-de-Gier, de la Cape, de Montbressieux, qu'ils paraissent bien y avoir fourni une bonne partie de la matière combustible.

Ils sont de couleur marron ou de brai, comme s'ils avaient subi moins d'altérations que les autres débris de plantes. Au microscope on y a vu des vascules de matière jaunâtre consistant en paraffine ou quelque semblable hydrocarbure, et l'on a pensé que la paraffine contenue dans le charbon brun pourrait bien en provenir.

Habitat. Très-abondants à Rive-de-Gier, à la Cape (de bâtarde) et à Montbressieux. — En quantité avec les Sigillaires dans les schistes de triage de la Gentille à Combe-Plaine. — Nombreux dans un gore charbonneux de Tartaras. — Communs à Lorette, au Sardon, à Grand'Croix. — De plus petits au puits de Grézieux. — Plein un gros gore du puits Saint-Thomas de la Malafolie. — A la Porchère. — A Villars. — Mur de la 5e à Montaud. — Un amas au Bois-Monzil. — A la bouche du puits de la Manufacture. — Élargissement du puits Mars. — A Saint-Jean-Dargoire.

SUR LE PORT DES LÉPIDODENDRÉES.

On a lieu de croire que les *Lepidodendron*, qui pouvaient produire des arbres de 1 mètre de diamètre à la base et de 30 mètres au moins de hauteur, se ramifiaient, dans les parties supérieures, par dichotomie, un grand nombre de fois renouvelée dans un même plan et avec croisement des branches; que les *Ulodendron* se ramifiaient par dichotomie aussi, mais dès la base, avec une prépondérance complète de l'axe (dit alors *synpodium*) et la chute des rameaux distiques; que les *Lepidofloyos* se ramifiaient toujours par bifurcation du bourgeon terminal, à partir seulement d'une certaine hauteur, mais dans deux plans perpendiculaires, avec prépondérance de l'axe et chute des rameaux tétrastiques. Dans tous les cas, les branches étaient pourvues de feuilles linéaires plus ou moins longues, et les derniers rameaux pouvaient être

[1] *Verhandlungen der K. K. geol. Reichsanstalt*, séance du 4 mars 1873.

terminés par des strobiles de reproduction, excepté peut-être dans les *Lepidofloyos*, où ces cônes étaient fixés latéralement. Nous figurons seulement, à gauche de notre tableau C de végétation, les deux espèces de Lépidodendrons que nous avons pu observer assez complétement dans leurs diverses parties, et par là nous ne représentons qu'un très-mince côté de la végétation la plus riche d'élégance et la plus vigoureuse de forme dont les Lépidodendrées, sous une grande variété de types, ont embelli les forêts carbonifères les plus anciennes du globe.

Quelles sont les racines des Lépidodendrées?

C'est là une très-importante question à résoudre.

En vertu des rapports généraux et, par suite, nécessaires qui existent aujourd'hui entre les parties des plantes cryptogames, on doit admettre *a priori* que les Lépidodendrons ne pouvaient avoir que les racines adventices et homogènes propres à cet embranchement, au lieu des *Stigmaria*, et des racines que je serais quelque peu en droit de soupçonner être sorties grosses et subdivisées dès la base arrondie de la tige, et s'être étendues ensuite assez loin dans les roches en se ramifiant.

Les changements que l'on a constatés à la base des tiges de Lépidodendron, au lieu d'offrir le passage aux *Stigmaria*, comme les Sigillaires, consistent en sillons qui, dans un cas, m'ont paru pouvoir provenir de radicules, comme dans les *Psaroniocaulon*. Cependant, à la figure 1, pl. XIV, p. 25, 2e cahier, de Sternberg (*Essai géognostico-botanique*, etc.), est représentée une tige debout de *Lepidodendron aculeatum*, épatée à la base; et MM. Geinitz et Schimper auraient plus ou moins reconnu que les Lépidodendrons peuvent avoir, contrairement à l'analogie, des *Stigmaria* pour racines. A l'appui de cette opinion, on a invoqué que, dans les terrains carbonifères anciens, il y a beaucoup de *Stigmaria* avec *Lepidodendron*, sans, pour ainsi dire, de *Sigillaria*. Nous aurons lieu de revenir là-dessus, à propos des *Stigmaria*, un peu plus loin.

PLANTES PHANÉROGAMES DICOTYLÉDONES GYMNOSPERMES.

Composées aujourd'hui des Cycadées et des Conifères, ces plantes, qui font leur apparition avec les premiers végétaux terrestres, n'ont cessé d'avoir des représentants dans toutes les périodes géologiques, sous des formes diverses et changeantes, et ont constamment joué un rôle considérable, qui n'est pas encore fini dans l'histoire du développement végétal.

La flore primitive renferme beaucoup de bois fossiles que la structure rayonnante et la composition uniforme du tissu ligneux font rentrer tous dans le sous-embranchement des Gymnospermes; les appareils de reproduction de beaucoup plus de plantes houillères qu'on ne pense, d'accord avec les autres organes, confirment cette haute alliance.

Mais, par l'ensemble des caractères, un certain nombre de plantes fossiles, qui semblent devoir appartenir à ce sous-embranchement, sont très-anomales, et constituent des types et des groupes disparus, d'un ordre supérieur, dont la connaissance exacte est d'autant plus importante que, par des associations invraisemblables, impossibles aujourd'hui, les premières décrites ci-après oscillent en quelque sorte, dit-on, entre les Cryptogames vasculaires et les Phanérogames gymnospermes, et n'ont pas encore leur place fixée, faute de connaître leurs appareils de reproduction d'une manière indubitable.

Il faut dire que l'on n'a encore que des idées très-incomplètes sur les plantes dicotylédones du terrain houiller, que je présume avoir formé au moins quatre familles et sous-familles, composées chacune d'un certain nombre de genres; la variété et la quantité des graines du terrain houiller supérieur en font foi; ces graines, à part quelques formes disparates, se laissent en effet grouper, eu égard à l'inflorescence, autour de plusieurs types très-différents;

rien que dans les quartz de Grand'Croix M. Brongniart découvre près de vingt genres de graines, qui ne représentent qu'une partie seulement, les deux tiers peut-être, tout au plus, de ceux du bassin de la Loire.

On doit donc s'attendre à trouver une égale proportion de plantes phanérogames correspondantes, et, par le fait, ce que j'en ferai connaître devra faire revenir de cette erreur, qui persiste à l'étranger, aussi bien en Allemagne qu'en Angleterre, à savoir que la flore carbonifère est généralement formée de plantes sans fleurs (*Blüthenlosen*) et est presque complétement cryptogamique. Il faut dire que les Dicotylédones, qui sont en faible proportion dans le terrain carbonifère ancien, sont encore bien moins nombreuses et variées dans le terrain houiller moyen que dans le terrain supérieur, qui est au complet à Saint-Étienne.

En décrivant cependant comme Dicotylédones une variété de plantes aussi nombreuses que celles précédemment classées et inventoriées, je puis tomber dans la faute contraire et prendre pour Phanérogames des plantes Cryptogames. Mais je trouve encore plus de sortes de graines que d'empreintes à leur identifier, et, ne voyant pas que les organes de végétation d'aucunes des plantes à fleurs et à fruits, même herbacées, aient pu constamment disparaître sans laisser de traces, j'incline d'autant plus à tenir pour Phanérogames celles dont la constitution paraît étrangère aux Cryptogames, que les bois dicotylédones sont parallèlement aussi variés et répandus que les graines.

Je ne disconviens pas que, pour placer une plante fossile parmi les Phanérogames, il faudrait avoir constaté qu'elle a mûri des graines, et que c'est procéder par voie de pétition de principe que de conclure d'après les autres organes. Mais, jusqu'à ce que l'on ait bien classé et exactement attribué toutes les graines du terrain houiller, je croirai suivre les règles de la botanique fossile, qui est de la botanique comparée, en rapportant aux Dicotylédones les végétaux dont la tige renferme du bois à structure rayonnante, la méthode naturelle ne permettant pas d'admettre *a priori* que quelques-uns de ces végétaux, comme les Sigillaires et les Calamodendrons, se soient reproduits par spores, de manière que, si l'on parvenait à bien constater l'association d'un bois dicotylédone avec des spores, dans ces végétaux étonnants, on ne pourrait même plus les faire rentrer dans les embranchements du règne végétal actuel, et il ne faudrait rien moins qu'en faire un embranchement transitoire.

Ordre éteint des SIGILLARINÉES, Brongniart.

Le grand groupe des Sigillarinées, comprenant les Sigillariées et les Stigmariées et leurs analogues de forme et de structure, est sans contredit le plus extraordinaire du terrain houiller.

Il est assez faiblement représenté dans le bassin de la Loire, où, par suite, j'ai manqué d'objets pour tirer au clair bien des points obscurs ou restés douteux touchant la connexion des organes et la fructification; néanmoins j'ai été assez heureux pour faire, au sujet de ces végétaux, beaucoup d'observations nouvelles et importantes sur les points les plus controversés.

SIGILLARIÉES.

On connaît les caractères distinctifs des Sigillaires; ils sont tirés principalement de la forme et de la structure des cicatrices foliaires et de la surface des tiges, constamment réduites à leur enveloppe corticale houillifiée. Ces cicatrices, qui ne sont pas portées sur des coussinets décurrents, comme dans les *Lepidodendron,* offrent trois passages, l'un central, seul vasculaire, et les deux autres latéraux, que, avec M. B. Renault, nous avons vus correspondre à des lacunes dans le *Sigillaria spinulosa* silicifié d'Autun. La surface de la tige est généralement cannelée. J'ai fait la remarque, importante pour la spécification et la synonymie, que la variation des caractères vient surtout de l'allongement proportionnel des parties dans le sens vertical.

Dans la plupart des cas, les cicatrices sont détériorées au contact des roches, et les espèces ne sont pas reconnaissables. Mais la forme cannelée des tiges fait toujours facilement reconnaître, jusque dans la houille, les Sigillaires indéterminables, dont nous signalerons d'abord les principaux gisements.

Habitat. Les seules empreintes que l'on distingue dans les schistes de triage et le charbon de Rive-de-Gier, de Grand'Croix, du puits Sainte-Barbe du Ban, du puits la Faverge, du puits du Rozeil des Grandes-Flaches, du puits du Château, sont des Sigillaires qui auraient pris la plus grande part à la formation de la houille; on les voit formant à Combe-Plaine, à la fendue de la Cape, presque tout le charbon cru, qui serait alors préférablement de la *Sigillarienkohle*, comme disent les Allemands. Cependant les Sigillaires ne sont pas communes dans les roches, sauf dans celles des puits Sainte-Barbe de Rive-de-Gier, du Replat des Grandes-Flaches; quelques-unes à Montbressieux et au Mouillon. — Les Sigillaires paraissent dominer les autres empreintes dans la recherche de Valfleury. Elles sont encore nombreuses dans une recherche à la Niarais.

A Saint-Étienne, les Sigillaires n'abondent qu'à Roche-la-Molière et à Firminy, dans les régions du Treuil et de Côte-Thiollière. — Nombreuses et apparemment semblables à Roche, à la Malafolie, de même à Latour, à Combe-Blanche; notamment au toit Sagnat Nord, à la sole Grille Nord, au toit de la 2ᵉ (au puits Charles), au puits Latour n° 2. — Communes au mur de la 5ᵉ, à Montaud, dans le toit de la même couche à la carrière Bessières; au toit de la 3ᵉ, à la Barallière et à Côte-Thiollière. — Empreintes de Sigillaires dans le charbon du puits Châtelus, dans celui de 2ᵉ ou 3ᵉ brûlante, au Montcel.

Les cicatrices foliaires affectent deux formes très-différentes, qui partagent les Sigillaires en deux divisions principales, celle des *Sigillaria* et celle des *Syringodendron*.

SIGILLARIA, Brongn.

Les *Sigillaria* se distinguent comparativement par des cicatrices nettement limitées, pourvues de trois passages alignés horizontalement, l'un central plus ou moins ponctiforme, et les deux autres en arcs tournant leur concavité à l'intérieur.

Elles se rapportent à quatre types, liés par des transitions nombreuses, mais qu'il peut être utile de distinguer, savoir :

Sigillaria-clathraria, Brongniart;
Sigillaria-leiodermaria, Goldenberg;
Sigillaria-rhytidolepis, Sternberg;
Sigillaria-favularia, Sternberg.

SIGILLARIA-CLATHRARIA.

On sait les caractères distinctifs de ce type de Sigillaires, dont les coussinets contigus sont séparés par un réseau de sillons formant deux spirales croisées.

SIGILLARIA BRARDII, Brongn.

Cette espèce caractéristique (*Mém. du Mus. d'hist. naturelle*, t. VIII, pl. 1, fig. 5) possède de grosses cicatrices disposées en verticille, comme Germar les a figurées, ou irrégulièrement réparties, au moins vers les ramifications de la tige.

Nous avons eu la bonne fortune de trouver au Quartier-Gaillard un bout de tige avec feuilles terminales, au milieu desquelles ressortent des rameaux feuillés et plus ou moins strobiliformes. Cette tige porte en verticilles des cicatrices raméales ou encore des rameaux analogues à celui représenté accessoirement par M. Göppert (dans *Fossilen Farrnkräuter*, pl. XXXIX, fig. 1), rameaux avec des cicatrices foliaires assez semblables, du reste, à celles de la tige, mais situées en haut de coussinets d'abord alternes, puis en verticilles, comme nous les représentons pl. XIV, fig. 3. Le bout de tige dont il s'agit gisait à côté de deux autres pareils, qui paraissaient provenir de la division par dichotomie d'une tige principale; nous en rétablissons l'ensemble sur notre tableau C. Les bifurcations sont très-ouvertes. Les appendices ramulaires étaient sans doute destinés à la reproduction, mais, par suite de la vigueur de pousse, quelques-uns sont restés herbacés, comme celui que nous donnons en partie pl. XIV, fig. 3'. On remarque que les feuilles devaient être rapidement caduques. Un cylindre cannelé se voit en dedans des tiges, où il représente peut-être la surface de jonction de l'étui médullaire avec le cylindre ligneux, car il est strié comme le canal intérieur du bois pétrifié de plusieurs Sigillaires.

Habitat. Cette espèce, quoique rare, se trouve cependant un peu partout : à Avaize II, à Villebœuf, au fond du puits Saint-Benoît, au Grand-Coin, au Bardot, à Montrambert, à 65 mètres de profondeur au puits Neuf de la Chana, toit de la 5ᵉ au Treuil d'après M. Wéry (au Muséum), puits des Combeaux de Villars; au puits Neyron, au puits n° 1 du tunnel du Dourdel et au toit de la couche Siméon, à Roche-la-Molière; à 90 mètres au puits Verpilleux, au mur de la 13ᵉ à Reveux, à la fendue de la Ronze, aux puits Baby et Jules de la Chazotte, à 320 mètres de profondeur au puits Petin de la Calaminière. — A Rive-de-Gier, un exemple qui se rapproche du *Sigill. Grasiana*.

Var. Defrancii, Br. A Lorette, cette variété, participant du *Sigill. Brardii*, présente à la base des modifications de *Catenaria*, qui elles-mêmes serviraient de transition à un *Stigmaria* en place dans les mêmes roches.

SIGILLARIA (CATENARIA) DECORA, Sternberg.

Nous avons trouvé des échantillons identiques à l'original, plus exactement figuré par Germar que par Sternberg, rapproché avec quelque vraisemblance du *Sigill. Brardii*, dont ce serait un état de conservation imparfaite, ou plutôt, selon nous, la partie inférieure des tiges à leur passage aux racines. Quelques exemples réunissent le facies des deux espèces; toutefois, des échantillons de Decazeville et de Cublac, mieux conservés à la surface, dénoteraient une espèce à part avec cicatrices transversales saillantes disposées en séries verticales.

Habitat. Refonçage du puits Neyron, puits des Barraudes, Bois-Monzil, puits Ravel de la Porchère.

SIGILLARIA-LEIODERMARIA.

La plupart des véritables Sigillaires de Saint-Étienne se rangent dans ce groupe, qui, par le rapprochement des cicatrices, tient du précédent, de la même manière que, dans les *Sigillaria-clathraria*, l'éloignement des cicatrices y opère le passage aux *Leiodermaria;* il en résulte que les *Sigillaria Brardii, spinulosa* et *Grasiana* comportent des intermédiaires qui les rapprochent, dans une série continue de formes assez analogues.

SIGILLARIA SPINULOSA, Germar.

Cette espèce se trouve assez souvent à Saint-Étienne, plus ou moins semblable à p. 58, pl. XXV, lib. V, *Petrificata strat. lith. Wettini et Lobejuni*, mais dépourvue de bases d'épines tombées, et susceptible de modifications qui, bien identifiées, nous ont permis d'en rapprocher sûrement le nouveau *Sigillaria* silicifié d'Autun.

Habitat. Toit de la Grille. — Toit de la couche Siméon. — Au-dessus du Petit-Moulin. — A la Porchère comme au puits de la Manufacture. — Puits Chaleyer de la Chazotte. — Puits Petin de la Calaminière. — Puits David des Roches. — Vers 90 mètres au puits de Méons. — Empreinte fruste dans la houille d'Avaize. — Chez-Marcon, près Saint-Priest. — Dans les schistes de la Béraudière, à la Malafolie.

Var. Ottonis, Göpp., p. 462, pl. LXII, fig. 2, *Die fossilen Farnkräuter*. A Lorette et à Communay, forme variable de Sigillaire, dont les cicatrices donnent lieu, en s'espaçant, à une modification plus analogue à la variété en question qu'au *Sigillaria Brardii*, auquel l'auteur rattache son *Sigill. Ottonis;* modification qui, dans un autre sens, paraît d'ailleurs susceptible de passer, par une transition syringodendroïde, à quelque *Stigmaria*.

SIGILLARIA GRASIANA, Brongn.

Avec des cicatrices plus petites et plus espacées, obliques, mais assez semblablement conformées sur une surface analogue à celle du *Sigill. spinulosa*, cette espèce se rencontre à Saint-Étienne, plus ou moins pareille à des spécimens de la Mure classés par M. Brongniart.

Habitat. Tunnel de Terre-Noire. — A la Chaux un exemplaire qui tient un peu du *Catenaria decora.* — Refonçage du puits Neyron de Roche-la-Molière, à cicatrices rapprochées. — A Communay, plusieurs.

SIGILLARIA LEPIDODENDRIFOLIA, Brongn.

Cette espèce, fréquente et abondante à Saint-Étienne, offre des modifications diverses, avec des cicatrices constamment rhomboïdales obliques et accompagnées de rides parallèles au bord inférieur; cicatrices tantôt disposées en quinconce sur une surface apparemment plane, mais en fait soulevées légèrement en bas et paraissant situées sur des côtes alternativement dilatées et contractées, tantôt plus espacées sur des côtes basses, comme dans le *Sigill. cuspidata*, ou tantôt, au contraire, très-rapprochées sur une surface réticulée, mais toujours avec des entre-deux présentant les rugosités qui contribuent à caractériser l'espèce en question. En 1862, je vis au toit de la Grille Nord une tige de cette espèce, pourvue, à son extrémité, sur plus de 3 mètres d'étendue en longueur, d'une masse de feuilles linéaires, rigides, dressées, serrées, fasciculées, de plus d'un mètre de long, ce qui donne une idée du feuillage dense et fourni de ces végétaux, comme je l'exprime sur mon tableau C de végétation.

Habitat. Beaucoup, et plus ou moins identiques, à Roche-la-Molière et à la Malafolie. — Puits Desgranges de la Roare. — Toit de la 3ᵉ et de la 5ᵉ, au Treuil (Muséum). — Concession de la Roche (M. Grüner). — Plusieurs au-dessus de la 3ᵉ, à Côte-Thiollière. — Bois-Monzil. — Puits de la Culatte. — A Montaud. — A Villars. — Élargissement du puits Mars.

Var. CUSPIDATA, Brongniart. Sous la forme de tiges importantes légèrement cannelées, avec des cicatrices plus rhomboïdales obliques que ne les représente M. Brongniart d'après un original de Saint-Étienne.

Habitat. A Roche-la-Molière. — Clapier. — Marie-Blanche. — Treuil (Palais des Arts).

SIGILLARIA-RHYTIDOLEPIS.

Ce type de tiges régulièrement cannelées, avec cicatrices foliaires situées à distance sur les côtes, est représenté, outre les espèces suivantes déterminables, par d'autres de Rive-de-Gier à côtes étroites et à forte écorce, où l'on distinguerait le *Sigill. Cortei*, et à côtes plus larges, plus plates, où l'on reconnaîtrait les *Sigillaria scutellata*, *intermedia*.

SIGILLARIA SILLIMANNI, Brongn.

A Montbressieux et au puits Saint-Privat, nous avons trouvé une Sigillaire très-semblable à p. 159, fig. 1, pl. CXLVII, de l'*Histoire des végétaux fossiles*, seulement avec des cicatrices tant soit peu échancrées au sommet et surmontées d'une légère houppe plus ou moins pareille à celle du *Sigillaria Volzii*, ou peut-être plutôt comme dans les échantillons de Sarrebruck qui ont porté M. Goldenberg à identifier les deux espèces.

On pourrait encore rapprocher ces Sigillaires de la fig. 4, pl. CXLVII, *Sigillaria Cortei;* mais la minceur de l'écorce, la décurrence latérale des cicatrices de forme un peu différente, restent en faveur de leur plus complète similitude avec le *Sigill. Sillimanni*.

SIGILLARIA RUGOSA, Brongn.

Nous avons rencontré à Lorette une belle empreinte de Sigillaire qui montre assez d'analogie spécifique avec le *Sigill. rugosa* pour croire que cette espèce est représentée à Rive-de-Gier.

SIGILLARIA ELLIPTICA, Brongn.

Cette espèce, mal circonscrite, existe à Rive-de-Gier et à Lorette sous deux états qui rentrent dans les nombreuses variétés dont la forme type est susceptible.

SIGILLARIA-FAVULARIA.

Cette section se distingue, comme on sait, par des cicatrices contiguës et séparées par des sillons transversaux sur des côtes longitudinales plus ou moins accusées.

SIGILLARIA TESSELLATA (Steinhauer), Brongn.

Cette espèce si caractéristique ne paraît pas rare à Rive-de-Gier.

Habitat. Puits Saint-Privat (grande couche). — Puits Saint-Denis de Lorette. — Au Mouillon. — Mines du Treuil d'après M. Wéry (au Muséum). — A Robertane.

SIGILLARIA ELEGANS, Brongn.

Cette espèce est fréquente et peut-être nombreuse à Rive-de-Gier, avec des formes plus ou moins identiques à fig. 1, pl. CXLVI de l'*Histoire des végétaux fossiles.*

Habitat. Toit de la 2e bâtarde au puits Sainte-Mélanie de Montbressieux. — Plusieurs à Rive-de-Gier, à Lorette.

SIGILLARIOPHYLLUM.

Sous le nom de *Cyperites bicarinatus*, Lindley et Hutton ont décrit et figuré de longues feuilles linéaires, roides, pliées en gouttière, dont, depuis, on a trouvé les pareilles ou les analogues tenant aux *Sigill. lepidodendrifolia, scutellata, Cortei, rhytidolepis*, etc.; je les ai moi-même vues attachées aux *Sigill. Brardii, elegans,* et l'on peut admettre que c'est là le feuillage habituel des Sigillaires.

Habitat. Détachées en plus ou moins grand nombre, avec les Sigillaires, à Roche-la-Molière, à la Malafolie. — Puits Latour n° 2. — Toit de la 5e, à la Marie-Blanche. — Toit de la 3e, à la Barallière et à Côte-Thiollière. — Fendue de la Ronze. — Chez-Marcon à Saint-Priest.

SIGILLARIOCLADUS.

Nous connaissons les rameaux appendiculaires du *Sigillaria Brardii;* ils sont ordinairement disposés en faux verticilles autour de la tige et dépouillés de leurs feuilles comme celle-ci, sauf dans le bouquet terminal, où ils sont garnis de courtes feuilles lancéolées, aiguës. Nous en représentons les deux états fig. 3 et 3', pl. XIV. Ces rameaux pouvaient rester feuillus jusqu'au bout, mais ils nous paraissent, destinés qu'ils étaient à la reproduction, avoir généralement dû se terminer par des *Sigillariostrobus*, d'une manière analogue au *Lepidodendron frondosum*, Göpp. (*Fossil Flora der Permisch.* fig. 4 et 6, pl. XXXVII, p. 135), que nous tenons pour un rameau de Sigillaire ne différant de ceux du *Sigill. Brardii* que par des coussinets un peu carénés. A Rive-de-Gier, on en trouve de tout autres, paraissant bien avoir servi de pédoncules à certains épis, à moins qu'ils n'aient manqué leur but. Seulement ces rameaux sont rares, tandis que certaines Sigillaires sont communément marquées de ces grosses cicatrices déprimées que nous savons maintenant leur avoir servi de points d'attache; il faut dire que, raccourcis, ils ne font souvent qu'un avec les strobiles de Sigillaires, et que, parmi les insertions, il y en a de non axillaires pouvant bien n'avoir servi d'insertion qu'à des racines adventices.

SIGILLARIOSTROBUS, Schimper.

En imitation du nom de *Lepidostrobus*, M. Schimper a désigné par celui de *Sigillariostrobus* les épis remarquables que M. Goldenberg [1] a trouvés gisant avec les Sigillariées; ceux que j'ai trouvés attachés positivement à ces tiges en diffèrent peut-être complétement.

Ces épis, latéraux, au lieu d'être terminaux, comme dans les *Lepidodendron*, sont recourbés et étirés à la base, pédicellés ou terminant des rameaux appendiculaires à feuilles espacées, d'abord alternes et tendant à la disposition en verticille avant de subir une métamorphose graduelle en bractées. L'axe des épis, souvent effeuillés, est imparfaitement articulé, comme celui, du reste, de quelques *Lepidostrobus*, mais parfois aussi bien que dans plusieurs *Volkmannia;* il est de plus à remarquer que leurs écailles, ensiculiformes, sont superposées verticalement, de telle manière qu'il n'est pas impossible que le *Volk. major* soit un épi de *Sigillaria*, ainsi que les *Huttonia* de Westphalie figurés par de Röhl, et peut-être encore les *Bowmanites* ou épis ayant un axe bien articulé décrits par M. Binney [2] avec plusieurs rangées concentriques de corpuscules, qui ne seraient des macrospores que s'ils étaient renfermés dans des sacs; le fait est qu'il y a de gros épis que l'on peut indifféremment attribuer aux Sigillaires ou aux Verticillaires.

[1] *Flora Saræpontana fossilis*, 1er fasc. pl. IV, fig. 3; 2e fasc., pl. X, fig. 2.
[2] *On foss. Plants found in the carbonif. strata.* part II, p. 55, pl. XI, et p. 59, pl. XII.

Tels sont les caractères positifs des épis que nous avons lieu de rapporter aux Sigillaires.

Si d'aspect ils ne présentent guère de dissemblance avec ceux des *Lepidodendron*, ils en diffèrent : 1° par la forme articulée, quoique imparfaitement, de l'axe, et 2° surtout par les bractées superposées en séries longitudinales ; leur position d'organes appendiculaires n'est compatible qu'avec les tiges de Sigillaires pourvues de cicatrices raméales. M. Williamson signale d'ailleurs un *Lepidostrobus* ayant un axe vasculaire de Dicotylédone.

SIGILLARIOSTROBUS FASTIGIATUS (Göpp.).

Larges et longs épis ressemblant par l'empreinte au *Lep. fastigiatus* des couches houillères les plus récentes de Silésie (Göpp. *Foss. Flora. d. Perm.* p. 143, pl. XX, fig. 10), à bractées lancéolées aiguës de la forme du *Lepidophyllum princeps* de Lesq. Ces épis peuvent bien appartenir à quelque Sélaginée. Cependant je trouve les analogues près des Sigillaires et, qui plus est, au milieu des feuilles terminales du *Sigillaria Brardii* du Quartier-Gaillard, mais leur axe est à demi articulé et leurs écailles sont superposées ; il y en a avec des sortes de sacs lenticulaires entre les feuilles relevées.

Habitat. Au Grand-Coin. — Bérard. — Toit de la 5ᵉ au Treuil. — A Villebœuf. — Puits Robert. — Fendue de la Ronze. — Bois-Monzil. — Nombreux à la Malafolie, et à 40 mètres au-dessus de la 8ᵉ à Mons.

SIGILLARIOSTROBUS RUGOSUS, Gr. (Pl. XIV, fig. 4.)

Épis ordinairement plus allongés que celui que représente la figure 4 de notre planche XIV, recourbés à la base en un pédoncule rugueux, avec indication de cicatrices et de petites feuilles écailleuses laissant peu de doutes sur la dépendance de ces *Sigillariostrobus* avec le *Sigill. lepidodendrifolia.*

Habitat. Plusieurs au toit de la couche du Péron. — Côte-Thiollière, avec ce *Sigillaria.* — Puits Neuf de Montaud.

SIGILLARIOSTROBUS MIRANDUS, Gr. (Pl. XIV, fig. 5.)

Épis grêles d'un type nouveau (pl. XIV, fig. 5), paraissant bien avoir continué de petits rameaux qui présentent çà et là quelques rares cicatrices de petites feuilles écailleuses, épis dont l'axe mince porte, à des hauteurs rapprochées, des verticilles de quatre à cinq bractées chacun seulement, obtuses, courtes, très-coriaces, non alternes, disposées nettement en séries verticales, à base étalée en plateau, où l'on voit souvent comme les empreintes de lenticules, en nombre de 2 à 4, apparemment sans la triradiation des macrospores; sous quelques plateaux de base, pl. XIV, fig. 6, ces lenticules paraissent fixées chacune séparément en dessous des écailles, telles que des Anthères; des échantillons silicifiés seuls pourraient permettre de résoudre cette question.

FLEGMINGITES, Carruthers.

M. Goldenberg, rapportant aux Sigillaires, par la probabilité du gisement en commun, des épis strobiliformes pédonculés dont les feuilles bractéales portent des macrospores à la base, en avait conclu que ces plantes sont des Sélaginées. Il y a bien à Saint-Étienne des épis très-voisins de ceux du *Sigill. Brardii*, ayant des macrospores entre les bractées; M. Dawson trouve avec les Sigillaires des strobiles ressemblant à ceux des *Lepidofloyos;* mais l'analogie n'est pas hors de doute et l'attribution n'est pas établie, comme il convient en ces sortes de problèmes. Cependant l'association, à Rive-de-Gier, des macrospores en quantité avec les Sigillaires pourrait nous engager à les leur rapporter, comme M. Göppert l'a fait des séminules décrites et figurées par lui sous le nom de *Carpolithes coniformis* [1], trouvées en rapport de gisement avec les Sigillaires dans le charbon de Nicolaï, et non avec les *Lepidodendron* de la mine Friedrich. M. O. Feistmantel attribue les mêmes semences aux Sigillaires, dans sa Flore de Pilsen.

On a désigné sous le nom de *Flegmingites* des corpuscules discoïdes [2], non rares à Saint-Étienne et surtout à Rive-de-Gier, décrits par Prestwich comme des capsules qu'il aurait vues, ainsi que M. Carruthers et M. O. Feistmantel aussi, attachées directement, chacune par un centre, à la base des bractées de cônes [3] que l'on a rapportées aux Sigillaires. Mais dernièrement, à Londres, M. Carruthers m'a dit que l'idée de l'attache directe de ces corpuscules est le résultat d'une erreur d'observation, venant de ce que le sporange n'est pas toujours distinct. Il ne resterait alors du mot *Flegmingites* que son application aux petites semences dis-

[1] *Abhandlung der Steinkohlen*, p. 74, pl. VII.
[2] Binney, *Obs. on the struct. of foss. Plants i. t. carbon. strata*, p. 40, part II.
[3] *Geological Magazine*, 1865, pl. XII, fig. 1 A.

coïdes du terrain houiller, lesquelles sont réputées très-abondantes en Angleterre et que Balfour rencontre constamment avec les *Stigmaria* et les *Sigillaria*. Quelques-uns ressemblent mieux à des petits sacs (tabula nostra XIV, fig. 6') qu'à des macrospores (fig. 2). Mais, s'il y en a de réticulés, la plupart au microscope montrent une paroi coriace simple, et ils offrent non rarement le point triradié des macrospores. Ce n'est donc pas sans quelque raison que l'on discute pour savoir si les macrospores appartiennent aux Sigillaires.

Les Sigillaria n'ont-ils pas porté des graines?

On peut vraisemblablement tout aussi bien admettre que les *Trigonocarpus* sont les graines de Sigillaires : on les dit abondants dans le terrain houiller moyen d'Angleterre et de Nouvelle-Écosse, où dominent les Sigillaires; M. Dawson signale leur association constante avec ces tiges, dans lesquelles on en trouve beaucoup, et ajoute que leur forme variée ne permet pas de les rapporter aux rares Conifères qui se rencontrent dans les mêmes couches[1].

M. Ad. Brongniart m'informe, au dernier moment, d'un travail de M. Newberry sur quelques fossiles de l'Ohio et particulièrement sur les graines fossiles du terrain houiller de ce pays. Les *Cardiocarpus* et les *Trigonocarpus* y sont nombreux; l'auteur rapporte ces derniers, d'après leur fréquence, aux Sigillaires, dont il soutient la nature phanérogamique. M. Dawson m'écrit que maintenant il n'a aucun doute que certains fruits de la nature des *Trigonocarpus* n'appartiennent aux Sigillaires. Le fait est que les *Trigonocarpus*, comme les Sigillaires, sont également rares dans le terrain houiller supérieur. Je dois dire cependant que je n'en ai pour ainsi dire point vu dans le nord de la France avec les Sigillaires, aussi nombreuses que variées près de Douai.

Les tiges de Sigillaires présentent-elles des insertions de graines? Le *Sigillaria Lorwayana*, Daws., est une sorte de *Favularia* avec des séries en verticille de plus petites cicatrices que celles des

[1] *On an erect Sigillaria and a Carpolithe from Nova Scotia.*

feuilles, déprimées, avec un trou central; un *Sigillaria elegans*, Brongn., de Rive-de-Gier, en présente également par étages *entre les cicatrices foliaires;* le *Sig. Lalayana*, Schimp., en offre aussi entre les rangées de cicatrices. Mais ces insertions ne sont pas des points d'attache de rameaux, ce ne peut être que des cicatrices de racines adventices. Leur situation particulière et leur présence exceptionnelle s'opposent à ce qu'on les interprète comme venant de graines pédonculées : de manière que, si les Sigillaires ont porté des graines, on ne voit plus guère maintenant que ce puisse être ailleurs que sur des feuilles modifiées.

L'observation plus attentive des débris de Sigillaires restés muets jusqu'à présent sous ce rapport m'a amené à découvrir des feuilles apparemment fructifères de plusieurs espèces de ces plantes; je donne, pour autant qu'elles valent, le dessin de deux de ces feuilles (pl. XIV, fig. 7 et 7'), qui se rapportent peut-être au *Sig. spinulosa;* ces feuilles, élargies à la base, y présentent chacune, du côté intérieur concave, l'empreinte, malheureusement trop vague, d'une seule et unique graine anguleuse; cette empreinte, se détachant de la feuille, paraît même circonscrite d'un côté. De pareilles feuilles linéaires, élargies et creusées à la base, ne sont pas rares. Elles ne tranchent pas la difficulté, mais l'indication qu'elles fournissent s'accorde si bien avec la structure de la tige et les autres caractères, qu'on peut se croire d'autant plus autorisé à considérer, avec M. Brongniart, les Sigillaires comme ayant, avec les Cycadées, quelques rapports lointains, de classe seulement, si l'on veut.

Je ne puis toujours, en attendant, que m'associer aux conclusions de MM. Dawson et Newberry, quant à l'attribution probable des *Trigonocarpus*, et j'ajouterai des *Polygonocarpus*, aux Sigillaires, qui ont pu porter, au niveau des cônes à *Flemingites,* des feuilles modifiées fructifères. Il faudrait trouver l'une de ces graines présente et attachée à une feuille de Sigillaire pour résoudre la question. Il est à craindre que cette découverte ne se fasse attendre longtemps, à cause de la forte macération que les plantes fossiles ont invariablement éprouvée, et cela d'autant plus que les graines, solitaires, protégées d'abord par un enfoncement à la base des feuilles, pouvaient s'élever plus tard sur un pédoncule caduc et d'ailleurs facilement destructible. Je remets à plus loin l'examen des graines anguleuses.

SYRINGODENDRON, Sternberg.

Tiges généralement très-volumineuses, de la forme générale des *Sigillaria*, dont elles se distinguent cependant par des cicatrices superficielles, sus-corticales, moins nettes, différentes, pourvues, au lieu des trois traces si constantes dans les Sigillaires, d'un seul et vague point central, souvent indistinct, comme si nous avions affaire à des insertions de radicules, et cependant l'écorce paraît bien complète.

Les *Syringodendron* sont nombreux à Saint-Étienne et y ont peut-être la prépondérance du nombre sur les Sigillaires. Il y en a de deux sortes : à cicatrices simples (Syringodendrons monostigmés) et à cicatrices géminées (Syringodendrons diplostigmés).

Dans les derniers, comment interpréter les cicatrices doubles? Comme il n'y a pas de feuilles géminées, on pourrait également supposer que ces cicatrices doubles proviennent de stipules ou de racines adventices, ces dernières, au dire de De Candolle, pouvant naitre de chaque côté d'une feuille avortée. Mais ces cicatrices se rapprochent, elles rentrent et se confondent souvent l'une dans l'autre, et il nous est impossible de prévoir quels organes ont portés les Syringodendrons, que nous connaissons bien pour avoir eu les *Stigmariopsis* comme racines.

Or, dans ces végétaux singuliers, le caractère superficiel des racines s'élève plus ou moins haut sur la tige, et, réciproquement, ceux de la tige descendent dans les racines; et ce passage de l'un à l'autre organe est en quelque sorte insensible et progressif. D'un autre côté, certains *Sigillaria* contractent une forme syringodendroïde à la base, par l'éloignement des cicatrices combiné avec leur altération, par l'introduction de stries ondulées et de rides à la surface, de telle manière que l'on pourrait en induire que les Syringodendrons sont les bases radiculifères des tiges de véritables Sigillaires. Mais de très-grandes tiges conservent leur caractère de Syringodendrons, et il n'y a pas de doute que celles de Saint-Étienne ne soient des plantes indépendantes. M. Goldenberg, du reste, en a découvert debout avec le sommet un peu rétréci se terminant en coupole.

En raison du faible développement des racines, les organes appendiculaires de la tige pouvaient être très-restreints : peut-être était-ce, comme on l'a supposé, des aiguilles, non accessoires, car leur disposition est régulière et phyllotaxique; les *Sigillariophyllum* ne paraissent pas en provenir. Les Syringodendrons monostigmés présentent de petites cicatrices foliaires étroites, allongées et espacées, révélant en tout cas le feuillage le plus réduit qu'on puisse imaginer à d'aussi grosses tiges.

Nous allons d'abord noter les gisements principaux de ces tiges, le plus souvent indéterminables, comme les Sigillaires.

Habitat. Tronçons considérables à la Malafolie comme à Roche-la-Molière, au toit de la 5e, à la Marie-Blanche. — Toit de la 3e, à la Barallière. — Mur de la 7e *bis* au puits Châtelus. — A la Chazotte. — A Villars. — Puits Rigodin.

Tronçons debout avec cicatrices ordinairement doubles aux toits du Sagnat, du Péron, au Quartier-Gaillard, au Trève, au fond du puits Beaunier.

SYRINGODENDRON CYCLOSTIGMA, Brongn.

A Rive-de-Gier, cette espèce ne paraît pas rare; on la retrouve au bois de Robertane; à la Poizatière.

SYRINGODENDRON PACHYDERMA, Brongn. et BRONGNIARTI, Geinitz.

Avec une moyenne écorce striée, des côtes étroites, séparées par des sillons arrondis, avec de petites cicatrices assez rapprochées, elliptico-oblongues à l'extérieur comme à l'intérieur et marquées, à la superficie, d'une légère dépression, à laquelle correspond sur le moule une petite saillie, le *Syr. Brongniarti*, tel que MM. Geinitz et Goldenberg nous l'ont fait connaître, est assez fréquent.

Habitat. A la Malafolie comme à Roche. — A Unieux. — Mur de la 5e au puits Neuf de Montaud. — Toit de la même couche, au Treuil (Muséum). — Vers 520 mètres au puits Ambroise. — A Rive-de-Gier.

Et le *Syr. pachyderma*, tel que M. Brongniart nous l'a représenté, se trouve à Roche-la-Molière, avec des sillons plus profonds et des cicatrices portées sur le dos plus proéminent des côtes que dans le *Syr. Brongniarti*, dont pourtant je ne crois pas devoir le séparer.

SYRINGODENDRON MAGIS MINUSVE DISTANS, Geinitz.

Tiges considérables, à surface faiblement cannelée et marquée, au dehors comme en dedans de l'écorce, de cicatrices étroites, linéaires, espacées, dont la longueur comme les intervalles varient d'un exemplaire à un autre, tout en restant assez bien dans la forme et la répartition de celles du *Syr. distans*, Geinitz (*Flora d. Steink. v. Flöhaeru. Gück.* p. 60, pl. XIII, fig. 4).

Habitat. Contribuant à former une mise de houille schisteuse à la sole de la Grille. — A la Malafolie, de très-belles tiges. — Dans la carrière de la Marie-Blanche, des tronçons considérables.

SYRINGODENDRON ALTERNANS, Sternberg.

Parmi les formes variées dont cette espèce est susceptible à Saint-Étienne, il y en a, notamment à Roche-la-Molière, de semblables à celle d'Eschweiler (*Essai géognostico-botanique*, etc. 4e cahier, p. 50, pl. LVIII, fig. 2) et de pareilles à celles de Gückelsberg; elles peuvent se reconnaître à leur surface striée légèrement, partagée en larges côtes plates, avec doubles cicatrices ovales, géminées, ordinairement très-rapprochées et fondues en partie seulement.

Habitat. Roche-la-Molière. — Malafolie. — Galerie Baude. — Tranchée de la Chiorary. — Bois-Monzil. — A Montrambert. — Au Treuil (Palais des Arts). — Aux Roches. — Au puits Saint-Denis de Lorette. — Une belle tige, conservée à l'École des mineurs, a été extraite en 1858, par les soins de MM. J. J. Dauge, au Trève, en face de l'ancienne maison commune d'Outre-Furens.

Vers la base, il s'introduit de tels changements dans la nature de la surface, qui devient rimeuse, et dans l'allure et la forme des cicatrices, que la même espèce pourrait avoir donné lieu, d'après les observations de Salter, du professeur Morris et de M. Binney, aux *Sigill. approximata, reniformis, alternans, organum, pachyderma, catenulata;* ayant trouvé plusieurs portions appartenant à la base de ces tiges, nous croyons que cette identification d'espèces est exagérée.

SYRINGODENDRON VALDE FLEXUOSUM.

A la Malafolie et à Unieux, comme à Roche-la-Molière, on trouve des Syringodendrons diplostigmés avec sillons flexueux interrompus et rejetés au niveau des cicatrices d'une manière très-remarquable.

STIGMARIÉES.

Les Stigmariées, sous la forme de tiges marquées de cicatrices régulièrement disposées en quinconce, sont positivement de grosses racines bifurquées, souterraines, succulentes, munies de radicelles dichotomes, comme celles des Lycopodes et des Ophioglosses, mais aussi comme celles des Cycadées. Leur attribution est loin d'être résolue, quoique ces fossiles aient été l'objet d'une infinité d'observations dans tous les pays; cependant leurs débris abondent partout, et rien n'est peut-être plus désirable que de savoir, une bonne fois pour toutes, à quelles autres parties de végétaux on peut sûrement les rapporter.

On en a bien vu, par la plus grande rareté, en rapport avec des tiges debout de Sigillaires, et aussi, a-t-on prétendu, de *Lepidodendron*[1]. Mais, et tout est là, on ne s'est pas assez attaché à bien reconnaître les tiges debout, et par cela même ordinairement très-détériorées, avec lesquelles ces racines sont en rapport; et, d'un autre côté, on n'a pas suffisamment bien décrit et distingué les souches de *Stigmaria* en continuation avec ces tiges. Y a-t-il plusieurs types de *Stigmaria*, et, dans l'affirmative, sont-ils de même nature et appartiennent-ils à un seul groupe de plantes? Il est impossible de répondre aujourd'hui entièrement à cette double question. Mes observations à ce sujet sont de nature à faire distinguer deux types de *Stigmaria* comme racines.

Il est bien certain que les Stigmariées gisent presque toujours aux lieux de leur croissance, ainsi que Steinhauer l'a, un des premiers, constaté; il suffit, pour s'en convaincre, de les observer en place, où elles se présentent comme des souches dont les branches terminées sans bourgeons portent des appendices sans stomates, parfois ramifiés comme des radicules, et non comme des feuilles. Leur structure comme grosses racines s'accorde on ne peut mieux avec celle des *Sigillaria* comme tiges[2], ce qui a fait pressentir à M. Brongniart leur commune dépendance, admise aujourd'hui par M. Göppert et fondée sur une somme déjà suffi-

(1) Quelques auteurs pensent que la tige de *Lepidodendron* de Richard Brown, avec *Stigmaria* à la base, est une Sigillaire.

(2) M. Binney dit que la coupe du *Sig. vascularis* est presque celle d'un *Stigmaria*.

sante de faits et de considérations pour être envisagée comme très-probable.

Ainsi, on aurait trouvé des souches de *Stigmaria* en continuation du *Sigill. reniformis*, d'après M. Binney, du *Sigill. alternans*, d'après Richard Brown, Goldenberg et moi, du *Sigill. elongata*, d'après M. Göppert (*Foss. Flora d. Perm. Form.* p. 193 et 194); on aurait observé, à la base des *Sigill. reniformis, elegans* et *elongata*, le passage à une même forme de *Stigmaria*, dit M. Göppert, par une zone où les cicatrices dérangées sont oblitérées et la surface ridée. Ce passage a été remarqué par plusieurs observateurs. M. Dawson le signale à la base de son *Sigillaria Brownii* (rappelant le *Sigill. transversa*), et je l'ai reconnu à deux autres sortes de Sigillaires, de manière que tout est en faveur de l'annexion des *Stigmariæ* aux *Sigillariæ*.

Dès lors on a peine à comprendre pourquoi on veut encore y voir des racines de Lépidodendron, dont cependant la structure anatomique est essentiellement différente; et, ne pouvant en appeler qu'à quelques indices en faveur de cette présomption, on a invoqué pour preuve la cohabitation, dans le Culm, de *Lepidodendron* avec *Stigmaria*, à l'exclusion de *Sigillaria*. M. Geinitz suppose que le *Stigm. inæqualis* dépend du *Lepidodendron rimosum*. M. Schimper dit avoir trouvé à Thann une tige debout présentant, du haut en bas et successivement, les caractères des *Knorria longifolia, didymophyllum* et *ancistrophyllum*, et se continuant à la base par des branches dichotomes d'un *Stigmaria* particulier. Aussi ces auteurs croient-ils, malgré la ressemblance des formes, que les Stigmariées sont des racines de plantes très-différentes.

Habitat. Les Stigmariées sont très-abondantes à Rive-de-Gier dans les schistes et la houille, tandis qu'à Saint-Étienne on ne les trouve en nombre qu'à de longs intervalles, partageant en cela la fortune des Sigillaires.

STIGMARIA LÆVIS, Göpp.

Dans sa *Flore du terrain de transition du Beaujolais* (flore que nous pouvons nous approprier, ce terrain étant la continuation de celui du Roannais), M. Th. Ebray dit, p. 18, qu'on rencontre sur le chemin de Joux à Saint-Cyr une grande quantité de *Stigmaria*, qui, d'après sa figure, me paraissent analogues à ceux de la grauwacke de Falkenberg (*D. Gatt. d. foss. Pflanzen*, p. 21 et 31, pl. XII); plusieurs spécimens conservés au palais Saint-Pierre, à Lyon, se rapportent bien aux *Stigmaria lævis* de M. Göppert.

STIGMARIA, Brongn. — SIGILLARIA (*radices*).

Longues branches que Steinhauer, Lindley et Hutton ont vues et que j'ai vues moi-même rayonner horizontalement d'un corps central; branches non plongeantes, rampantes et bifurquées, de diamètre et de formes superficielles presque invariables, quoiqu'on en ait suivi s'étendant au delà de 10 mètres, et que l'on en présume avoir atteint 20 mètres; ce qui fait qu'il est si rare de les suivre d'un bout à l'autre; branches pourvues, à leur extrémité active, de radicules subperpendiculaires, allongées, charnues, cylindroïdes, simples ou bifurquées, ou même rameuses, laissant, par leur désorganisation, des cicatrices gironnées à la surface.

Le prétendu dôme central signalé par Lindley et Hutton nous paraît être l'empreinte inférieure du stock. Comme les vrais *Stigmaria* sont des racines très-développées, il devait y avoir au centre quelque organe caulinaire important que je soupçonne avoir été les vraies Sigillaires, aux tiges élancées, au long feuillage, car, quoique rare, le passage de ces tiges aux *Stigmaria* ne s'en indique pas moins quelquefois, comme une preuve d'identité générique.

M. Goldenberg les regarde comme des plantes indépendantes, ainsi que M. Schimper, et pour être conséquents, ils prennent les branches pour des tiges souterraines et les radicules pour des feuilles, contrairement aux faits et à l'analogie.

Un seul exemple de *Stigmaria* justifierait, par sa structure, cette supposition, c'est celui qui a été illustré par M. Göppert, dans ses *Gattungen der fossilen Pflanzen*, avec des faisceaux médullaires dont les autres *Stigmaria* sont privés; or cet exemple a rapport aux Stigmariées des terrains carbonifères les plus inférieurs, où l'on ne trouve presque pas de Sigillaires. Il est donc possible que les Stigmariées comprennent des plantes indépendantes.

Habitat. Beaucoup en général dans l'étage de Rive-de-Gier, où ils encombrent et remplissent certains schistes argileux. — Nombreux à Montbressieux, dans le gore charbonneux de la Bourru et de la Petite-Mine. — Non rares dans la houille de Combe-Plaine. — Nombreux dans les débris de triage à Rive-de-Gier. — Deux empreintes dans la houille du Nouveau-Ban. — Dans la houille des Grandes-Flaches. — Nombreux encore dans les schistes de triage de Grand'Croix.

STIGMARIA FICOIDES VULGARIS, Brongn., Göppert.

S. à branches horizontales de diamètre invariable, à terminaison arrondie, à surface lisse marquée de grosses cicatrices situées dans des dépressions et pourvues au milieu d'une fossette centrale vasculaire, tout comme la *var. vulgaris* de M. Göppert, p. 59, pl. XV, fig. 2, *Darstellung der Flora des Hainichen Ebersdorfer,* et pl. XXV, *Die Fossil Flora der Steink. Westphal.*

Dans la sole de la Grille Nord, nous en avons suivi, il y a environ douze ans, des branches sur quatre à cinq mètres, sans changement de grosseur, partant horizontalement et de tous côtés d'un centre, se croisant plus ou moins l'une au-dessus de l'autre, se bifurquant dans leur trajet, comme nous le représentons fidèlement en *V* sur notre tableau C de végétation.

C'est le seul véritable *Stigmaria* du terrain stéphanois; il est très-généralement en place, rarement transporté.

Habitat. Toit de bâtarde supérieure, au puits du Rozeil des Grandes-Flaches; toit de bâtarde inférieure, au puits Saint-Claude de la Pomme (École des mineurs). — Nombreux au toit de la bâtarde, au Mouillon. — Beaucoup au puits Sainte-Mélanie de Montbressieux. — Puits Sainte-Barbe du Ban. — Puits Moïse et puits Sainte-Barbe de la Compagnie de Rive-de-Gier. — Puits du Marloret. — Puits Bonnard de Combe-Plaine. — A Communay. — Au delà de Chavannes, sur la route de Saint-Chamond à Valfleury. — A Saint-Chamond. — Sole Sagnat Midi. — Nombreux sole Grille Nord. — Entre le Péron et la Grille, au puits Dolomieu. — Toit de la 14ᵉ à la Porchère. — Bois-Monzil. — Puits Thiollière de Grangette. — Dans le charbon schisteux du puits Châtelus. — Puits Achille (Palais des Arts). — Au-dessus de la Serrurière, à Montrambert (École des mineurs), et plusieurs à la sole de la Grande-Couche (butte de la Mine). — Plusieurs dans le charbon pur et cru de 2ᵉ ou 3ᵉ brûlante, au Montcel. — Galerie Baude, à Roche. — Empreintes dans le schiste charbonneux des Barraudes.

STIGMARIA FICOIDES MINOR, Brongn., Geinitz.

Avec des cicatrices analogues, mais notablement plus petites et presque à fleur de la surface, à peu près unie; on trouve, seulement à Rive-de-Gier, de nombreux *Stigmaria ficoides,* de plus petite dimension que le *vulgaris,* aussi rampants mais plus souvent bifurqués, et dont la différence saute aux yeux lorsqu'on les voit gisants côte à côte, semblables enfin à fig. 3, pl. XIII, p. 19, *Stigmaria anabathra minima,* Gold. (3ᵉ fasc. *Flora Saræpontana fossilis*), et l'on peut dire pareils au *Stigmaria ficoides minor* (p. 49, fig. 6, pl. IV, *Die Verst. d. Steinkohl. in Sachsen*). Distingués par M. Göppert comme une variété du *ficoides*, dont ils ne nous paraissent pas pouvoir être une modification due à un degré ou à une force de développement moindre, ils en ont été séparés, comme *Stigmaria anabathra*, par Corda, Unger, Goldenberg, d'Ettingshausen. C'est à cette espèce que Corda a rapporté le *Stigmaria* à dôme central de Lindley ; elle se rattache par quelques côtés à la série des variétés plus anciennes rangées à la suite du *ficoides*, mais appartenant sans doute à autant d'espèces de tiges différentes.

Habitat. Plusieurs à Chapoulet. — Nombreux à Valfleury. — A Montbressieux. dans les roches schisteuses et les schistes de triage du puits Sainte-Mélanie. — A Combe-Plaine. — Puits du Replat. — Toit de la bâtarde au Mouillon. — Puits Saint-Denis de Lorette. — A la Poizatière. — Au Grand-Recou.

Nous les voyons identiques à beaucoup de *Stigmaria* de Sarrebruck.

STIGMARIA ATTENUATA.

S. avec des caractères superficiels de *Stigm. ficoides vulgaris*, mais à branches minces, effilées, très-irrégulièrement ramifiées ; à radicules subperpendiculaires dichotomes, et, ce qui est à remarquer, les unes plus fortes, ramifiées elles-mêmes obliquement comme de véritables racines, ce à quoi peut bien être dû l'amincissement des branches. Ce *Stigmaria* offre, dans l'ensemble, des différences telles, par rapport au *ficoides*, comme on peut en juger sur notre tableau C en *Y*, que, entre organes pareils, si peu variables de leur nature, nous ne doutons pas que nous n'ayons affaire à une nouvelle espèce.

Habitat. — Puits Sainte-Barbe de Rive-de-Gier. — Mouillon. — Combe-Plaine.

Cette espèce, nous l'avons vue nombreuse en Belgique.

STIGMARIOPSIS, Gr. — SYRINGODENDRON (*radices*).

Il existe d'autres souches stigmarioïdes que l'on a pu confondre avec les véritables *Stigmaria* tant que l'on n'en a examiné que des fragments, mais que leur connaissance complète me fait distinguer, en raison : 1° de leurs branches, très-inégales, plongeantes, la plupart énormes à l'origine, rapidement décroissantes et courtes ; 2° de leur ramification latérale indiquée par la petitesse relative de quelques-unes et le partage très-inégal des séries de cicatrices ; 3° de leur surface très-rimeuse, avec cicatrices rondes verruciformes au milieu de dépressions peu marquées, surface d'ailleurs variable, plus unie vers le collet, où les cicatrices plus espacées sont en même temps presque indistinctes, comme si les branches, malgré leur nature évidemment succulente, eussent pris de l'accroissement en diamètre, et que la souche entière, plus parfaite, se fût développée à la manière de celles non pivotantes des Dicotylédones; 4° de leurs radicules simples, courtes, minces et très-obliques. Ces différences sont complètes dans les cas extrêmes : M. Brongniart les a parfaitement reconnues à son passage à Saint-Étienne en 1871. Mais, quoique importantes, elles diminuent dans quelques cas intermédiaires; ce qui fait qu'après avoir d'abord éloigné les *Stigmariopsis* des *Stigmaria*, je les rapproche aujourd'hui dans les limites de la même famille.

Ce sont ces souches que j'ai vues continuant en bas des tiges verticales de Syringodendrons diplostigmés, et ce sont probablement aussi celles que Binney, déjà en 1845, Richard Brown en 1846, Göppert, Dawson, Goldenberg, etc., ont vues surmontées de tiges de Sigillaires. Pareils *Wurzelstocks* de *Sigillaria reniformis* (que l'auteur considère comme très-proches du *Sigill. alternans*) ont été séparés par Goldenberg des *Stigmaria*, auxquels ils ne ressemblent plus, dit-il (*Fl. Saræp. foss.* p. 25 et 30). Sont-ce les mêmes racines que M. Dawson dit (*Synopsis of the Flora of the carb. period in Nova Scotia*) avoir vues attachées à de véritables Sigillaires? C'est ici que se fait regretter le manque de précision, de distinction, de détermination exacte des racines, comme des tiges trouvées attenantes. Je n'ai pas vu à Saint-Étienne, à la base des Syringodendrons, le partage en quatre que tous les auteurs se plaisent à signaler à la base des Sigillaires. Et je crois que les souches qui m'occupent sont échues aux *Syringodendron.*

Un *Syringodendron alternans* du Quartier-Gaillard se prolonge en bas en *Stigmariopsis inæqualis;* le *Syringodendron alternans* du parc de l'École des mineurs passe, à la base, tout à fait à la même forme. Deux pareilles souches, au Trève, sont surmontées de tronçons de 1 mètre à 1ᵐ,50, où les caractères des racines s'élèvent assez haut en se modifiant; on voit que cette partie de la tige s'est développée souterrainement. Une souche à la Marie-Blanche a des branches plus inclinées que d'ordinaire; quelques-unes sont verticales; l'une d'elles a du fusain paraissant appartenir à la plante. Il y a des bases de tiges élargies au pied avec des racines très-courtes, étalées, et d'autres tronçons qui s'amincissent beaucoup et rapidement en hauteur. Contrairement à ce qui a lieu à Rive-de-Gier, les *Stigmariopsis* dominent de beaucoup les *Stigmaria* à Saint-Étienne.

STIGMARIOPSIS INÆQUALIS.

S. à branches rappelant moins le *Stigmaria inæqualis* de Göppert que celui de Geinitz (*Fl. d. Hain. Ebersd. u. d. Flöhaer*, etc., pl. X, fig. 3), mais différentes, de diamètre très-inégal, variant de $0^m,05$ à $0^m,30$ à l'origine, d'abord plongeantes, puis s'étalant, décroissant vite par l'effet d'une ramification nombreuse et latérale très-irrégulière et répétée plusieurs fois; ramifications de $0^m,01$ à $0^m,08$ à des branches de $0^m,10$, amincies aux extrémités, toujours peu succulentes; surfaces finement ridées avec cicatrices verruciformes peu déprimées au bout des branches, oculées au milieu, espacées et effacées vers le collet; radicelles seulement aux extrémités actives des vieilles souches.

Ces *Stigmaria* sont toujours en place; nous en avons dégagé quelques branches très-rameuses, qui se trouvent à l'École des mineurs. On peut en voir un exemple complet, en rapport avec une tige de Syringodendron, en *Y* sur notre tableau C.

Habitat. — Petites et jeunes souches à la sole du Sagnat Midi. — Nombreuses souches à la sole et au toit de la couche de Frécon et à la sole de la Grille Nord. — Toit du Péron. — Toit de la 5e à la Marie-Blanche. — Au Trève. — Quartier-Gaillard. — Vers 90 mètres au-dessus de la 3e au Soleil. — Au puits Merle, de la 5e ou 7e couche. — A Bérard. — Puits Imbert, du Cluzel. — Toit de la 2e Latour, au puits Charles. — Puits n° 2 d'Unieux. — Malafolie. — Carrière du Bois-Monzil, plusieurs. — Sole de la couche traversée à 165 mètres au puits de la Chana. — Tranchée de Montmartre. — Au toit de la 3e, au puits Robert. — Puits de la Manufacture. — Faisceau des 9e à 12e a Méons. — Chez-Marcon à Saint-Priest. — Puits Voron de la Chazotte. — A Montrond. — A Rive-de-Gier, assez peu.

STIGMARIOPSIS ABBREVIATA (Gold.).

On trouve des *Stigmaria* très-semblables à celui décrit sous ce nom d'espèce par M. Goldenberg (*Flora Saræpontana fossilis*, 3e fasc., p. 15, pl. XII, fig. 4), formant des souches plus irrégulières, avec des extrémités arrondies, succulentes, des racines courtes, une écorce fortement ridée, à cicatrices déprimées que la compression a rendues elliptiques sur les branches les plus inclinées. Vers le collet les cicatrices sont comme étagées.

Habitat. Toit du Sagnat et tranchée de la Chiorary. — A Côte-Thiollière.

STIGMARIOPSIS TENUIS, Gr.

Minces branches de $0^m,01$ à $0^m,04$, longues, rameuses, grêles, déliées, à surface sculptée d'un fin lacis serré, sur le fond duquel apparaissent à peine de très-petites cicatrices rondes non déprimées et donnant attache à de fines, roides et longues radicules simples, très-obliques qui ressemblent à des feuilles linéaires. C'est une espèce bien distincte, où se reconnaît à peine la forme stigmarioïde ; on la prendrait pour quelque *Lepidodendron*, si on ne remarquait que ses appendices ont poussé dans la roche. Vers le centre, l'épaisseur charbonneuse de l'écorce augmente beaucoup. Le tableau C n'a pas réussi à en donner bien, en Z, ni l'allure ni les faibles dimensions.

Habitat. A Lorette. — A Rive-de-Gier. — A Gravenand.

SUR LE PORT, LA NATURE ET LES AFFINITÉS DES SIGILLAIRES.

Les Sigillaires donnaient de grandes tiges colomnaires, le plus souvent simples, et par là bien différentes de celles des Sélaginées. Elles pouvaient atteindre une épaisseur de 1 à 2 mètres à la base et une hauteur de 20 à 30 mètres, sans diminution sensible du diamètre et sans perdre les caractères de la surface. De petites tiges, comme le *Sigillaria hexagona*, se bifurquaient en deux branches ouvertes ; d'autres, comme le *Sigillaria Brardii*, se ramifiaient en plusieurs branches. Elles étaient toutes couronnées par un bouquet de longues feuilles dressées, pressées au sommet, plus ou moins espacées, les inférieures retombantes, et elles poussaient périodiquement, en faux verticilles, des rameaux caducs, sans doute préposés à la reproduction.

Les *Syringodendron* s'élevaient en hautes et puissantes colonnes, atténuées, un peu coniques à la base et arrondies au sommet, garnies de faibles organes espacés, peut-être analogues aux aiguillons, mais non accessoires comme eux ; ce qui devait leur valoir un port tout particulier.

Toutes ces tiges étaient sans doute fixées au sol : les unes par des *Stigmaria*, les autres par des *Stigmariopsis*, comme l'annonce l'accord de structure et comme le prouvent les dépendances constatées, et les passages remarqués des uns aux autres organes.

Les Stigmariées dénotent une racine très-aqueuse dans un sol argileux très-humide ; elles présentaient une grande surface à l'absorption ; les tiges qui les surmontaient, à structure très-pénétrable, devaient se terminer par un ample feuillage, capable d'une exhalaison proportionnelle, ce qui ne laisse pas que d'être en faveur de la réunion des vrais *Stigmaria* aux *Sigillaria*, en même temps qu'à celle des *Stigmariopsis* aux *Syringodendron*.

Avec les Lépidodendrées, les Sigillariées devaient donner lieu à la végétation la plus élégante et en même temps la plus douée de vigueur que l'on puisse imaginer, et comme le tableau C n'en offre qu'un pâle reflet, par la restauration d'un certain ensemble de formes, qui resteraient cependant à compléter par des types encore plus beaux, que nous n'avons pas été à même de bien étudier et, par suite, de reconstituer.

Si l'on en excepte Bowmann, Dawson et Binney, l'opinion générale des botanistes est que les Sigillaires devaient être de nature très-succulente, pour avoir conservé à l'état de vie tous leurs caractères superficiels. Cependant la partie subéreuse de l'écorce prenait de l'épaisseur et pouvait acquérir une consistance qui lui a fait rapporter, par M. Binney, du fusain, abondant dans la houille, semblable à celui des *Dadoxylon*, mais sans pores; cette couche de suber est compacte ou pénétrée de mailles cellulaires qui l'ont fait nommer *Dictyoxylon* par M. Brongniart; j'ai vu une couche de *Dictyoxylon* avec la forme superficielle d'un moule de Sigillaire. Nature.

Le *Sigillaria elegans* d'Autun, illustré par M. Brongniart[1], présente l'organisation vasculaire propre aux tiges des Dicotylédones gymnospermes, mais pas d'une manière si complétement identique de tout point que le Dr Hooker n'en ait douté[2] et n'ait même placé les Sigillaires à côté des Lépidodendrons, avec lesquels elles ont incontestablement des rapports, mais extérieurs seulement. L'anatomie, plus complète sous certains rapports, du *Sigillaria spinulosa* silicifié[3], sur lequel M. B. Renault et moi

[1] *Observations sur la structure intérieure du Sigill. elegans* (*Archives du Muséum*, t. I, p. 406).
[2] *Geological Survey*, t. II, 2e partie, p. 435.
[3] *Étude du Sigillaria spinulosa*, par MM. B. Renault et Grand'Eury (*Mémoires présentés à l'Académie des sciences*, t. XXII, n° 9).

avons eu la chance de mettre la main, aux champs des Borgis, près d'Autun, lève tous les doutes qui pouvaient subsister quant à l'organisation essentiellement dicotylédone de cette espèce type des Leiodermariées, et, par contre-coup, aussi du *Sigillaria elegans*, type des Favulariées; c'est là un point bien acquis, auquel le défaut de précision des recherches de MM. Binney et Williamson n'ajoute ni n'enlève rien, et qui coupe court aux objections de M. Carruthers. Quant aux *Sigillaria-rhytidolepis*, M. Dawson prétend [1] (mais on ne voit pas sur quoi il se fonde) qu'ils lui ont présenté la même structure que les autres, avec des fibres poreuses et une moelle de *Sternbergia* (l'auteur ne fait-il pas ici confusion avec les tiges de Conifères?), et une grande quantité de *bast-tissue* semblable au liége.

Affinités. L'organisation du *Sigillaria elegans*, et surtout du *Sigillaria spinulosa*, jointe à cela que plusieurs Sigillaires sont maintenant connues pour avoir des racines parfaites de *Stigmaria* et surtout de *Stigmariopsis*, marque la place de ces plantes parmi les Dicotylédones, en dépit des rapports, plus apparents que réels, qu'elles paraissent avoir avec les Lépidodendrons. Les faux verticilles de cicatrices ramulaires et fructifères, dont les tiges de Sigillaria sont souvent ornées dans les séries verticales mêmes des cicatrices foliaires, ont une origine latérale incompatible avec l'organisation des acrogènes actuels; ils manquent dans les Lépidodendrées.

On sait que la structure essentielle des groupes principaux tient si peu sous sa dépendance les formes extérieures, que les Cycadées, intimement unies aux Conifères, possèdent quelques-uns des traits qui distinguent les Palmiers aussi bien que les Fougères. Or, les Cycadées sont de tous les végétaux vivants ceux dont, par leur structure, les Sigillaires se rapprochent le plus, de manière que la place de ces dernières parmi les Gymnospermes ne souffrirait pas le moindre doute si, contre toute vraisemblance.

[1] *The Quarterly Journal*, 1871, p. 147.

la flore houillère n'avait le privilége, plus supposé que démontré encore, de comprendre des combinaisons de caractères impossibles dans le monde actuel.

M. Williamson dit avoir trouvé une série continue de spécimens établissant l'identité des Sigillaires avec les Lépidodendrons [1]. En suivant son opuscule, on voit que l'auteur passe à cette conclusion par des faits isolés, d'après l'analogie de l'écorce, et non par des exemples complets réunissant les caractères extérieurs aux caractères intérieurs; ses échantillons, à structure interne, n'ont pas une superficie plus déterminable que le *Sigillaria vascularis* [2]. Dans un mémoire complémentaire, M. Williamson avance que le genre *Diploxylon* est l'état âgé des tiges de *Lepidodendron.* J'ai parfaitement remarqué chez lui une écorce écailleuse en rapport avec du bois de *Diploxylon;* mais dans le *Lepidodendron Harcourtii* cet auteur a vu la structure vasculaire rester simple. Il ne paraît pas impossible que ce que, à la page 143, j'ai appelé *Pseudosigillaria protea,* dont les caractères changent parfois tout à coup, sans motif apparent, soit, malgré les saillies knorriiformes du moule (que certains bois des grès cuivreux de Russie présentent à la surface), une plante supérieure, les coussinets superficiels ressemblant à ceux de plusieurs Conifères. Mais tout cela ne prouve qu'une chose, c'est que certaines empreintes de *Lepidofloyos* peuvent appartenir à des végétaux dicotylédones. Un échantillon d'Autun s'inscrit toujours en faux contre le passage de la structure du Lépidodendron à celle des véritables Sigillaires, en ce sens qu'une tige très-jeune de *Sigillaria elegans,* entourée de ses feuilles, montre déjà la structure ligneuse de cette espèce à l'état adulte.

Il est au moins curieux que, à part le corps vasculaire, les autres parties des Sigillaires soient semblables aux parties correspondantes des Lépidodendrons : suber radié, moelle corticale,

[1] *On the organisation of the fossil Plants of the coal-measures,* part III, *Lycopodiaceæ.*

[2] *A description of some fossil Plants, showing structure, found in the lower coal-seams of Lancashire and Yorkshire,* 1865.

étui et faisceaux médullaires, faisceaux foliaires; cette égale composition descend jusque dans les *Stigmaria*. N'indiquerait-elle qu'une adaptation par des formes analogues de végétaux très-différents à des milieux et à des circonstances identiques ?

Les appareils de fructification, s'ils étaient bien connus, fixeraient irrévocablement sur la parenté des Sigillaires avec les plantes vivantes. En leur rapportant les macrospores, M. Goldenberg s'est vu conduit à les considérer comme des Isoëtes arborescents. Sur la foi de cette attribution, M. Schimper les laisse parmi les Cryptogames, tandis que M. Göppert, faisant primer la structure dicotylédone bien établie, les place dans les Gymnospermes. Si certaines Sigillaires admettaient des épis avec macrospores, s'ensuivrait-il qu'il en fût de même de toutes ces plantes? Le groupe est fondé sur les formes extérieures que peuvent réunir des végétaux très-éloignés. Or on sait qu'il existe des empreintes caulinaires que l'on pourrait aussi bien rapprocher des *Lepidodendron* que des *Sigillaria*.

Aussi la preuve absolue, sans retour, de la dépendance des macrospores avec les véritables Sigillaires ayant un corps ligneux de Dicotylédone reste à fournir; et l'on doit d'autant plus se maintenir dans la plus grande réserve à ce sujet, que le fait bien établi renverserait toutes nos idées sur la dépendance des caractères, à moins que ces séminules ne soient ici une superfétation, ou ne représentent dans quelques cas des sacs polliniques, c'est-à-dire l'un des deux attributs essentiels des Phanérogames gymnospermes. J'ai bien cru, en effet, trouver l'autre sexe, c'est-à-dire des empreintes de graines, à la base de quelques feuilles de Sigillaires.

Seulement, je crains d'avoir tiré des conséquences trop complètes de ces indices insuffisants, dont je n'aurais peut-être alors même dû parler que pour éveiller l'attention des observateurs sur une solution possible du plus important problème de la paléontologie végétale.

CONSIDÉRATIONS GÉNÉRALES

SUR LES GRAINES FOSSILES DU TERRAIN HOUILLER.

Sous le nom de *Carpolithes* Schlotheim désignait, dans l'origine, les fruits et graines isolés que l'on ne savait comment classer ni grouper. En 1841, Corda en signalait déjà quarante-six espèces; en 1857, Fiedler en énumérait environ quatre-vingt-dix.

Aujourd'hui on en a formé plusieurs catégories.

Les fruits sont isolés.

Ces organes, mûrs, sont invariablement détachés des plantes mères et des inflorescences qui les ont portés, et leur dépendance restait complétement à résoudre. Nous avons été assez heureux pour remonter à l'inflorescence de quelques-uns des principaux types; mais c'est à peine si, par le fait et non par la seule considération trompeuse d'un gisement commun, nous en avons relié un groupe, important il est vrai, aux plantes mêmes dont ils proviennent.

Ce sont tous des graines.

Les graines ou fruits du terrain houiller paraissent indéhiscents, monospermes; ils sont ordinairement obliques comme des graines, mais on ne pouvait pas affirmer qu'il n'y eût des fruits, M. Göppert considérant en général les Carpolithes comme tels et professant en Allemagne leur analogie avec ceux des Monocotylédones. L'étude des fruits silicifiés de Grand'Croix permettra à M. Brongniart d'établir que ce sont tous des graines de Gymnospermes, orthotropes, analogues à celles des Cycadées, des Taxinées et des Gnétacées, malgré la complexité de l'enveloppe de quelques-unes; on ne trouve, en effet, aucun vestige de fleurs d'Angiospermes dans les schistes les plus fins où se sont conservés des débris aussi délicats.

Leur conservation dans les schistes.

Les graines fossiles sont complétement aplaties dans les schistes, où l'on ne peut pas, le plus souvent, juger de leur forme primitive, qu'il est cependant nécessaire de rétablir pour leur juste appréciation. A ce sujet nous avons fait la remarque que les graines originairement globulaires ont déterminé autour d'elles, par le tassement, des stries concentriques simulant des péricarpes noirs, que l'on a décrits sous le nom de *Guilielmites*, mais que le docteur Weiss, en l'absence de matière charbonneuse, soupçonne de nature inorganique, sans préjuger leur origine; il en est de même aussi de M. Carruthers [1]. Ces pseudomorphes dissimulent la graine; j'en ai vu autour du *Carpolithes lenticularis* de semblables au *Guilielmites permianus*, Geinitz [2]; j'ai trouvé autour d'une plus grosse graine de l'Ouche-Bézenet (Allier) une forme encore plus visiblement inorganique de *Carpolithes umbonatus*, Stern. [3].

Leur conservation dans les grès.

Dans les grès, moins compressibles, les graines sont peu déprimées, principalement dans les grès psammitiques, dits meulières de Langeac, où nous en avons observé beaucoup, remplis par l'intrusion de la roche, avec leur relief préservé, mais, par contre, avec leur surface détériorée beaucoup plus que dans les schistes fins.

Leur pétrification.

La conservation des formes est plus parfaite dans une roche de Decazeville que le carbonate des houillères a immédiatement solidifiée; quant à la structure interne, elle ne s'est pour ainsi dire, jusqu'à présent, montrée que dans les quartz de la Péronnière, où les graines avaient à peine macéré lorsqu'elles ont subi l'action pétrifiante.

Classement des graines.

La variété et la quantité des graines sont vraiment incroyables, et leur groupement suivant leur dépendance probable est un grand pas à faire dans la connaissance des plantes houillères. Je me suis occupé de ce classement des graines fossiles avec la préoccupation de leur dépendance générique.

(1) P. 444, *The Quarterly Journal*, etc., pour novembre 1871.
(2) P. 19, fig. 6, 7 et 9, pl. II, *Die Leitpflanzen d. Roth. in d. Zechst.*, etc.
(3) Fig. 3, pl. VIII, p. 148, t. I, *Lethaea geognostica*.

La détermination des espèces serait non moins importante à perfectionner, en dépit des difficultés inhérentes à des organes dont on ne peut souvent apprécier que le contour, les formes altérées et les dessins de la surface, encore que leur degré de maturation et leur mode de fossilisation puissent nous les présenter sous des aspects très-différents, les Carpolithes, écrasés, étant, de plus, souvent ouverts et divisés en leurs coques ou valves, et les enveloppes complexes de quelques-uns ayant éprouvé des altérations plus ou moins importantes. Détermination.

Il reste considérablement à faire de ce côté, presque encore tout neuf, de la botanique fossile, sur lequel M. Brongniart va jeter un jour nouveau en faisant connaître, dans un ouvrage prochain, l'organisation des principaux types de graines du terrain houiller, au moins en ce qui concerne leur *testa* et les enveloppes du nucelle et du sac périspermique, conservés presque dans tous les cas. On verra que, à part les graines de *Cordaites,* assez analogues à celles de certaines Conifères, plusieurs autres types révèlent un haut degré de perfection, supérieur à ce que l'on pouvait supposer pour des graines; quelques-unes même, par des faisceaux vasculaires dans l'enveloppe externe et des vaisseaux incomplets dans le tégument interne du nucelle, pourraient être prises pour de véritables fruits. Un trait commun est propre aux plus anomales, c'est celui d'avoir, au sommet du nucelle, une sorte de chambre pollinique que n'offre aucune graine de végétaux vivants. (Voir déjà *Société botanique de France,* t. XXI, p. 126, surtout *Études sur les graines fossiles trouvées à l'état silicifié dans le terrain houiller de Saint-Étienne. — Comptes rendus de l'Académie des sciences,* 10 août 1874.) Appréciation.

Ce n'est pas tout de connaître la nature des graines : il n'est pas moins désirable de découvrir les organes mâles correspondants, qui sont encore totalement inconnus. Il faut dire que leur existence éphémère et leur consistance herbacée s'opposaient à leur conservation. Cependant on en trouve de nombreux vestiges sous Organes mâles.

la forme de chatons divers; il y en a de silicifiés à Grand'Croix, et il me sera possible d'en décrire quelques-uns par à peu près.

GRAINES POLYGONES.

Graines oblongues, ovoïdes, tri, hexa, octo, polygones, ombiliquées au point d'attache ou portées sur un coussinet basilaire. On a vu les raisons en faveur de leur solidarité avec les Sigillaires.

Faute d'en connaître la structure, les opinions continuent à varier quant à leur rapport avec les végétaux vivants; aujourd'hui on y verrait plus généralement des fruits de Cycadées problématiques, comme Unger et Hooker l'ont supposé. Cependant ce dernier les a comparées aux graines solitaires des *Salisburya* et aussi des *Taxus;* nous voyons de la ressemblance extérieure entre un *Trigonocarpus cylindricus* de Langeac et les graines de *Torreya nucifera*. M. Göppert les considère maintenant comme des fruits de Monocotylédones plutôt que comme des graines de Cycadées ou de Conifères; la forme trigone de la plupart et la nature un peu fibreuse de l'enveloppe sont, pour lui, des signes indicatifs de leur rapport avec les premières de ces plantes vivantes.

M. Brongniart fera connaître ces graines, qui présentent plusieurs types d'organisation.

TRIGONOCARPUS, Brongn.

Les *Trigonocarpus* forment un certain nombre d'espèces, la plupart avec trois angles, mais quelques-uns à six angles alternativement plus et moins prononcés; ils paraissent formés d'un *testa* membraneux à déhiscence valvaire, et d'une amande séparée à l'intérieur.

On trouve séparément tantôt l'enveloppe foliacée, sèche, tantôt l'amande.

Ce genre de graines, nombreuses et variées dans le terrain houiller moyen, a peu de représentants à Saint-Étienne.

TRIGONOCARPUS NÖGGERATHII, Sternberg. (Pl. XV, fig. 1.)

Graines trigones (Stern., *Versuch einer*, etc., vol. I., p. 49, pl. LV, fig. 6 et 7), ombiliquées à la base d'attache et paraissant formées de trois valves parfois bâillantes au sommet, comme nous les représentons pl. XV, fig. 1; graines à surface unie, avec valves épaisses, charbonneuses; graines relevées de trois côtes aiguës et paraissant en outre marquées alternativement de trois côtes obtuses. Les analogues auraient été vus, par Fiedler et Lindley, renfermant une amande isolée à l'intérieur.

Habitat. A Saint-Priest une graine comme celle pl. XXVII, fig. 31 de gauche, *Die fossilen Früchte der Steinkohlen.*

TRIGONOCARPUS SCHIZOCARPOIDES. (Pl. XV, fig. 2.)

Les *Trigonocarpus* de Langeac sont parfois bâillants au sommet, et les valves y paraissent pouvoir se dessouder, suivant les arêtes de suture, jusqu'à près de la base. C'est pourquoi il n'est pas impossible que les valves plus ou moins désunies que je rencontre, soit seules, soit par deux, pl. XV, fig. 2, ne soient que des parties constituantes de l'espèce précédente ou plutôt d'une espèce très-voisine, si je puis en juger par des spécimens plus complets qui figurent des graines plus coniques et beaucoup plus largement ombiliquées à la base.

Habitat. A la Chazotte. — Au puits Charles des Roches. — A Avaize. — Puits Rolland de Montaud. — A la petite galerie de la Vogue. — A Montsalson. — A 280 mètres au puits Saint-Benoît, à la Béraudière, à la Culatte.

TRIGONOCARPUS PARKINSONI, Brongn.

On trouve à Lorette de petites graines plus courtes et plus ovales que le *Trig. Nöggerathii*, mais pouvant bien représenter le noyau débarrassé du péricarpe foliacé d'un fruit analogue; petites graines d'ailleurs semblables à celles que, en 1811, Parkinson a illustrées (*Organic remains*, pl. VII, fig. 6, 7 et 8).

TRIGONOCARPUS PUSILLUS, Brongn.

Sous ce nom M. Brongniart décrira un tout petit *Trigonocarpus* silicifié de Grand'Croix.

TRIGONOCARPUS DUBIUS, Sternb.

A la Chazotte, il y a de gros *Trigonocarpus*, ventrus, rappelant bien de forme celui que Sternberg a décrit (*Versuch einer*, etc., p. 50, pl. LVIII); ils paraissent formés de trois larges valves très-minces, carénées. Un spécimen de Decazeville contient une graine et, en outre, l'apparence d'une membrane interposée entre celle-ci et l'épitesta foliacé.

C'est sans doute l'un de ces fruits qui a fait concevoir au docteur Hooker une si haute idée de la perfection des Trigonocarpes, dont l'enveloppe lui a paru contenir jusqu'à quatre téguments.

COMPTOSPERMUM JARENSE, Brongn.

Sous ce nom le fondateur de la botanique fossile décrira une graine trigone moyenne, laquelle présente une structure très-singulière dans le testa.

MUSOCARPUS PRISMATICUS, Brongn. (Pl. XV, fig. 3.)

Sous le nom de *Musocarpus prismaticus*, M. Brongniart a signalé dans son *Prodrome* (p. 135 et 137) des graines bien curieuses de Langeac, que nous pouvons plus complétement décrire d'après les exemples que nous avons observés chez M. Aymard, au Puy-en-Velay.

Graines prismatiques à six côtes (fig. 3, pl. XV), dont trois très-accusées, tranchantes, et les trois autres alternes plus ou moins marquées, mais toujours évidentes; graines limitées à un bout par une large aréole hexagonale (fig. 3 *c*), qui, prise pour le sommet, a pu être considérée comme l'insertion d'un périanthe, avec une saillie centrale pour trace de style. Mais cette aréole est, au contraire, la base de la graine, car elle est en rapport, dans quelques cas, avec ce que l'on pourrait appeler un carpophore (fig. 3 *d*). Avec cette base, les graines paraissent articulées au niveau de la jonction, de part et d'autre de laquelle les côtes se prolongent (fig. 3 *a* et *b*). Quelle est la nature du carpophore? Ne serait-il pas analogue à la cupule inférieure des graines suivantes?

Habitat. A Roche-la-Molière. — Grès schisteux affleurant derrière le Palais des Arts.

CODONOSPERMUM, Brongn.

Il existe, à Saint-Étienne et dans plusieurs autres bassins houillers du centre de la France, des graines en tête de clou surbaissée, à huit angles, dont M. Brongniart fera connaître l'organisation très-anomale.

CODONOSPERMUM ANOMALUM, Brongn. (Pl. XV, fig. 5.)

Empreintes de graines en forme de coiffes aplaties (fig. 5 *e*, pl. XV), à huit arêtes rayonnantes bien distinctes, contrairement aux Monocotylédones, dont les éléments de la fleur sont généralement au nombre de trois; ces graines très-courtes, avec prolongements anguleux plus ou moins ouverts (fig. 5 *g*), se trouvent, à cause de cela même, aplaties, le sommet au centre de l'empreinte. Avant la dissémination, ces angles rejoignaient l'axe sous un coussinet basilaire traversé par le funicule; la figure 5 *f* présente l'indication de ce coussinet. La figure 5 *i* est un exemple de graine plus jeune (*junior*), sans doute analogue; la figure 5 *f*, de Langeac, est une forme intermédiaire. Les empreintes cupuliformes (fig. 5 *h, h', h''*) pourraient bien appartenir à la base, qui, lorsqu'elle suivait la graine dans sa chute, la faisait flotter pendant quelque temps.

Habitat. Au Montcel, aux Roches. Nombreux à 290 m. au puits Rozand. — Fréquent au puits Petin. — A Montessu. — A la Terrasse. — A la Porchère. — A Roche-la-Molière. — Plusieurs dans les schistes de 8ᵉ à Montieux. — Au Treuil. — Puits Rolland. — Abondant dans un joint de schiste charbonneux au puits Palluat. — Puits Montsalson n° 1. — Puits Devillaine. — Plusieurs dans les quartz de Grand'Croix.

Codonospermum minus. — Graines notablement plus petites, écrasées sur le plat, comme à l'ordinaire, présentant, avec celles décrites ci-dessus, des différences suffisantes pour constituer une deuxième espèce.

Habitat. A la Niarais, comme à Molière (Gard).

Divers. — M. Brongniart décrira plusieurs autres sortes de graines anguleuses conservées dans le quartier de Grand'Croix. En empreintes il y a des graines à côtes dans les grattes de l'Angonan (avec un prolongement à la base), au Treuil, au Chambon, à Landuzière (une graine analogue au *Carpolithes Mentzelianus,* Göpp. et Berg.), à la Sainte-Chapelle, à Bellevue.

GRAINES POLYPTÈRES.

On trouve à Saint-Étienne toute une catégorie d'autres graines très-remarquables de forme et de structure, plus variées que nombreuses, polygones et pourvues d'ailes à tous les angles, au nombre de trois, six, douze, et égales ou alternativement plus larges et plus étroites. Diverses considérations me portent à les rapporter aux Calamodendrons.

Quelques-unes de ces graines participent, sous quelques rapports, du noyau des *Tripterospermum,* Brongn. ou graines anguleuses ayant un épitesta charnu épais; mais la plupart sont munies de véritables ailes, reconnaissables à leur texture.

D'ailleurs ces graines sont généralement un peu arquées, et si j'ai lieu de croire que les *Trigonocarpus* étaient solitaires et portés sur des pédicelles, j'aurais des preuves que l'inflorescence des *Polypterocarpus* était en éventail ou en épis pressés, bien que leur forme symétrique sur la coupe en travers dénote un développement libre. J'ai trouvé deux graines couplées comme l'exprime la figure 4 de notre planche XVI.

Cependant on ne saurait moins faire que d'être frappé de ce fait, que, par le caractère de graines anguleuses, les *Polypterocarpus* forment une série parallèle aux *Polygonocarpus*.

M. Brongniart doit décrire la structure plus simple, mais aussi anomale, des graines silicifiées suivantes :

1° *Polylophospermum*, Br. (voir tab. nost. XV, fig. 6), ou graines anguleuses à six ailes principales, alternant avec six ailes accessoires; à micropyle protégé au sommet, de même que le funicule à la base, par un prolongement singulier du testa aux deux bouts. — 2° *Hexapterospermum stenopterum* et *pachypterum*, Br., à six ailes égales. — 3° *Eriotesta velutina*, Br., graine à huit angles, recouverte de poils. — 4° *Ptychotesta*, Br., deux espèces, l'une à six ailes formées par des replis du testa. — 5° *Polypterospermum Renaultii*, Br., graine à douze grandes ailes presque égales.

Tripterospermum, Brongn., dont la figure 4, pl. XV, me paraît devoir représenter la section transversale, près de la base, d'après un spécimen silicifié détruit.

On rencontre partout des empreintes de graines ailées, à la Chazotte, à Reveux, à la Terrasse, à Avaize, à Unieux (à trois arêtes prononcées), etc. Je n'en signalerai que quelques-unes, que ne pouvant rapporter aux genres fondés sur la structure, je décrirai provisoirement sous le nom de *Carpolithes*.

CARPOLITHES CAUDATUS. (Pl. XV, fig. 7 et 7'.)

Graines anguleuses, souvent un peu arquées, obtuses à un bout, au sommet, et terminées à l'autre par une queue; pourvues de larges ailes à chaque angle. Nous en avons trouvé, dans un cas, deux; dans un autre cas, quatre, avec la queue convergente, comme si elles étaient en position naturelle, ainsi que le montre notre figure 7, pl. XV.

Habitat. Plusieurs à Saint-Priest.

CARPOLITHES SUBCLAVATUS. (Pl. XV, fig. 8.)

Il existe à Saint-Étienne de petites graines rappelant par la circonscription le *Carpolithes clavatus*, fig. 14, ou mieux le *C. lagenarius*, fig. 16, pl. VII de l'*Essai géognostico-botanique*, ou encore, pour certains détails, le *C. clavatus*, fig. 12 et 13, pl. XXII, p. 42 de la Flore de Saxe, mais marquées de nombreuses côtes et pourvues d'autant d'ailes égales tout autour, ailes avec veinules du test détachées et une disposition transversale de tissu très-évidente; enveloppe du reste un peu filandreuse; cavité centrale vide, unie.

Habitat. Divers au-dessus de la 2ᵉ au Treuil. — Puits de la Culatte. — Saint-Jean de Bonnefond. — Avaize. — Puits Rolland de Montaud, etc.

CARPOLITHES NUCLEUS. (Fig. 3, pl. XVI.)

Graines oblongues sous des apparences diverses, d'un noir brillant très-charbonneux, que les mineurs désignent par le nom de *cafards*, légèrement arquées; à noyau marqué d'un sillon avec une aile épaisse rabattue de chaque côté; une troisième aile paraît bien avoir dû correspondre au sillon, qui est médian. Ces empreintes, qui remplissent un banc de schiste à Villebœuf, peuvent parfaitement n'être que le noyau de quelque *Tripterospermum* mis à nu par la pourriture de l'enveloppe pulpeuse de la graine.

CARPOLITHES OBLONGUS. (Fig. 9, pl. XV.)

Deux graines oblongues de la Chazotte et du puits Mars, avec deux larges ailes latérales et un noyau marqué au milieu d'une carène saillante, sans doute prolongée en une aile égale, ce que je ne suis pourtant pas en mesure d'affirmer.

CARPOLITHES BREVIS. (Fig. 10 et 11, pl. XV.)

Deux graines plus courtes, peut-être d'espèces différentes, l'une, fig. 10, de la Chazotte, l'autre, fig. 11, de Lorette, également trigones et triptères, mais offrant l'une et l'autre cette particularité que, dans chaque aile rabattue latéralement sur l'empreinte, existe une ligne, partant d'un bout sans aboutir à l'autre, que je ne comprends pas, si ce n'est un faisceau alimentant ces moyens de dissémination; dans ce cas, la base pourrait correspondre à l'échancrure, au moins dans l'exemple de Lorette.

CARPOLITHES SULCATUS, Sternberg et non Lindley. (Fig. 18, pl. XV.)

Je place ici avec doute les graines oblongues, fig. 18, pl. XV, ordinairement un peu courbes, amincies aux deux bouts, mais plus à l'un qu'à l'autre, à surface très-inégale, comme sillonnée; elles sont comparables à celles p. 208, pl. X, vol. II, Sternberg, *Versuch einer*, etc., et encore au *Carpolithes costatus* de Corda. J'aurais vu les graines de cette espèce pressées au bout d'un axe écourté.

Habitat. Plusieurs au puits Palluat. — Montsalson. — Reprise du puits du Crêt à Roche. — Toit de la couche des Littes à Montrambert — Entre la 3e et la 4e couche de la Ricamarie (Muséum).

Je représente encore, fig. 2, pl. XVI, une autre sorte de Polyptérocarpe des Razes à Firminy. Divers autres Polyptérocarpes.

Je pourrais y ajouter une graine étroite de Platières, avec trois ailes épaisses;

Et encore une graine des Rouardes, allongée, à nombreuses côtes égales, avec des ailes et de vagues prolongements aux extrémités, comme dans les *Polylophospermum*.

GROUPE AMBIGU, HÉTÉROGÈNE, DES NÖGGERATHIÉES.

On en est encore à désigner indistinctement sous le nom de Nöggérathiées tous les débris de feuilles parcourues en long de nervures fines à peu près égales et parallèles, et on veut que ces débris représentent des folioles de feuilles composées, alors que la grande masse sont des feuilles simples de Cordaïtes. Les feuilles pinnées et pinnatifides de la structure des Cordaïtes sont rares, et les empreintes que l'on peut croire provenir de *Noggerathia* participent assez de la contexture des Fougères, pour que, dans l'ignorance de la fructification, on puisse tout aussi bien les ranger près de ces plantes vivantes que près des Cycadées.

C'est que la nervation bifurquée, dichotomique, n'est pas la propriété exclusive des Fougères et se rencontre dans les feuilles de Cycadées et de Conifères : le *Zamia Magellanica* a des nervures bifurquées, de même le *Strangeria paradoxa* à forme de *Danæa* et à nervation de *Nevropteris;* les feuilles du *Salisburya adiantifolia*, en éventail comme celles des *Adiantum*, sont, de même que dans ces Fougères, parcourues par des nervures fines, égales et dichotomes; le *Bowenia*, parmi les Cycadées anomales, a même des feuilles bipinnées. On sait, en outre, que les feuilles de Cycadées ont presque la vernation en crosse des frondes de Fougères, et que le port de ces plantes si différentes est analogue; que, par suite, les Cycadées offrent ainsi, avec le système de reproduction des Conifères, des formes extérieures très-insolites qui nous disposent à admettre qu'elles ont bien pu comporter des formes encore plus semblables aux Fougères qu'à présent.

Aussi règne-t-il la plus grande incertitude sur la place à assigner à beaucoup de feuilles ambiguës de l'ancien monde, soit près des Fougères, soit près des *Zamia*, l'opinion qui les rapprochait des Palmiers devant être aujourd'hui abandonnée.

Ainsi, vers 1845, Unger et M. Göppert, voyant parmi les *Adiantum* et les *Schizea* plusieurs espèces auxquelles ressemblent les

Noggerathia par la forme et la nervation à la fois, les ont placés dans la famille des Fougères, près des *Cyclopteris;* en 1850, Unger s'en tenait encore là; en 1858, M. Lesquereux décrit les *Noggerathia* comme un genre de Névroptérides. Il n'y a pas que ces empreintes houillères pour donner lieu à une pareille incertitude; certaines feuilles moins anomales des terrains secondaires inférieurs oscillent entre les Cycadées et les Fougères : les *Cycadopteris* ressemblent aux *Odontopteris;* les *Anomozamites*, aux *Tæniopteris;* les *Sphenozamites*, aux *Adiantites*. Le *Noggerathia obovata* [1], fondé sur une feuille atténuée et recourbée à la base, élargie, obtuse au sommet avec nervures égales, parallèles et bifurquées, décurrentes sur le bord, pourrait bien être une autre portion de la feuille à laquelle appartient l'*Odontopteris plantiana* de la même planche. Certains *Adiantites* des terrains carbonifères anciens ont été décrits comme *Noggerathia;* tel est le *Cyclopteris Hibernica* de Forbes, à pennes non sans ressemblance avec le *Nogg. foliosa* et à pinnules parcourues par des nervures égales, divergentes, suivant lesquelles la feuille est plus ou moins fissurée sur le bord. Nous connaissons des *Cyclopteris* sans oreilles, qui ressemblent, à s'y méprendre, aux *Noggerathia*. Et nous croyons, après examen des spécimens, que l'on ne peut pas affirmer que les *Noggerathia* du permien de Russie sont à rapprocher des *Zamia* plutôt que des Fougères.

On voit que, s'il existe un genre *Nøggerathia* proche des Cycadées, il n'est pas si distinct, par ses feuilles, de certaines Névroptérides, que l'on ne puisse hésiter entre l'une ou l'autre analogie.

Dès lors se fait sentir la nécessité d'en connaître les organes de reproduction. Si nous n'avons pas tiré ce point au clair, nous avons cependant réuni un ensemble de faits en faveur de l'existence d'un groupe hétérogène de Nöggérathiées dont nous avons peut-être les fruits dans les *Pachytesta*, sinon dans les *Rhabdocarpus*, et les inflorescences mâles dans des empreintes énigma-

[1] Carruthers, *On the Plants remains from the Brazilian coal-beds*, p. 9, fig. 1 pl. VI.

tiques, que nous ferons connaître un peu plus loin sous le nom d'*Androstachys*.

Ce sont les seules plantes herbacées du terrain houiller qui paraissent appartenir aux Dicotylédones; l'association habituelle de quelques-unes avec les mêmes graines qui ne semblent pas pouvoir s'appliquer à d'autres plantes ne me laisse guère indécis sur leur nature phanérogamique.

Ce n'est pourtant qu'avec doute que nous groupons ici toutes les empreintes foliaires dont la description suit, et nous faisons toutes réserves, nous ménageant de revenir sur nos pas plus tard, s'il y a lieu.

Quoi qu'il en soit, les véritables *Noggerathia* sont très-rares. On en connaît de pinnés, comme le *Noggerathia foliosa,* et de pinnatifides en éventail, comme les *Noggerathia flabellata*, *expansa*, *Kutorgæ*.

Mais il existe à Saint-Étienne de nombreuses empreintes de feuilles très-variables, comprenant les *Schizopteris* proprement dits, les *Aphlebia* et ce que nous désignons par *Doleropteris,* lesquelles paraissent devoir être rangées près des *Noggerathia* par des motifs que nous développerons.

GENRE NOGGERATHIA, Sternberg.

Les véritables *Noggerathia* tels qu'on les entend, c'est-à-dire les feuilles composées, pinnées, à folioles ovales et obovales plus ou moins tronquées, sessiles, coriaces, avec une nervation égale et parallèle de Cordaïtes, fixées au rachis par toute leur largeur, ne sont pas rares dans le terrain houiller moyen, mais ils manquent totalement à Saint-Étienne.

Nous avons examiné, au Muséum, un véritable *Noggerathia* pinné d'Anzin, qui, par l'aspect coriace et la nervation noyée, ressemble bien aux *Zamia*. M. le supérieur du petit séminaire d'Autun nous a remis une empreinte ptérophylloïde de Toulon-sur-Arroux, à folioles élargies tronquées, que la nature épaisse du limbe rattache également aussi à ces plantes vivantes. Du moment qu'il y a des *Pterophyllum* dans le terrain permien, il est à croire qu'ils ont quelque ancêtre morphologique plus ou moins différent dans le terrain carbonifère. M. d'Eichwald a signalé un *Pterophyllum* dans le terrain houiller de l'Altaï. Nous avons trouvé aux environs d'Autun une feuille composée, zamitoïde, très-remarquable. De sorte que, à tout prendre, il paraît possible que les Cycadées, dans leur limite actuelle, aient eu quelques représentants à l'époque houillère.

Je ne suis pas sûr d'avoir trouvé à Saint-Étienne une seule empreinte de véritable *Nöggerathia*[1].

NÖGGERATHIA-PSYGMOPHYLLOIDES.

M. Schimper a séparé, sous le nom de *Psygmophyllum*, les feuilles qui, comme les *Nögg. flabellata, expansa*, etc., ont une forme flabellato-pinnée inconnue parmi les Cycadées vivantes[2].

J'ai vu au Muséum, comme venant d'Anzin, de longues folioles cunéaires recourbées à la base d'une manière significative, et à Aniche (Nord) des feuilles déployées en éventail, élargies et obliquement tronquées au sommet, lesquelles, coriaces, à nervures moins nettes, paraissent provenir de frondes flabelliformes de Gymnospermes, leur texture ressemblant beaucoup plus à celle des *Cordaites* qu'à celle des *Psygmophyllum*.

A Saint-Étienne, il y a des partitions et des lambeaux de feuilles déchirées en longueur suivant les nervures, plus ou moins lacérées, dissymétriques sans être entières et pourvues de nervures si fines, toutes étant égales, que l'on se refuse à y voir des segments de feuilles simples comme celles des Cordaïtes. Il y en a effectivement des partitions dont la forme courbe ne peut plus du tout s'accorder qu'avec la supposition de grandes feuilles composées.

(1) Dont on croit avoir l'inflorescence (*Neues Jahrbuch für Min.*, 1865, p. 391, pl. II, fig. 1).

(2) *Traité de paléontologie végétale*, t. II, p. 192.

NÖGG. (PSYG.) AMBIGUA.

On trouve, dans les couches inférieures de Saint-Étienne, des empreintes partielles ayant la texture, seulement un peu plus lâche, des Cordaïtes, plus minces, à nervures plus délicates, plus fines, que leur forme dissymétrique et leur sommet tronqué obliquement, mieux que leur état fissuré, annoncent provenir de feuilles en éventail pinnatifides, dont les débris, gisant plus ou moins ensemble, sont rarement mêlés aux Cordaïtes. Nous avons cru en voir partir, en divergeant, d'un rachis strié, épais, d'une manière analogue au *Nögg. cuneifolia*, ou plutôt disposées comme le montre une figure de M. Goldenberg [1].

Il n'est pas rare, d'ailleurs, de mettre la main sur des parties médianes, à nervures plus épaisses, plissées, inégales, ondulées dans le milieu et vers la base, comme dans les *Caryota*, et semblablement au *Nögg. Rössleriana* de M. Geinitz.

NÖGG. CANNOPHYLLOIDES.

Au bois de Robertane, j'ai trouvé quelques parties d'une feuille existant aussi à Carmeaux (Tarn), de la forme de celles des *Canna*, seulement moins aiguës, ayant une côte moyenne et des nervures ascendantes remarquablement simples et uniformes.

NÖGG. ANGUSTA.

Au mont Crépon, en haut de la côte Rachat, se rencontrent, comme à Ronchamp (Haute-Saône), des feuilles beaucoup plus étroites, peut-être très-différentes, quoique d'une constitution analogue. Dans l'entre-brèche du Mauvais-Pas se trouve une autre feuille linéaire à grosses veines ascendantes bifurquées sous un angle très-aigu.

DOLEROPTERIDES.

Sous ce titre général nous comprenons les *Schizopteris* et les *Aphlebia* avec les *Doleropteris*, ou feuilles entières et lobées, très-diverses de forme, avec nervation généralement filiculaire et épanouissement terminal du rachis, comme l'*Adiantites giganteus*,

[1] *Verhandlungen der naturhist. Ver. der preuss. Rheinlande*, 1848, p. 20, pl. II, fig. 1.

Göppert, ou en expansions latérales, cunéaires et plus ou moins orbiculaires circinées, comme le *Cyclopteris orbicularis;* dans le premier cas, avec une nervation très-dense, devenant semblable à celle des *Noggerathia;* dans le second, avec une nervation plus distincte et plus semblable à celle des Fougères, par exemple des *Cyclopteris oblata*, Lindl., *Noggerathia Cyclopteroides*, Göpp.

Ce sont, en tout cas, des empreintes indépendantes et non des feuilles stipales, comme les *Cyclopteris*.

Elles ont été tour à tour rapprochées des Fougères et des Nöggérathiées.

Ainsi M. Göppert estime que le *Cyclopteris gigantea* de Kutorga est le *Nogg. expansa* de M. Brongniart. Les *Noggerathia* flabelliformes de Russie que nous avons vus au Muséum ont une texture plus approchante de celle de certains *Doleropteris* que de celle des *Noggerathia*, et l'on ne peut disconvenir que les figures 1*a* et 1*c* du *Noggerathia expansa* [1] n'aient un peu le facies des Fougères; le *Nogg. cuneifolia* a bien été décrit comme *Sphenopteris*. Une foliole de *Nogg. flabellata* donnée au Muséum par Hutton a bien la structure des folioles cunéaires de *Doleropteris*. Suivant M. d'Ettingshausen, les *Nogg. speciosa* et *Caryotoides*, à très-fines nervures parallèles et à peine apparentes, comme celles des *Schizopteris*, se lient, au moins par leur aspect général, aux *Nogg. Kutorgæ*, Göpp., et *expansa*, Brong. [2]. Les *Schizopteris* palmés en panache ne paraissent plus être des Fougères à M. Brongniart [3], qui les a rapprochés des *Noggerathia;* même le *Schizopteris anomala* [4] avait été considéré par son auteur comme une Fougère douteuse [5].

Il en est sans doute ainsi du *Rhacophyllum speciosissimum* [6] de la mine d'Hibernia, si la nervation est bien exprimée. M. Göppert

(1) *Géologie de la Russie d'Europe et des montagnes de l'Oural*, vol. II, pl. E, 1845.

(2) *Die Steinkohlenflora von Radnitz in Böhmen*, p. 58.

(3) *Mémoire sur les relations du genre Noggerathia avec les plantes vivantes* (*Comptes rendus*, 1845, p. 1398-99).

(4) *Histoire des végétaux fossiles*, p. 384, pl. CXXXV.

(5) *Genres de végétaux fossiles* (1849).

(6) *Fossile flora der Steink. Westphalens*, p. 48, pl. XVIII.

croit également que la position des *Schizopteris* parmi les Fougères est incertaine. L'*Aphlebia pateræformis* de Germar est encore du nombre de ces feuilles dont la classification est ambiguë, faute d'en connaître la fructification.

DOLEROPTERIS.

Feuilles simples, ordinairement considérables, sessiles, toujours entières ou divisées par fissuration, caractérisées par un développement oblique, courbe, et par une nervation généralement épaisse, fibreuse, filiculaire, partout répandue et ne ressemblant à celle des Fougères que dans les parties les plus dilatées du limbe. On les trouve quelquefois avec des graines. Leur spécification laisse beaucoup à désirer.

DOLEROPTERIS FLABELLATA.

Dans un schiste, vers 510 mètres au puits Saint-Privat, sommité incomplète de feuille, ondulée à la manière du *Nogg. flabellata*, à lobes cunéaires, mais à nervures filiformes, plus analogues à celles de l'espèce suivante.

DOLEROPTERIS GIGANTEA? (Göppert). Pl. XVI.

Grandes feuilles, longuement et irrégulièrement flabelliformes, comme celle décrite p. 221, figurée pl. VII, *Die fossilen Farnkräuter*, obliques ou courbes dans l'ensemble, à lobes médians tronqués et lobes latéraux recourbés et même spiralés, à stries serrées et même superposées à la base, moins denses en général, produisant parfois un striage identique à celui des *Noggerathia* et ne prenant la forme de nervures distinctes et dichotomiques que dans les lobes latéraux les plus élargis. Ainsi que M. Göppert l'a remarqué, les nervures ne sont pas nettement limitées, comme dans les Fougères.

Ces frondes paraissent n'être que les expansions terminales de rachis aplatis. Il y en a de plissées à la base, d'autres palmées à la manière du *Nogg. cuneifolia*, comme l'exemple A, fig. 1 tab. n. XVI, qui n'avait pas moins de $0^{m},50$ de longueur; d'autres sont plus raccourcies et évasées, comme en A'.

Habitat. A Saint-Chamond. — Puits Mars. — Petit puits du Magasin, à la Porchère. — Refonçage du puits Neyron. — Toit de la 3e, à Côte-Thiollière. — Tunnel de Terre-Noire. — A Avaize II. — Recherche de la Palle.

DOLEROPTERIS CUNEATA. (Pl. XVI.)

Expansions cunéaires, toujours courbes, tronquées, assez semblables aux partitions de *Psygmophyllum*. Nous en employons quelques-unes au rétablissement de la fronde, fig. 1 de notre planche XVI.

En B, feuille de Saint-Chamond, partagée en deux lobes cunéiformes tronqués obliquement, laquelle ressemblerait à un *Noggerathia*, s'il ne s'en détachait sur un côté une oreille de *Doleropteris orbicularis* (?).

En B', B', partitions cunéaires de la Chaux et de Montieux, plus ou moins recourbées, plus ou moins élargies, tronquées et ressemblant à des lobes de *Noggerathia;* mais certains d'entre eux, plus courts, plus circinés, trahissent leur analogie avec les *Doleropteris*.

En B'', B'', segments plus larges partagés en coins.

Toutes ces formes, à nervation plus écartée et plus ou moins sensiblement dichotomique, gisent souvent mêlées aux *Doleropteris* dont la description suit :

DOLEROPTERIS ORBICULARIS (Brong.). Pl. XVI.

Feuilles de circonscription variable, plus ou moins échancrées et oreillées à la base, obliques, à développement courbe, à nervures, par suite, arcuato-divergentes, se dichotomant jusqu'à la marge, ainsi que dans les Fougères; ces feuilles, qui comprendraient, comme écart, le *Cyclopteris rarinervis* de M. Göppert, se joignent aux précédentes et aux suivantes par des ressemblances de plusieurs sortes; il y en a de très-grandes; elles sont répandues. J'en ai vu d'attachées en grand nombre de chaque côté d'un rachis fléchi au bout, comme en C, fig. 1 de notre planche XVI.

Habitat. Chavassieux (Palais des Arts). — Puits Palluat. — Puits Montsalson n° 1. — Bois-Monzil. — Passage du Riotelet, au Cluzel. — Puits des Combeaux. — Plusieurs au toit de la 8ᵉ, à Montaud et à la Culatte. — Puits de la Manufacture. — Vers 50 mètres en dessous de la 7ᵉ *bis*, au puits Châtelus. — Entre-deux de la 6ᵉ, à la Roche-du-Geai. — Au-dessus de la 2ᵉ, au Treuil. — A Montmartre. — Dans les couches supérieures de la Malafolie. — Puits Rabouin, à Unieux. — A Montessu. — Puits de Tardy. — Puits Jabin. — Puits Verpilleux. — Assez au-dessus de la 3ᵉ, au puits Robert. — Baralliere. — Puits Moreau du Grand-Ronzy. — Puits Descours de Saint-Jean. — A Chanay. — Plusieurs aux Roches et au Montcel. — A la Chazotte. — Quelques-uns à Gandillon. — Aux Berlans.

Modus oblatus. Frondes très-élargies, courbes comme en D, avec nervures arquées, condensées et plissées à la base, progressivement écartées et dichotomes vers la marge ridée; somme toute, assez semblables, de forme au moins, au *Cyclopteris oblata* Lindl. (*Fossil Flora*, vol. III, pl. CCXVII); il y en a qui ressemblent au *Noggerathia cyclopteroides* de Göppert. Des traits d'union les unissent aux feuilles précédemment décrites.

Habitat. Villars, fendue Vivaraise ....

Modus hymenoides. Feuilles ordinairement grandes et larges, ondulées, de contours divers, membraneuses et chiffonnées, à peine marquées de légères veinules espacées, mais que néanmoins il n'est pas difficile de reconnaître pour un état particulier voisin des *Doleropteris orbicularis.*

Habitat. Grand-Ronzy. — Barallière. — Aux Roches. — A Saint-Chamond. — Au-dessus de la 2e, au Treuil. — Au puits Rolland de Montaud.

DOLEROPTERIS PSEUDO-PELTATA. (Pl. XVI.)

Que l'on suppose à certains *Doleropteris orbicularis* un développement latéral si excessif que les bords auriculaires de la base se rejoignent et se recouvrent, et l'on aura des feuilles en quelque sorte circulaires, paraissant fermées et avoir été attachées par le centre; mais c'est là une fausse apparence : ces feuilles importantes, de 0^{m},15 à 0^{m},20 de diamètre, sont ouvertes; elles ont de très-fines nervures rayonnantes de tous côtés, serrées à la base d'attache, toutes recourbées en aubes dans le même sens. On les rencontre souvent plusieurs superposées et très-rapprochées, comme en E; elles présentent alors un cours de nervures croisées de l'une à l'autre, ce qui indique bien des feuilles alternes pressées au bout d'un rachis.

Ce cas de feuilles pseudo-peltées est sans doute celui du *Cyclopteris elegans* de Pensylvanie cité par M. Lesquereux comme une feuille ronde attachée par le milieu, à lobes convergents; le *Cyclopteris peltata* de Rœmer est seulement beaucoup plus petit que nos grandes feuilles, qui se lient aux précédentes par des intermédiaires.

Habitat. Avaize II. — Puits du Mont. — Puits Jabin. — Puits Mars. — Fendue de l'Éparre. — Barallière. — Calaminière. — Saint-Chamond. — Terrasse.

CE QUE L'ON POURRAIT DIRE, QUANT À PRÉSENT, DU PORT DES DOLEROPTERIS.

Si les grandes feuilles, de formes si diverses, avec une nervation analogue, dont la description précède, n'appartiennent pas aux mêmes plantes, pour sûr elles font partie d'espèces très-voisines.

Tout indique que les *Doleropteris orbicularis* et *oblata* sont des folioles latérales, naissant sans règle et très-inégalement nourries; que des axes vigoureux et en voie de produire des folioles très-développées se sont en quelque sorte épuisés tout à coup à donner à leur sommet plusieurs *Dol. pseudo-peltata;* que de minces rachis pouvaient s'épanouir, à leur extrémité, en feuilles cycloptéroïdes comme en F; que des rachis de divers ordres finissaient en s'étalant en lames foliaires plus ou moins larges, longues et fibreuses, selon la force de l'axe, et plus ou moins subdivisées en lobes convergents, comme en G, G de notre planche XVI.

Un fait frappant, c'est la courbure constante des feuilles et leur développement latéral si prononcé.

Le striage de leur surface à la base est produit par de gros éléments vasculaires, apparemment poreux, sans mélange de fibres, serrés, superposés en désordre et chevauchant même là où les rachis aplatis ne sont pas encore devenus franchement foliaires.

On trouve, avec les feuilles, de larges rachis striés de la même manière; ils ont une tendance marquée à se résoudre en feuilles: leurs divisions n'obéissent à aucune règle.

De manière que le rapprochement (fig. 1, pl. XVI) ne nous paraît pas devoir s'éloigner beaucoup de la réalité; il dénote de grandes frondes composées, remarquables par leurs folioles amples et mobiles. On n'a qu'à supposer la production, par un *stock*, de quelques feuilles semblables, pour avoir une idée des plantes dont il nous faudrait maintenant pouvoir apprécier l'organisation.

Les rachis ont une structure entièrement filiforme, rappelant celle des *Aulacopteris*, mais homogène et peut-être très-différente dans les détails quoique assez analogue au fond.

Les *Doleropteris* peuvent ainsi être des Fougères anomales; mais si nous les eussions placées dans cette classe, ce n'aurait pas été sans restriction, car, indépendamment de ce qu'on les trouve avec des graines, un énorme stipe renfermant les restes d'une structure analogue à celle du *Colpoxylon Æduense*, Brongn., pourrait se rapporter aux feuilles dont il s'agit.

APHLEBIA PATERÆFORMIS, Germar.

Sous ce nom, Germar (*Petr. strat. lith. Wettini et Lobejuni*, p. 5, pl. II, fasc. 1) a fait connaître des feuilles énigmatiques fréquentes à Saint-Étienne, sous la forme d'expansions foliaires veinulées à la base, évasées, pressées au bout d'une hampe, où elles figurent la fausse apparence d'une coupe.

Ces feuilles curieuses nous paraissent avoir leur place à la suite des *Doleropteris;* elles pourraient bien provenir de plantes aquatiques dans l'acception du mot.

Habitat. Saint-Jean-Bonnefond. — Barallière. — Méons. — Cros. — Montieux. — Montaud. — Barraudes. — Villars. — Bois-Monzil. — Porchère.

SCHIZOPTERIS, Brongniart.

Empreintes frondiformes, flabelliformes, penniformes, plus ou moins subdivisées, parcourues de stries nerveuses très-fines, égales, incorrectes, non ramifiées, uniformément réparties ou plus ou moins ramassées dans la partie médiane, enfin particulières et bien différentes de celles des Fougères.

Considérés par les uns comme des feuilles primaires de Fougères, par les autres comme des Fougères dendricoles, les véritables *Schizopteris* sont encore peu connus quant à leurs affinités; ce sont pour nous des parties de végétaux indépendants, des expansions terminales de rachis foliaires; il y a des extrémités de feuilles si charnues qu'il n'est guère possible d'admettre que ce puisse être des frondes de Fougère en évolution.

Les *Schizopteris* en panache de Bességes, que nous avons également vus en nombre à Trélys, ont pu être tenus par M. Brongniart pour des frondes fructifères avortées de *Noggerathia*. Le fait est que ces empreintes ont des rapports avec les *Doleropteris*. La dernière espèce que nous décrivons se transforme réellement en inflorescences très-remarquables.

Les *Schizopteris*, si variables dans leurs découpures, se laissent encore classer près de plusieurs types distincts fondés sur le mode de développement et la nervation. On en devinera le port d'après la description.

SCHIZOPTERIS CARYOTOIDES, Sternberg.

La figure 2, pl. XLVIII, p. 42, 4e cahier de l'*Essai géognostico-botanique*, d'une feuille avec lobes incomplets, rappelle quelques parties du *Schizopteris lactuca;* cependant une feuille de la même nature, plus complète et en éventail, du toit de la couche du Sagnat, présente un mode de division différent et une autre nervation.

SUBSPECIES RHIPIS. Les *Schizopteris* en panache de Bességes paraissent plutôt se ranger sous cette espèce, ainsi que la plupart des *Schizopteris* de Rive-de-Gier et quelques-uns de Saint-Étienne, signalés plus bas.

SCHIZOPTERIS LACTUCA, Presl.

Grandes frondes très-subdivisées, flabellato-pinnées, à rachis s'épanouissant, par des divisions répétées, en lobes plus ou moins élargis et spiralés, à surface rayée par des stries nerveuses parallèles, peu nettes.

Cette espèce caractéristique est commune à Saint-Étienne, avec des rachis secondaires assez grêles, tirant leur origine d'un fort rachis principal qui nous fait concevoir de longues feuilles très-subdivisées au sommet.

Habitat. Plusieurs au Bois-Monzil. — Puits Rolland de Montaud. — Puits Montsalson n° 2. — Puits de la Culatte. — Refonçage du puits Châtelus. — Puits Saint-Benoît (220 mètres). — A Villebœuf, au puits Pélissier, et à 240 mètres au puits de la Vogue. — Toit de la 2e, au Treuil. — Sole de la couche des Littes. — Toit de la 8e, à Montaud. — Au Bardot. — Toit de la masse de Côte-Chaude et de la couche des Barraudes. — A Roche-la-Molière. — Vers 145 mètres, au puits de la Chana. — Schiste de la 17e, à la Porchère. — Chez-Marcon, à Saint-Priest. — Puits de la Bâtie, au Cros. — Montcel-Sorbiers. — Puits Petin de la Calaminière. — Toit de la 8e, à la Barallière. — Fendue Vivaraise. — A Méons. — Robertane.

Assez fréquents à Rive-de-Gier; plusieurs au Sardon. — Mouillon. — Lorette. — Péronnière. — Aux Rouardes. — A Givors.

SUBSPECIES LACINIATA. A lobes partagés, par dichotomies successives, en branches linéaires fines, mais parfois bordées d'ailes membraneuses sur lesquelles la partie moyenne striée ressort en une veine plus ou moins proéminente, qui plus bas va s'élargissant de manière que, près du rachis principal, la fronde ressemble au *Schizopteris lactuca,* à ce point qu'elle n'en paraît qu'un état particulier où les nervures seraient restées concentrées dans la partie moyenne des extrémités, alors atténuées au lieu d'être dilatées; c'est cependant une forme de Saint-Étienne inconnue à Rive-de-Gier.

Habitat. A la Porchère comme au puits Saint-Louis du Bessard. — A Saint-Jean comme à la Barallière. — Bois-Monzil. — Villars.

SCHIZOPTERIS PINNATA. (Pl. XVII, fig. 1.)

Frondes subperpendiculairement pinnées, à divisions primaires et secondaires subopposées; divisions secondaires très-déchiquetées en lobes pinnato-flabelliformes aigus ou un peu élargis et crispés par un excès de parenchyme; la surface unie est d'apparence cartilagineuse, comme celle des *Fucus*, auxquels nous avions d'abord comparé les empreintes dont il s'agit; mais le rachis est parcouru par des nervures filamenteuses d'origine vasculaire qui ne laissent aucun doute sur leur place parmi les Cormophytes.

Ces empreintes, d'une rare élégance, constituent un nouveau type.

Habitat. A Avaize. — Au-dessus de la 2e, au Treuil. — Puits Rolland de Montaud. — Au toit de la 8e, à Montaud, à Montieux, puits Jabin, puits Beaunier. — Carrière Malterre, à Villars. — Puits Rambaud. — Puits des Barraudes. — Entre la couche Siméon et le Petit-Moulin. — A 50 mètres en dessous de la 7e *bis*, au puits Châtelus. — Chez-Guichard, à Côte-Chaude. — Aux Platières. — A deux profondeurs différentes au puits de la Culatte. — Au-dessus de la 3e, aux puits Robert et de la Chaux. — Puits neuf de Méons. — Un mince débris à la Chazotte.

SCHIZOPTERIS CYCADINA. (Pl. XVII, fig. 2.)

Nous représentons pl. XVII, fig. 2, une empreinte importante, à divisions latérales finement striées. Cette empreinte éveille l'idée de quelque *Pterophyllum*, mais elle se rattache tout à fait aux *Schizostachys*, tant par la forme de la feuille que par la nature de la surface et par quelques capsules qui en naîtraient. Je me figure que le *Cycadites Caledonicus* de Salter[1] est une feuille de nature analogue.

Ce *Schizopteris*, d'ailleurs, qui n'est pas bien différent de l'espèce précédente, est mêlé aux inflorescences remarquables dont la description suit.

Habitat. Emprunt Villefosse et puits Beaunier, à Villars. — Toit de la Grille, à Roche-la-Molière.

SCHIZOSTACHYS.

On rencontre dans le bassin de la Loire deux sortes d'inflorescences extrêmement remarquables, que nous avions considérées comme des organes mâles de Nöggérathiées. Nous ne décrirons que l'espèce frondiforme, l'espèce orbiculaire nous étant encore trop imparfaitement connue.

[1] *The Geology of East Lothian*, p. 72, 1866.

SCHIZOSTACHYS FRONDOSUS. (Pl. XVII, fig. 3.)

Inflorescences frondiformes très-coriaces, que l'axe aplati et les nombreux embranchements pinnés rattachent aux *Schizopteris;* le rachis principal et les divisions primaires sont, en effet, identiques aux mêmes parties du *Schizopteris cycadina,* et encore analogues à celles du *Schizopteris pinnata;* seulement, à la place des divisions secondaires et des expansions foliacées, il y a des groupes de capsules.

La figure 3, pl. XVII, représente une portion seulement d'une de ces inflorescences.

Les groupes de capsules apparaissent, ce semble, plutôt sur une face de la feuille que sur l'autre; ces capsules, plus ou moins recourbées dans le même sens, réniformes, paraissent naître d'un point, comme en *a*, ou au bout d'un court pédicelle, comme en *a'*, ou encore en plus grand nombre le long et de chaque côté d'un petit axe, comme en *a''*; il y en a de pressées au bout de petits pédoncules écailleux. Leur surface paraît bien, sans qu'on puisse s'en rendre un compte exact, formée de tissu cellulaire allongé au dos, comme en *b* et *b'*, et formant des mailles transversales jusqu'à une sorte de ligne opposée ventrale de déhiscence suivant la longueur, ce qui donne aux capsules une forme labellée d'anthères plutôt que de sporanges.

Nous avons eu le grand avantage d'examiner un magma de pareilles capsules silicifiées d'Autun, dans un assez bon état de conservation, et avant la déhiscence, puisqu'elles sont remplies de poussières organisées. Nous en avons pris la section *c*, montrant que lesdites capsules naissent au bout des lobes comme des ampoules devenant libres à leur extrémité, tout en restant soudées à la base, au moins avant leur développement complet. La paroi propre est épaisse et complexe; elle est formée de deux couches, sinon de trois, l'une extérieure, cellulaire, l'autre intérieure, fibreuse, comme en *d* et *d'*; les empreintes très-charbonneuses de ces organes minuscules dénotaient une enveloppe épaisse et ligneuse.

La poussière interne a la forme de corpuscules globulaires, à paroi délicate, d'environ 1/10 de millimètre en diamètre.

La structure de la paroi des capsules est bien composée pour celle de sporanges de Fougères ou d'autres Cryptogames; elle nous avait induit à comparer lesdites capsules aux sacs polliniques des *Cycas*, dont les étamines ont des rapports essentiels, dit-on, avec les frondes fertiles de Fougères.

Germar a publié (*Flore de Wettin et Löbejün*, p. 94, pl. XXXII, fig. 1 et 2) une empreinte analogue à celles qui nous occupent; il la nomme *Araucarites spiciformis*, en prenant les groupes de capsules pour des feuilles fasciculées de Conifères.

Habitat. Vers 140 mètres, au puits de la Chaux. — A 40 mètres au-dessus et à 70 mètres au-dessous de la 8ᵉ, à Méons. — Emprunt Villefosse et puits Beaunier, à Villars. — Plein un joint de schiste charbonneux au Bois-Monzil. — Au-dessus de la 14ᵉ, à la Porchère. — Sole de la Grille. — Fausse sole du Sagnat. — Tranchée de la Chiorary. — Sole et toit de la 2ᵉ, au Treuil. — A 200 mètres, au puits Rozan. — Fendue de l'Éparre. — A Communay — A peine un indice à Lorette.

BOTRYOPTERIS FORENSIS, Renault (*Comptes rendus* du 18 janvier 1875, p. 202).

Inflorescence silicifiée de Grand'Croix, avec un axe fibreux épais, stipité, portant un grand nombre de petites capsules.

M. B. Renault, qui doit en décrire prochainement l'organisation anatomique, a constaté que la paroi des capsules piriformes et légèrement pédicellées est simple, sans anneau distinct, cependant avec une plaque de cellules plus épaisses faisant suite au cornet de la base; ce qui rapprocherait l'inflorescence en question des *Botrychium* et indiquerait une Ophioglossée, mais d'une structure particulière qui l'éloigne de ces Fougères vivantes. Or, ladite inflorescence n'est pas sans avoir des rapports avec la précédente.

NOTE RECTIFICATIVE. Dans ce cas, je me serais alors trompé sur la nature de celle-ci et, par suite, sur la place de certains *Schizopteris*, dont elle paraît bien être l'appareil de reproduction. J'aurais au moins eu tort de supposer, en forçant l'analogie, les écailles anthérifères des Cycadées capables d'une déviation de forme dont cependant les écailles femelles sont aujourd'hui susceptibles; suivant les observations de M. Sachs, les sporanges des Ophioglossées, en général, naissent comme les sacs polliniques, et les sporanges des *Botrychium*, en particulier, sont des lobes foliaires transformés, comme ce paraît bien être le cas des capsules du *Schizostachys frondosus*.

Quoi qu'il en soit, les *Schizopteris*, ne se liant ni de forme ni de structure à la masse des autres Fougères du terrain bouiller, constituent toujours un groupe isolé de Cryptogames fossiles, dont la place dans ce mémoire serait entre les Fougères et les Lycopodiacées.

PACHYTESTA, Brongn.

Grosses graines, telles que le *Carpolithes multistriatus*, Presl., de la Stangalpe; le *Rhabdocarpus Schulzianus*, Göpp. et Berg.; le *Carpolithes Jacksonensis*, Lesq., de l'Illinois, lesquelles peuvent bien former, avec le *Pachytesta gigantea*, beaucoup plus volumineux, un groupe remarquable par l'inflorescence du dernier et surtout par sa structure très-compliquée, bien différente de celle des *Rhabdocarpus*. Une coupe dans cette énorme graine, dont M. Brongniart fera connaître l'organisation, montre un testa très-épais, composé de deux parties : 1° d'une couche externe, la seule conservée dans les empreintes, de cellules denses disposées perpendiculairement à la surface, striée par des faisceaux vasculaires sous-jacents; 2° d'une épaisse zone interne de fines cellules onduleuses, disparue dans les empreintes. Le noyau de ces graines présente, vers le sommet, trois angles, qui correspondent dans le testa à trois disjonctions longitudinales, comme chez les *Trigonocarpus;* mais les valves, au lieu d'être carénées, comme dans ceux-ci, sont bombées et sillonnées de plusieurs nervures égales à la surface de deux empreintes de *Pachytesta* peu déformés de Decazeville.

Des considérations de gisement me feraient rapporter ces graines à quelques Nöggérathiées.

PACHYTESTA GIGANTEA. (Pl. XVI, fig. 5.)

Les terrains houillers du centre de la France renferment les graines les plus considérables que l'on connaisse, elliptiques, oblongues dans l'ensemble, de $0^m,08$ à $0^m,15$ de long sur $0^m,03$ à $0^m,05$ de large, réduites à l'épitesta marqué en long de stries parallèles et présentant un contour intérieur de semence beaucoup plus petite.

J'ai plusieurs fois trouvé ces graines en rapport de position naturelle, c'est-à-dire obliques en deux rangées opposées, ayant toutes leur extrémité de base tournée vers un rachis en zigzag, strié, dont elles paraissent bien avoir tiré naissance, comme la planche XVI, fig. 5, l'indique fidèlement.

Habitat. Plusieurs : à Avaize; au-dessus de la 3ᵉ, à Pont-de-l'Âne; au Grand-Coin; au Bois-Monzil; dans un schiste charbonneux des Combeaux; au toit de la 8ᵉ, à Montaud; vers 300 mètres au puits Ravel; dans les schistes de triage de la 6ᵉ, au Quartier-Gaillard; dans les couches de la Porchère.

Il y en a dans la houille des couches supérieures au puits Châtelus et à 290 mètres de profondeur dans ce puits; puits neuf de la Chana; toit de la couche des Barraudes; puits Beaunier; au toit de la 8ᵉ, à Bérard et à la Barallière; toit de la 3ᵉ Latour; au-dessus du Petit-Moulin, à Roche-la-Molière; au-dessous de la 12ᵉ, à Reveux; à Chanay; puits Petin et Baby, à la Chazotte; au puits Mars; aux Razes; à Unieux; aux Rouardes.

PACHYTESTA INCRASSATA, Brongn.

M. Brongniart a distingué sous ce nom une deuxième espèce de ces énormes graines silicifiées dans les quartz de Grand'Croix.

PACHYTESTA SCHULZIANA? (Fiedler).

Graines comparativement beaucoup plus petites, analogues aux *Rhab. Schulzianus*, seulement un peu plus ventrues.

Habitat. Plusieurs aux Rouardes et vers 500 mètres au puits Saint-Privat.

RHABDOCARPUS, Göppert et Berger. (Pl. XV, fig. 15.)

Les véritables *Rhabdocarpus* se présentent comme des fruits monospermes, de forme ovale (pl. XV, fig. 12, 13 et 14), composés d'un épitesta fibreux et d'une semence. L'épitesta est strié longitudinalement, atténué à un bout, qui est le sommet, contrairement à l'opinion de M. Göppert; sur sa surface ressort parfois nettement une graine ronde limitée, placée à distance de l'extrémité aiguë.

Dans les galets de la Péronnière, on trouve ces prétendus fruits avec une amande un peu déprimée; sur la coupe en long, fig. 15, on voit l'amande avec son test propre, entourée d'une couche assez épaisse de fibres entremêlées de parenchyme, laquelle couche est séparée du noyau par du tissu cellulaire plus lâche.

Ces graines, qui seront décrites par M. Brongniart, sont dépourvues de côtes; elles ne paraissent pas déhiscentes, comme l'a avancé M. Göppert, et leur épitesta n'a pas de lignes de suture carpellaire, comme M. Geinitz a cru le voir sur le *Rhabd. Naumanni.*

Quelle en pouvait bien être l'inflorescence? Nous avons trouvé, près de Saint-Priest, un épi (fig. 16, pl. XV) portant des graines allongées, aiguës, faiblement striées, avec un vague contour de nucelle, et qui nous paraissent devoir être l'état jeune des véritables *Rhabdocarpus;* ces graines naissent du rachis comme par une dérivation de celui-ci, sans bractées, contrairement à ce qui a lieu chez les *Cardiocarpus;* le rachis est strié, filandreux, comme celui des *Doleropteris.*

Nous devons dire qu'en elles-mêmes ces graines rudimentaires ne sont pas sans ressemblance avec celles du *Cordaianthus subgermarianus* décrit plus loin, et qui nous paraît appartenir à quelque *Cordaïtée.*

L'attribution rigoureuse des *Rhabdocarpus* reste ainsi à établir.

L'enveloppe fibreuse des *Rhabdocarpus*, d'où vient leur nom générique, est pour M. Göppert une preuve que ce sont des fruits de Monocotylédone. Cependant ces fruits sont obliques comme des graines. On sait qu'il y a des graines de Cycadées et de Taxinées que l'on pourrait bien prendre pour des fruits; elles ont une enveloppe extérieure charnue; celle des *Torreya* est même fibreuse.

M. Brongniart démontrera qu'on ne doit pas éloigner beaucoup les *Rhabdocarpus* des *Cardiocarpus*.

Les véritables *Rhabdocarpus* sont fréquents à Saint-Étienne dans les formes fig. 12, 13 et 14, tab. nost. XV, rappelant bien les *Rhabd. Kunssbergii* de Gutbier, *Danai*, Forster, *tunicatus*, Göpp., mais ne pouvant leur être identifiés, du moins aux deux premiers.

Nous en distinguerions quatre espèces.

RHABDOCARPUS ROSTRATUS. (Pl. XV, fig. 14.)

Graines extrêmement obliques, avec un sommet recourbé en bec et une base échancrée; graines striées en long et à la surface desquelles ressort un contour intérieur de semence ovale.

Habitat. Tunnel de la Ricamarie. — Puits Descours de Saint-Jean. — Unieux.

RHABDOCARPUS TUNICATUS, Göppert et Berger. (Pl. XV, fig. 12 et 12'.)

Sur une échelle généralement plus grande, mais variable, on trouve à Saint-Étienne de nombreuses graines semblables à celle de Charlottenbrünn décrite sous ce nom par M. Göppert (*De fructibus et seminibus ex formatione lithanthracum* (pl. I, fig. 8*a* dextra); elles sont aiguës à une extrémité, obtuses à l'autre, striées, et présentent en long des inégalités que l'on peut croire provenir de la nature, aussi charnue que fibreuse, de l'épitesta. (Voir sur notre planche XV les figures 12 et 12'.)

Habitat. A Avaize. — Au toit de la couche des Rochettes. — A 95 mètres et à 140 mètres, au puits de la Chaux. — Puits Saint-Félix de Terre-Noire. — Chez-Guichard, à Côte-Chaude. — A la Béraudière. — Recherches du Chambon. — A Unieux. — Plusieurs au puits Saint-Honoré d'Unieux-Saint-Victor. — Fond du puits Rabouin. — A 240 mètres au puits Ravel, et au petit puits du Magasin, à la Porchère. — Puits Charles des Roches. — Plusieurs à la Chazotte. — Plusieurs à Chavannes. — A Sorbiers. — Recherche de la Palle.

RHABDOCARPUS CONICUS.

M. Brongniart admet une deuxième espèce de *Rhabdocarpus* silicifiés dans les galets de la Péronnière.

RHABDOCARPUS ASTROCARYOIDES. (Pl XV, fig. 13.)

Quoiqu'il existe des intermédiaires entre cette espèce et la deuxième, comme d'ailleurs entre celle-ci et la première, je n'en crois pas moins devoir distinguer de plus grosses graines (fig. 13, pl. XV), plus renflées, apparemment ombiliquées à l'extrémité obtuse et prolongées en un plus long col à l'extrémité aiguë; au total, assez semblables aux fruits d'*Astrocaryon*.

Habitat. Plein un lit de gros gore Chez-Claudinon, au Chambon. — A la petite galerie du puits de la Vogue.

Il existe une autre catégorie de plus petits *Rhabdocarpus*, inverses, c'est-à-dire obovales, pédicellés et pouvant bien avoir eu l'inflorescence flabelliforme du *Carpolithes distichus* de Rœmer. J'en aurais vu se continuant par un pédoncule strié. Je ne citerai que l'espèce suivante :

RHABDOCARPUS CARNOSUS. (Pl. XV, fig. 17.)

Petites graines elliptiques, à large base d'insertion, composées : 1° d'une enveloppe filandreuse, à fils déliés, plus ou moins sinueux et emmêlés ; 2° de l'emplacement intérieur d'une amande bien délimitée.

Habitat. 1re couche du puits n° 2 d'Unieux, comme au toit de la Grille Nord, comme au toit de la 2e au puits Charles de Latour, comme toujours au puits Adrienne de la Malafolie, à Côte-Martin et à Reveux; encore au niveau de la 8e, mais non semblables de tous points. — Au Treuil et à Montgiraud, de formes un peu différentes.

Ordre des CORDAÏTÉES.

Dans l'état de connaissance assez complète où je suis parvenu relativement aux végétaux, aussi abondants que répandus, dont les divers débris vont être examinés et rapprochés, je crois pouvoir en former une tribu, sinon une famille, de plantes à désigner, en général, par le nom de *Cordaïtées.*

CORDAITES, Unger.

On entend généralement aujourd'hui par le nom de *Cordaites* des feuilles simples, sessiles, symétriques, entières ou souvent fissurées, comme celles des Monocotylédones, plutôt que lobées, généralement lancéolées, obtuses, spathuliformes, linguiformes, obovées, elliptiques, la plupart très-grandes, de nature coriace, parcourues, suivant la longueur, par des nervures fines, égales ou presque égales et parallèles, divergeant un peu vers le bord, où elles s'atténuent, plus fortes et en gouttière au milieu et vers le bas, et se dédoublant d'une manière insensible et de loin en loin.

Ces feuilles sont extrêmement abondantes; elles sont répandues avec la plus grande profusion; il y en a dans tous les terrains houillers, et souvent en quantité, surtout dans le terrain houiller supérieur et jusque dans le Rothliegende. On les trouve en si grande masse dans quelques bassins houillers du centre de la France, qu'elles y caractérisent un étage par leur prédominance complète.

Cependant les végétaux dont elles proviennent sont à peine connus. Dans son ouvrage récent, M. Schimper n'en dit presque rien (*Traité de paléontologie végétale,* t. II, p. 290). On n'en a guère signalé que les feuilles, sans les autres organes. Il y avait donc toute une étude à faire des débris de ces végétaux, qui, par leur quantité, ont joué un rôle aussi considérable qu'aucun autre ordre de plantes carbonifères. Nous avons obtenu assez de succès en les observant sur place, et aujourd'hui nous les connaissons dans toutes leurs parties, soit comme forme, soit comme structure.

Les feuilles de Cordaïtes sont de dimensions très-diverses; il y en a depuis $0^m,02$ jusqu'à un mètre de long, avec une largeur qui peut atteindre $0^m,20$.

Les nervures se subdivisent insensiblement, mais pas toujours de manière que l'on ne puisse les suivre jusqu'au point de division, parfois assez net. Elles apparaissent différemment sur l'une et l'autre face du limbe; les plus fortes sont creuses en dessus et saillantes en dessous, comme on devait s'y attendre; les plus fines ne ressortent pas toujours des deux côtés. Le nombre, d'ailleurs, au millimètre, la force et l'espacement des nervures varient d'une espèce à l'autre.

Voici, au reste, la structure que révèlent au microscope quelques Cordaïtes des galets de la Péronnière, où j'ai reconnu trois types, qui, ne pouvant être déterminés d'après la forme extérieure, seront décrits à part; les deux premiers ont des nervures égales, mais d'une nature différente; le troisième a des nervures inégales.

Cordaites rotundinervis. Feuilles présentant sur la coupe transversale (pl. XVIII, fig. 1) des faisceaux nerveux formés de vaisseaux réticulés et rayés au centre, d'un arc supérieur de cellules réticulées, avec du tissu dense, de consolidation, et d'un amas inférieur de tissu très-dur, de liber, séparé des vaisseaux par un mélange de gros et de petits éléments. Sur la coupe en long, figure 1', par le plan médian de la feuille, on voit entre les faisceaux du tissu lacuneux, irrégulier, dont les parois, qui se décomposent en petites cellules déchirées, forment des chambres ou méats intercellulaires, allongés entre les nervures. Contre la face inférieure de la feuille il y a du tissu parenchymateux ordinaire, sous un épiderme de petites cellules un peu allongées, parmi lesquelles se voient très-distinctement, fig. 1'', des stomates moins bien alignés que sur la plupart des aiguilles de Conifères. A la face supérieure de la feuille, le tissu cellulaire est dense.

Cette structure paraît plus compliquée que celle des feuilles de forme analogue des Conifères actuelles; elle s'éloigne, en tout cas, de celle des feuilles de *Dammara*, où, sur la coupe, les éléments ligneux plus simples des nervures sont alignés perpendiculairement aux deux bords.

D'autres feuilles plus épaisses de Cordaïtes annoncent une structure encore plus composée.

Cordaites rhombinervis. Sur la coupe pl. XVIII, fig. 2, on reconnaît une feuille plus consistante, une forme et une composition de faisceaux nerveux bien différentes. Cependant, en empreinte, cette feuille ressemblerait sans nul doute aux précédentes.

Cordaites dupliciNervis. Feuilles beaucoup plus minces que les autres, très-délicates, étroites et souvent enroulées par le bord en spirale d'une manière même plus prononcée que ne l'indiquent les figures 3', pl. XVIII; ces feuilles sont d'ailleurs pourvues de deux sortes de nervures, les unes ayant toute l'épaisseur du limbe, et les autres la moitié de cette épaisseur et ne devant se faire sentir que sur une face (voir fig. 3).

Nos Cordaïtes silicifiés révèlent d'autres types, que M. B. Renault doit étudier d'une manière toute spéciale.

Les faisceaux nerveux, dans l'épaisseur de ces feuilles pétrifiées, produisent des apparences de lacunes longitudinales, qui ont porté M. Göppert à comparer le *Noggerathia Gopperti* d'Eichwald aux feuilles de Musacées.

Quelques Cordaïtes ont bien l'aspect général des feuilles de *Dracæna*, mais, au lieu de s'élargir à la base et d'être amplexicaules, elles s'y contractent au contraire, s'y épaississent, y deviennent calleuses. Elles ont la nature coriace des feuilles de Cycadées et de Conifères; leur forme et leur nervation leur donnent un air de ressemblance presque complète avec les feuilles, seulement moins sessiles, du *Dammara ovata*, par exemple.

Les feuilles de Cordaïtes, d'abord concaves et embrassantes par rapport à la tige, s'excurvaient plus tard, par suite d'une insertion toute différente de celle des Monocotylédones, devenaient convexes en s'étalant pour tomber ensuite et laisser des cicatrices transversales sur des coussinets latéralement décurrents, comme il me semble que les feuilles de *Dammara* et d'*Araucaria* en laisseraient si elles étaient articulées et caduques.

En sorte que, à ne considérer que leur foliation, les végétaux qui nous occupent paraissent appartenir aux Gymnospermes, et plus particulièrement aux Conifères; et, en effet, cette alliance est confirmée par les autres organes des plantes dont les Cordaïtes nous représentent les feuilles.

Les feuilles de Cordaïtes sont non-seulement de dimensions, mais de formes très-différentes. Cependant toutes, les plus larges comme les plus étroites, sont insérées par une base relativement rétrécie, épaissie, à partir de laquelle elles s'élargissent d'abord tout à coup et d'une manière notable, puis insensiblement, ce qui les a rendues généralement cunéiformes. Elles sont ordinairement arrondies au sommet, suivant une forme qui, assez constante dans une même espèce, a, par cela même, une certaine valeur spécifique.

Ces feuilles, quoique de texture peu variée, paraissent former un certain nombre d'espèces, que la forme, jointe à la considération des autres organes, ferait partager entre plusieurs groupes, peut-être assez différents d'affinités.

La variation du contour avec la dimension des feuilles et avec leur position sur l'arbre, dans quelques Conifères vivantes, ne paraît pas être le cas dans les Cordaïtes, qui, à en juger d'après les espèces que je connais le mieux et qui offrent les grandeurs les plus extrêmes, ne varient, comme celles des *Dammara*, je crois, qu'en ce sens qu'elles sont plus ou moins larges en proportion de la longueur.

La nervation n'offre pas de grandes ressources pour la spécification des empreintes; ce caractère est d'ailleurs susceptible de varier d'une partie à l'autre de la même feuille : les nervures sont plus épaisses, plus serrées, plus inégales au milieu et vers la base qu'aux bords; elles sont parallèles ou légèrement divergentes, suivant la forme linéaire ou cunéaire des feuilles. D'un autre côté, il y a des Cordaïtes qui, avec une nervation apparemment égale, semblent appartenir à des espèces différentes; de telle sorte qu'il paraît nécessaire de tenir compte à la fois de la forme et de la nervation. Mais les feuilles sont la plupart si grandes qu'on les a rarement complètes, et, dans la majorité des cas, on est réduit à la nervation, qui comporte bien plusieurs types très-distincts, mais unis par des transitions difficiles à saisir au passage; c'est le cas alors d'avoir égard, en outre, à la nature de la surface et aux autres signes et particularités propres à chaque espèce.

Ce n'est toujours que lorsque l'on a devant soi des empreintes de feuilles complètes que l'on peut espérer de les classer d'une manière satisfaisante, et encore en supposant, comme j'ai lieu de le croire, qu'il y a concordance de forme et de nervation entre les diverses feuilles de la même espèce, des tiges jusqu'aux branches et aux derniers rameaux.

Heureusement que nos recherches longtemps continuées sur les lieux nous ont permis de rattacher aux feuilles certains autres organes, comme les branches, ce qui nous permettra d'entreprendre sur les Cordaïtes un premier essai de spécification.

Mais comme c'est toujours le plus petit nombre de ces organes qui peut être déterminé, nous allons d'abord en citer les principaux gisements.

Habitat. Avec les divers débris des mêmes plantes, les Cordaïtes dominent de beaucoup tous les autres fossiles : partout à la Chazotte et à la Calaminière, notamment dans les roches du toit de la Vaure, aux puits Jules et Petin; de même aux Roches, aux puits Charles et Jovin; également au Montcel-Sorbiers, aux puits Saint-Martin, Lacroix et à proximité de la 13ᵉ; en quantité inouïe dans les alternances schisteuses répétées de Saint-Chamond à Chavannes, et sans partage dans les roches du puits Chavannes, de la fendue et du puits des Roches, du puits du Château, du puits Saint-Jacques; au puits Crapaude et à la recherche du Besser; à la Buissonière, à la Varizelle; dans les schistes et le charbon de la fendue de Beuclas, sur la 16ᵉ; à la lisière ouest du bassin, de Biorange à Pomaron.

Aux empreintes que l'on en voit presque exclusivement dans les roches de triage et dans la houille pure et schisteuse, les débris divers de Cordaïtes semblent former la plus grande masse du charbon des puits du Château et des Roches de Saint-Chamond, de la 13ᵉ à Reveux, de la Chazotte en général, de la grande couche du puits Mars de Méons, de celle du Cros; ils forment encore la majeure partie de la houille schisteuse du rebanché d'une couche à 165 mètres, au puits de la Chana. — Des planches de houille, à la Porchère, s'en montrent presque entièrement composées. — Quantité de Cordaïtes contre les joints de la houille de Villars, de Montaud. — Rien que des Cordaïtes visibles dans la houille schisteuse du puits Jabin, du puits Stern, de la Barallière surtout. — Nombreux dans la houille de la fendue Plantère, au Cros. — Beaucoup et mêlés aux *Stipitopteris* dans les schistes de triage de la 8ᵉ, au Treuil.

Empreintes prédominantes dans les roches du puits Saint-Honoré d'Unieux-Saint-Victor; également à Montessu; dans les roches du fond du puits Chapelon de la

Malafolie; au puits Peté d'Unieux; Chez-Claudinon, au Chambon; à Sorbiers; partout à Montrond; à Robertane; le long du Gier, à Saint-Julien-en-Jarrez.

En grande quantité, mais moins exclusivement, puits du Crêt de la Barallière. — Fendue sur 12ᵉ, route de Saint-Chamond. — Puits Descours et Saint-Georges, à Saint-Jean. — Dans le toit de la 8ᵉ, aux puits du Gagne-Petit. — Puits Moreau du Grand-Ronzy. — Fendue Vivaraise. — Puits Rabouin; toit de la 8ᵉ, à Montaud.

Abondants à la Chana, à la Barallière, à Unieux. — Au puits Saint-Augustin du Grand-Ronzy. — Toit de la 9ᵉ, à la Sibertière. — Puits Beaunier et schistes de triage, à Villars. — Au-dessus de la 9ᵉ, au puits Lafond de la Barallière. — Par places à Avaize. — Plein des schistes charbonneux de rebut à la Malafolie. — Au puits de la Manufacture. — Recherche de la Palle.

Nombreux à la Niarais. — Chez-Marcon, à Saint-Priest. — Assez au Grand-Recou; à Landuzière. — C'est le cas de la plupart des empreintes du puits de l'Espérance à Communay. — A Gandillon, les schistes de triage en sont remplis, la houille en est visiblement formée avec quelques *Aulacopteris;* on ne voit que des Cordaïtes dans le charbon de Tartaras.

Entrant visiblement avec les stipes de Fougères dans la composition de la houille du Péron Midi. — Plein un banc de schiste vers 60 mètres de profondeur, au puits neuf de la Chana. — Répandus dans une mise au-dessus de la 2ᵉ, au Treuil, comme au-dessus de la crue du Montcel-Ricamarie. — Concentrés dans un schiste à Montbressieux. — Beaucoup dans les schistes de la grande couche à Lorette, avec de nombreux *Dictyopteris nevropteroides.* — Assez au Nouveau-Ban.

Plus ou moins dans la houille du puits Charles à Firminy, tranchée de Montmartre, carrière du Bois-Monzil, Côte-Martin, Bayard, Montraynaud, etc.

Bref, il y en a partout. Il n'y a peut-être pas de schiste qui n'en contienne. Ce sont les plantes les plus diffuses, les plus répandues et en même temps les plus abondantes qui soient aussi intimement mêlées à la flore entière du bassin de la Loire, cependant avec des interruptions et en quantité variable.

Mais, quoique si universellement répandues, ces plantes sont plus spécialement concentrées à la base du terrain stéphanois, qu'elles caractérisent; la houille s'en montre presque toute formée; les roches en sont généralement encombrées.

Les feuilles de Cordaïtes sont plus variées qu'il ne semble de prime abord. Nous avons dû nous borner à décrire les types principaux et à ne représenter que leurs formes générales, sans les variations et les détails spécifiques.

Groupe indépendant. DORY-CORDAITES.

Parmi les feuilles de Cordaïtes, il y en a de longueur très-variable dans chaque espèce, toujours de forme lancéolée, très-minces, recouvertes de nervures très-fines égales, très-serrées, d'une structure particulière qui les fait ressembler aux *Noggerathia*, et présentant en outre, dans les rameaux et surtout dans la fructification, avec les Cordaïtes proprement dits, des différences qui nous ont presque déterminé à les éloigner de ceux-ci; car si, comme je suis de plus en plus amené à le croire, les *Samaropsis*, qui en partagent le gisement d'une manière constante et pour ainsi dire intime, leur appartiennent, le mode d'inflorescence suffirait pour en constituer un groupe à part. J'aurais peut-être dû, en conséquence, faire suivre l'examen des feuilles de celui de ces graines : que le lecteur veuille bien y suppléer en se reportant plus loin à la description de ces dernières et de leurs inflorescences.

Les Dory-Cordaïtes sont assez répandus et parfois abondants à Saint-Étienne. Les feuilles de leur structure paraissent dominer les véritables Cordaïtes à Rive-de-Gier, où cependant elles pourraient appartenir, au moins en bonne partie, à un groupe antérieur, dont nous parlerons dans la 2e partie, chap. II, lorsque nous analyserons les changements systématiques de la flore.

Quoi qu'il en soit, à Saint-Étienne les Dory-Cordaïtes se rapportent généralement aux deux types (plutôt qu'aux deux espèces) qui suivent.

CORDAITES PALMÆFORMIS, Göppert. (Planche XVIII.)

Feuilles de même structure, à la dimension près, que le *Nogg. palmæformis*, Göppert (*Fossil Flora d. Perm.*, p. 157, pl. XXII, fig. 2), mais simples, symétriques, plus ou moins étroites, entières, finement rayées, dans la majeure partie de la surface, par des nervures égales et serrées, d'autant plus fines qu'elles sont plus près du bord, où elles divergent en partie, un peu plus fortes, inégales et anguleuses vers la base et au milieu; ces feuilles varient en longueur de quelques centimètres à $0^{m},80$; leur largeur peut atteindre $0^{m},10$ au milieu;

toutes, sans exception, sont lentement élargies dès la base et longuement lancéolées au sommet. Nous en représentons deux, pl. XVIII, fig. 4 et 5, de dimensions moyennes.

Nous avons trouvé un bouquet de ces feuilles, plus grandes que la moyenne, insérées à faible intervalle, par une base assez large, sur un rameau de $0^m,04$ à $0^m,06$, dont la superficie ressemble à celle d'une grosse branche nue trouvée à part, aplatie, de $0^m,12$ de large, marquée cependant de cicatrices presque aussi nettes. La figure 8, pl. XVIII, est celle d'un bourgeon dont les feuilles, très-petites, conservant la même forme, sont plus faibles et plus courtes à la base sans pour cela être écailleuses.

Avec les feuilles on trouve les rameaux et les branches qui les ont portées, à superficie particulière, rugueuse, marquée de cicatrices linéaires transversales latéralement décurrentes; dans l'axe de quelques-unes ressort, à distance de l'écorce, un moule cloisonné, mais à diaphragmes plus espacés que dans les *Artisia*.

Habitat. Nombreux dans un schiste grossier au toit de la 3e, à Côte-Thiollière; à Chanay; à Roche-la-Molière. — Fréquent à la Malafolie; à Côte-Chaude. — Assez à 70 mètres au-dessous de la 8e, à Méons. — Dans les toits de la 5e et de la 2e, au Treuil. — A 460 mètres au puits Ambroise. — Au toit de la première couche Malafolie. — Au Chambon, à la Béraudière, à Terre-Noire, à Chavannes, au plat de Gier, etc.

CORDAITES AFFINIS.

Feuilles de la même forme que les précédentes, plus minces, plus délicates, marquées de nervures plus fines, plus généralement égales et serrées, à peine plicatiles à la base et dans le milieu du limbe, et que, pour tout cela, j'avais d'abord notées *C. Beinertianus*, Göpp. (*Die Gattungen der fossilen Pflanzen*, livr. V et VI, p. 108, pl. XII, fig. 3), d'autant plus que, sous le même nom, M. Geinitz en a représenté des portions de structure encore plus analogue (*D. Verstein. d. Steinkohl. in Sachsen*, p. 42, pl. XXI, fig. 17 et 18); mais je serais aujourd'hui autant porté à les décrire comme *Cord. Ottonis*, Geinitz (*Dyas*, p. 143, cahier II, pl. XXXV, fig. 1, de *Naumberg, en Wetterau*), quoiqu'elles aient cinq nervures au millimètre.

Ces feuilles sont longuement lancéolées, à sommet fissuré et parfois lobé; les partitions seules sont aiguës. Les bords sont souvent recourbés, comme, du reste, ceux aussi de l'espèce précédente, et quelquefois d'une manière si prononcée que, par la pression, les feuilles sont pliées en longueur; les feuilles fissurées sont planes. Nous en avons mis à découvert de toutes les dimensions; nous en empruntons les figures 6 et 7 pour compléter sur la planche XVIII la série des feuilles de Dory-Cordaïtes. Une branche de cette espèce présente deux rameaux presque opposés.

Habitat. Beaucoup dans un schiste d'Avaize. — Assez vers 85 mètres au puits neuf de Méons. — A Roche-la-Molière. — A Reveux.

CORDAITES.

Le plus grand nombre des feuilles de Cordaïtes sont obtuses, spathuliformes; elles se distinguent, comme texture, par de fines rides transversales entre les nervures; ces rides viennent de ce que le parenchyme ou plutôt les méats intercellulaires se sont allongés dans ce sens; les nervures, égales ou inégales, sont plus fortes, plus espacées que dans les *Dory-Cordaïtes.* Ce sont là des différences qui permettent de reconnaître les véritables Cordaïtes, que nous avons principalement en vue dans la suite.

I.

CORDAITES BORASSIFOLIUS, Sternberg.

Longues feuilles minces, obtuses, parcourues par des nervures assez rapprochées, alternativement plus fines et plus fortes, de la forme et de la structure de celles qui ont été décrites par Corda (*Beiträge zur Flora der Vorwelt,* p. 45, pl. XXIV, fig. 8).

Habitat. Beaucoup à Montrond. — Au fond du puits Chaleyer de la Chazotte. — De plus ou moins analogues à la Jacques, près la Fouillouse. — Dans le charbon du Péron. — Au-dessus de la 2e, au Treuil. — A la Malafolie. — Au puits de la Vogue. — Nombreux à Robertane. — A Landuzière; aux Rouardes. — A Montieux.

Subspecies crassifolia. Nous ne savons pas encore si nous pouvons rapporter à ce type des feuilles plus consistantes, plus épaisses, dont une face est bien anguloso-striée par de plus fortes et plus fines nervures alternes, mais dont l'autre, plane, est finement et également striée.

Habitat. A la Chazotte. — A Saint-Jean. — A la Barallière. — A la Porchère. — Fond du puits Rabouin, etc.

CORDAITES PRINCIPALIS, Germar, Geinitz. (Pl. XXI.)

Feuilles considérables et épaisses, obtuses lorsqu'elles sont entières, mais habituellement fendues, tailladées en long, parfois jusque près de la base, avec deux sortes de nervures, les unes plus fortes, déprimées en dessus et saillantes en dessous, comprenant de l'une à l'autre quatre nervules planiuscules fines, comme M. Geinitz les a décrites et figurées (*D. Verst. d. Steink. in Sachsen*, p. 41, pl. XXII, fig. 2). Cette structure est très-particulière et comporte des formes si différentes que nous croyons instructif d'en sous-spécifier deux plus bas.

Habitat. Abondantes en 8°. — Remplissant presque à elles seules un banc de houille schisteuse et crue à la Baraillère. — Puits Descours de Saint-Jean. — Toit de la 8°, à Montieux. — Beaucoup à Montaud. — Vers 140 mètres au puits de la Chana. — Carrière du Bois-Monzil. — A la Chazotte. — A Beuclas. — A Avaize II. — Puits de la Vogue. — A Gandillon.

Subspecies correcta. Il y a de très-grandes portions de feuilles de $0^m,10$ à $0^m,15$ de large, remarquables par la très-uniforme régularité, sur cette largeur, de la nervation, la plus correcte et caractéristique de l'espèce en question.

Habitat. Chazotte, Montaud, Baraillère, etc.

Subspecies patula. Feuilles plus ou moins longues, s'élargissant dès la base ou seulement à partir de quelque distance de celle-ci, de manière à se subdiviser en lobes et ceux-ci mêmes en lanières. Il est à remarquer que ce sont les Cordaïtes où l'on voit les nervures se subdiviser sous un angle sensible. L'élargissement rapide et par suite la tendance de la feuille à se partager seraient ainsi en rapport avec la nervation. Les partitions sont aiguës dans l'origine; elles s'arrondissent par la destruction des angles. De ces feuilles nous avons trouvé des exemples très-intéressants, entre autres un comparable à la deuxième de droite du *Flabellaria principalis*, Germar, pl XXIII, p. 55, fasc. V de la Flore de Wettin et Löbejün. La figure 7 de notre planche XXI réunit les croquis de quelques formes très-remarquables pour des feuilles simples.

CORDAITES ANGULOSO-STRIATUS. (Pl. XIX.)

Feuilles pour le moins aussi considérables, plus épaisses, pouvant dépasser $0^m,15$ en largeur et peut-être un mètre en longueur, mais entières, obtuses, striées plus ou moins fortement par des nervures inégales, anguleuses, moins vives, noyées dans le parenchyme, rapprochées et pressées à la base et dans la partie médiane, où le limbe est des plus charbonneux; surface faiblement granulée par des cellules épidermiques.

Je représente, pl. XIX, un bouquet de feuilles de plus de $0^m,02$ de large à l'insertion, s'élargissant tout à coup, puis insensiblement, de manière à devoir arriver à $0^m,08$ à la distance de $0^m,15$; les cicatrices à $0^m,03$ et $0^m,04$ de distance sont arquées sur l'écorce ou plutôt sur le périderme mince, parcheminé, encore flexible, d'une forte pousse dont l'intérieur a disparu. Je figure l'extrémité arrondie d'une feuille sur la même planche.

Dans les roches du puits de la Vengeance, j'ai trouvé un bouquet moyen pourvu de feuilles également considérables. A Blanzy, j'ai vu un faible rameau fléchi portant des feuilles presque aussi grandes et des *Antholithes fructifer.* L'espèce était donc pourvue du plus ample feuillage.

Habitat. Puits du Château et fendue des Roches à Saint-Chamond. — Fréquent à la Chazotte, au Montcel et aux Roches. — Dans les schistes de la 13e, à Reveux, et de la 8e, à la Barallière, puits Descours de Saint-Jean, puits Stern à Montieux, puits Avril à Montaud. — Nombreux à 180 mètres au puits Desgranges. — A Pomaron. — A Bayard. — Au-dessus de la 8e, à Méons. — A Rive-de-Gier?

CORDAITES TENUISTRIATUS.

C. Feuilles coriaces à très-fines nervures égales et serrées, ressortant nettes sur une surface plus unie; un bouquet de ces feuilles présente de nombreux épis; je l'utilise au tableau D.

Habitat. Commun à Beuclas, à la Chazotte. — Nombreux à la Porchère. — Puits Avril de Montaud. — Puits de la Manufacture. — Bayard, etc.

Subspecies æqualis. Nous avons trouvé avec une pareille nervation des feuilles complètes, moyennes et petites, cunéiformes ou oblongues, obovées, à nervures denses, lesquelles, après avoir légèrement divergé, se recourbent un peu en dedans, vers le sommet, avant d'atteindre le bord, où elles s'évanouissent; le tout d'une manière analogue au *Noggerathia æqualis,* Göppert.

Subspecies truncata. Feuilles cunéaires tronquées, à nervures anguleuses sur une face, assez inégales sur l'autre, infléchies et un peu convergentes au sommet.

Peut-être que cette forme n'est qu'une modification de la précédente; elle est, en tout cas, assez curieuse, et sa nervation est particulière.

Habitat. Non rares dans les roches de la 8e, à Montieux, à Saint-Jean.

CORDAITES LINGULATUS. (Pl. XX.)

C. Feuilles de largeur peu variable avec une longueur très-différente, toujours élargies et très-obtuses au sommet, souvent comme tronquées, cunéiformes dans l'ensemble lorsqu'elles sont longues, obovées lorsqu'elles sont courtes; à nervures nombreuses, serrées, mais plus fines et plus vives que dans les espèces précédentes, presque égales et donnant pourtant lieu à un striage inégal. La forme paraît ici fondamentale. Il y en a de $0^m,10$ de largeur au milieu et de $0^m,40$ à $0^m,60$ de longueur au plus. J'en représente quelques-unes pl. XX.

Habitat. Nombreux, communs et plus ou moins abondants à la Chazotte, comme à Saint-Chamond, au Montcel, etc.

Subspecies elliptica. Feuilles oblongues, assez courtes, avec nervures qui, se rendant au bord dès la base, produisent une forme véritablement elliptique; à base d'insertion très-rétrécie par rapport à la largeur ventrale de la feuille, énergiquement, finement et inégalement striée. Nous avons peut-être affaire à une espèce à part.

Habitat. Tartaras, petite feuille. — Puits Chavannes de Saint-Chamond et fendue des Roches. — Puits David. — Porchère.

II.

CORDAITES FOLIOLATUS. (Pl. XXI.)

Feuilles comparativement toujours beaucoup plus petites, plus minces, un peu élargies dès la base, atténuées vers le sommet obtus, oblongues ou en languettes, de $0^m,05$ à $0^m,10$ de longueur moyenne, parcourues par des nervures fines. J'en représente une série pl. XXI, fig. 3 *a*, *a'*, *a''*, *a'''*.

Ces petites feuilles, pour la dimension, la forme, et même la nervation, rappellent tout à fait celles des *Dammara orientalis, ovata*, et en particulier celles de la variété *lanceolata*.

Nous représentons fig. 5 un petit ramule flexueux, muni de très-petites feuilles minces de forme analogue.

Ces Cordaïtes sont mêlées à de longs et grêles rameaux courbés, auxquels elles paraissent bien avoir été fixées à distance par une base d'insertion très-étroite.

Habitat. Fréquent à la Chazotte, à la Calaminière et à Saint-Chamond. — Assez aux Roches, à la Terrasse. — Butte de Saint-Priest. — Puits Ravel. — Puits Rabouin. — Aux Granges du Cros. — A Côte-Thiollière. — Non rare à la lisière ouest du bassin. — A Robertane. — Aux Rouardes. — Commun à l'Angonan.

Subspecies brevissima. Petites feuilles, fig. 4, de Côte-Thiollière, presque rondes et de texture un peu différente.

CORDAITES ACUTUS. (Pl. XXI.)

Petites feuilles acuminées, fig. 6, rappelant, quelques-unes, celles de l'*Araucaria imbricata*, mais beaucoup plus grandes et moins aiguës, marquées de nervures vives rapprochées à peu près comme dans l'espèce précédente.

Habitat. Plusieurs à Saint-Chamond et à la Chazotte, Montcel-Sorbiers.

CORDAITES QUADRATUS. (Pl. XXI.)

Petites feuilles obtrapézoïdales dans l'ensemble (pl. XXI, fig. 1), élargies rapidement dès la base, arrondies par côté, tronquées, fissurées et non lobées à l'extrémité libre; feuilles encore attachées tout autour d'un petit rameau, fig. 1 *a*, que nous pouvons identifier au système de branches fig. 2.

Sous plusieurs rapports, ces feuilles ne sont pas sans ressembler aux folioles du *Nogg. foliosa* de M. Göppert (*Die Gattungen der fossilen Pflanzen*, pl. XII, fig. 1, p. 108), au point que l'on pourrait se demander si ce *Noggerathia* ne représente pas un petit rameau de *Cordaites*.

Habitat. Côte-Thiollière et puits Mars de Méons, assez à l'Angonan.

III.

CORDAITES LAXINERVIS.

Nombreuses feuilles minces de Cordaïtes portant des nervures égales à distance sensible. Elles constituent certainement un nouveau type d'espèces.

Habitat. Puits Rabouin. — Recherches du Chambon. — A Tardy. — A Villebœuf. — Emprunt du Crêt-Pendant. — A la Chazotte. — Aux Rouardes.

CORDAITES SUBCOCOINUS.

Feuilles à nervures plus fortes, plus espacées, rappelant le *Poacites cocoinus*, Lindl. (*The fossil Flora*, vol. II), où l'auteur voyait des folioles de palmiers pinnés. J'en ai trouvé dans un assez bon état de sidérification pour analyser au microscope la structure des faisceaux nerveux ronds.

Habitat. Puits Moïse de Rive-de-Gier. — Gour-Marin. — Grandes-Flaches. — Combe-Plaine. — Montbressieux. — La Niarais.

IV.

CORDAITES CUNEATUS.

Très-longues feuilles étroites, longuement et faiblement cunéaires et lentement atténuées vers le sommet un peu obtus ou lobé; à nervures fines, néanmoins accentuées : c'est, pour la forme, un nouveau type.

Habitat. Assez à Saint-Chamond. — Puits Petin de la Calaminière. — A la Cape, et, ce semble, commun au Ban et à Lorette.

CORDAITES INTERMEDIUS. (Pl. XXII.)

Dans un schiste de Montmey, quantité de débris d'une espèce de Cordaïtes, au sujet de laquelle nous avons fait les observations suivantes.

Feuilles étroites, faiblement élargies, longuement lancéolées, obtuses ou fissurées en deux ou même trois lobes terminaux; feuilles de dimension très-variable des branches aux derniers rameaux, atteignant $0^{m},30$ de longueur et, dans ce cas, retombantes, ou plus petites, dressées et assez semblables à celles de *Poa-Cordaites*, mais gardant la forme générale, un peu élargie au milieu, de toutes les feuilles de l'espèce en question.

Ces feuilles sont attachées généralement à distance à de faibles et longs rameaux fléchis dénotant des extrémités pendantes sous leur poids. Les embranchements sont isolés et subperpendiculaires ou obliques, ou au nombre de deux et opposés, ou de trois et presque au même niveau. Dans tous les cas, le point où la ramification se produit est plus charbonneux, la surface plus inégale et, ce qui est important à constater, les cicatrices sont sensiblement plus rapprochées, préférablement en dessus, ce semble; toutefois ces cicatrices sont assez semblables aux autres, et si les feuilles qui y sont attachées encore sont plus courtes, plus minces, elles ne sont nullement écailleuses. Des points d'insertion se remarquent régulièrement au-dessus de quelques cicatrices foliaires. La surface est unie ou plus souvent striée, peut-être dans ce dernier cas par suite du détachement de l'épiphlœum. Les cicatrices des feuilles font un peu saillie sans être sensiblement décurrentes; elles sont d'ailleurs peu épaisses.

Certains rameaux portent, parmi les feuilles, des Antholithes différemment développés, tantôt très-petits à bourgeons globuleux, tantôt avec un axe très-charnu garni de feuilles écailleuses protégeant leur aisselle de petites graines ovales analogues au *Carpolithes ovoideus*, mais tantôt aussi sans caractère tranché, comme des entrefeuilles atrophiées.

CORDAITES ALLOIDIUS. (Pl. XXI.)

J'ai trouvé à Chanay un rameau (pl. XXI, fig. 8) latéral, car il est recourbé à la base, où les cicatrices, rapprochées en long et empiétant en large, simulent, ainsi qu'un rameau effeuillé de la Chazotte (fig. 8'), une empreinte de *Lepidodendron* [1], mais sans carène aux coussinets, ou plutôt de *Lepidofloyos*, mais avec une décurrence latérale des cicatrices [2]; celles-ci, en s'éloignant assez vite plus haut, rétablissent bientôt d'ailleurs la forme normale de *Cordaicladus*. Les feuilles, très-particulières, sont sensiblement pédicellées et ont des nervures divergentes. J'ai trouvé à la Calaminière un petit rameau avec de pareilles feuilles relevées, atténuées dès la base vers le sommet.

Mais ce qui rend le rameau de Chanay très-intéressant, c'est qu'il paraît se résoudre à son extrémité en plusieurs appendices de reproduction globulaires, l'un paraissant plutôt écailleux et l'autre offrant la vague apparence d'une graine solitaire pédonculée.

[1] On sait que les Lépidodendrons ont parfois la forme de rameaux effeuillés de certaines Conifères.

[2] Comme dans le *Sagenaria concinna*, Rœmer, et autres *Lepidodendron*.

POA-CORDAITES.

On trouve, principalement dans les parties moyennes et supérieures du système stéphanois, plutôt mêlées aux Fougères qu'aux autres Cordaïtes et accompagnées de Carpolithes particuliers, de nombreuses feuilles bien différentes de forme et peut-être encore davantage de structure : ces feuilles sont étroites, linéaires, très-longues, légèrement atténuées et obtuses au sommet, parcourues par des nervures presque égales, simples par suite du développement linéaire du limbe, et naissant toutes de sa base resserrée charnue.

Elles sont généralement si longues qu'on peut rarement les mettre à découvert jusqu'aux deux bouts; avec un centimètre de large, elles peuvent atteindre $0^{m},40$ de longueur, tout leur développement ayant eu lieu dans ce sens. Elles sont souvent encore attachées à des rameaux fléchis sous leur poids. L'étroitesse, la forme linéaire et très-longue de ces feuilles, toujours entières, jamais lacérées, rappellent les *Poa*. Les différences de nature et de forme qu'elles présentent avec les Cordaïtes proprement dits, concordant avec la probabilité qu'elles s'en éloignent au moins autant par les autres organes, m'ont engagé à en faire un genre à part, que je nomme *Poa-Cordaites,* ne voulant pas leur appliquer le nom de *Poacites,* donné autrefois par Schlotheim, Lindley et par MM. Brongniart, Göppert, à des feuilles plus ou moins semblables, mais généralement plus larges, parce que ce dénominatif est à présent appliqué aux feuilles de Graminées fossiles.

Une particularité bien digne de remarque, c'est que ces feuilles plus ou moins longues sont toujours étroites et ne semblent presque pas varier en largeur des tiges aux branches et aux rameaux, certaines branches assez fortes n'ayant pas de feuilles sensiblement plus larges que les derniers rameaux; elles n'impliquent donc pas, en raison de cette largeur uniforme, des végétaux frutescents; et, en effet, tout me dit qu'elles appartiennent, au contraire, à des arbres à tronc élevé.

Nous avons fait des observations intéressantes sur ces végétaux; nous en rapportons les plus instructives.

La figure 1 de la planche XXIII réunit l'extrémité à la partie moyenne d'une branche dont les feuilles, étalées, retombantes, sont de plus en plus longues vers le bas. La figure 1 (pl. XXIV) représente un petit rameau très-charbonneux, garni d'un très-grand nombre de feuilles plus étroites relevées, parmi lesquelles ressortent de nombreux jets ramulaires à feuilles très-fines, et dans le nombre quelques Antholithes. La figure 3 (pl. XXIII) est celle d'une branche avec un rameau déjà avancé et un rejeton presque en face, le tout pourvu de feuilles. La figure 2 (pl. XXIV) représente une branche déjà plus forte, avec des feuilles cependant aussi étroites que d'ordinaire, cette branche produisant sans règle partout, sans que ce soit à l'occasion du rapprochement des cicatrices foliaires, des rameaux, ramules et inflorescences. Les inflorescences sortent positivement de points situés au-dessus de l'insertion des feuilles, à distance variable en proportion de l'intervalle foliaire, ce qui se voit bien dans plusieurs sortes de plantes vivantes, mais pas dans les Conifères.

La figure 4 (pl. XXIII) montre un genre de ramification assez commun.

Une branche, portant un rameau latéral, a des cicatrices foliaires rapprochées en dessus, plus espacées en dessous, où seulement elles sont surmontées chacune d'un point d'insertion. Sur plusieurs branches nous avons vu les feuilles se rapprocher vers le haut, ce qui est un signe de ralentissement de végétation, mais sans l'indice du moindre arrêt.

Les cicatrices, peu épaisses, sont transversales. Dans une petite branche (fig. 2, pl. XXVII), que je rattacherais aux *Poa-Cordaites*, l'une des cicatrices présente cinq ou six points alignés parallèlement au bord inférieur. Le petit rameau (pl. XXVII, fig. 1) ressemble beaucoup à ceux de quelques Conifères vivantes.

On trouve mêlées aux feuilles des graines de différente grosseur, elliptiques (fig. 7, pl. XXIV); elles proviennent de baies tendres formant des grappes (fig. 6) qui tiennent encore à certains rameaux (fig. 5.)

En fouillant dans les schistes qui sont remplis de ces restes fossiles, nous avons pu nous faire du port de la plante entière une idée, que nous exprimons sur le tableau D, où toutes les parties, raccordées, sont prises sur nature, depuis les branches minces et moyennes, jeunes, gardant les cicatrices, jusqu'à celles, plus ou moins épaissies à l'état d'une écorce de houille assez forte, où les cicatrices s'oblitèrent et disparaissent; les uns comme les autres sont irrégulièrement rameux, et indiquent un branchage diffus. Les ramifications latérales sont plus ou moins obliques et de force relative variable; les rameaux élancés fléchissent, et les derniers, grêles, retombent sous le poids d'un abondant feuillage d'une forme que nous ne sommes pas habitué à voir dans les plantes dicotylédones. Ce type de Cordaïtes abonde principalement dans l'étage des Fougères.

Habitat. Nombreux et répandus à diverses profondeurs au puits de la Culatte, à l'emprunt de Montmartre. — Assez à la Chauvetière, à Avaize, notamment au mur de la Rullière — Nombreux et fréquents dans les schistes de triage à Montrambert. — Nombreux au puits des Barraudes. — Non rares à Montsalson. — Nombreux au puits du Ban de la Malafolie. — Fréquents au puits Camille du Cros. — Nombreux dans un banc de la tranchée du chemin de fer, à l'Éparre. — Plusieurs à la tranchée du bois Sainte-Marie. — Fausse sole du Sagnat. — Assez au Quartier-Gaillard. — A Chansy. — Béraudière. — Fendue de la Ronze. — Toit de la 7e, à Montieux. — Puits de la Bâtie. — Quelques-uns à Saint-Chamond, à la Chazotte, au Montcel. — Montessu. — Puits Rabouin. — Puits Peté à Unieux même. — Aux Platières. — A peine un exemple au détournement de Gier. — Assez à la Terrasse, à 470 mètres au puits Ambroise, au bois de Montraynaud, recherche de la Palle. — Plein un lit schisteux à Gandillon.

Les distinctions suivantes, si elles ne correspondent pas à autant d'espèces, n'en sont pas moins utiles à faire.

POA-CORDAITES LATIFOLIUS.

Feuilles de $0^m,01$ à $0^m,015$ de large, excessivement longues, insérées en spirale autour de rameaux faibles pour des feuilles si développées, d'une manière assez analogue au *Poacites latifolius*, Göppert (*Die fossile Flora des*

Uebergangsgebirges, p. 215, Pl. XV), où la disposition apparente pinnée des feuilles nous paraît être le résultat d'une mauvaise conservation; mais, dans cette espèce de M. Göppert, les nervures sont plus fines, simples et égales, plus conformes sous ce rapport à un bouquet de feuilles terminales seulement plus larges, que nous avons trouvé à Dudweiler en 1867. De petits jets latéraux à petites feuilles aciculaires sortent d'entre les feuilles principales. Celles-ci, de largeur un peu variable, s'élargissent très-légèrement, comme celles du *C. intermedius.*

Habitat. Puits Saint-Louis du Bessard. — Puits Desgranges. — A Montaud. — Barallière. — A Avaize, portion de plus de 25 centimètres d'une feuille beaucoup plus longue. — Commun au puits des Rosiers comme au toit de la couche Siméon. — Plusieurs au toit de la 1re couche, aux Razes. — Puits de la Culatte.

POA-CORDAITES LINEARIS. (Pl. XXIII.)

Feuilles linéaires, plus étroites, de $0^m,005$ à $0^m,01$ de largeur plus constante, mais de longueur très-variable, de $0^m,03$ à $0^m,30$, suivant la force et l'ordre de formation des rameaux; feuilles atténuées, obtuses, que caractérise une nature particulière de la surface, striée par des nervures presque égales, alternativement un peu plus fortes et plus faibles; feuilles, enfin semblables à celles d'un échantillon que nous avons vu à Sarrebruck, chez M. Goldenberg, en 1866, et qui depuis a été publié sous le nom de *Cordaites microstachys* par le docteur Weiss (p. 195, *Die Fossilflora d. Jüngst. und d. Roth.*); M. Geinitz a figuré des feuilles analogues (*Die Verst. d. Steinkohl. in Sachsen*, pl. XXII, fig. 7).

Habitat. Toit de la grande couche de la Béraudière. — Toit de la couche des Barraudes. — Toit de la couche Siméon à la côte du Rieux. — A 250 mètres de profondeur au puits Châtelus. — Puits du Crêt de la Barallière. — Fendue Rochefort à Montmartre. — Fendue du grand puits du Cros. — Chazotte. — Assez dans un schiste du puits Mars. — Plein une mise à la sole des Littes, plus menus que d'ordinaire.

Var. *acicularis.* A Avaize comme dans les couches supérieures à Montrambert et à Montsalson, l'espèce présente la modification, inconnue dans les couches inférieures, de feuilles longues et très-étroites formant des bouquets que l'on pourrait prendre, si l'on n'était attentif, pour des rameaux de quelque *Lepidodendron.*

Var. *zamitoides.* Feuilles plus courtes, un peu plus étroites, plus minces, plus finement striées, atténuées, obtuses, rappelant tout à fait les folioles de certains *Zamites* (voir pl. XXIV, fig. 3), mais elles sont souvent encore attachées au bout et tout autour de minces rameaux; si elles appartiennent bien à l'espèce qui précède, elles sont plus particulièrement communes dans l'horizon supérieur des couches de Saint-Étienne.

Habitat. Nombreux au mur de la 2e, au Treuil. — Au-dessus de la même couche au Quartier-Gaillard. — Schistes de la couche des Littes. — Puits Rolland de Montaud.

POA-CORDAITES OXYPHYLLUS. (Pl. XXIV, fig. 4.)

Extrémité de branche rameuse (pl. XXIV, fig. 4), à nombreuses petites feuilles serrées, courtes, étroites, atténuées, aiguës, striées finement et également, comme les feuilles de la variété précédente, toutefois avec un léger renforcement des nervures au milieu, et une nature plus unie de la surface.

APPAREILS DE REPRODUCTION DES CORDAÏTES ET DES POA-CORDAÏTES.

Après avoir décrit les feuilles et le mode de foliation des *Cordaites*, il est naturel de continuer par les appareils reproducteurs encore fixés aux rameaux ou détachés, avant l'examen des branches nues et des tiges.

Seulement les organes de fructification dont la description suit ne sont relatifs, d'une manière certaine, qu'aux *Cordaïtes* et aux *Poa-Cordaites*.

RÉGIMES DE FRUCTIFICATION.

Certains rameaux de Cordaïtes, destinés sans doute à la reproduction, mais non modifiés pour cela, avaient la vertu de produire de nombreux jets latéraux qui se modifiaient en inflorescences de deux sortes, mâles et femelles, séparées, diclines, mais cohabitantes, monoïques. Je ne connaîtrais qu'un seul exemple d'axe modifié exclusivement en vue de la reproduction.

Ces inflorescences, à peine connues par quelques exemplaires peu caractéristiques, n'ont pas encore, que je sache, été rattachées, par le fait, aux Cordaïtes, avec lesquels elles gisent constamment et d'une manière intime; et je considère cette liaison, qui n'est plus douteuse, en même temps que la connaissance plus complète de ces épis, comme un double résultat d'autant plus important, que, du même coup, cela m'a mis sur la voie des graines mûres et tombées de Cordaïtes.

Nous figurons les principaux exemples de cette réunion d'organes sur la planche XXV.

La figure 1 est celle d'un *Cordaicladus selenoides* assez large, pourvu encore de quelques restes de feuilles de *Cordaites anguloso-striatus?* et portant des Antholithes fructifères, charbonneux, où ressortent d'entre les bractées, assez bien par endroits, de petites baies allongées, aiguës, avec apparence de rebord et d'une base échancrée (voir fig. 1').

La figure 2 est celle d'un rameau avec feuilles de *Cordaites lævis*, produisant de nombreux Antholithes grêles, avec contours vagues de petites graines à l'aisselle de feuilles écailleuses.

La figure 3 réunit des inflorescences femelles et mâles : des inflorescences femelles avec nucules sans rebord (comme en *a*), dont le sommet est à peine marqué par une petite pointe basse, striées un peu concentriquement et pouvant bien être les rudiments du *Carpolithes lenticularis;* et des inflorescences mâles avec bourgeons écailleux très-coriaces (comme en *b*).

La figure 4 représente un petit axe de *Cordaicladus* se résolvant, en quelque façon, en un grand nombre d'épis, qui portent assez clairement de très-petites graines; cette inflorescence est malheureusement dans un trop mauvais état de conservation pour être analysée plus complétement.

INFLORESCENCES SIMPLES, MÂLES ET FEMELLES, DE CORDAÏTES ET DE POA-CORDAÏTES.

CORDAIANTHUS.

Les inflorescences de Cordaïtes, simples, spiciformes, connues sous le nom d'*Antholithes*, appliqué à des épis de diverses sortes, sont des métamorphoses plus ou moins complètes de jets ramulaires dont l'axe charnu, fendillé, a conservé la nature reconnaissable de *Cordaicladus*. Les bourgeons floraux, plus ou moins nombreux, ont une disposition généralement distique. Il y en a d'arrangés en spirale tout autour de l'axe. Ces bourgeons, plus espacés en bas, plus rapprochés en haut, sont situés à l'aisselle de bractées linéaires, aciculaires, plus ou moins avortées, mais reprenant quelquefois, à l'extrémité de l'inflorescence, le caractère de feuilles striées, allongées, de Cordaïtes, conformément aux règles générales de la morphologie. Cependant ce ne sont pas des ramuscules modifiés simplement en Antholithes, puisque vers le bas ils sont non-seulement dénués de bractées et de fleurs, mais aussi de feuilles : leur nouvelle appropriation ressort clairement de ce fait.

Les inflorescences de Cordaïtes sont, d'ordinaire, si altérées que l'on ne peut pas toujours en démêler le sexe.

Habitat. Elles sont très-nombreuses et intimement mêlées partout aux Cordaïtes, notamment à la Chazotte, à Saint-Chamond, à Saint-Jean, au Grand-Ronzy, à la Baraillière, dans les roches de la 8ᵉ, à Montaud, et même dans le charbon de cette couche; à Villars, Porchère, Unieux, Montessu, puits Chapelon.

Il est certain qu'il y a des inflorescences de deux sortes, les unes avec petites graines et les autres avec bourgeons écailleux; M. Newberry en a dessiné la paire (fig. 2 et 3, p. 3, *New species of fossil Plants,* dans *the Annals of science of Cleveland*).

Nous allons examiner, dans deux séries, les diverses formes d'inflorescences mâles et femelles de Cordaïtes.

I.

CORDAIANTHUS GEMMIFER. (Pl. XXVI.)

Inflorescences mâles de Cordaïtes.

Épis composés de bourgeons généralement distiques et formés de petites écailles très-nombreuses, serrées, imbriquées, en spirale, généralement obtuses, mais que j'ai cependant vues terminées par une pointe crochue externe.

Les bourgeons sont généralement globuleux, pelotonnés, et, dans une empreinte de Blanzy, ils sont comparables, d'aspect, aux chatons mâles du *Cephalotaxus pedunculatus.* Il y a des épis qui paraissent plus composés, c'est-à-dire dont les bourgeons se décomposent en plusieurs sous-bourgeons agglomérés.

La disposition distique des bourgeons est le signe d'une nouvelle destination. M. Goldenberg, rapportant en 1848 de pareils chatons[1] aux *Noggerathia*, d'après seulement le gisement en commun, les prenait pour des frondes transformées de Cycas. La nature charnue, ligneuse, épaisse, de ces chatons, très-charbonneux à l'état fossile, les fait différer, en tout cas, beaucoup des bourgeons foliaires, et tout indique qu'ils sont le siége d'une fonction toute spéciale, celle de l'androcée. Mais de quelle façon? Les écailles sont-elles staminifères? Il n'est pas possible de discerner les moindres vestiges d'étamines entre les écailles, sur les empreintes de ces inflorescences.

Dans les galets de la Péronnière, on trouve des chatons semblables, dans le milieu de l'un desquels on verrait[2] assez bien ressortir, à l'extrémité de filets, des anthères biloculaires, ouvertes en long, ce semble, comme l'indique la figure 1 *a* (pl. XXVI); la coupe oblique (fig. 1 *b*) d'un autre bourgeon, moins avancé sans doute, laisserait apercevoir, dans le centre des écailles, des sections fermées de loges groupées deux par deux; sur un autre spécimen (fig. 1 *c*) il semblerait même que l'on voit de jeunes anthères extrorses portées sur de courts filets. Mais ce sont peut-être autant d'illusions, car, dans un certain nombre de préparations pour le microscope, les seules traces très-imparfaites d'anthères que les bourgeons présentent consistent, plus conformément à ce qu'on voit dans les Conifères, en de petits sacs polliniques situés au-dessous et à la base des bractées (pl. XXVI, fig. 2).

Le quartz où ces bourgeons sont conservés renferme de nombreux grains de pollen, généralement fripés; la figure 3, pl. XXVI, représente le même pollen vu sous quatre aspects différents.

Les inflorescences gemmifères sont beaucoup plus abondantes que les autres, ce qui doit avoir lieu si ce sont bien effectivement les épis mâles des Cordaïtes.

[1] P. 24, pl. III, fig. 2, *Ueber den Character der alten Flora d. Steink. im allgemeinen und die verwandtschaftliche Beziehung d. Gatt. Nöggerathia insbesondere.*

[2] Schimper, *Traité de paléontologie végétale*, t. III, p. 562.

CORDAIANTHUS CIRCUMDATUS.

A bourgeons courts, globulaires, rapprochés et insérés tout autour de l'axe caché. Ce mode d'inflorescence est rare; j'en reproduis un spécimen fig. 4, pl. XXVI.

CORDAIANTHUS GLOMERATUS.

A bourgeons pressés et confondus au bout d'un pédoncule nu, plus ou moins grêle et fléchi, formant par leur agglomération un strobile ou un capitule, comme ceux qui sont représentés fig. 5 et 5', pl. XXVI.

Habitat. A Montieux, à Montaud.

CORDAIANTHUS FOLIOSUS.

A l'aisselle de feuilles bractéales foliacées, peu métamorphosées, les bourgeons, dans cette espèce, sont formés d'écailles allongées aiguës (pl. XXVI, fig. 6); peut-être que ces bourgeons ne sont que des ramuscules non développés; cependant leur nature coriace et leur disposition distique indiquent au moins une destination manquée. Ce sont, sans doute, des épis pareils ou analogues que le docteur Hooker a tenus pour des rameaux de Conifères avec des touffes de jeunes feuilles, comme dans les *Larix*.

Habitat. Puits des Barraudes. — Puits Robert. — Au Cros. — Au Treuil.

CORDAIANTHUS GRACILIS.

Inflorescences mâles de Poa-Cordaïtes.

Avec les *Poa-Cordaites* et paraissant devoir leur appartenir, inflorescences déliées, délicates (pl. XXVI, fig. 7), à axe grêle flexueux, à bourgeons étroits, courts, espacés et situés à l'aisselle de bractées aciculaires devenant foliacées vers le sommet, au détriment des bourgeons, qui disparaissent petit à petit; ces épis ont quelques rapports avec les précédents.

Habitat. Toit de la 8e, à Montaud, à Chavassieux, à Côte-Chaude; au Bois-Monzil, à Avaize.

II.

CORDAIANTHUS BACCIFER. (Pl. XXVI.)

Inflorescences femelles de Cordaïtes.

Épis portant à l'aisselle d'écailles foliaires des rudiments de graines obtuses ou aiguës, épaulées par des saillies latérales de l'axe; ces petites baies sont solitaires; on ne peut en douter.

Tantôt ces jeunes graines sont espacées et fixées sans bractées à un mince axe, comme les baies d'une grappe; tantôt elles sont situées soit à l'aisselle d'une seule bractée, ou en même temps comprises entre deux écailles latérales supérieures, soit insérées au milieu d'un périgone ramusculaire légèrement pédonculé; dans ce dernier cas, les jeunes graines striées en long ont été prises par M. Dawson, dans son *Anth. Rhabdocarpi*, et par M. Göppert, dans son *Anth. Germarianus*, pour des *Rhabdocarpus;* mais cette assimilation n'est rien moins que certaine.

Il est à remarquer que les épis femelles restaient attachés aux branches plus longtemps que les feuilles, comme si les graines eussent exigé plus de périodes de végétation que ces dernières pour mûrir et tomber.

Les épis femelles ne sont pas très-communs; sans distinction d'espèces, il y en a cependant un assez grand nombre.

Habitat. A la Chazotte et Saint-Chamond; dans le toit de la 8e, à Montaud et à Montieux.

CORDAIANTHUS SUB-VOLKMANNI.

Inflorescences (pl. XXVI, fig. 8) à pédoncules de la nature des *Cordaicladus*, à graines rudimentaires, très-charbonneuses, sessiles, solitaires, rondes, présentant toutefois un petit acumen qui doit correspondre au micropyle; graines espacées en bas, plus rapprochées vers le haut, situées à l'aisselle de bractées ouvertes linéaires qui s'allongent, se relèvent et deviennent de plus en plus foliacées, planes, stériles et pressées au sommet, souvent fléchi, de l'inflorescence; le tout répondant bien à la description que donne M. d'Ettingshausen de son *Calamites Volkmanni* (*Die Steinkohlenflora von Stradnitz in Böhmen*, p. 5, pl. V, fig. 2 et 3).

Dans ces inflorescences, les graines, sans doute déprimées à l'état de nature, se présentent quelquefois, vues de côté, avec une apparence vague de carène latérale.

Habitat. Villars, Montaud, Montieux, Robertane.

CORDAIANTHUS NOBILIS.

Inflorescence d'Avaize, remarquable par la dimension des graines avancées ayant acquis leur forme définitive qu'elle porte (pl. XXVI, fig. 9) et des graines que l'on reconnaît pour ne pouvoir devenir que des *Cardiocarpus* et, puis-je exprimer mon sentiment? peut-être que des *Cardiocarpus reniformis.* Malheureusement le rachis n'est pas bien reconnaissable; mais les graines sont nettes, entourées à la base d'un involucre de petites feuilles écailleuses et portées au bout de petits axes charbonneux.

CORDAIANTHUS SUBGERMARIANUS.

Inflorescences fragmentaires de Saint-Priest, se rattachant les unes aux autres (voir pl. XXVI, fig. 10), avec axe de Cordaïtes, avec graines rapprochées, pressées, plus ou moins enfoncées et dissimulées chacune dans un périgone de feuilles écailleuses, mais néanmoins ressortant obliques, ovoïdes acuminées, marquées de stries convergentes vers le sommet, où l'on croirait apercevoir un goulot au-dessus d'un nucelle profond; les graines sont d'ailleurs arrondies et échancrées à la base.

Ces inflorescences, mieux conservées sous certains rapports, avec des graines seulement plus rapprochées, ressemblent au *Rhabdocarpus Germarianus* de Wettin. (Göppert, *Die Fossilflora der Permischen Formation*, p. 270, fig. 14.)

CORDAIANTHUS PROLIFICUS.

Un épi de Givors avec de très-nombreuses graines conoïdes (pl. XXVI, fig. 4) insérées tout autour de l'axe, pressées, sans traces de feuilles périgoniales autres que de rares et vagues bractées aciculaires; quoique jeunes, ces graines sont déjà coriaces et présentent toujours le sommet caractéristique.

CORDAIANTHUS DUBIUS.

Empreinte trop vague (pl. XXVI, fig. 12), à axe flexueux, sillonné et portant à chaque coude, sans bractées apparentes, des nucules allongées, étroites; les *Carpolithes truncatus* en sont peut-être les graines mûres détachées.

CORDAIANTHUS RACEMOSUS.

Inflorescences femelles de Poa-Cordaïtes.

Grappe (pl. XXIV, fig. 6) à fin rachis portant des empreintes délicates de baies légèrement striées vers le sommet, sans bractées. Dans un état de graines plus avancées, elles ont une forme et un aspect dont le terme paraît devoir être le *Carpolithes disciformis*. Des inflorescences pareilles sont en effet encore attachées à certains axes foliaires de *Poa-Cordaites*.

Les figures 13, 14 et 15, pl. XXVI, représentent d'autres sortes d'épis de Cordaïtes; il y en a une grande variété; nous n'avons décrit que les types principaux.

CORDAICARPUS. (Pl. XXVI.)

CARDIOCARPUS, Brongn. CYCLOCARPUS, Göppert et Fiedler.

On trouve d'ordinaire, avec les Cordaïtes, des graines (de formes très-diverses, il est vrai, mais de nature apparemment identique) en gisements si connexes, que, par cela même, on pourrait les y réunir avec déjà beaucoup de probabilité; à Longpendu, où la flore est presque entièrement formée de Cordaïtes, il y a de très-nombreux *Cardiocarpus*, sans *Trigonocarpus*, qui proviennent d'autres plantes. A la Chazotte, il y a des roches remplies, pour ainsi dire, exclusivement de *Cordaites* avec de nombreux *Cardiocarpus*. D'un autre côté, ces graines offrent des grosseurs et des états intermédiaires qui les rattachent aux baies de *Cordaianthus* fructifères, lesquelles baies nous avons vues avec des formes suffisamment précises pour ne pas conserver de doute sur cette dépendance. Graines de Cordaïtes.

M. Geinitz (page 150 de son *Dyas, oder die Zechsteinformation*, etc.) propose de donner le nom de *Cordaicarpus* seulement aux fruits ronds et non cordiformes, tels que son *Carpolithes Cordai* (type du genre *Cyclocarpus*), qu'il prend pour une graine de *Cordaites*. Pour nous, cette dépendance, que nous tenons pour certaine, s'étend en outre aux *Cardiocarpus* tels qu'on les a toujours décrits, excepté M. Göppert dans ces derniers temps.

Les *Cardiocarpus*, que des auteurs allemands considèrent encore comme des capsules sporifères, sont, ainsi que les *Cyclocarpus*, des graines solitaires, orthotropes, diverses de forme et de dimension, cordiformes, réniformes ou orbiculaires, généralement un peu échancrées à la base, toujours obliques sur leur plat (soit dit une fois pour toutes), et à sommet plus ou moins aigu.

A l'état d'empreintes dans les schistes, ils sont aplatis avec le sommet bâillant. Dans les grès fins et le carbonate des houillères, ils nous ont été transmis avec leur relief véritable, plus ou moins déprimés, bombés ou ronds (voir les projections et coupes, pl. XXVI, fig. 16, 17 et 18). Les graines déprimées de

Cardiocarpus présentent un rebord tranchant plus ou moins prononcé, et les *Cyclocarpus,* à la place, une ligne sans doute de moindre résistance, et suivant laquelle la graine s'ouvrait, car on en trouve assez souvent les coques séparées.

Leur forme, généralement aplatie, dénoterait des graines reposant à l'aisselle de grandes bractées. Mais il y en a qui se développaient au milieu d'une sorte de périanthe écailleux; et les galets de la Péronnière nous en montrent quelques-uns qui sont entourés d'une épaisse couche charnue qui ne permet plus d'admettre ce mode d'insertion.

On découvre d'ailleurs des *Cardiocarpus* avec pédoncule écourté, comme le *Carpolithes bicuspidatus,* Stern.; même, dans un échantillon de Saint-Étienne (pl. XXVI, fig. 20'), ce pédoncule m'a paru porter encore quelques vestiges de feuilles écailleuses.

Il nous paraît donc bien évident que les *Cardiocarpus* sont des graines solitaires s'étant développées au milieu d'écailles protectrices.

Les galets de la Péronnière offriront à M. Brongniart le moyen de faire connaître l'organisation de ces graines. Une enveloppe charnue, pulpeuse, rarement affaissée et sèche, entoure la graine d'un sarcotesta parfois très-épais, et plus ou moins distinct du testa. Les empreintes ne pouvaient pas nous révéler l'existence de ce sarcotesta, altérable et disparu. Le testa, souvent épais, est formé de cellules très-denses. Dans l'intérieur des graines, dont le micropyle se voit souvent très-bien, on remarque le tégument du nucelle détaché et le sac embryonnaire presque dans tous les cas. (Voir pl. XXVI.)

Les *Cardiocarpus*, ayant la forme générale des graines non échancrées du *Gingko biloba,* ont souvent une enveloppe charnue, comme les graines de *Gingko*, de *Podocarpus* et de *Cephalotaxus*. Leur organisation est celle des graines de Taxinées.

Les graines de Cordaïtes sont très-diverses, et il n'y a pas de doute qu'en faisant la plus large part aux écarts et variations spécifiques, elles n'appartiennent à un certain nombre d'espèces formant plusieurs séries et, d'après les recherches actuelles de M. Brongniart[1], plusieurs genres.

I.

Le plus grand nombre des graines de Cordaïtes, dans les roches où le *Cord. borassifolius* et autres espèces voisines abondent, participent des trois espèces ci-après décrites; mais, soit parce qu'elles diffèrent des formes types, soit à cause d'une trop mauvaise conservation, elles ne sauraient, pour la plupart, leur être rapportées d'une manière satisfaisante, sans l'inconvénient majeur qui s'attache aux déterminations incertaines.

Habitat. Fréquentes et parfois nombreuses à la Chazotte, aux Roches, au Montcel, à Saint-Chamond, puits Rabouin. — Non rares au puits Saint-Honoré d'Unieux-Saint-Victor. — Montessu. — A Roche-la-Molière, à la Porchère. — A Saint-Jean de Bonnefond. — Montrond. — Communay. — Beaucoup à Robertane. — A Pomaron. — A Monteux. — Nombreuses à la Varizelle. — Plusieurs à Gandillon. — Assez au bois de Montraynaud.

CORDAICARPUS MAJOR, Brongn. (Pl. XXVI, fig. 16.)

Le *Cardiocarpus major* de Langeac, que M. Geinitz a décrit comme *Card. Gutbieri*[2], avec ses dimensions, sa forme bombée et ses bords tranchants, pourrait bien n'être que l'état non déformé de l'espèce suivante; cependant le testa paraît avoir beaucoup plus d'épaisseur.

Certains échantillons des galets de la Péronnière font voir que ces graines avaient une enveloppe charnue externe comme le *Cord. drupaceus*, que nous décrivons un peu plus loin.

Habitat. Un échantillon du Muséum, venant de Saint-Étienne, est identique de forme et de conservation à ceux de Langeac. — Robertane. — Péronnière.

CORDAICARPUS EMARGINATUS, Göppert et Berger.

Graines ovalo-cordiformes, de dimension et de contour assez variables, quoique d'aspect très-constant, faciles à reconnaître, obliques, avec une queue funiculaire à travers un rebord plus ou moins large, à testa mince, lisse, d'une nature à faire penser qu'il a été recouvert d'un sarcotesta, enfin s'accordant avec celles décrites sous ce nom : 1° par Göppert et Berger (*De fructibus et seminibus ex formatione lithanthraeum*, p. 24, pl. II, fig. 35);

[1] *Prodrome d'une histoire des végétaux fossiles*, p. 87.

[2] *Ueber org. Ueberreste aus der Steink., von Langeac* (*Jahrbuch* 1870, fig. 1, 2 et 3).

2° par M. Geinitz (*Darstellung der Flora der Heinichen-Ebersdorfer*, etc., p. 49, pl. XII, fig. 7).

Habitat. Cette espèce abonde dans l'étage inférieur stéphanois : nombreuse à Saint-Chamond, puits Chavannes et du Château. — Fréquente à la Chazotte, puits du Gabet, puits Charles et David des Roches. — Plein un banc à 530 mètres, au puits Saint-Privat. — Valfleury. — Chez-Marcon, à Saint-Priest. — Fond du puits Rabouin. — Chez-Claudinon, au Chambon. — Porchère. — Très-rare au toit de la 8ᵉ. — Douteuse à Avaize. — Nombreuse au Fay. — Au Grand-Recou. — Variée aux Rouardes. — Montrond. — Saint-Jean de Toulas.

CORDAICARPUS GUTBIERI, Geinitz.

Graines des couches moyennes du bassin de la Loire, ayant des rapports avec l'espèce précédente, mais moins larges proportionnellement à la longueur, à testa plus charbonneux, peu ailées, plus ou moins semblables à celles d'Oberhohndorf (Geinitz, *Die Verst. d. Steinkohl. in Sachsen*, p. 39, pl. XXI, fig. 24 et 26).

Les graines de cette forme sont si diverses qu'on peut douter de leur identification spécifique; elles appartiendraient à un type non décrit de *Cord. lævis*, commun dans les couches moyennes de Saint-Étienne.

Habitat. En quelque sorte substituées à l'espèce précédente à Saint-Jean, à la Porchère, à Villars. — Vers 140 mètres au puits de la Chana. — A Montaud. — A la Malafolie. — Au puits Saint-Félix de Terre-Noire. — A Saint-Chamond.

Subspecies Ottonis. Plusieurs graines analogues du bois d'Avaize sont cependant plus obliques, comme les *Card. Ottonis*, Gutb. (Geinitz, *Dyas*, Heft II, p. 150, pl. XXXIV, fig. 6 et 7).

Subspecies fragosa. Des graines encore analogues de forme ont la surface un peu granuleuse, parfois assez chagrinée, comme par la présence d'un sarcotesta mince et sec.

CORDAICARPUS OVATUS, Brongn.

Graines plus petites, ovales, plus longues que larges, présentant, dans les galets de la Péronnière, une pulpe extérieure peu épaisse (voir fig. 20, pl. XXVI).

Habitat. Communes à Rive-de-Gier. — Plusieurs à Lorette, au Ban et au Grand-Recou. — Dans la houille de la Gentille.

CORDAICARPUS CONGRUENS. (Pl. XXVI, fig. 21.)

Petites graines cordiformes, rappelant le *Card. cordiformis*, Brongn, et le *Haidingera piriformis* d'Eich., mais plus petites, plus obtuses, lisses, particulières en somme (pl. XXVI, fig. 21) et que, en un égal format, on verrait portées sur certains Antholithes.

Habitat. Montcel-Sorbiers. — Montaud. — Toit de la couche des Rosiers. — Au-dessus de la 2ᵉ au Treuil. — Aux Platières, etc.

CORDAICARPUS PUNCTATUS. (Pl. XXVI, fig. 22.)

Graines moyennes (fig. 22), cordi-ovoïdes, à surface piquée d'une façon particulière et très-prononcée; ce que l'on voit, dans des Carpolithes d'Autun, pouvoir provenir de vides internes résinifères.

Habitat. Nombreuses dans une veine de schistes au puits de la Manufacture. — Fendue sur 12ᵉ, route de Saint-Chamond.

II.

CORDAICARPUS DRUPACEUS.

Graines silicifiées de Grand'Croix (dont nous donnons deux coupes, fig. 23) ayant, par la forme du noyau, des rapports avec la suivante; à testa formé de cellules denses et recouvert sans séparation nette d'un épais sarcocarpe; au contact du noyau, la paroi du testa présente du tissu fin, étiré en longueur, et plus à l'intérieur il me semble avoir trouvé du tissu lâche hexagonal, qui appartient à l'amande de la graine.

CORDAICARPUS EXPANSUS, Brongn.

Grosses graines réni-cordiformes, plus larges que longues, avec rebord développé, plus ou moins semblables au *Card. reniformis*, Geinitz (*Dyas*, p. 145, pl. XXXI, fig. 16). M. Brongniart décrira des graines silicifiées analogues. Nous en donnons une vue fig. 24.

Habitat. Puits Devillaine à Montrambert. — Chavassieux (Palais des Arts). — Emprunt du Crêt-Pendant. — Plusieurs au puits Palluat. — Puits Rolland de Montaud. — Au Grand-Coin. — A Avaize.

CORDAICARPUS SUBRENIFORMIS.

Graines réniformes dans toute l'acception du mot, sans cependant être dépourvues d'une pointe au sommet (voir fig. 25), ordinairement représentées par une épaisse lame de houille une fois et demie plus large que haute; ces graines sont assez semblables, à part le sommet, à celles décrites comme *Card. reniforme* par M. Geinitz (*Leitpflanzen*, etc., pl. II, fig. 16).

Habitat. Nombreuses dans la fausse sole Sagnat Midi, près la faille du Buisson. — Plusieurs à la Béraudière. — Carrière du Bois-Monzil. — Plusieurs au puits de la Manufacture. — A Avaize.

CORDAICARPUS INTERMEDIUS, Göppert.

M. Göppert a figuré et décrit (*Die Fossilflora der Permischen Formation*, pl. XIX, fig. 6; pl. XVII, fig. 12, p. 148) des graines de formes indécises, que nous avons à Saint-Étienne plus ou moins identiques, subcirculaires, à surface plus ou moins rugueuse, souvent marquée de fortes inégalités.

Habitat. Chez-Guichard à Côte-Chaude. — Quartier-Gaillard. — A Montmartre. — Béraudière. — Montaud.

CORDAICARPUS VENTRICOSUS.

Graines ballonnées, à bord arrondi, représentées en vue et en coupe, pl. XXVI, fig. 17, d'après un spécimen de Decazeville.

Habitat. Chauvetière, Montmartre.

CORDAICARPUS EXIMIUS. (Pl. XXVI, fig. 26.)

Fruits ovoïdes (fig. 26), sans rebord, non échancrés à la base, atténués au sommet obtus, marqués de stries légères rayonnant dudit sommet, et des inégalités d'une enveloppe charnue; leurs empreintes présentent non rarement, vers le centre, une impression discoïde, comme le *Carpolithes placenta*, Corda[1]; ces fruits sont ronds sans carène; un involucre (α) les a entourés à la base.

Habitat. Plusieurs à la Chazotte et au puits Charles des Roches. — Chanay. — Saint-Jean. — Robertane. — Saint-Chamond.

CORDAICARPUS LENTICULARIS, Presl.

Nombreuses petites graines rondes, se présentant bombées d'une manière semblable à celle de Chomle, Sternberg (*Versuch einer geognostisch-botanischen*, etc., pl. LVIII, fig. 14, t. II), ou le plus souvent aplaties et à l'état d'une lentille épaisse de houille avec glissement schisteux autour; il y en a où l'on remarque une légère pointe au sommet et une mince saillie dans une faible échancrure à la base; il faut croire qu'elles s'ouvraient souvent en deux coques, que l'on trouve séparées.

Habitat. Beaucoup au niveau de la 8e, aussi bien dans le charbon que dans les schistes. — Nombreux dans le toit de cette couche, à Montaud. — Plein une veine de charbon cru de la couche Siméon, au puits du Crêt. — Dans la houille schisteuse des puits Jabin et Stern. — Fréquent à Avaize, dans la houille et les

[1] P. 104, pl. I, fig. 1, *Zur Kunde der Karpolithen, namentlich jener der Steinkohlenformation*, 1841.

schistes de triage. — Au-dessus de la 3ᵉ, au puits Robert. — A 145 mètres et 165 mètres au puits de la Chana. — Dans le charbon de la 6ᵉ, à Chavassieux. — Puits de la Manufacture. — Puits de Tardy. — A 90 mètres au puits de la Chaux. — Au puits Saint-Félix de Terre-Noire. — Barallière. — Saint-Jean. — Bois-Monzil. — Tranchée de la Chiorary. — Malafolie. — Montgiraud. — Chazotte.

SUBSPECIES CORDAI, Gein. Graines à peine différentes par une forme plus large, ovale, oblique, avec vagues stries convergeant en s'accentuant vers le hile, comme celle figurée par M. Geinitz (*Die Verst. d. Steinkohl. in Sachsen*, p. 41, pl. XXI, fig. 7). L'auteur ne trouve à comparer cette espèce qu'au *Carpolithes lenticularis*.

Habitat. A 50 mètres au-dessous de la 7ᵉ *bis*, au Clapier. — Puits Saint-Benoît.

III.

DIPLOTESTA GRAND'EURYIANA, Brongn.

M. Brongniart a bien voulu me dédier[1] les graines ovales, rondes, de Grand'Croix, ayant une enveloppe très-épaisse, que l'on voit (pl. XXVI, fig. 27) composée de deux couches distinctes, l'une intérieure, dense; l'autre extérieure, formée d'un tissu très-lâche, et recouverte d'une peau nette; la couche externe, plus épaisse sur les flancs, fait que la graine entière est ronde, tandis que le noyau est déprimé avec rebord latéral et fortement échancré.

DIVERS.

CARPOLITHES OVOIDEUS, Corda.

Petites nucules oblongues, lisses, arrondies aux deux bouts, à testa assez épais, analogues à celle de Chomle (*Zur Kunde der Karpolithen*, etc., p. 108, pl. II, fig. 24). Mais avec le même contour et une dimension égale, ces graines, répandues, accusent, par les détails de la surface, des différences telles, que cette espèce, comme plusieurs autres, doit réunir des semences de diverses sortes.

Habitat. A Lorette. — Nombreux aux Roches. — Treuil. — Puits de la Culatte. — Grand-Coin. — Roche-la-Molière. — Avaize. — Chavassieux.

CARPOLITHES ELLIPTICUS, Sternberg.

Toutes petites graines, de deux à trois millimètres de long, à paroi résistante et de la forme du *Carp. ellipticus* du comte de Sternberg.

A divers endroits : Treuil, Porchère.

[1] *Étude sur les graines trouvées à l'état silicifié dans le terrain houiller de Saint Étienne*, par M. Brongniart (*in Ann. sc. nat.*, t. XX, p. 14 et 28, pl. XXI, fig. 12-14).

CARPOLITHES ACUMINATUS? Sternberg.

Petites graines non déprimées, subtriangulaires, apparemment pédicellées, avec deux faibles carènes opposées.

Habitat. Nombreux à Lorette. — A Bayard, etc.

CARPOLITHES AVELLANUS.

Dans les galets de la Péronnière et à Landuzière, graines diverses de la forme et de la grosseur des noisettes avelines, mais dans lesquelles M. Brongniart a trouvé des types et des espèces différents, qu'il décrira sous les noms de *Sarcotaxus angulosus, olivæformis; Leptocaryon avellanum; Taxospermum Gruneri.* Cela est une nouvelle preuve que la forme et la dimension ne sont rien moins que suffisantes pour classer les empreintes de graines fossiles.

CARPOLITHES DISCIFORMIS, Sternberg, Weiss. (Pl. XXIV, fig. 7.)

Graines de Poa-Cordaites.

Très-nombreuses graines elliptiques, mais parfois un peu élargies à la base et un peu rétrécies et même aiguës au sommet, obliques et peut-être assez différentes des *Cordaicarpus,* en gisement intime et proportionnel avec les *Poa-Cordaites,* auxquels je les rapporte; graines, d'ailleurs, que l'on peut difficilement reconnaître dans Sternberg (*Versuch einer,* etc., pl. VII, fig. 13), mais dont la ressemblance avec celles de la Flore de Saar-Rheingebiete (pl. XVIII, fig. 2 à 8, p. 205) est complète de tous points.

Ces graines, aplaties et plus ou moins plissées concentriquement au bord, devaient être rondes. Leur extérieur, inégal, granulé, paraît dénoter un épitesta charnu, qui, en l'absence d'une couche cellulaire dense intermédiaire, paraît former l'enveloppe avec un spermoderme strié, fibreux, en longueur.

Habitat. Fréquent à Montrambert et à Montsalson. — Nombreux dans les triages du puits Palluat. — Galerie du Cluzel de la Loire. — Refonçage du puits Châtelus. — Fausse sole du Sagnat. — A la Malafolie. — Au puits du Brûlé de la Béraudière. — Assez vers 145 mètres au puits de la Chana. — Commun dans le schiste du toit de la 8e, à Montaud et au puits des Rosiers. — Beaucoup et répandus dans les roches de fonçage du puits de la Culatte. — Assez vers 75 mètres au-dessous de la 8e, à Méons. — Plusieurs à Reveux. — Nombreux à Terre-Noire, à Avaize. — Bois-Monzil, tranchée du bois Sainte-Marie. — Chazotte. — Puits Mars. — Nombreux au puits du Ban de la Malafolie. — Aux Platières. — Couche Siméon. — A peine un seul à Saint-Jean de Toulas.

Subspecies plicata, Göppert. Au Grand-Coin comme au Treuil, graines spécifiquement identiques à celles de Göppert (*Die Fossilflora der Perm.*, p. 170, pl. XXVI, fig. 1), dont les plis, comme les ondulations de la surface, sont dus au mode de conservation; ces graines ont une plus mince enveloppe que le véritable *Carpolithes disciformis*.

Subspecies oblonga. Graines proportionnellement plus allongées, plus étroites, plus charnues, représentant une autre variété du même type, propre aux couches moyennes et aux couches supérieures du bassin.

CORDAICLADUS. (Pl. XXVII et XXVIII.)

Nous avions désigné par le nom de *Cladiscus*[1] les branches et rameaux isolés et reconnaissables de *Cordaites* que, à part un seul exemple figuré par M. Geinitz pour une tige de Fougère, nous sommes d'autant plus étonné de ne voir décrits ni même signalés, qu'ils gisent d'ordinaire en quantité avec les feuilles de Cordaïtes qu'ils ont portées et que quelques-uns portent encore.

On les reconnaît aisément à leurs cicatrices foliaires, arquées en bas et décurrentes de côté, et non pas du tout embrassantes et à bords relevés en haut comme dans les Monocotylédones. Les cicatrices sont épaissies au milieu et indiquent une base de feuille charnue. Lorsqu'on y distingue des passages vasculaires, c'est sous la forme de petits points saillants égaux, au nombre de cinq à dix, suivant les cas, alignés horizontalement. Les insertions foliaires sont généralement assez espacées. Les feuilles paraissent avoir été rapidement caduques. Tout cela ne laisse pas que de ressembler aux rameaux de *Dammara*, et particulièrement à ceux du *Dammara Brownii*, dont les feuilles, insérées par une base plus épaisse, avec plusieurs faisceaux vasculaires égaux, laissent, par leur chute et leur désagrégation, des cicatrices distantes assez analogues.

La superficie de l'écorce présente bien les caractères dessinés par Corda; elle offre un fendillement grillagé particulier, propre à

[1] Rapport sur un mémoire de M. Grand'Eury, intitulé : *Flore carbonifère du département de la Loire*. Comptes rendus d'août 1872. Commissaires MM. Tulasne, Daubrée; Brongniart, rapporteur.

l'épiphlœum gercé, crevassé, souvent à l'état d'une mince pellicule de houille encore flexible et susceptible de se détacher, car on en trouve des lambeaux à part qui ont laissé à nu les rameaux, alors plus ou moins striés.

Ainsi que dans les Conifères, peu de bourgeons axillaires, qui sont de règle générale dans les végétaux angiospermes; à une certaine distance au-dessus des cicatrices foliaires, seulement quelquefois des points d'attache d'Antholithes.

Les rameaux réduits à une écorce assez épaisse de houille sont défigurés par la compression. Les cicatrices, qui paraissent avoir persisté assez longtemps, deviennent d'autant moins distinctes que l'épaisseur charbonneuse de l'écorce augmente; elles finissent par disparaître à la longue, en même temps que, de toutes façons, les branches prennent la nature et l'aspect des débris que nous décrirons plus loin comme écorce de Cordaïtes.

Les *Cordaicladus*, ordinairement très-longs sans changement de caractères, sont faibles, et on a lieu de s'étonner qu'ils aient pu produire d'aussi grandes feuilles que les Cordaïtes; aussi les plus minces ont fléchi sous le poids du feuillage.

Les ramifications sont rares, à distance; elles sont ou unilatérales, ou à deux presque opposées, ou plus nombreuses et en faux verticille et, dans ce cas, très-inégales. Le plus souvent subperpendiculaires, elles peuvent néanmoins avoir contracté une direction oblique; des branches présentent les attaches de quelques rameaux tombés, comme en α, tableau D. Aux ramifications, les cicatrices sont rapprochées, mais semblables; elles se succèdent à moindre intervalle, comme preuve d'un ralentissement de la végétation, mais que l'on voit ne pas avoir été suspendue.

Ces débris fossiles gisent en nombre, avec les Cordaïtes, dans les couches inférieures, à la Chazotte, à Saint-Chamond, et notamment encore :

Habitat. Fendue sur 12ᵉ, route de Saint-Chamond. — A Avaize. — Toit de la 3ᵉ au puits Robert et dans le charbon cru des Rochettes. — Dans la houille schisteuse du puits Jabin. — Au Treuil, comme au Quartier-Gaillard, comme à

Montrambert, de petits rameaux. — Puits Stern. — Puits Saint-Benoît. — Montaud. — Porchère. — Malafolie. — Unieux.

Les *Cordaicladus* sont assez variés, comme on devait s'y attendre. Par les cicatrices, ils appartiennent à plusieurs types assez nettement distincts; mais des intermédiaires en rendent la classification très-difficile, pour ne pas dire impossible, surtout dans le cas, fréquent, où les caractères sont déjà plus ou moins altérés. Cependant nous croyons utile d'en décrire et d'en figurer les formes principales.

CORDAICLADUS SUBSCHNORRIANUS.

Branches plus ou moins fortes, de 0m,08 à 0m,10 en moyenne, avec grosses cicatrices plus ou moins distantes, très-épaisses, quelquefois presque rondes, accompagnées ou non de cicatricules sus-jacentes, à surface marquée de stries irrégulières en long plus ou moins interrompues par des rides transversales également irrégulières; branches dont certaines modifications à cicatrices plus rapprochées sont assez semblables au *Palæopteris Schnorriana*, Geinitz (*Die Verst. der Steink. in Sachsen*, p. 32, pl. XXXV, fig. 8). Nous en représentons un spécimen pl. XXVIII, fig. 2.

Habitat. Non rares aux Roches, à la Chazotte et à Saint-Chamond. — Dans la houille de Reveux.

Modus ornatus. Rameaux d'une grande élégance, à cicatrices épaisses, arquées en bas, arrondies latéralement, de manière que, dans l'ensemble, elles sont légèrement réniformes, cicatrices plus ou moins rapprochées, accompagnées ou non de points d'attache sus-jacents. Nous en donnons, fig. 1, pl. XXVIII, un bel exemple de Montchanin.

Habitat. Plusieurs à Montaud. — Barallière. — A 165 mètres au puits de la Chana. — Chazotte. — Au puits Rabouin. — Porchère.

CORDAICLADUS ELLIPTICUS.

Plus faibles ou plus fortes branches, avec cicatrices elliptiques transverses, de forme assez semblable à celle de l'espèce qui précède, mais accompagnées de deux lignes rentrantes de décurrence, comme l'indiquent la figure 5, pl. XXVIII, et également la figure 6. Les cicatrices sont plus ou moins espacées sur une surface unie chagrinée. La cicatrice reproduite à part, en *r*, présente huit passages vasculaires alignés suivant un arc à concavité tournée vers le haut.

Habitat. Saint-Chamond. — Chazotte. — Porchère. — Villars. — Montaud.

CORDAICLADUS SELENOIDES.

Rameaux à cicatrices moins épaisses en forme de croissant, presque à fleur de la surface, plus ou moins distantes, comme sur la figure 3; ils paraissent bien avoir porté les *Cordaites angulosostriatus.* Un spécimen de Sully, près Autun, possède un moule d'*Artisia,* et un autre, de Saint-Étienne, offre des cicatrices percées d'environ dix points vasculaires alignés en arc, comme en *s.*

Habitat. Nombreux à la Chazotte. — Puits David des Roches. — Montcel. — Dans la houille crue de Reveux. — Puits Robert. — A Villars, dans le charbon schisteux. — Porchère. — Montieux. — Montgiraud.

CORDAICLADUS IDONEUS. (Pl. XXVII, fig. 3 et 4.)

Rameaux à minces cicatrices transversales, peu saillantes et généralement assez distantes, sur une surface striée d'une manière caractéristique (pl. XXVII, fig. 3 et 4); les cicatrices ne correspondent pas verticalement d'une rangée hélicoïdale à la suivante; sur l'empreinte fig. 3, les séries de gauche à droite inclinent de 45°; celles de droite à gauche, de 30°; différence, 15°. Ces branches sont de largeur très-différente, de $0^m,01$ à $0^m,08$; elles gisent de compagnie avec les *Poa-Cordaites,* et il est certain que la plupart s'y rapportent.

Habitat. Au Treuil. — A Montrambert. — Au Quartier-Gaillard. — A la Baralière. — A la Chazotte. — Au toit de la couche du Péron. — Au puits Desgranges.

Nous représentons, pl. XXVIII, fig. 4, une autre sorte de *Cordaicladus* des couches supérieures de Saint-Étienne, avec cicatrices obliques. La figure 7, pl. XXVII, est celle de branches communes dans les couches inférieures, avec coussinets foliaires décurrents.

ARTISIA, Sternberg. (Pl. XXVIII.)

On désigne sous ce nom, ou sous celui de *Sternbergia* (appliqué à d'autres objets), des moules caulinaires marqués de sillons (ou rides) transversaux, étroits, rapprochés, s'embranchant parfois les uns aux autres, et que, dans l'origine, on a pris pour des insertions de feuilles amplexicaules, semblables à celles des *Yucca.*

Il est bien connu aujourd'hui, et M. Dawes en a déjà exprimé l'opinion en 1846, qu'ils ne représentent rien autre chose qu'un canal médullaire volumineux avec diaphragmes que nous retrouvons bien dans quelques Juglandées, Jasminées, Euphorbiacées, mais en très-petit, ces moelles n'ayant, en effet, que $0^m,005$ dans le Noyer, tandis que, dans les *Artisia*, de $0^m,04$ à $0^m,05$, en général, elles peuvent aller, dans les branches, à $0^m,08$ et à $0^m,10$ (pl. XXVIII, fig. 5), tout en descendant, dans les rameaux, à $0^m,01$. Si, dans nos contrées, on ouvre un rameau de Noyer, on y voit le canal médullaire se rétrécir et s'interrompre à chaque arrêt de pousse, tandis que les *Artisia* ne montrent aucune variation, même de diamètre, qui indique un ralentissement de croissance.

Dans un échantillon de la Malafolie, les diaphragmes de moelle sont presque intacts. La surface du noyau de tous les *Artisia* est de nature cellulaire.

Une moelle diaphragmatique s'explique bien par l'allongement suivi de la condensation du tissu médullaire en disques transversaux. Dans les *Cordaites,* cela se passait sur une beaucoup plus grande échelle qu'aujourd'hui et dénote une poussée aussi rapide que succulente. A Blanzy, j'ai trouvé un énorme *Artisia,* que les rides, espacées de $0^m,01$, pouvaient faire prendre pour un *Calamites approximatus,* sans un sillon incomplet qui en trahit l'origine. M. Dawson a comparé la partition du canal à celle des *Cecropia* à moelle aussi volumineuse; mais dans un *Cecropia* du Muséum les disques transversaux complets sont très-espacés et non anastomosés. Il est vrai que dans l'*Ormoxylon Erianum* de cet auteur les cloisons, plus distantes et indépendantes, séparent des cavités sphériques; mais dans les *Cecropia* les feuilles sont insérées en face des diaphragmes et ont avec eux des rapports de position, tandis qu'il n'en est rien dans les *Artisia.* Quoi qu'il en soit, les Cordaïtes devaient pousser comme certaines autres tiges vivantes à larges feuilles, à croissance rapide, dont la moelle importante se creuse.

Comme caractères génériques des moules auxquels il avait donné le nom de *Sternbergia,* Artis rapporte qu'ils présentent des doubles carènes longitudinales se terminant, à différentes hauteurs, par de minces protubérances disposées en spirale; ces doubles lignes ne sont pas en prolongement vertical, mais offrent une déviation. La plupart des *Artisia* ont, lorsqu'on les examine bien attentivement, quelques saillies en hélice qui doivent correspondre à des feuilles (pl. XXVIII, fig. 6); lorsqu'ils sont pyriteux et peu déformés, ils ont une forme prismatique anguleuse, avec des saillies, des torsions et dérangements de rides qui ne laissent aucun doute là-dessus (fig. 7). Les arêtes doivent alors correspondre à autant de séries de feuilles, comme les angles de la moelle pentagonale du Noyer coïncident avec cinq rangées de feuilles divergeant de deux cinquièmes de cycle; un *Artisia* de l'Éparre présente, suivant de plus nombreuses arêtes, des relèvements en spirale dont je n'ai pu trouver la formule; un spécimen pentagonal de la Béraudière a des saillies en spirale rapide, comme si, au nombre de quinze, elles eussent occupé toute la circonférence.

Corda a signalé un moule artisiiforme dans l'intérieur du cylindre vasculaire de son *Lomatofloyos crassicaule*. En 1851, M. Williamson a trouvé un pareil noyau dans l'axe d'un *Dadoxylon* médulleux de Coalbrockdale. En 1862, M. Goldenberg attribue les mêmes empreintes au *Diploxylon cycadeoideum*. M. Dawson a trouvé, en Amérique, des *Artisia* entourés de bois de Conifère [1].

C'est ainsi une forme qui, se trouvant identique dans des tiges de genres, familles et embranchements différents, est par là plus accessoire que celle même des *Knorria*.

M. Geinitz l'a rapportée aux *Noggerathia*, d'après des considérations que l'on peut être surpris de voir mettre en avant pour une pareille dépendance.

Pour moi, il est certain qu'à Saint-Étienne ce sont les moules du canal médullaire des branches de *Cordaites* proprement dits; j'en ai des preuves suffisamment nombreuses et décisives.

Par suite de la désorganisation du tissu existant entre la moelle et l'écorce, il en est le plus souvent résulté l'éloignement du moule médulleux, qui, étant strié à la surface de la mince couche

[1] *The Canadian naturalist.*

de houille qui l'entoure, a pu être pris par Dawson comme pouvant représenter des tiges complètes, des roseaux gigantesques sans feuilles, semblables, sauf les dimensions, à quelques espèces de *Juncus*.

Mais la dissociation n'est pas si générale que de nombreux *Cordaicladus* ne renferment encore et non fortuitement, à l'intérieur, un moule d'*Artisia*, comme nous en avons trouvé à la Chana, à la Barallière, à Montieux, à la Chazotte, à Longpendu, à la Combelle, à Decazeville, etc., de manière que la dépendance réciproque de ces deux sortes d'empreintes est indubitable.

Habitat. Nombreux et divers partout avec les Cordaïtes, à la Chazotte, au Montcel, à Saint-Chamond, à la carrière de la Bâtie, à Saint-Jean-Bonnefond.

Fréquents : à la fendue de l'Éparre. — Porchère. — Barallière. — Schistes de la 8e, à Montieux, à Montaud. — Dans la houille du grand puits du Cros.

Il y en a à Tardy. — A Montrambert. — Dans la houille de la 3e, au puits Achille. — Au toit de la 2e, au Treuil. — Au mur de la 4e, au puits Châtelus. — Dans les roches du puits du Gagne-Petit, du puits Robert. — Au Bardot. — Bois-Monzil. — Puits Beaumier de Villars. — Dans la houille de la Porchère, de la 13e, à Reveux. — Puits Saint-Thomas de la Malafolie. — Au Mouillon. — A Rive-de-Gier (Palais Saint-Pierre, à Lyon).

Les *Artisia* devaient varier en diamètre avec la force et l'ordre de ramification des branches et rameaux d'une même espèce; les plis ont pu se modifier d'une partie à l'autre; d'un autre côté, les mêmes formes pouvaient bien se présenter dans des espèces différentes. En sorte qu'il ne reste aucun moyen de spécifier parallèlement aux autres parties ces débris fossiles, ordinairement isolés.

Cependant on en a distingué plusieurs types.

ARTISIA APPROXIMATA, Lindley.

A plis étroits, arrondis, de largeur peu variable (*Die Fossilflora*, pl. CCXXIV et CCXXV, t. III).

Habitat. Cette forme rare se trouve au puits Rabouin, dans la houille schisteuse du puits Jabin, dans les schistes de la fendue sur 12e, route de Saint-Chamond, à la Poizatière, au Crêt des Charmes.

ARTISIA ANGULARIS? Dawson.

Avec plis étroits, plus ou moins anguleux et prononcés, on trouve à Saint-Étienne des *Artisia* signalés sans figures par Dawson dans deux de ses écrits.

Habitat. Cette forme très-répandue se trouve à la Chazotte, Porchère, Montmey, Montaud, Montieux, Montmartre, au Treuil, Chez-Huguet à la Péronnière, à Monteux.

ARTISIA TRANSVERSA, Artis.

Tels que celui figuré par Artis (*Antediluvian Phytology*, p. 8), on rencontre à Saint-Étienne des *Artisia* à surface unie marquée, irrégulièrement et à distance, de fins sillons transversaux, plus ou moins anastomosés; il y en a qui dépassent 0^{m},10 de large.

Habitat. Formes communes dans les couches inférieures. — Carrière de la Bâtie. — Houille de la Chazotte. — A Manévieux.

Outre ces trois formes principales, il peut être utile de signaler, sous des qualificatifs de notations plutôt que d'espèces, les *Artisia* beaucoup plus petits suivants :

Artisia tantilla. Moules étroits de tout au plus 0^{m},01, à rides transversales très-fines et rapprochées, appartenant sans doute à plusieurs espèces, toutefois communs seulement dans les couches supérieures.

Habitat. Puits Palluat. — Puits de Tardy. — Puits Saint-Joseph de la Béraudière. — Au-dessus de la 3e, à Côte-Thiollière. — Dans les charbons crus de la couche des Rochettes.

Artisia hodierna. Dans un joint de charbon de la 6e nous avons trouvé de minces ramuscules de bois à l'état de fusain, contenant une moelle diaphragmatique de la dimension de celle que nous sommes habitué à rencontrer dans les plantes de nos latitudes; moelle à larges cellules vides, entourée d'une couche de fibres très-fines à une seule rangée de pores.

SUR LA NATURE DU BOIS EN RAPPORT AVEC LES CORDAICLADUS ET LES ARTISIA.

Il n'est pas rare de trouver des *Artisia* dont l'enveloppe de houille est fibreuse et passe au dehors à du fusain de Conifère, avec fibres d'abord barrées.

Avec les *Artisia*. M. Dawson a découvert, il y a longtemps, en Nouvelle-Écosse, des *Artisia* entourés de bois, où M. Williamson a reconnu la structure élémentaire des Conifères [1].

Dans les quartz de la Péronnière, il y a beaucoup de branches et rameaux de *Dadoxylon* avec moelle d'*Artisia*.

Il n'y a pas de doute que, à Saint-Étienne, le grand nombre des *Artisia* ne représentent des moelles de branches de Conifères.

Avec les *Cordaicladus*.

D'un autre côté, nous avons trouvé un *Artisia* entouré de fusain de Conifère, le fusain étant en outre recouvert d'une écorce de houille à surface caractéristique de *Cordaicladus*, avec des indications de cicatrices foliaires.

Il n'est donc pas moins certain que le bois de *Dadoxylon* se rapporte aux *Cordaicladus*, qu'il réunit aux *Artisia*.

Après ces rapprochements généraux, il faudrait avoir un rameau conservé dans toutes ses parties pour en étudier tous les détails de structure.

Structure des rameaux de Cordaïtes.

J'ai trouvé à Grand'Croix quelques rameaux silicifiés, dont, en attendant la description anatomique complète qu'en publiera M. B. Renault, je donne une coupe (pl. XIX, fig. 1), pour faire remarquer que l'écorce cellulaire présente sous l'épiderme des faisceaux fibreux et des tubes gommeux, et contre le bois une zone génératrice douce, fibreuse, qu'il importerait beaucoup de connaître pour les développements qui vont suivre.

On peut croire que ce sont les faisceaux fibreux sous-épidermiques qui produisent le striage de la surface des *Cordaicladus*. Corda et Williamson ont décrit deux rameaux imparfaitement conservés de Conifère, avec une couche cellulaire externe plus épaisse que dans nos échantillons silicifiés et, contre le bois, une zone de fibres corticales déjà développée (*Bastzone, Endophlœum*), mais qu'ils n'ont point étudiée suffisamment. Cette partie de l'écorce, dans les tiges adultes, présente des particularités remarquables, dont nous parlerons plus loin.

Les tiges de Cordaïtes, ayant l'organisation dicotylédone,

[1] *Memoirs of the literary and philosophical Society of Manchester*, 1851, p. 352, fig. 10.

grossissaient, et les cicatrices foliaires disparaissaient peu à peu de dessus l'écorce.

Autres débris à examiner.

Ces arbres, arrachés à l'existence, ont subi de très-profondes altérations, qui en ont généralement dissocié et séparé le bois et l'écorce, qu'il nous reste à examiner avec non moins d'attention, car, au point où nous en sommes, si nous pouvons parvenir à une égale connaissance de ces parties, nous pourrons reconstruire les Cordaïtes au complet, comme jusqu'à présent on est loin de l'avoir fait pour aucune plante fossile.

ÉCORCES HOUILLIFIÉES DE CORDAÏTES.

CORDAIFLOYOS.

Il existe dans le bassin de la Loire, un peu partout, et en quantité proportionnelle aux Cordaïtes, des débris plus ou moins complets de tiges dont il n'a pas encore été fait mention, parce que ces débris ne sont, pour ainsi dire, pas définissables : ce sont des écorces houillifiées, plus ou moins considérables, généralement épaisses, à surface unie et inégale.

Ils appartiennent à des arbres où, par suite de la croissance en diamètre de la tige et de l'épaississement de l'écorce, celle-ci a perdu toute trace de cicatrices foliaires. Or ils ont des embranchements avec moule d'*Artisia*, et ils passent, par leurs dernières ramifications, aux *Cordaicladus*, continuant ainsi la série des débris de Cordaïtes que nous cherchons à rajuster.

Habitat. Sous la forme de lambeaux et de portions incomplètes de tiges et à l'état de lames épaisses et brillantes de houille, partout mêlés intimement aux Cordaïtes à la Chazotte, Saint-Chamond, aux Roches, etc.; avec les feuilles de Cordaïtes, ils paraissent avoir formé presque exclusivement la houille du puits Saint-Louis de Saint-Chamond et en grande partie celle du puits Saint-Jacques aussi, de même que celle tirée par le puits Mayol de la Chazotte; indications nombreuses dans la houille de la 8ᵉ, au Treuil, dans celle de la couche Siméon, à Roche-la-Molière. — Il y en a dans toutes les roches; je pourrais les citer en cent endroits différents. Ce sont les débris habituels de tous les grès; les carrières de pierre en renferment toutes plus ou moins.

Quoique ordinairement mutilées, les tiges de Cordaïtes, réduites à leur puissante écorce de houille, se voient encore, au toit des couches et dans les carrières, sous la forme de branches rameuses et de tronçons considérables qui dénotent de grands arbres; dans les carrières d'Assailly et du Crêt des Charmes, de la Bâtie, du Quartier-Gaillard, leurs débris sont nombreux et divers.

J'ai employé les meilleurs exemples que j'en ai vus à la reconstruction des Cordaïtes sur le tableau D de végétation.

Branches ramifiées. (Voir le tableau D de végétation.)

En (1), sur ledit tableau, branche de la Calaminière, dont les rameaux présentent encore les caractères superficiels qui distinguent les *Cordaicladus;* l'épaisseur de houille va jusqu'à $0^m,005$.

En (2), branche moyenne de la Chazotte, irrégulièrement ramifiée, avec embranchements obliques et subperpendiculaires, présentant, les plus faibles, parfois des moules artisiiformes; un *Artisia* même m'a bien paru offrir un embranchement latéral très-oblique, comme en (β); l'écorce épaissie ne présente plus aucun vestige de cicatrices; cette écorce augmente avec la grosseur et l'âge de la branche; elle atteint $0^m,01$ et se partage en lames.

En (3), exemple, du Clapier, d'une extrémité de tige ou d'une forte branche avec ramifications espacées.

En (4), une forte tige de la Bâtie, avec grosses branches inégales représentées par une enveloppe de houille de plusieurs centimètres d'épaisseur, divisible en lames déjà plus ou moins disjointes.

En (5), ensemble compliqué de nombreuses branches de divers ordres et de différentes grosseurs, dérivant les unes des autres, et les principales d'une forte tige commune; les enveloppes charbonneuses sont plus ou moins épaisses et divisées en lames; les branches de dernière venue ont un moule d'*Artisia transversa;* les ramifications d'une même branche sont très-inégales, les plus grosses et les plus anciennes sont obliques, les plus petites et sans doute les plus jeunes sont subperpendiculaires.

En (6), tige du Quartier-Gaillard pourvue de deux puissantes branches, avec enveloppe de houille de $0^m,02$ à $0^m,03$.

En (7), longue et forte tige, avec une unique branche latérale moyenne.

Observations. Par ce qui précède et par un grand nombre d'autres exemples mis en œuvre dans le tableau, on voit que les ramifications répétées sont très-irrégulières et inégales, qu'elles se produisent à distance ou coup sur coup, isolément ou plusieurs au même niveau, d'âges différents, subperpendiculaires ou plus ou moins ascendantes, selon les tendances de la branche; certaines branches offrent des restes de rameaux desséchés; les *Artisia* dont les dernières ramifications sont pourvues indiquent une large pousse; les extrémités passent au *Cordaicladus;* c'est là le mode de ramification des Cordaïtes.

Tiges principales, colonnaires. (Voir le tableau D.)

On rencontre de nombreuses tiges dans les mêmes lieux que les branches rameuses, auxquelles elles se raccordent manifestement : tiges cylindriques, généralement simples, de toutes les dimensions, également réduites à une couche corticale de houille de plus en plus forte, que les mineurs appellent *canons;* elles sont rarement entières dans leur pourtour; elles sont souvent ouvertes, déchirées en long avec plis d'écrasement.

C'est au toit solide et peu boisé des couches de Roche-la-Molière que, de 1861 à 1863, nous avons vu les plus longues, de 5, 10, 15 et 20 mètres, sans changement de grosseur et même d'épaisseur de la couche charbonneuse entourante, reposant sur les couches et en faisant partie, comme les derniers restes de la végétation qui les a formées.

On rencontre souvent ces tiges renversées dans les roches où se trouvent en place des souches auxquelles elles s'adaptent; en (8) et (9) de notre tableau D sont reproduits deux exemples de ces parties en continuation l'une de l'autre. En (10) dudit tableau, tiges aplaties, comme il y en a assez au toit de la Grille, de $0^m,40$ à $0^m,60$ de large, de 5 à 10 mètres de long, avec deux à trois centimètres de houille corticale, unies, rugueuses à la superficie; en (11), tiges moyennes plus charbonneuses du Quartier-Gaillard. En (12), tige plus mince, commune; en (12'), long tuyau.

Outre ces exemples, qui donnent une idée de la série des dimensions des tiges principales de Cordaïtes, il s'en trouve d'aussi petites que les dernières signalées, mais sous forme de tuyaux de houille si épais, comme en (13), que l'on pourrait croire que le bois s'y trouve indistinctement houillifié avec l'écorce; cependant, bien que l'épaisseur en houille de la paroi aille jusqu'à $0^m,03$, $0^m,05$ et même $0^m,07$, elle paraît de nature corticale; dans quelques-unes on trouve, en effet, le bois différemment conservé à l'intérieur. A la roche du Geai, comme à Assailly et à Montrond, il y a des tiges moyennes présentant une aussi forte couche de houille corticale.

Observations. Ces tiges principales, de grosseur si différente, simples, sans variations sur de grandes longueurs, annoncent des arbres très-hauts sans branches persistantes, de 10, 20 et peut-être quelques-uns de plus de 30 mètres, avant de parvenir au terme de leur croissance en hauteur et de se diviser, parcimonieusement ou abondamment, en branches rameuses; pour les minces tiges si charbonneuses et qui sont communes, on pourrait concevoir que, serrées, elles s'entraînaient comme des perches à une très-grande hauteur avant de se ramifier.

Souches étalées. (Voir pl. XXIX et tableau D.)

On trouve, pour correspondre exactement aux tiges dont il vient d'être parlé, de nombreuses souches en place, presque partout mêlées, dans le bassin de la Loire, aux autres plantes debout, dans le toit du Sagnat et du Péron par exemple, avec les *Stigmariopsis, Psaronius in loco natali*, etc.; elles sont également vides et à l'état d'une épaisse enveloppe de houille souvent très-tourmentée par la pression, terminées ordinairement par de grosses et rares racines rameuses, étalées, peu plongeantes, jamais pivotantes, courtes, représentées par d'épaisses veines de houille de $0^m,03$ à $0^m,10$, que les mineurs appellent *cornets*.

Ces souches sont très-diverses en dimension et en forme; il n'y a pas de rapport constant entre la grosseur de la tige et l'extension des racines, non plus qu'avec l'épaisseur de houille corticale.

La figure 3 (A), pl. XXIX, est une tige vide, comme il y en a au toit du Péron et du Sagnat, avec un anneau de houille de $0^m,01$ à $0^m,02$, se dédoublant, se partageant en lames; l'épaisseur de la paroi charbonneuse augmente en bas, d'où partent, en plongeant, des racines très-épaisses.

La figure 4, même planche, est une autre sorte de souches plus considérables, avec une forte épaisseur de houille corticale et des racines ramifiées, inclinées, très-charbonneuses, avec quelques vestiges de bois pétrifié en dedans.

Nous utilisons les autres exemples dans notre tableau D de végétation.

En (14) de ce tableau, *stock* considérable, avec fortes racines étalées et des restes de bois pétrifié à l'intérieur.

En (15), souche soulevée sur des racines plongeantes, comme il y en a dans le toit des couches.

En (16), base de tige moyenne, très-charbonneuse, avec racines plus étendues que de coutume, étalées, peu plongeantes, aplaties à l'état de veines de houille rameuses, épaisses vers le collet, de plus en plus minces vers les extrémités.

En (17), cas de fortes racines, moins charbonneuses, plus inclinées, convergentes en haut vers une tige emportée.

En (18), un tronçon de tige surmontant une souche avec de plus nombreuses racines étalées et plongeantes, parmi lesquelles il y en a de plus minces et de plus ramifiées que d'ordinaire.

En (19), vue en tranche d'une souche avec longues racines charbonneuses remplies de bois.

En (20), souche expalmée sur une couche de houille, avec racines épaisses et irrégulièrement ramifiées, rampant sur le charbon sans y pénétrer jamais, comme on le voit à la continuité des planches, mises et lames de houille en dessous. Il y a de pareilles expalmations de souches à la surface de certains bancs de grès, dans lesquels cependant les racines s'enfoncent toujours un peu à leur extrémité.

D'autres souches à tiges plus faibles sont représentées par un étui si épais de houille, ne laissant qu'un vide faible à l'intérieur, qu'il est à croire que le bois s'y trouve indistinctement houillifié avec l'écorce, comme l'indiquerait un exemple du banc de roseaux à Commentry, où se remarquent, dans l'épaisseur charbonneuse, deux couches inégalement houillifiées. Cela est rendu probable par la petite souche (21) dont le noyau minéral porte, plus ou moins bien exprimés, les caractères d'*Artisia*.

Mais nous avons dégagé, dans le temps, du faux toit du Sagnat une pareille base de tige, avec $0^m,04$ à $0^m,06$ de charbon compacte autour d'un noyau légèrement sillonné en longueur; et à Blanzy, à l'emprunt Saint-François, il y a des pieds d'arbres aussi charbonneux avec un faible axe de bois à l'intérieur. D'où il suit que, quelle que soit son épaisseur, l'enveloppe de houille peut être exclusivement de nature corticale.

C'est toujours à ces souches que se laissent assembler les rondins si charbonneux signalés auparavant.

Observations. Ce qui frappe ici comme dans les tiges, c'est l'énorme épaisseur de houille corticale qu'avec l'âge les racines acquerraient. Celles-ci sont grosses, généralement peu étendues, jamais pivotantes, étalées horizontalement dans le sol.

Structure de l'écorce des Cordaïtes. (Voir pl. XXIX.)

Les enveloppes charbonneuses représentant les grands arbres qui ont porté les Cordaïtes sont, on doit le reconnaître, extraordinairement épaisses, compactes; par leur masse, elles ont pris une part notable dans la composition de la houille, où leur cassure brillante peut, jusqu'à un certain point, les laisser reconnaître; elles sont mutilées, mais ne paraissent pas avoir éprouvé de destruction comme le bois; elles ne sont pas crevassées.

Elles ont peut-être joué, dans la vie des végétaux qui nous occupent, un rôle physiologique important, qui leur vaut une certaine valeur taxonomique. Il peut donc paraître très-désirable d'en connaître la structure.

Et d'abord ces écorces singulières ne sont pas toujours si complétement houillifiées que l'on n'en puisse constater la texture fibreuse serrée et dense; elles manifestent de diverses manières la disposition concentrique des tissus par division en lames, par exfoliation, par zones différemment fossilisées. Le microscope n'y découvre que du prosenchyme. Ce tissu, disposé par couches, est, autant que l'état fossile permet de s'en rendre compte, pénétré de tissu cellulaire plus ou moins abondant, très-fin, muriforme, allongé dans le sens horizontal et tangentiel, et que, dans la présomption qu'il a été destiné à une circulation périphérique, je désignerai par circumvecteur; et ce qui est encore bien significatif, les fibres corticales, quand elles laissent apercevoir quelque structure pariétale, c'est plutôt à face tangentielle, pour favoriser sans doute entre elles, en même temps, une circulation radiale. Le tissu cellulaire est préférablement réparti par zones.

La figure 5, pl. XXIX, montre grossièrement la texture de l'écorce, dont nous allons examiner les principales modifications.

1° Écorce houillifiée compacte, se disquamant, de préférence à l'intérieur, suivant des surfaces de disjonction que le microscope laisse voir formées de fibres attenantes dans le sens de la circonférence et croisées par des circumvecteurs; une pareille écorce recouvre du bois formé de fibres réticulées en hexagone et de rayons médullaires apparemment épais, plus ou moins comme dans le *Dadoxylon Brandlingii*. On trouve ces écorces dans le même état de houille compacte au Quartier-Gaillard, dans la carrière de la Marie-Blanche, à Villars (quadrillées par de plus nombreux circumvecteurs), aux Razes (présentant par place l'éclat fibreux du fusain); la plupart des écorces de Cordaïtes appartiennent à ce cas.

Dans de plus petites tiges, la même écorce a pu atteindre l'épaisseur du corps ligneux et même la dépasser; la figure 10, pl. XXIX, représente l'une de ces tiges de Decazeville avec une écorce plus épaisse que le cylindre même de bois sidérifié à l'intérieur; la structure corticale se vérifie dans d'autres tiges analogues jusqu'au noyau pierreux vaguement sillonné en longueur. Dans ces différents exemples, l'écorce domine ainsi le bois, au détriment duquel elle a dû se développer, ce qui n'est pas plus extraordinaire, quoique dans un sens inverse, que l'accroissement exclusif de celui-ci dans certains végétaux vivants.

2° Écorce parfois de plus de $0^m,03$ à $0^m,04$ d'épaisseur, particulière en ce qu'elle n'est que mi-houillifiée à l'intérieur, où, quoique compacte, elle est plus ou moins zonée finement par des nuances qui tirent leur origine ou de différents degrés de lignification de la fibre corticale, ou d'une inégale répartition du tissu circumvecteur. Il est des cas où l'écorce passe au fusain ou présente des divisions concentriques de fusain, et cela principalement à l'intérieur, où la disposition est plus manifestement périphérique, au point que parfois il semble que l'on pourrait y détacher des plans de cellules tangentiels aussi facilement que, dans les *Dadoxylon,* des plans de cellules radiaux. Les circumvecteurs sont courts ou étendus en hauteur; leur répartition est très-inégale : tantôt c'est à peine si on en découvre; d'autres fois, mais par zones seulement, ils sont très-nombreux et plus ou moins entremêlés de fibres, comme dans la figure 5, pl. XXIX. L'abondance de ce tissu caractérise ces écorces converties en houille plus achevée et compacte à l'extérieur, plus terne, plus imparfaite et légère à l'intérieur. La figure 8 représente une très-volumineuse écorce recouvrant un moindre volume de bois. La puissante écorce fig. 6 offre dans la cassure l'aspect dont le liége pourrait être supposé susceptible s'il venait à se houillifier; en dedans, le liber est quadrillé par de très-nombreux circumvecteurs. On voit la même écorce, entourant du bois pétrifié, croître de $0^m,01$ à $0^m,03$ avec la grosseur des tiges.

Ces écorces sont nombreuses dans les couches moyennes à Villars, à la Porchère, à Roche-la-Molière, etc.

3° En raison de la structure propre aux écorces de Cordaïtes, en général, on peut s'attendre à ce qu'elles accusent, dans certains cas, une disposition à se diviser en lames concentriques. Il en est effectivement ainsi pour beaucoup d'entre elles dans le faisceau des 9ᵉ-12ᵉ couches (voir fig. 7, pl. XXIX); les divisions sont accusées par des disjonctions ou des intercalations ligneuses ou minérales; et comme ces écorces ne sont pas limitées à l'extérieur, il n'est pas impossible que des lambeaux s'en soient détachés du vivant même de l'arbre.

La figure 2, pl. XXIX, représente une tige de la Porchère dont le bois est recouvert d'une écorce épaisse, zonée concentriquement d'une manière très-nette, par l'alternance de couches plus houillifiées de tissu cellulaire et de couches plus fibreuses, ternes, pénétrées de quelques circumvecteurs; cette écorce s'effeuille en plaques qui, soumises au microscope, montrent des fibres poreuses sur la face tangentielle. A la Malafolie, de pareilles écorces, zonées finement à l'intérieur, offrent contre le bois pétrifié du tissu noirâtre ou même brunâtre comme du lignite xyloïde.

Observations. L'épaisseur de l'écorce des Cordaïtes est toujours importante; les exemples ne sont pas rares où elle est prépondérante.

Les tiges de Cordaïtes sont ainsi composées, en partie notable, d'une puissante écorce, non pénétrée de rayons médullaires comme l'écorce secondaire des plantes dicotylédones, mais où la vie paraît avoir été entretenue par les circumvecteurs ou tout autre moyen de communication, car l'écorce n'est pas crevassée. On connaît trop peu les écorces des plantes dicotylédones pour leur comparer celle des Cordaïtes, laquelle d'ailleurs est observée dans un trop mauvais état de conservation pour être considérée comme suffisamment connue.

Elle paraît, en tout cas, avoir été des plus résistantes à la décomposition, comparativement beaucoup plus que le bois, cependant assez solide, de ces végétaux, et autant que le suber, qui est la partie la plus fixe, la moins susceptible de pourrir et de céder aux actions dissolvantes du climat.

BOIS DIVERSEMENT CONSERVÉS DE CORDAÏTES.

CORDAIXYLON.

Bien que l'intérieur des tiges de Cordaïtes ait très-souvent disparu, les cas ne sont pas rares où l'on y trouve du bois en rapport de contact avec l'écorce. Les deux figures 9 α et β (pl. XXIX) représentent deux bouts de tiges, l'une réduite à l'écorce et l'autre composée de la même écorce entourant du bois de Conifère.

Le bois à l'état de fusain qui est resté attaché à l'écorce est de la nature de celui qui entoure quelques *Artisia* et n'est qu'un état de mauvaise conservation de la structure que l'on connaît comme *Dadoxylon*.

Le bois pétrifié que l'on trouve recouvert d'une écorce de

Cordaites est identique au *Dadoxylon;* il a conservé de plus, non rarement, dans l'axe, des indications plus ou moins évidentes d'*Artisia*. En sorte que la mutuelle corrélation de toutes les parties assez ordinairement isolées est si évidente et démontrée par des faits si nombreux et si concluants, que nous sommes persuadé de l'identité générique des *Dadoxylon* avec les *Cordaites :* ce qui est peut-être la dépendance d'organes la plus importante que nous ayons établie, car maintenant on s'explique la grande abondance des bois de Conifères dans tous les terrains houillers où les Cordaïtes sont partout répandus, et il n'est plus besoin, comme M. Göppert y était encore réduit récemment, de recourir à l'hypothèse gratuite que toutes les parties foliacées des végétaux dont ils proviennent ont été généralement détruites, contre toute vraisemblance.

A l'état charbonné, le bois de Cordaïtes se présente d'ordinaire sous forme de tablettes, de plaquettes et souvent de lames plus ou moins étendues et volumineuses de fusain fin, soyeux, gris ou noir, bleuâtre, souvent encore flexible, formé de fibres homologues, présentant aux faces suivant lesquelles il se divise plus facilement de larges pores à jour en une ou plusieurs séries alternes (voir fig. 12, pl. XXIX); ces pores, un peu transversaux, sont très-ouverts, bâillants, elliptiques ou subquadrangulaires; ils ressemblent bien sûr, sans doute, à ceux que le docteur Hooker a constatés communément sur les fibres du mother-coal de la Galles du Sud, et qu'il compare aux larges pores du *Zamia integrifolia*[1]. Mais lorsque la conservation est meilleure, grâce à une légère sidérification, ces pores arrivent plus ou moins à ressembler aux ponctuations aréolées des Conifères fossiles. Dans le fusain friable, il faut bien chercher pour découvrir seulement les traces des rayons médullaires, plus délicats, plus altérables que le bois; ils sont de tous points analogues à ceux des mêmes Conifères fossiles.

Ce fusain est généralement commun dans la houille.

Habitat. A l'œil nu, autant que l'expérience permet d'en juger, c'est le cas de la masse de celui de la houille que l'on voit formée préférablement de Cordaïtes, à la Chazotte, au Cros et au puits Mars; il paraît encore dominer dans la houille de 8e, au Treuil; il diminue dans la houille des couches supérieures, où les Cordaïtes

[1] *Vegetation of the carboniferous period compared with that of the present day*, p. 421 du *Geological Survey* de 1848.

sont de plus en plus subordonnés; c'est déjà le fusain ordinaire du charbon des Bâtardes, à Rive-de-Gier.

On en trouve : 1° avec fibres généralement faibles à une ou deux rangées de pores, dans la houille de la 8e (au Treuil), du Sagnat, de la Malafolie, de la 13e (au Montcel), de la 15e (au Cros), de la Chazotte; 2° avec rayons médullaires rares et courts, à la Chazotte, au Treuil; 3° avec trois rangées de pores, à Rive-de-Gier; 4° avec fibres plus minces, plus courtes, à une seule rangée de petits pores, au puits Palluat comme à la Béraudière; 5° avec pores discoïdaux au plat de Gier; 6° avec larges pores subrectangulaires dans la houille des Rochettes.

Plus rarement on trouve des tiges entières de bois charbonné, recouvertes d'une écorce épaisse parfois dominante, partagées concentriquement par du fusain intracortical, mais à plus fines fibres que celui du bois; ce fusain cortical est commun dans la houille, sous forme de lamelles plus ou moins grandes, à la Malafolie, à Roche-la-Molière, à la Porchère, à Montaud, à la Chazotte.

A l'état pétrifié, dans les circonstances ordinaires de gisement, c'est-à-dire sidérifiés dans les schistes et la houille et hornsteinifiés dans les grès, on trouve de nombreux tronçons de Cordaïtes, avec l'écorce plus ou moins épaisse qui les caractérise et du bois de Dadoxylon perforé, au centre, d'un canal plus ou moins visiblement artisiiforme. Ces tronçons abondent tout particulièrement dans les 9e à 12e couches; ils sont répandus dans la houille, où les piqueurs les appellent *chiens,* à cause des difficultés qu'ils opposent à la coupe au havage du charbon.

Les tiges pétrifiées, petites et grandes, de Cordaïtes sont ordinairement simples, sans branches; il y en a de très-longues, de plus de 10 mètres; on en a cité de 20 mètres.

Je ferai remarquer, sous bénéfice d'inventaire, que, quand les tiges sont plus puissantes, l'écorce, par une espèce de compensation, est plus rarement épaisse; ce qui avertirait que le développement exagéré de celle-ci n'est pas un caractère de grande valeur, non plus que dans quelques plantes vivantes.

Outre les tiges couchées, il me reste à signaler quelques souches en place de *Dadoxylon* entourées d'une forte écorce de Cordaïtes, entre autres : 1° un stock de l'Éparre avec grosses racines étendues entourées d'une forte écorce de houille; 2° un stock important de la carrière Pichon, à Villars, avec plus de $0^m,03$ de houille corticale, avec du bois fossile formé de fibres à deux ou trois rangées de ponctuations et de rares rayons médullaires plus ou moins longs, ledit stock ayant des racines charbonneuses étalées dans un grès schisteux au-dessus d'un grès compacte; 3° une petite tige debout de la Porchère, avec peu de racines courtes et étalées, comme en ont vu Germar et Binney, avec écorce moyenne compacte et du bois formé de fibres à une ou deux rangées de ponctuations et pénétré de rayons médullaires nombreux et courts.

Ces stocks sont arasés comme les autres tiges dans les forêts fossiles; le bois, décomposé et disparu au centre, n'est souvent analysable qu'à la circonférence.

DADOXYLON, Endlicher. ARAUCARITES, Göppert.

Bois fossiles composés exclusivement de fibres vasculaires séparées par des rayons médullaires simples et courts, comme dans les Phanérogames gymnospermes; les fibres sont percées, aux faces radiales, de ponctuations aréolées, comme dans les Conifères, continues en une série ou en plusieurs séries alternes, exactement comme dans les *Araucaria*.

Nous n'y avons jamais trouvé la moindre trace de parenchyme résinifère; il n'y a pas plus de conduits résineux que dans les *Taxus*, et, sous ce rapport, les *Dadoxylon* ont une structure de la plus grande simplicité.

Les fibres sont uniformes de grosseur; elles possèdent toutes des ponctuations. On peut bien voir dans les *Dadoxylon Brandlingii* le nombre des rangées de pores diminuer de quatre à deux et même à une, mais il n'y a pas de fibres sans pores, comme celles qui terminent les zones d'accroissement dans les Conifères vivantes de nos contrées; et de la sorte, la structure du bois de Cordaïtes est d'accord avec les caractères superficiels des branches pour prouver que, s'il y a eu ralentissement dans leur végétation, il n'a pas été suivi d'arrêt.

L'unité sans mélange et l'uniformité des fibres, leurs ponctuations contiguës, sont les caractères qui distinguent les Conifères paléozoïques.

Quelle est la nature des ponctuations?

Dans le bois de Cordaïtes à l'état de fusain comme à l'état de mauvaise pétrification, les ponctuations se présentent ordinairement comme de larges pores comprimés, ce qui, sans doute, est dû à la macération, qui contracte, amincit et décolle les parties.

Il y a des Conifères fossiles bien conservées, chez lesquelles les fibres paraissent plutôt réticulées que ponctuées, comme le *Pinites Brandlingii*, tel qu'il a été figuré par Lindley; le genre *Pinites* est défini par Witham comme ayant des fibres réticulées à aréoles hexagonales contiguës. M. Williamson a exprimé que les *Dadoxylon* de l'époque houillère présentent les aréoles des Conifères sans leur ponctuation [1].

Les vrais *Dadoxylon* auraient eu dans l'aréole, non la fine ponctuation des Conifères, mais un pore largement ouvert. Il faut savoir que, dans beaucoup de plantes vivantes, les pores sont généralement un peu aréolés, jusqu'à ceux étirés des Fougères, par suite même d'un léger décollement des parois contiguës des vaisseaux. Dans les Conifères, l'aréole est seulement beaucoup plus large, sauf dans les *Dammara* et les *Podocarpus*, où elle est dite étroite. L'aréolation plus ou moins large n'est donc pas de très-grande valeur.

Cependant il y a des Conifères paléozoïques, comme les *Peuce Withami*, l'*Araucarites Rhodeanus*, le *Pinites Fleuroti*, etc., qui ont de petits pores ronds largement aréolés, exactement comme ceux des Conifères. MM. Mougeot, d'Eichwald, etc., les ont distingués sous les noms de *Peuce*, *Pinites*.

Ces *Dadoxylon* paraissent augmenter en haut du terrain houiller de Saint-Étienne, où le caractère des Conifères s'accuse de plus en plus par une proportion croissante de *Poa-Cordaites* et par l'apparition des *Walchia*, qui, dans le terrain permien, représentent largement cette classe.

De plus, les bois de cette catégorie présentent, dans le terrain permien, des traits superficiels plus approchants des Conifères vivantes, comme : 1° le *Tylodendron speciosum* [2] avec ses coussinets foliaires pressés et périodiquement plus rapprochés, et 2° l'*Arau-*

[1] *On the structure and affinities of some exogenous stems from the coal-measures*, dans *Monthly microscopical Journal*, 1869.

[2] Weiss, *Flora d. Jüngs. d. Stein. und d. Roth. im Saar-Rheingebiete*, page 182, pl. XIX et XX, principalement fig. 1.

carites Valdajolensis[1]. Mais les ponctuations sont toujours contiguës, et les bois ne rentrent pas dans le genre *Peuce,* que Witham a réservé[2] pour les bois du Lias et de l'Oolithe, à fibres étroites, pourvues, en général, d'une seule rangée de ponctuations *distantes et non contiguës,* à couches distinctes de croissance, à rayons médullaires simples, à faible moelle, le tout très-semblable au bois de Pin parmi les Conifères vivantes.

Le canal médullaire des *Dadoxylon* est épais et artisiiforme. Witham définit les genres *Pitus* et *Pinites* avec une moelle de très-large épaisseur. A Grand'Croix, à Montraynaud, à Montessu, à la Malafolie, à la Porchère, il y a des bois silicifiés et sidérifiés de Conifères avec large moelle diaphragmatique d'*Artisia.*

Plusieurs de ces bois, pénétrés de très-nombreux rayons médullaires simples, ordinairement très-courts et formés de cellules presque aussi hautes que larges, ressemblent, par les fibres, on ne peut plus, au spécimen de Coalbrockdale décrit par M. Willamson (*On the structure and affinities of the Plants hitherto known as Sternbergiæ,* p. 340, fig. 6, du vol. IX, 2e série, des *Mem. of the lit. and phil. Society of Manchester*), sauf qu'ils ont un noyau beaucoup plus large d'*Artisia,* entouré d'abord d'une couche de moelle : le tissu ligneux commence aussi par être formé, le plus à l'intérieur, de fines fibres striées obliquement avec quelques anastomoses, comme les fibres spiralo-annelées, passant, vers l'extérieur, à des fibres plus grosses barrées, pseudo-scalariformes, puis marquées de pores transversaux avant de devenir enfin réticulées, avec deux ou trois rangées de mailles, et finalement ponctuées[3]; je crois même avoir remarqué tout à l'intérieur deux fibres spirales appliquées l'une contre l'autre par leurs pointes croisées, à la manière des trachées. Les fibres striées sur une certaine épaisseur du corps

[1] Mougeot, *Essai d'une Flore du nouveau grès rouge des Vosges,* p. 27, pl. IV, fig. 1 et 3.

[2] Witham, *The internal structure of the fossil vegetables,* etc. p. 70.

[3] Les mêmes changements se remarquent, mais moins complets, dans les Cycadées.

ligneux indiquent une élongation prolongée. Je me figure que la structure, signalée par Corda, du *Cordaites borassifolius* est prise dans une branche qui n'a pas encore cessé de croître en hauteur et dont, par suite, le tissu n'est encore formé que de fibres rayées extensibles; dans ce cas, il faudrait admettre que cet auteur n'a pas saisi les rayons médullaires, peut-être très-altérés ou même disparus dans l'état de mauvaise conservation où se trouvait la branche de Cordaïte qu'il a analysée.

Après la transformation des fibres barrées en fibres ponctuées, celles-ci ne subissent plus aucun changement dans toute l'épaisseur du bois, qui ne s'allongeait plus.

La ramification est irrégulière; la grande tige de *Pinites Brandlingii*, Lindley (*Die Fossilflora*, vol. I, p. 11), présente des nœuds et des branches irrégulièrement distribués. Il est rare de trouver dans les *Dadoxylon* ces nœuds coniques implantés normalement, si communs dans les bois de Pins et de Sapins. Cependant les origines de rameaux sont nombreuses près de la moelle, mais leur non-persistance indique des organes tombés de bonne heure. En tout cas, les branches sont rares et inégales et non en faux verticille comme dans le *D. Rhodeanum* du terrain permien; leurs traces incluses près de la moelle dans quelques spécimens de Grand'Croix sont plutôt en quinconce, comme dans le *D. Saxonicum.*

A l'état de silicification plus ou moins parfaite, on trouve des *Dadoxylon* en nombre en montant vers Cellieu, à Montbressieux (noirâtres à l'intérieur et blanchissant à l'air), beaucoup à Montraynaud; on en trouve sur les hauteurs du Deveis comme à la butte Sainte-Barbe; à l'état de gros troncs hornsteinifiés, il y en a partout dans les grès, au Quartier-Gaillard, à Lorette, à Montrond, etc.

L'étude des bois de Conifères a appris que les différences de structure ne sont pas en accord complet avec la classification, et qu'elles ne sauraient constituer des genres naturels. Le classement générique des *Dadoxylon* peut présenter de l'incertitude.

Y a-t-il au moins une base pour fonder les espèces?

Dans les bois de Conifères fossiles que nous avons examinés au microscope, il nous a semblé que, si les séries de ponctuations peuvent varier de deux à cinq, par exemple, la distribution et la composition des rayons médullaires sont assez constantes pour servir de base à une bonne distinction, concurremment avec le diamètre, l'épaississement et l'arrangement des fibres et leurs ponctuations.

PREMIER GROUPE.

Bois à couches d'épaississement non apparentes ou à peine distinctes, formé de larges fibres peu incrustées et pourvues, aux faces radiales, de deux à quatre rangées en moyenne de larges pores ouverts, peu aréolés, alternes, ou formant les mailles d'un réseau hexagonal parfait; fibres séparées par des rayons médullaires, simples dans l'ensemble, mais, à Saint-Étienne, avec une prédisposition à se doubler au milieu, toutefois sans jamais se compliquer autant que dans les *Pissadendron,* propres aux terrains carbonifères inférieurs.

DADOXYLON BRANDLINGII, Lindley et Hutton, Witham, etc.

Tel que Hartig a analysé ce bois, nous le trouvons : 1° avec de grosses fibres peu lignifiées, pourvues de deux, trois et quatre lignes de ponctuations serrées dans un réseau hexagonal, où les pores plus ou moins ouverts et à pleines mailles sont toujours allongés un peu horizontalement; 2° avec des rayons médullaires très-nombreux, de deux à vingt, et plus ordinairement de six à dix files superposées de cellules moyennes peu allongées et marquées sans ordre de ponctuations; ces rayons médullaires simples manifestent une *tendance à se doubler au milieu,* de manière à apparaître fusiformes sur la coupe tangentielle.

Habitat. A l'état de bois bien silicifié, à Montbressieux et à Montraynaud, vers Cellieu, au Deveis, au val d'Alus, à Saint-Genest-Lerpt, à la Renardière.

A l'état sidérifié et hornsteinifié, moins favorable à la détermination, au Clapier, au Grand-Coin, au Montferré, à Montrambert.

DADOXYLON INTERMEDIUM.

Avec des rayons médullaires doubles mêlés de simples, avec des fibres pourvues de trois et quatre rangées de ponctuations, il y a au val d'Alus du bois qui paraît offrir une transition de l'espèce précédente à l'espèce suivante.

DADOXYLON ACADICUM? Dawson.

Avec rayons médullaires plus longs, constamment doubles, comme dans le *D. Acadicum* de Joggins (*The Quarterly Journal*, p. 145, pl. V, fig. 4 à 6, t. XXII, 1865), nous avons du bois formé de grosses fibres à mince paroi, pourvues de trois rangées et plus de ponctuations peu aréolées et sous la forme de pores transversaux.

Habitat. A la butte Sainte-Barbe comme au Deveis. — A la cime du Montsalson, avec de plus minces fibres à deux et trois rangées de pores aréolés.

SECOND GROUPE.

Bois plus dense, à zones d'accroissement plus distinctes, quoique toujours à peine marquées; formé de fibres plus fines, lignifiées, discigères, généralement à une seule rangée de petites ponctuations largement aréolées, comme celles des Conifères et en particulier du bois de Pin, mais contiguës et parfois si serrées qu'elles sont comprimées et même déjetées irrégulièrement, ou accidentellement au même niveau, ce qui a pu donner le change sur leur position, car, en cas de deux rangées, l'alternance est de règle.

Ce bois, plus commun, ce semble, dans les couches supérieures, a encore une écorce organisée comme celle des Cordaïtes, c'est-à-dire, à l'état houillifié, avec des interpositions de tissu libérien concentrique et des circumvecteurs; le corps ligneux est percé d'un plus petit canal médullaire artisiiformé, au pourtour duquel les fibres vasculaires sont d'abord barrées.

Habitat. A la Pomme, à Couzon, à la Péronnière, à l'Hyassière, et, en général, plus nombreux à Saint-Étienne, où existeraient deux types assez distincts pour en faire deux espèces.

DADOXYLON STEPHANENSE.

D. à minces fibres marquées d'une ou deux séries de pores aréolés; à rayons médullaires très-rares et très-courts, apparaissant, sous la loupe, comme des fils à travers le bois et, sous le microscope, comme formés d'une à trois rangées seulement de petites cellules superposées. La disposition radiale du bois est moins accentuée que d'ordinaire. Il me semble que c'est là le bois des

Poa-Cordaites; on le rencontre sous la forme de petits rondins sans branches, enveloppés d'une écorce moyenne (pl. XXIX, fig. 11).

Habitat. Quantité au Clapier, à Avaize et à Montmartre. — La Malafolie. — La Porchère. — Villars.

DADOXYLON SUBRHODEANUM.

D. à fibres extrêmement fines, avec une seule rangée de ponctuations, à rayons médullaires nombreux de 10 à 30 files de cellules superposées d'une manière au moins analogue à l'*Araucarites Rhodeanus,* Göppert (*Die Fossil-flora der Permischen Formation,* p. 256, pl. LVII, fig. 2 et 3).

Habitat. Au Treuil. — Au Deveis. — A Tardy. — Chez-Samuel à la Béraudière.

RESTAURATION ET PORT DES CORDAÏTES.

Après avoir rapproché, par le fait plutôt que par la considération du gisement en commun, parfois cependant exclusif, toutes les parties de Cordaïtes dans des états fossiles si divers, et étudié leur nature autant que leur assez mauvaise conservation le permet, nous pouvons tenter leur restauration et rechercher leurs affinités.

En se pénétrant bien de la forme et des dimensions des débris de Cordaïtes, on est porté à concevoir des arbres très-élevés sans branches. Dans l'intérieur du bois, on ne voit qu'exceptionnellement des traces de rameaux morts, si communes dans les Abiétinées; il y a de gros troncs de 10 à 15 mètres sans variations de grosseur, et des rondins en quantité sans aucune trace de ramification. Les Cordaïtes paraissent ainsi avoir eu peu de dispositions à se ramifier, peut-être sous l'influence de l'entraînement qui, dans les Vosges, produit les plus hautes futaies de Hêtres et de Bouleaux, mais aussi sans doute parce qu'il était dans leur nature de pousser surtout en hauteur, comme les Conifères. La puissance que néanmoins ces arbres acquéraient, la densité des tiges, ne s'expliqueraient alors que par la plus grande poussée ascensionnelle, qui leur a fait atteindre 20, 30 et 40 mètres, en se ramifiant seulement vers le sommet. Quelques rameaux surgissaient bien de temps en temps, mais ils séchaient et tombaient vite en décomposition; la marque s'en effaçait bientôt à l'extérieur. Toutefois, certaines tiges donnaient des branches grossissantes à diverses hauteurs et peut-être même, mais dans des cas exceptionnels, dès la base.

C'est un fait que quelques Cordaïtes avaient une ramification multipliée, mais irrégulière, isolée ou rapprochée à un même niveau, mais avec une force de branches très-variable. Les ramifications, subperpendiculaires au bout des rameaux, sont généralement obliques et ascendantes sur maîtresses branches et sur tiges. Les derniers rameaux, longs, grêles, entraînés par le poids des feuilles, devaient être généralement retombants à côté de jets ascendants plus gros, plus rigides. Les ramifications devaient être généralement espacées. Certains rameaux tombaient de caducité. Les branches inférieures devaient mourir étouffées.

Le faible développement des racines annoncerait des arbres peu rameux; mais il faut ici se mettre en garde contre une pareille conclusion analogique, parce que, les Cordaïtes étant parents aux Conifères, on sait que dans celles-ci, contrairement aux autres Dicotylédones, la force et l'étendue des racines, généralement courtes et volumineuses, ne sont pas en proportion avec les tiges et le développement des branches.

Telle est l'idée générale que nous nous faisons du port des Cordaïtes, d'après l'ensemble de nos observations.

Mais ces végétaux, divers par la forme et l'ampleur du feuillage et par les autres organes, devaient offrir dans leur port et leurs dimensions une certaine variété. Les plus grands arbres auraient porté les grandes feuilles spathuliformes de Cordaïtes, qui formaient de gros bourgeons au bout des branches, se distançaient peu à peu et, ne se soutenant plus, se déjetaient et pendaient plus ou moins irrégulièrement avant de se détacher.

Les Dory-Cordaïtes, aux larges et longues feuilles lancéolées, aiguës, formaient des arbres de physionomie particulière, ramifiés, avec bouquets de feuilles terminales semblables aux *Yucca*.

Les Poa-Cordaïtes, aux étroites feuilles linéaires de Graminées, et dont nous avons noté le mode de ramification diffus, avaient le port le plus élégant si, comme cela nous paraît probable, les rondins de Pityo-Dadoxylon en sont les faibles, mais très-hauts supports sans branches.

En mettant à profit toutes les données positives que nous avons réunies sur les Cordaïtes, et en nous inspirant des traits qui doivent en refléter un peu la manière d'être à l'état vivant, nous avons rétabli, au tableau D de végétation, les principaux types de ces grands végétaux, qui ont joué un rôle considérable dans la formation des terrains houillers supérieurs de la France centrale.

VÉGÉTATION ET NATURE DES CORDAÏTES.

Lorsque l'on considère la masse énorme de feuilles de Cordaïtes, paraissant dépasser celle des autres organes, y compris le bois, on est porté à croire que la végétation de ces plantes se traduisait par un développement foliaire excessif. Les plus minces branches étaient garnies du plus abondant feuillage, comme aucune Conifère actuelle n'en offre un exemple même approchant; il faut aller dans le domaine des Monocotylédones en arbres pour trouver une aussi riche production de feuilles, dont l'élaboration nutritive servait sans doute, en très-grande partie, à leur multiplication et à leur extension mêmes.

Les feuilles, d'abord très-rapprochées, s'espaçaient beaucoup sur les branches par suite d'un allongement terminal qui devait être très-prolongé, comme l'indiquent les fibres rayées qui accompagnent l'étui médullaire sur une certaine épaisseur du bois.

D'autre part, le caractère large et médulleux des branches indique au moins des jets très-vigoureux et, en tout cas, autrement succulents que ceux que nous sommes habitués à voir dans leurs alliées vivantes, même des contrées intertropicales; il y a en effet des *Artisia* de $0^m,05$ à $0^m,08$ de diamètre dans des pousses à mince paroi que les diaphragmes devaient contribuer à maintenir fermes.

M. d'Eichwald a trouvé (*Lethæa Rossica*, p. 252) que, dans l'état de vernation, les feuilles de Cordaïtes étaient ramassées, enroulées en forme de gros bourgeons (*ibid.*, pl. XIII, fig. 18 *a* et *b*, et pl. XVIII, fig. 1 à 3), que M. Göppert compare à ceux des Musacées. Dans les quartz de Grand'Croix, il y a de petits bourgeons avec feuilles enroulées en spirale et se recouvrant plusieurs fois. Dans le régime (pl. XXV, fig. 2) de Roche-la-Molière, on voit en ω un bourgeon latéral, ovoïde, allongé, à la surface de l'empreinte duquel ressortent assez bien les feuilles non encore déployées, un peu plus petites à la base, mais non écailleuses et protectrices, à peu près comme dans les *Dammara*, parmi les Conifères vivantes.

Tout indique que la végétation n'a pas été suspendue dans les Cordaïtes; elle éprouvait bien un ralentissement périodique, mais beaucoup moindre que dans les Conifères de nos contrées, dans tous les cas, non suivi d'arrêt, ainsi que l'attestent les caractères concordants des formes extérieures et de la structure interne des tiges. Chaque période de végétation devait produire de grands allongements, d'au moins 2 mètres dans certains cas [1], ce qui est énorme comparativement à ce que l'on voit aujourd'hui. C'est aux époques de ralentissement que les ramifications se produisaient, et c'est encore plutôt à ce moment que la plante paraît avoir jeté de préférence ses inflorescences nombreuses.

Les Cordaïtes vivaient mêlés aux autres plantes houillères et se plaisaient dans les lieux bas et soumis aux inondations, de même que le Cyprès chauve de la Louisiane, qui se développe dans les marais et y atteint de grandes dimensions avec des racines rameuses étalées horizontalement à peu de profondeur dans la vase.

Les Cordaïtes, pendant leur existence, poussaient activement, et bientôt à bout de force, car ils n'atteignaient pas, d'ordinaire, un grand diamètre en comparaison de leur hauteur, ils se prêtaient, par leurs diverses parties peu altérables, surtout par leurs feuilles et leurs si puissantes écorces denses, aussi bien que les Sigillaires avant et les Fougères après, aux accumulations prodigieuses de débris végétaux qu'a nécessitées la formation des couches de houille épaisses.

[1] M. Aymard, au Puy, possède un *Artisia transversa* de Langeac, dont les divers fragments raccordables, ajoutés, font plus de $1^{m},25$ de longueur.

AFFINITÉS DES CORDAÏTES.

Il y a des feuilles de Cordaïtes qui, pour la forme, la nature coriace et la nervation, ressemblent beaucoup à celles des *Dammara,* de la tribu des Abiétinées, et encore à celles de quelques *Podocarpus,* de la tribu des Taxinées.

Le bois est bien analogue à celui des *Araucaria,* mais, par ses larges pores moins aréolés et surtout par sa tendance à avoir des rayons médullaires composés, il s'éloigne de tous les bois connus de Conifères, où ces rayons sont constamment simples. D'ailleurs des recherches récentes apprennent qu'un bois de Conifère, par cela même qu'il a la structure de celui des *Araucaria,* ne provient pas nécessairement d'une Araucariée, et peut même n'avoir avec ces plantes vivantes qu'une très-faible affinité; en raison de quoi, le mot d'*Araucarites* de M. Göppert et celui d'*Araucarioxylon* de M. Krauss désignent moins bien le bois de Cordaïtes que le mot de *Dadoxylon,* préféré par M. Brongniart, pour ne pas préjuger d'affinités aussi étroites, démenties, au reste, par les organes de la fructification.

Car il n'y a vraiment que ceux-ci qui puissent nous mettre sur la voie des véritables rapports des Cordaïtes avec les plantes vivantes.

Or les Cordaïtes sont monocarpés, c'est-à-dire que les fleurs femelles, quoique disposées en épis comme les fleurs mâles, sont solitaires dans un même involucre; les graines sont, en tout cas, indépendantes des squames extérieures et participent ainsi du caractère essentiel des Taxinées; les ovules sont également droits, de sorte que les plantes fossiles qui nous occupent ont au moins des rapports de très-haute valeur avec cette tribu de Conifères.

Les Cordaïtes appartiennent-ils au moins, en considération des autres organes, à la classe des Conifères vivantes? Les feuilles simples, par leur nature coriace, leur attache calleuse, sont bien celles de cette famille, à laquelle les *Dadoxylon* paraissent appartenir, au moins en grande partie. Les racines ne sont jamais pivotantes, comme dans les arbres verts; la ramification est irrégulière, c'est vrai, mais elle l'est également chez les *Taxus, Gingko, Podocarpus*, etc. Enfin les fleurs, unisexuées, appartiennent peut-être même à des arbres monoïques, comme dans la généralité des Conifères.

Tout s'accorde ainsi pour rattacher les Cordaïtes aux Conifères; mais est-ce à dire pour cela qu'ils rentrent dans le cadre d'un groupe actuellement existant? La combinaison des caractères leur est propre, et ces caractères sont la plupart assez particuliers, de manière que les Cordaïtes, avec les rayons médullaires composés du bois, avec la structure singulière de leur écorce si développée (dont l'importance paraît devoir être grande dans la méthode naturelle), avec des rameaux naissant à distance des feuilles, constituent, en raison surtout de leurs inflorescences spéciales, peut-être un prototype de Conifère disparu, très-remarquable, qui a joué, par la masse au moins, le plus grand rôle dans la végétation carbonifère. La variété des organes, et surtout des organes de reproduction, lui donne une étendue plus que générique, qui m'a engagé à en faire une tribu éteinte, du nom de Cordaïtées, ou plutôt un ordre, car les Dory-Cordaïtes, auxquels les *Samaropsis* semblent bien appartenir, dédoubleraient ce groupe et l'élèveraient plutôt au rang d'une des familles les plus remarquables dont la terre ait été embellie dans les premiers âges.

Corda avait fait connaître si incomplétement la structure du *Flabellaria borassifolia* que, malgré la disposition rayonnante des éléments ligneux, on a pu douter que son organisation s'accordât même avec celle des Exogènes, à cause de l'absence des rayons médullaires, qui cependant, on le sait, manquent dans divers groupes de Dicotylédones. M. Brongniart avait indiqué sa position près des Cycadées; M. Göppert, mettant les Cordaïtes à la suite des *Noggerathia*, leur assigne une place parmi les Monocotylédones. M. d'Ettingshausen a même classé le *Flabellaria borassifolia* près du *Lomatofloyos crassicaule*, dans la classe des Sélaginées.

C'est que l'on n'avait encore que des idées très-incomplètes et très-vagues sur ces plantes, qu'on pourra bientôt, après l'étude par M. Brongniart des graines et des bourgeons mâles silicifiés, définir presque aussi bien qu'un groupe de plantes vivantes.

Les Cordaïtées représentent la classe des Conifères dans le terrain houiller jusque dans le Rothliegende; le type, comme feuille seulement, survivrait dans le Zechstein par certains *Ulmannia* [1], à feuilles aiguës striées, sans nervure moyenne au sommet, un peu carénées à la base, rappelant le *Poa-Cordaites oxyphyllus*, et jusque dans le Trias par le genre *Albertia*, à feuilles de *Dammara* [2]; mais dans ces deux sortes de végétaux plus récents, la fructification femelle est strobiliforme, avec graines uniques ailées sur chaque écaille dans les *Albertia*, bien différemment des véritables Cordaïtes.

DICRANOPHYLLUM nov. gen. (Pl. XIV et XXX.)

On trouve dans les terrains houillers du centre de la France des débris de plantes que l'on n'a encore ni décrits, ni signalés ailleurs, remarquables sous plusieurs rapports et dont nous allons énumérer les caractères distinctifs, du moins en ce qui regarde les feuilles, les branches et les ramifications.

Ce sont, avant tout, des feuilles linéaires de longueur variable, une et deux fois bifurquées d'une manière constante dans un même plan; feuilles, à part cela, plissées en longueur et rappelant un peu, quoique plus courtes et plus étroites, celles des Lépidodendrons et de quelques Sigillaires, mais autrement coriaces, de nature au moins plus fibreuse et marquées de plusieurs nervures plus fortes, saillantes, et de nervules intermédiaires plus ou moins noyées dans l'épaisseur du parenchyme.

Ces feuilles sont insérées autour de petites branches, sur coussinets saillants disposés en spirale régulière, à section subrhom-

(1) Göppert, *Die Fossilflora der Permischen Formation*, pl. XXIX, fig. 4, et Geinitz, *Dyas*, p. 156, pl. XXX, fig. 5.

(2) Schimper, *Monographie des plantes fossiles du grès bigarré de la chaîne des Vosges*, p. 14, pl. V, notamment.

boïdale oblique, rappelant ceux des Lépidodendrons, mais formés par la base charnue de feuilles décurrentes latéralement, d'une manière plus semblable à certaines Conifères; les feuilles, d'abord dressées en pinceau, retombent plus ou moins; elles sortent subperpendiculairement des rameaux et sont même un peu incurvées à la base. Celles de la première espèce décrite ci-dessous ne paraissent pas avoir été caduques; il en reste toujours quelques traces sur les branches les plus vieilles, et elles n'ont pas laissé de cicatrices nettes. L'enveloppe charbonneuse des branches est épaisse; les coussinets foliaires s'y effacent peu à peu, comme si l'écorce eût pris de l'épaisseur au contact d'un corps ligneux grossissant dicotylédone; le moule interne est uni, en tout cas, et n'offre pas de saillies knorriiformes.

Les branches sont ordinairement simples, minces et très longues sans ramification. Il y en a cependant quelques-unes avec un rameau isolé, d'autres avec deux rameaux opposés, et même, ce semble, parfois avec un plus grand nombre de ramules, en partie caducs et situés au même niveau, où sont plus rapprochées les cicatrices de feuilles plus écailleuses, comme dans les Conifères. Des touffes de feuilles étalées comme dans les Mélèzes et des rejets isolés se remarquent en certains points des rameaux; il y a de nombreux bourgeons axillaires (voir pl. XIX, fig. 8); et à l'aisselle de quelques feuilles, on remarquerait des indices assez précis de toutes petites graines cylindro-coniques (pl. XXX, fig. 3); sur un spécimen de Bourganeuf (Creuse) ces bourgeons et ces graines paraissent bien insérés au-dessus plutôt qu'à l'aisselle des feuilles.

Ces débris dénotent de toutes manières des plantes dicotylédones, peut-être assez peu éloignées d'un type non décrit de Cordaïtes, dont je donne (pl. XXX, fig. 4) une petite feuille organiquement subdivisée deux fois de suite par dichotomie, comme celles de *Gingko;* mais dans les *Dicranophyllum,* les graines et les boutons florifères naissaient à l'aventure, sans aucune préparation de la plante, sans modification des feuilles et rameaux en inflorescences.

Rien, dans les publications parues, ne se rapporte à ces plantes, cependant assez communes. On avait bien signalé des Lépidodendrons, le *Lep. acerosum* par exemple, comme pouvant être alliés aux Conifères, et le *Knorria taxina*, de Jarrow, comme ressemblant à une branche d'If, mais par raison de vague ressemblance et sans preuve; aucune mention n'a été faite de feuilles aciculaires bifurquées.

On avait indiqué [1] dans le terrain permien, sous les noms de *Piceites* et de *Pinites*, des Conifères à feuilles aciculaires [2], mais simples, comme on peut s'en rendre compte sur des échantillons d'Autun.

M. le comte de Saparta vient de signaler [3] dans les schistes ardoisiers de Lodève, sous les noms de *Gingkophyllum Grasseti* et *Tricophyllum heteromorpha*, deux rameaux avec des feuilles plus ou moins analogues à celles qui nous occupent.

Avec les *Dicranophyllum*, ces deux plantes permiennes, que l'auteur compare aux *Salisburya*, annoncent un nouveau groupe composé de Conifères paléozoïques.

Les *Dicranophyllum* ne paraissent avoir formé que des arbustes, avec cependant une tige prépondérante, et vraisemblablement tels que nous les reconstruisons sur notre tableau D, à feuilles dressées au bout des branches, bientôt étalées et retombantes, tantôt plus courtes, tantôt plus longues, et faisant fléchir les extrémités; avec ramifications par étages, mais rendues, à la longue, très-irrégulières par la chute de quelques rameaux et le développement inégal des autres.

En voici d'abord tous les *habitat*, sans distinction d'espèces.

Habitat. Nombreux en divers points et à plusieurs niveaux, à la Niarais et principalement au bois de Robertanc. — Communs aux Rouardes. — Chez-Marcon à Saint-Priest. — Plusieurs à Montrond. — Au Ban du Collenon. — A Chavannes.

[1] M. Geinitz, des rameaux prétendus de Conifères, à cicatrices rhomboïdales et feuilles tétragones aciculaires, p. 157, cahier II, *Dyas*.

[2] Gutbier, dans *Pinites Naumanni* (*Die Verst. der Zech. und Roth.*, etc., pl. XI, fig. 8, p. 47).

[3] *Comptes rendus des séances de l'Académie des sciences*, 19 avril 1875.

— Quelques débris à la Poizatière. — Vestige à Pomaron. — A Unieux-Saint-Victor. — Chez-Merley et au puits Saint-Georges, à Saint-Jean. — A la Calaminière. — A Côte-Chaude. — A la Béraudière. — Au puits Ravel de la Porchère. — Aux Roches. — Au Montcel. — Assez au Grand-Recou. — A l'est et à l'ouest du bois de l'Angonan et au Paradis (Saint-Chamond).

DICRANOPHYLLUM GALLICUM. (Pl. XIV, fig. 8, 9 et 10.)

D. à feuilles étroites marquées de trois nervures plicatiles et en outre obscurément striées, partagées, par dichotomie suivant le pli du milieu, en deux branches tracées de deux fortes nervures, chaque branche étant encore subdivisée en deux parties à une seule nervure; la division ne paraît pas aller au delà, jamais. Les caractères d'insertion de feuilles et de ramification énoncés plus haut sont relatifs à cette espèce, répandue dans le centre et le midi de la France.

Habitat. C'est le cas de la grande majorité des *Dicranophyllum* à Saint-Étienne; dans les couches inférieures, à Robertane, les plis des feuilles, plus robustes, plus coriaces, se décomposent en stries nerveuses très-évidentes.

DICRANOPHYLLUM STRIATUM. (Pl. XXX, fig. 1, 2.)

Comme diagnose se rapportant aux nombreux exemples plus caractéristiques du Montet-aux-Moines (Allier) et de Saint-Éloi-en-Combrailles (Puy-de-Dôme), *Dicranophyllum* à feuilles (pl. XXX, fig. 1) toujours isolées et sans doute caduques, contrairement à l'espèce précédente, divisées une ou deux fois moins ouvertement et régulièrement, quelques-unes, mais c'est la grande exception, étant même restées entières; ces feuilles sont moins roides, de longueur très-variable, depuis 0^{m},04 jusqu'à 0^{m},20, cependant de largeur limitée ne dépassant pas 5 à 6 millimètres; elles sont planes dans l'ensemble, assez coriaces; les plus larges ont quatre, plutôt cinq, parfois six et sept nervures évidentes, égales, suivant lesquelles les feuilles sont plissées inégalement et différemment, et entre lesquelles elles sont encore surnerviées finement; les nervures principales paraissent diminuer en nombre à la base d'insertion, où elles ne semblent pas avoir dépassé quatre.

Certaines feuilles élargies à la base y présentent comme l'empreinte de petites graines non épiphylles. J'en dessine une de face et l'autre de côté (fig. 2). Il est évident que cette espèce diffère beaucoup de la précédente.

Habitat. Il y en a de très-analogues, pour ne pas dire identiques, aux Rouardes (dans la tranchée de détournement du Gier), au sud du bourg de Terre-Noire.

GENRE ISOLÉ. — WALCHIA, Sternberg.

Les *Walchia*, réputés permiens, ne sont pas rares dans les terrains houillers du centre de la France en général, et de Saint-Étienne en particulier; ce sont des empreintes de branches avec nombreux rameaux distiques, régulièrement pinnés et garnis de petites feuilles rapprochées, coriaces, épaisses, aiguës, plus ou moins élargies à la base décurrente; les rameaux rappellent ceux des *Araucaria* et *Cryptomeria;* on les trouve avec des cônes femelles, non encore analysés, terminant les rameaux, et avec des fleurs mâles en épis peu discernables. M. Göppert estime que les *Walchia* doivent appartenir à des plantes très-éloignées de leurs analogues de formes et qu'ils constituent un groupe disparu de végétaux arborescents.

Les *Walchia* semblent former deux types : 1° les uns, comme le *Walchia pinniformis*, sont à feuilles épaisses, tétragones, parcourues par un seul faisceau, les feuilles laissant des cicatrices rhomboïdales plus hautes que larges, avec un seul passage vasculaire; 2° les autres, comme j'en ai vu des environs d'Autun, à feuilles planes élargies à la base, aiguës et crochues au sommet, coriaces, parallèlement nerviées, relevées d'une carène dorsale et laissant des cicatrices transverses.

La première sorte est seule représentée à Saint-Étienne par deux espèces.

WALCHIA PINNIFORMIS, Schlotheim.

Avec ses feuilles serrées, épaisses, plus ou moins longues, ouvertes, falciformes, cette espèce paraît véritablement exister à Saint-Étienne, sous la forme représentée pl. X, fig. 3, 5 et 6 (*Die Verst. d. Zech. u. Roth. in Sachsen*), ou aussi pl. XLVIII, fig. 2 (*Die Fossilflora der Permischen Formation*) ; à moyennes feuilles, certains échantillons ressemblent en effet au *Walchia pinniformis* de Chambois; ceux à longues feuilles étalées sont plus analogues au *Walchia Schlotheimii* de Lodève.

Habitat. Refonçage du puits Neyron. — Tranchée du chemin de fer de Sorbiers. — Avec feuilles plus ou moins allongées, au toit de la 1re et de la 2e couche du Treuil (Muséum), au puits Rabouin d'Unieux. — Un léger fragment au puits des

Rosiers. — Une petite branche au toit de la couche de Côte-Chaude, comme on en a figuré une du terrain permien. — Beaucoup dans un banc de grès fin siliceux, à Landuzière. — Une empreinte imparfaite à Valjoly. — A Montrond et à Grand'Croix, des formes, ce semble, intermédiaires. — A la Giraudière avec feuilles plus minces. — Un tout petit fragment à Communay, un autre à Saint-Jean-Bonnefonds.

WALCHIA HYPNOIDES, Brongn.

Avec un port particulier et des feuilles plus courtes, imbriquées, on trouve, à Saint-Étienne comme à Lodève, des *Walchia*, identiques à celui décrit et figuré p. 84, pl. IX *bis*, fig. 1, de l'*Histoire des végétaux fossiles*, mêlés ou non au *Walchia pinniformis*, dont ils paraissent indépendants.

Habitat. Nombreux dans un schiste vers 300 mètres au puits Neyron. — A Saint-Priest. — A la tranchée du chemin de fer de Sorbiers.

BOTRYOCONUS ET SAMAROPSIS, Göppert. (Pl. XXXIII.)

M. Göppert désigne [1], sous le nom de *Samaropsis*, les petites graines fossiles du terrain houiller, pourvues d'ailes latérales, égales, symétriques, striées parallèlement au bord extérieur, bref semblables aux Samares.

La graine est mince, aplatie, très-aiguë au sommet, obtuse et même un peu échancrée à la base; les ailes, qui sont bien des expansions du testa, sont essentiellement disjointes au sommet.

Ces graines affectent des formes diverses. Elles comprennent évidemment les petites semences à deux cornes, ovoïdes, figurées par M. Brongniart (*Histoire des végétaux fossiles*, pl. XLVI et XLVII), et sans doute encore le *Cardiocarpus elongatus*, Newberry [2], ainsi que le *Carpolithes acutus*, Lindl. [3], dont les ailes se joignent suivant l'axe de la semence, mais que les écailles fructifères, figurées par M. Geinitz [4], rapprochent des *Samaropsis*, dont la dernière espèce aurait de plus le mode d'inflorescence.

Les *Samaropsis*, figurés depuis quelque temps par plusieurs au-

[1] *Die Fossilflora der Permischen Formation*, p. 177, pl. XXVIII, fig. 10.
[2] *Geological Survey of Ohio*, vol. I, pl. XLIII, fig. 7.
[3] *The fossil Flora of Great Britain*, vol. I, p. 210.
[4] *Die Leitpflanzen der Roth. und der Zech.*, p. 16, pl. II, fig. 13.

teurs, ont leurs analogues dans quelques graines de Cupressinées et dans des *Thuya* et *Callitris*, qui sont biailées; elles annoncent encore des végétaux plus ou moins rapprochés des Conifères. Ces semences sont toutes très-minces et de petite dimension[1].

Mais d'abord quelles sont les inflorescences qui les ont portées?

J'ai eu la bonne fortune de trouver plusieurs fois les *Samaropsis* en rapport de dépendance certaine avec de gros bourgeons écailleux formant des épis particuliers bien différents de ceux des Cordaïtes; le mot de *Botryoconus*, par lequel M. Göppert a conditionnellement désigné des inflorescences analogues, telles que l'*Antholithes Pitcairniæ*[2], leur est parfaitement applicable.

De quelles plantes houillères ces semences et épis strobilioniformes proviennent-ils? Le gisement le plus connexe les rattache aux *Dory-Cordaites*, en compagnie desquels ils gisent d'ordinaire en nombre dans les couches moyennes et supérieures de Saint-Étienne.

M. Peach a signalé, sans dessin, sans explication aucune[3], une inflorescence assez analogue décrite et figurée par M. Carruthers[4], mais avec des graines pédicellées naissant, au nombre de trois ou quatre, du milieu de bourgeons subopposés distiques par rapport à un axe strié, non articulé; la forme des graines, leur agrégation, l'axe strié en longueur de cet appareil de fructification le rapprochent, ainsi que l'*Antholithes anomalus* de Morris[5]

(1) Les *Carpolithes alatus* et *ingens*, Lesq., le *Cardiocarpus samaræformis* de M. Newberry, tous trois beaucoup plus gros, ont de grandes ailes indépendantes et sont sans doute carpellaires aussi; dans ce cas, les strobiles auraient eu une certaine dimension.

(2) Qui ressemble, pour le docteur Hooker, à un véritable épi en fleur, sans analogue vivant dans les Cryptogames et les Gymnospermes, comparable, par l'empreinte de la forme, aux inflorescences de Labiées, par exemple.

(3) *Transactions and Proceedings of the botanical Society*, vol. XI, part I, 1871, p. 108.

(4) *Geological Magazine*, février 1872, p. 7 et 8.

(5) *Transactions of the geological Society of London*, 1840, vol. V, 2e série, pl. XXXVIII, fig. 5.

et aussi l'*Antholithes Pitcairniæ*, de nos *Botryoconus*, qui constituent toutefois un tout autre type, que nous allons décrire avant leurs semences tombées.

Ces divers organes de reproduction paraissent révéler deux genres, que nous verrons propres, l'un au terrain houiller moyen, et l'autre au terrain houiller supérieur. Ces genres succédanés, par leurs graines agrégées, diffèrent beaucoup des Cordaïtes, à graines solitaires. Je puis donc avoir eu raison d'élever le groupe des Cordaïtes au rang d'un ordre, puisque ce groupe se compose de deux séries éloignées de plantes carbonifères.

BOTRYOCONUS FEMINA. (Pl. XXXIII.)

Longs épis (pl. XXXIII, fig. 1), de plus de $0^m,20$, composés de petits strobiles latéraux, globuleux, formés d'écailles nombreuses (fig. 1'''), minces, finement striées, aiguës, bombées, carénées, élargies à la base, carpellaires et ayant chacune porté sur la face intérieure supérieure un *Samaropsis* solitaire, symétrique, plus ou moins comparable à un fruit d'*Ulmus;* on voit deux de ces petites graines (*m* et *m'*) sortir d'entre les feuilles du strobile (fig. 1'), comme s'ils en étaient exprimés par la compression; l'axe est rugueux, strié, noueux; les bourgeons distiques, opposés ou alternes, sont situés à l'aisselle de feuilles aciculaires.

La partie inférieure de l'axe, plus ou moins dépourvue de strobilionites, remplacés par de rares bourgeons stériles, présente parfois des indications de stries et de jointures d'où partent de petites feuilles aciculaires, comme s'il était possible que nous eussions affaire à une inflorescence d'Astérophyllites; un *Antholithes* de Felling (Newcastle), s'il est bien figuré, a un axe strié, articulé, noueux avec bourgeons opposés.

Mais les écailles, qui varient assez de forme, diffèrent totalement des feuilles d'Astérophyllites; elles sont plus ou moins larges, courtes ou allongées (voir fig. 1''' et 2''); elles sont très-bombées, avec une carène qui s'accuse davantage vers le sommet; le *Rhabdocarpus navicularis*, Göppert et Fiedler[1], paraît être tout simplement une écaille de *Botryoconus*. Ces écailles détachées se rencontrent uniques ou réunies par deux ou par trois; des épillets en entier sont souvent isolés; ils sont charbonneux à la base, où ils avaient une consistance solide; on en trouve d'aplatis en rosace (fig. 1''), comme s'ils se fussent

[1] *Ueber die Fossilen-Früchte der Steinkohlen-Formation*, p. 288, pl. XXVIII, fig. 35 *a*.

ouverts à la dissémination; ils paraissent avoir été légèrement pédicellés; les écailles plus petites de la base sont stériles et forment involucre.

Ces inflorescences, que nous avons trouvées en nombre à Avaize, diffèrent de celles des Cordaïtes : 1° totalement, par leurs graines, agrégées au lieu d'être solitaires ; 2° accessoirement, par leur rachis mince, strié, au lieu d'être épais, uni, fendillé en travers, conformément aux *Cordaicladus;* lequel rachis est souvent d'ailleurs noueux, sinon articulé en des points d'où sortent des épillets opposés.

BOTRYOCONUS MAS. (Pl. XXXIII.)

Dans les mêmes roches, on trouve des épis assez analogues aux précédents (pl. XXXIII, fig. 2) et appartenant en toute certitude aux mêmes plantes; mais les écailles, généralement plus allongées, élargies à leur extrémité libre et unguiformes (fig. 2″ ε), apparemment comme celles de l'*Antholithes Favrei*, Heer[1], sont très-différentes en somme; et du sein des épillets (fig. 2′), toujours aplatis en long, s'élèvent de menus organes, si délicats, si peu apparents, si peu discernables, que l'on n'en saurait préciser la forme, mais néanmoins réels et si constants qu'il n'y a guère à douter que ce ne soient des restes organisés, que leur forme et l'analogie nous portent à considérer comme staminifères; auquel cas, il y aurait lieu de séparer complétement leurs plantes mères des Cordaïtes proprement dits.

BOTRYOCONUS PITCAIRNIÆ, Lindley.

Nous avons trouvé aux Roches un épi semblable à l'*Antholithes Pitcairniæ* (vol. II, p. 5, pl. LXXXII, *Fossilflora*), qui nous paraît avoir porté sur de courts pédoncules des *Samaropsis acutus*, sur la foi d'un spécimen d'Eschweiler que nous avons eu l'occasion d'examiner; l'axe strié ne présente aucun indice d'articulation.

SAMAROPSIS FLUITANS, Weiss plutôt que Dawson. (Pl. XXXIII.)

Petites graines aiguës au sommet, obtuses à la base, où se remarque un point d'attache, munies latéralement de larges expansions ailées, relevées en haut sans se réunir jamais, entourant presque toute la graine et marquées de linéaments nerveux. Nos graines (pl. XXXIII, fig. 3) sont identiques à celles de la Flore de Saar-Rheingebiete (p. 209, pl. XVIII, fig. 24 à 30) et moins semblables à celle publiée en premier comme *C. fluitans* (*The Quarterly* de 1865, p. 165, pl. XII, fig. 73) qu'au *Cardiocarpum bissectum* de la même planche, avec son aile ébréchée profondément au sommet et sa semence

[1] *Die Urwelt der Schweiz*, p. 15, fig. 15, où l'auteur voit une fleur parfaite, des calyces à l'aisselle des bractées.

striée. Celle-ci est plane, plutôt pliée et froissée en long que naturellement carénée. Elle est tantôt plus longue, tantôt plus large, selon sans doute la forme de l'écaille sur laquelle elle reposait, mais elle reste une dans ses traits distinctifs, remarquablement constants. Elle ressemble également beaucoup au *Samaropsis ulmiformis* de M. Göppert; Fiedler a signalé comme *Cardiocarpus acutus* des graines semblables de Wettin.

Habitat. Considérablement dans un schiste d'Avaize. — Nombreux dans un schiste du puits Robert. — Plusieurs à la tranchée du bois Sainte-Marie. — Près de la 11e, à la tranchée du chemin de fer de Sorbiers. — Nombreux à 85 mètres au puits neuf de Méons. — Aux Roches. — Chez-Marcon à Saint-Priest. — Fréquents à Villars. — Quelques-uns à la Barallière. — Puits du Gagne-Petit. — Saint-Priest. — Puits de la Manufacture. — Toit de la 2e au Treuil. — Béraudière. — Puits du Ban de la Malafolie. — Refonçage du puits Neyron, à Roche-la-Molière. — Puits Mars. — A 460 mètres au puits Ambroise de Villebœuf.

SAMAROPSIS FORENSIS. (Pl. XXXIII.)

Graines planes (pl. XXXIII, fig. 4), relativement plus grandes, dont les ailes, beaucoup plus étroites, n'apparaissent bien que vers le sommet, au-dessus duquel elles sont rapprochées et arrondies, au lieu d'être écartées et de former chacune une pointe rentrante; la base est libre. Ces différences sont constantes et ne laissent pas de doute que nous n'ayons affaire à une autre espèce de *Samaropsis*.

Habitat. Treuil. — Puits de la Culatte. — Puits de la Bâtie et Camille du Cros. — Nombreux au puits du Ban de la Malafolie. — A 70 mètres au-dessous de la 8e à Méons. — A la Niarais. — A Montrond.

SAMAROPSIS SUBACUTA.

Graines un peu plus fortes (fig. 5), oblongues, carénées et pourvues d'ailes plus ou moins développées, se rejoignant presque dans l'axe, au-dessus du sommet, et par là différentes de celles des deux espèces types de *Samaropsis;* elles sont plus analogues au *Cardiocarpus acutus*, Lindl., mais proportionnellement plus allongées et différentes sous d'autres rapports.

Habitat. Lorette. — Plat de Gier. — Bois-Monzil. — Roche-la-Molière. — A Reveux. — A Communay.

SAMAROPSIS DUBIA.

Nouvelle sorte de petites graines très-minces (fig. 6), bordées tout autour de deux ailes latérales plus larges et plus prolongées vers la base qu'au sommet, à l'inverse des autres *Samaropsis*. La dimension est très-variable.

Famille des CALAMODENDRÉES.

Les Calamodendrées forment un groupe aussi important que remarquable, fondé sur des bois fossiles la plupart de structure très-anomale, et dont les autres débris encore inconnus demandent à être examinés avec soin. Ces végétaux deviennent abondants dans les couches supérieures du bassin houiller de la Loire; ils tendent à y caractériser un étage de végétation. Leur enveloppe corticale de houille et leur bois désagrégé et dispersé à l'état de fusain contribuent d'une manière notable à former la puissante couche de Decazeville. Ce sont alors des plantes qui ont joué un certain rôle et qui sont dignes du plus grand intérêt, aussi bien sous le rapport géologique que botanique.

Leurs tiges ligneuses sont très-médulleuses; le bois est ordinairement charbonné et dispersé; l'écorce est conservée à l'état d'une enveloppe de houille, et l'étui médullaire de forme calamitoïde a produit des moules qui sont aux tiges de Calamodendrées ce que les *Artisia* sont aux branches de Cordaïtes.

Le bois est formé par l'alternance de lames rayonnantes de tissus différents, cannelé par suite de cette composition, articulé par l'arrêt et le croisement des lames aux articulations, qui, étant en outre accompagnées de cicatrices raméales, donnent lieu, sur la surface, à une véritable forme de Calamite. Ces lames sont tantôt les unes fibreuses et les autres vasculaires, tantôt formées d'une seule sorte de fibres vasculaires et séparées par des rayons médullaires continus. Aux bois formés de lames alternes fibreuses et vasculaires M. Göppert réserve le nom de *Calamodendron;* aux autres, dont l'organisation avait déjà paru différente au docteur Mougeot, il donne le nom d'*Arthropitus* [1].

Les fibres vasculaires, rectangles, sont barrées, poreuses ou même réticulées.

Dans la masse et la variété des bois de Calamodendrées que

[1] *Die Fossilflora der Permischen Formation*, p. 179.

j'ai observés au microscope, les rayons médullaires simples ou composés, plus ou moins abondants, caractérisent la famille au premier chef, en ce que, au lieu d'être formés, comme d'habitude, par des cellules allongées dans le sens radial, celles-ci, seulement de la largeur des fibres vasculaires, sont plutôt allongées dans le sens de la tige, de même que le parenchyme ligneux[1], comme M. Williamson en a figuré (*On the structure of the woody zone of an undescribed form of Calamite*, pl. III, fig. 9, et *On the organization of the fossil Plants of the coal-measures*, fig. 8 et 11, p. 484, part I); ces cellules, souvent plus allongées, sont alternes, ou même en prolongement et paraissent marquées de pores, comme si elles résultaient de plans de vaisseaux divisés, à distance variable, par des cloisons horizontales continues, ainsi que nous l'exprimons pl. XXX, fig. 5, du moins comme cela se présente dans le fusain, qui est du bois mal conservé. Des préparations d'Autun indiquent dans ce cas du tissu en paquets rappelant le suber, formé de fibres de longueur inégale et souvent si courtes qu'on peut les confondre avec les cellules des rayons médullaires dont nous venons de parler.

De même que dans le *Calamopitus* de M. Williamson, j'ai aussi vérifié dans les *Arthropitus* que, sans doute par suite de l'épaississement des rayons médullaires primaires aux articulations, il existe de chaque côté de celles-ci des raies médullaires à cellules plus allongées horizontalement, destinées probablement à accélérer à ce niveau la circulation de l'extérieur à l'intérieur de la tige et inversement.

S'il faut en croire M. Williamson, l'écorce est exclusivement cellulaire et, par suite, très-imparfaite, car, ainsi, les Calamodendrons n'auraient, dit-il, des Dicotylédones que le xylum, sans le phlœum, qui les caractérise l'un et l'autre au même titre; cependant il y a des Calamodendrées qui paraissent avoir une écorce complexe. Il faut distinguer à ce sujet les tiges jeunes et

[1] Ces plans médullaires sont sans doute destinés à deux fins, à favoriser la circulation longitudinale en même temps que la circulation radiale des sucs élaborés.

les tiges adultes : M. B. Renault décrira bien de jeunes tiges avec une écorce cellulaire très-épaisse, mais, comme chez les Cordaïtes, la zone génératrice devait y développer, à la longue, l'écorce dense et fibreuse que l'on trouve houillifiée autour des tiges de *Calamodendron.*

Tout porte à croire que toutes ces plantes ont essentiellement un étui médullaire organisé sur le plan géométral des Calamites; c'est pourquoi elles ont toutes un moule calamitoïde, dont la forme se propage jusqu'à la surface du corps ligneux, si celui-ci est formé de lames alternes de tissus différents, ou s'atténue de plus en plus à travers la couche du bois, si celle-ci est de composition uniforme.

Genre ARTHROPITUS, Göppert.

Bois dicotylédone composé uniquement de fibres vasculaires barrées ou réticulées, toujours rayées à l'intérieur; divisé en faisceaux cunéiformes par des lamelles ou rayons médullaires primaires, continus d'un nœud à l'autre [1] et alternes d'un mérithalle au suivant, d'où il résulte un cylindre ligneux articulé; faisceaux pénétrés, en outre, de rayons médullaires secondaires anastomosés.

Cette structure, qui paraît simple, présente déjà deux sortes de rayons médullaires et, dans un échantillon d'Autun, en outre, un mélange de longues fibres avec paquets de vaisseaux, ce qui indique du bois assez compliqué. L'écorce est cellulaire, dit-on; cependant, dans un spécimen de Saint-Étienne, on y verrait courir des fibres. Tout cela prouve qu'il y aura plusieurs genres à découper dans les *Arthropitus.*

Les coins de bois portent souvent, à l'intérieur, des lacunes caractéristiques, d'où partiraient les rayons médullaires secondaires; ils sont considérés par MM. Göppert et Williamson comme les

[1] Certains végétaux vivants ont des rayons médullaires continus, les *Clematis*, par exemple; dans les Rubiacées arborescentes, ces rayons sont même formés de cellules allongées dans le sens de la tige.

homologues des canaux essentiels des *Equisetum;* ils ont des vaisseaux rayés qui alimentent les organes appendiculaires.

La moelle, au contact du corps ligneux, doit prendre une forme calamitoïde, dont les côtes, correspondant aux rayons primaires, doivent former des crêtes longitudinales. D'un autre côté, la moelle, se creusant, se rejetant tout autour, a produit de grandes cavités entre les diaphragmes épaissis. Les moules isolés de la moelle d'*Arthropitus* doivent alors se distinguer par des côtes tranchantes superficielles, avec l'indication de cavités internes et de cloisons épaisses, etc.; certains petits noyaux calamitoïdes de Commentry et du Creusot, très-contractés, à épaisses cloisons charbonneuses, offrent on ne peut mieux ces caractères, différenciant les moules en question, qu'on pourrait appeler *Myelocalamites,* d'avec les *Endocalamites* et les *Calamites.*

Les rayons médullaires primaires continus s'atténuent à travers le corps ligneux; la forme calamitoïde de l'intérieur devient de moins en moins nette sous l'écorce des tiges grossissantes. Cette atténuation des formes intérieures à travers le corps ligneux et l'épaississement notable de l'écorce (qui peut aller à $0^{m},02$) font que celle-ci, isolée, ne se distingue bientôt plus de celle des Cordaïtes; le fait est qu'une puissante écorce unie de Montrambert aurait pu être rapportée aux Cordaïtes, si, par accident, elle n'avait conservé à l'intérieur une forme calamitoïde indépendante.

Nous donnons (pl. XXX, fig. 7) une branche d'*Arthropitus* avec le bois sidérifié, et l'écorce et le pourtour de la moelle houillifiés.

Les côtes sur la moelle correspondent aux lames cellulaires; les côtes affaiblies de la surface du bois sous l'écorce sont produites par les lames vasculaires; il en résulte que les tubercules situés sur les côtes de la moelle calamitoïde correspondent aux sillons du moule sous-cortical, et que, de ce fait, les Calamites ne peuvent être les écorces d'*Arthropitus.*

La structure homogène du bois d'*Arthropitus* le fait ressembler au *Dadoxylon* à tel point que souvent le microscope est nécessaire pour l'en distinguer.

Les ramifications, comme on va le voir, sont de même irrégulièrement distribuées et fortes.

Mais les fibres ligneuses sont barrées et réticulées, et les rayons médullaires sont toujours différents de ceux des *Dadoxylon;* la tige est essentiellement articulée, et on ne voit pas que les *Arthropitus* aient pu porter autre chose que des Astérophyllites.

ARTHROPITUS BISTRIATA, Cotta.

On trouve à Saint-Étienne comme à Saint-Bérain, dans les débris de triage de la houille, de nombreuses tiges noueuses, médulleuses, à cassure transversale semblable à celle de l'*Art. bistriata* (*Die Fossilflora der Permischen Formation*, pl. XXXII, fig. 5, p. 184), à faisceaux de bois pétrifié (où, en effet, nous n'avons pu découvrir, à Saint-Étienne, que des fibres barrées), séparés par des lamelles cellulaires continues houillifiées, qui, par leur affleurement à la surface intérieure et extérieure, y tracent des côtes égales et, par l'alternance aux nœuds, y déterminent des articulations, semblablement aux Calamites; il y a, en outre, des cicatrices raméales sur les articulations.

Cette espèce pouvait ressembler de port aux *Calamodendron;* elle se lie aux deux suivantes par plusieurs particularités communes.

Habitat. Nombreux au Clapier. — Béraudière. — Platières.

ARTHROPITUS SUBCOMMUNIS. (Pl. XXX.)

Nous avons trouvé, à Saint-Étienne et ailleurs, des bois fossiles si ressemblants à l'*Arthropitus communis* de M. Binney, que, si ce n'était une différence d'âge de terrain combinée avec certains écarts de structure, nous les eussions décrits comme appartenant à cette espèce.

L'*Arth. subcommunis* est principalement fondé sur une forte tige rameuse de plus de 6 mètres de long, mise à nu en 1866 à la carrière de la Veuve-Perrin (au Montcel-Ricamarie), dans le grès du toit de la couche des Littes.

Cette tige (pl. XXX, fig. 6) est composée d'une zone ligneuse pétrifiée, d'épaisseur variable, entourant un moule énorme de grès, recouverte d'une enveloppe de houille représentant l'écorce et tapissée à l'intérieur d'une mince couche de houille encore. Le moule contenu est régulièrement sillonné, articulé, contracté et cloisonné aux articulations, comme une Calamite. On remarque que l'épaisseur du bois diminue sensiblement d'un bout à l'autre, alors que le diamètre du moule varie en sens inverse, de manière que, par compensation, le diamètre de la tige entière reste à peu près constant. On pourrait en conclure que la base est au bout où le bois a le plus d'épaisseur; mais si l'on considère que les embranchements y sont articulés, on doit admettre que c'est l'inverse qui a lieu.

Le bois pétrifié est brun. Il a été refoulé plus ou moins de côté et d'autre lorsqu'il était dans l'état plastique qui a précédé la solidification. Sa surface est apparemment unie au contact avec les revêtements charbonneux intérieur et extérieur, et, vu en outre son homogénéité, on pourrait le confondre avec le bois de Cordaïtes; mais il est formé de grosses fibres vasculaires barrées, et ses rayons médullaires sont composés de cellules allongées dans le sens de la tige.

L'écorce de houille a de $0^m,01$ à $0^m,02$ d'épaisseur; on y voit courir par places du tissu fibreux incohérent.

Le revêtement intérieur de houille est mince; il est interposé entre la zone ligneuse et le moule calamitoïde articulé à intervalles de $0^m,06$ à $0^m,15$. La régularité de forme qui distingue celui-ci tient évidemment de l'organisation; c'est, à notre avis, l'image fidèle de l'étui médullaire, séparé ici du bois par du tissu cellulaire fortement lignifié et converti en houille.

Les branches x et y, de direction oblique, sont pourvues d'un mince axe rempli de quartz, cloisonné à distance de $0^m,02$ à $0^m,03$. Il n'y a plus ici entre cet axe et le bois cette couche de tissu houillifié qui, dans la tige, sépare le moule de la zone ligneuse. En détachant le bois du moule, on met en évidence sur celui-ci, comme en *a*, fig. 7, une surface d'arrachement qui apparaît sillonnée et articulée à la manière des Calamites, par l'effet de l'existence d'un nœud à l'autre et de leur croisement aux articulations de bandes longitudinales, composées, les unes de tissu vasculaire, et les autres de cellules quadrangulaires.

Si l'on porte son attention du côté de l'intérieur, on voit les bandes vasculaires s'amincir et se terminer dans une couche de tissu médullaire limitée en dedans à des cavités centrales, et cette couche cellulaire s'avancer en fortes cloisons au travers du noyau minéral contracté. Si maintenant on recherche les rapports existant entre cette organisation interne et le corps ligneux, on voit les bandes celluleuses être les points de départ de gros rayons médullaires continus qui vont décroissant entre les coins de bois, de telle sorte que la forme calamitoïde de l'intérieur s'affaiblit rapidement vers l'extérieur, où elle n'apparaît bientôt presque plus. Cependant l'arrangement du bois reste conforme au moule; des raies, provenant des renflements, à leurs extrémités, des rayons médullaires continus, mais formés plutôt de cellules allongées dans le sens radial, s'étendent, d'un côté et de l'autre de chaque articulation, de la moelle à l'écorce; des cicatrices raméales en verticille sont limitées à l'intérieur et ne sont plus représentées à une certaine distance, dans l'épaisseur du bois, que par une distorsion du tissu ligneux qui les recouvre.

Il faut croire que la forme calamitoïde intérieure représente l'étui médullaire dont elle tient la place; elle paraît effectivement indépendante du bois en face des articulations; elle a pu se développer par accroissement terminal, comme les Acrogènes et particulièrement comme le système vasculaire des Calamites, de la même manière aussi que l'étui médullaire des Dicotylédones, lequel, suivant la doctrine d'Endlicher, se forme avant le bois et s'accroît par allongement sans épaississement; on a besoin de cette indépendance, plus complète dans la tige, pour y expliquer le moule calamitoïde séparé du bois, de même que ces lacunes isolées au pourtour de la moelle du *Calamitea striata*, si, d'après les conjectures de M. Göppert, c'étaient les équivalents des conduits aérifères (*Luftgänge*) des *Equisetum*.

Quelle que soit la raison que l'on se donne de ce fait, le bois de notre *Arthropitus* est semblable à celui de l'*Arth. communis*, au moins à celui d'Autun, d'autant plus qu'on remarquerait sur la cassure transversale, à l'extrémité intérieure des coins de bois, des centres de rayonnement de tissu qui pourraient bien représenter les lacunes propres à cette espèce.

La partie (*k*) de notre tableau A de végétation représente une tige puissante, avec un énorme moule calamitoïde de $0^m,15$ à $0^m,20$ de diamètre, articulé à courte distance et entouré d'une assez mince couche de bois; deux branches en naissent.

La partie (*j*) représente une tige moyenne avec un noyau articulé à longs intervalles, entouré d'une épaisse couche de bois recouverte elle-même d'une écorce houillifiée de plus de $0^m,01$ d'épaisseur; une branche oblique m'a bien paru en partir.

A la carrière Jacasson, nous avons trouvé une tige plus que moyenne formée d'une mince couche de bois organisé comme celui de Montrambert, autour d'un noyau rappelant, nous devons le dire, le *Cal. cannæformis*.

Dans une petite tige de la Béraudière, les cicatrices en verticille, confinées à l'intérieur du bois, annoncent des rameaux caducs.

ARTHROPITUS DADOXYLINA. (Voir tableau A.)

Dans les galets de la Péronnière, nous avons trouvé du bois abondant, médulleux, avec un moule cannelé régulièrement, sans articulations bien visibles et sans cloisons persistantes, ce qui le fait moins différer d'aspect des *Dadoxylon*. Ce bois est formé de fibres vasculaires uniformes marquées de deux ou trois rangées de pores paraissant aréolés, susceptibles toutefois de passer à une réticulation et celle-ci à un mélange de pores transversaux et même de stries également aréolées; mais il est tout pénétré des rayons médullaires propres aux Calamodendrées. Les cannelures correspondent à des séries longitudinales de rayons médullaires plus épais, courts et discontinus.

On trouve des tiges, branches et rameaux de toutes les dimensions. Ces diverses parties sont plus ou moins rameuses, et les ramifications sont des plus irrégulières, relativement grosses ou petites, isolées ou rapprochées. Nous en avons mis en œuvre divers exemples pour la restauration de notre type d'*Arthropitus*, tableau A, savoir : en *e*, *e'*, branches avec une seule forte ramification (dans l'un de ces cas, en *e'*, le canal médullaire se continue de l'une à l'autre partie sans interruption); en *c*, *c'*, *c''*, branches avec rameaux persistants en verticille, inégaux et inégalement répartis; en *b*, *b'*, très-petites branches avec de fins rameaux subperpendiculaires, isolés ou en verticille. On trouve ensemble des ramules ramifiés de la même manière jusqu'à des brindilles effeuillées (*a*) d'Astérophyllites, avec encore quelques restes d'Astérophyllites (*a'*) dépendants et même de *Volkmannia*, et le tout si intimement mélangé de graines nommées *Stephanospermum* par M. Brongniart, que je suis très-porté à réunir ces diverses parties dans un tout complet.

Cet *Arthropitus* est très-important au point de vue de la connaissance du port de ces arbres, beaucoup plus diffus que je ne l'ai indiqué sur le tableau A. C'est un des types les plus curieux de l'époque houillère, par la forme cannelée et articulée des tiges, compatible avec la ramification la plus irrégulière.

ARTHROPITUS EZONATA, Göppert.

Nous avons trouvé au Deveis du bois si semblable à l'*Arthropitus ezonata* du terrain permien de Schemnitz, décrit par M. Göppert, avec de très-nombreux rayons médullaires plus ou moins épais, dont la masse paraît l'emporter sur celle des fibres vasculaires flexueuses, barrées, que je ne saurais plus douter de leur identité, on pourrait dire complète; les cellules des rayons médullaires sont souvent carrées et rarement plus hautes que larges.

Genre CALAMODENDRON, Brongn.

Corps ligneux composé de deux sortes de lames rayonnantes alternes, les unes de fibres prosenchymateuses sans dessins pariétaux, les autres de vaisseaux rayés.

Ces lames alternes, étant continues sur la longueur des mérithalles, produisent, à la surface intérieure comme à la surface extérieure, des cannelures au moins régulières, sinon très-accusées, et proportionnellement plus larges à l'extérieur qu'à l'intérieur; et, étant alternes aux nœuds, elles y déterminent des articulations qui, avec les cannelures, produisent deux formes correspondantes de Calamites.

Cotta avait déjà constaté cette forme de la surface et en avait induit que les Calamites sont les impressions extérieures des tiges dont le corps ligneux intérieur a fait l'objet de son genre *Calamitea*[1]. Unger a observé à la périphérie de la moelle, en face des coins de bois, des lacunes qu'il compare, et M. Göppert aussi, aux canaux aériens des *Equisetum*, avec vaisseaux.

Nous avons toujours bien constaté dans les espèces stéphanoises, comme le docteur Mougeot dans les espèces vosgiennes, que les sillons superficiels correspondent aux lames vasculaires.

Les articulations sont tantôt rapprochées, tantôt éloignées; les sillons s'atténuent un peu avant, ce qui n'a pas lieu dans les Calamites. Des cicatrices raméales se trouvent sur presque toutes les jointures, et ces cicatrices sont plus ou moins semblables à celles du *Calamites cruciatus*.

L'écorce, quoique prenant de l'épaisseur avec le bois, en reflète toujours la forme superficielle, plus ou moins affaiblie.

Les moules médullaires calamitoïdes des *Calamodendron* ressemblent plus ou moins à ceux des *Arthropitus;* nous en avons trouvé à Montsalson, à la Roare, comme à Blanzy (emprunt Saint-François), avec des restes de fusain à la surface, où nous avons découvert des fibres poreuses et barrées.

Le bois de *Calamodendron* peut ainsi avoir été recouvert de deux formes calamitoïdes, l'une représentant sa moelle et l'autre son écorce, la première, de nature cellulaire, ligneuse seulement à la surface, et la deuxième entièrement fibreuse.

La figure 8 de notre planche XXX montre une tige réunissant à ces trois parties un épiderme que je suis parvenu à leur restituer. Cet épiderme uni, indépendant de l'enveloppe de houille, porte la marque des cicatrices foliaires et raméales.

Le genre *Calamodendron* a joué, par le nombre, un rôle consi-

[1] *Die Dendrolithen in Beziehung auf ihren inneren Bau*, p. 67.

dérable dans la végétation houillère du centre de la France. À part les organes foliaires, nous en avons rattaché sûrement toutes les autres parties, le bois et l'écorce abondamment répandus, et retrouvé les racines en place.

Nous allons décrire successivement leur bois, leur écorce, sous les noms respectifs de *Calamodendroxylon* et de *Calamodendrofloyos*, et puis leur base enracinée, terminée par une véritable racine pivotante, sous le titre général de *Calamodendrea rhizobola.*

CALAMODENDROXYLON STRIATUM, Cotta.

Quoique avec des fibres généralement un peu réticulées, nous trouvons dans le bassin de la Loire des bois tout à fait pareils à celui qu'a figuré Petzholdt (*Ueber Calamiten und Steinkohlenbildung*, p. 67, pl. VII, fig. 3, et pl. VIII, fig. 4) : 1° par la proportion des fibres et vaisseaux en bandes séparées à peu près égales; 2° par la nature, le nombre et la répartition des rayons médullaires, les lames fibreuses paraissant aussi partagées en deux par une notable division cellulaire, et les lames de vaisseaux étant également pénétrées de nombreux rayons médullaires étroits, anastomosés.

Habitat. A la Porchère, bois sidérifié, dont les mailles de la réticulation sont écrasées sur les vaisseaux, plus souvent scalariformes. — Plusieurs dans les galets de la Péronnière, avec le facies de cette espèce, mais avec des fibres réticulées presque comme dans les *Dadoxylon.*

CALAMODENDROXYLON CONGENIUM.

Il existe, on peut dire en masse, dans les étages supérieurs de Saint-Étienne, à l'état de fusain dans la houille, du bois de *Calamodendron* formé de lames de fibres alternant avec des lamelles de vaisseaux, avec une prépondérance complète de la partie fibreuse. Les fibres sont très-minces, très-allongées, et, quoique cela ne soit pas tout à fait évident, il m'a semblé qu'elles sont pointillées, je ne dis pas percées à jour; elles sont toujours admirablement arrangées et fortement soudées dans le sens radial. Les vaisseaux sont amples, lâches, poreux, barrés ou scalariformes; ils paraissent emmêlés, sans doute par suite de leur désunion et détrition. Les rayons médullaires sont relativement rares et pénètrent principalement les lames fibreuses.

La grande prépondérance des fibres apparemment pointillées, les rayons médullaires peu nombreux, distinguent bien cette espèce.

A la surface du bois, les sillons formés par les lamelles vasculaires sont plus faibles, mais néanmoins apparents.

On en trouve des tronçons complets de 0m,10 à 0m,15 de diamètre, avec un canal médullaire généralement large; quelques-uns, de diamètre ordinaire, n'ont pas plus de 4 à 8 millimètres d'épaisseur ligneuse; la surface est marquée distinctement de sillons affaiblis et interrompus aux nœuds, où sont disposées, en quinconce régulier, des cicatrices raméales semblables de tous points à celles du *Calamites cruciatus*, et, de même que dans cette espèce, les articulations sont à distance très-variable, rapprochées ou espacées, tout à coup ou progressivement, de 0m,03 à 0m,50. La haute tige du tableau A de végétation est en partie recomposée avec les trois tronçons ligneux *p*, *q*, *r*, présentant la même conformation et la même répartition des cicatrices raméales que le *Calamites cruciatus*.

Dans un spécimen d'Avaize, nous avons constaté une déviation vasculaire horizontale correspondant à un nœud et ayant dû alimenter un rameau.

Habitat. Reconnus comme tels au microscope : fusain de la houille d'Avaize, du puits de la Loire, de Montrambert, du puits Achille (Treuil); petite tige peu médulleuse à Côte-Thiollière; tige épaisse aux Barraudes. — Dans la houille de la 6e au puits Palluat; de la 7e au puits Neyron (Bérard). — Puits Saint-Félix des Platières. — Vers 170 mètres, au puits de la Culatte. — Dans le charbon de Roche-la-Molière (de 11e et 12e couches), du puits Saint-Louis du Bessard (de 12e), à Reveux (de 11e). — A la tranchée du chemin de fer de Sorbiers. — Tiges très-fibreuses faiblement sillonnées au Treuil et au Clapier. — Dans la houille du plat de Gier.

A son aspect, facilement reconnaissable, on le voit abonder dans le charbon d'Avaize, du puits de la Loire, de la 6e au puits Palluat, du Clapier. — Il y en a déjà assez à Roche-la-Molière, dans la couche du Péron principalement.

Il est à remarquer que ce fusain ne gît pas d'ordinaire avec les débris de Calamophyllites, non plus qu'avec ceux de Calamites.

CALAMODENDROXYLON INTERMEDIUM.

Bois en quelque sorte intermédiaire entre les deux espèces précédentes, par l'épaisseur plus forte des lames vasculaires, le plus grand nombre de rayons médullaires et une surface de bois mieux costulée que dans la dernière espèce.

Habitat. A Roche-la-Molière, avec des vaisseaux assez abondants marqués de pores hexagonaux. — A Bérard, une petite tige pénétrée de beaucoup de rayons médullaires. — Au Montcel-Ricamarie. — A Chavassieux. — Au toit de la 8e à Montaud. — Dans le système de Saint-Léon, à la Malafolie.

Des nuances paraissent unir ces trois espèces de *Calamodendron*, dont les débris sont souvent mêlés ensemble; mais les extrêmes diffèrent trop pour que l'on puisse s'arrêter à l'idée que ce sont trois modifications possibles d'un même type spécifique.

CALAMODENDROXYLON INVERSUM.

Dans les galets de la Péronnière, bois de Calamodendron où, à l'inverse du *C. congenium*, les lamelles fibreuses sont très-minces comparativement aux lames vasculaires; de plus les lamelles fibreuses sont pénétrées de nombreux rayons médullaires, dont les lames vasculaires semblent presque dépourvues.

CALAMODENDROFLOYOS CRUCIATUS, Sternberg. (Voir tableau A.)

Le *Calamites cruciatus*, si particulier, si polymorphe, demande à être examiné de près dans tous ses caractères, car c'est une écorce de *Calamodendron*; il est très-abondant et a contribué pour beaucoup à la formation de certains bancs de houille.

Il représente des tiges moyennes, de diamètre peu variable, à articulations très-inégalement espacées, à cicatrices raméales déprimées, de constitution bien différente de celle des Calamites et même des Calamophyllites, nombreuses, en quinconce, se présentant à l'extérieur comme l'exprime très-bien la contre-empreinte connue sous le nom de *Calamites regularis*, Stern. (*Versuch einer geog.*, pl. LIX, fig. 1, p. 50), et correspondant sur le noyau à des concours de côtes, comme l'indiquent, sur la planche XI, les figures 2 et 3 et, sur la planche XII, les figures 1 et 2 de la *Flore de Saxe*, lesquelles figures représentent d'ailleurs très-exactement les empreintes ordinaires de l'espèce à Saint-Étienne.

Les cicatrices sont posées sur les jointures, comme dans les *Calamites*, dont les écorces en question diffèrent cependant assez.

En voici les principales modifications, que nous aurions bien voulu mieux exprimer sur le tableau A.

La forme type ordinaire, en *m*, *n*, *o* de ce tableau, est à faible écorce, à articles très-variables, pouvant sauter tout d'un coup de quelques centimètres à $0^m,50$, à noyau contracté aux joints, qui ne sont assez souvent marqués que par la couture des côtes et leur confluence sous les cicatrices raméales.

Modus encarpatus. A très-mince écorce, mieux articulée, à articles souvent très-courts sur lesquels les côtes sont tantôt atténuées, ou tantôt complétement effacées, et ne se manifestant plus que contre les joints, où, brusquement terminées, elles les bordent de festons singuliers, donnant ainsi lieu à un mode que nous n'avons pas encore vu figuré, mais que des intermédiaires relient à la forme type; toutefois la nature cellulaire de la surface indique au moins une autre couche; serait-ce l'empreinte du canal médullaire? En tout cas, l'enveloppe de houille variant d'épaisseur nous indique que c'est une modification durable de la plante.

Modus oculatus. A écorce déjà épaissie, où les cicatrices raméales sont moins distinctes, à moule à peine contracté et mal articulé aux nœuds, où les côtes viennent s'éteindre et où les points correspondant aux rameaux prennent une forme oculée. Avec une écorce encore plus forte, les tiges ne ressortent presque plus articulées, et les cicatrices raméales passent inaperçues. Les articulations sont toujours plus ou moins éloignées. C'est la modification la plus abondante, que des intermédiaires rattachent au type et qui peut bien renfermer les *Cal. elongatus*, Gutbier, *nodosus*, Schlotheim.

Modus densatus. L'écorce grossissant encore davantage, si à la longue elle ne perd pas ses caractères de tige costulée, les articulations s'effacent, et elle prend une forme de cylindre charbonneux de $0^m,005$, $0^m,010$ et plus d'épaisseur de paroi. Cette écorce entre pour beaucoup dans la composition de la houille de la grande couche de la Vaÿsse, à Decazeville, où nous l'avons trouvée entourant un corps ligneux de *Calamodendroxylon congenium*. Il est visible que ces écorces sont des états d'épaississement extrême des modifications précédentes du *Calamites cruciatus*.

Les *Cal. cruciatus* sont des écorces de Calamodendron.

L'analogie des formes superficielles du *Calamodendroxylon congenium* avec le *Calamites cruciatus* nous avait frappé. Nous venons de voir que l'état d'épaississement extrême du *Cal. cruciatus* a été trouvé en rapport avec ce bois. La découverte de cette espèce dans son état ordinaire, en contact avec le même tissu ligneux, vient corroborer cette corrélation d'organes: plusieurs fois nous avons trouvé le véritable et caractéristique *Cal. cruciatus* et le mode *oculatus* avec une mince couche de bois de quelques millimètres, attenant à l'écorce. C'est donc très-justement que nous avons raccordé ce bois et ces écorces sur notre tableau A.

On voit les modifications du moule se renouveler par un grand nombre de petits mérithalles à la suite de plus ou moins longs entre-nœuds, comme il appartient aux plantes vivaces ligneuses, et cela bien différemment de ce que nous avons vu dans les *Calamophyllites*.

Couche épidermique.

Le *Calamites cruciatus* représente-t-il toute l'écorce des Calamodendrons? On ne constate aucune netteté dans les cicatrices: c'est que l'écorce n'est pas complète. Certains spécimens de *Cal. cruciatus* sont en effet accompagnés d'un épiderme cellulaire nous présentant des insertions précises de branches et de feuilles (voir pl. XXX, fig. 8). Cet épiderme est indépendant de l'enveloppe de houille, dont il ne reproduit pas les formes, il en est situé à distance; les cicatrices raméales ont une structure rayonnée, sauf une étroite couronne externe unie bien délimitée; les cicatrices foliaires sont distinctes. Il ne reste plus qu'à trouver les feuilles et les branches encore attachées.

En attendant, on voit que les tiges de *Calamodendron* sont composées de quatre couches conservées à l'état fossile : 1° d'un moule médullaire calamitoïde intérieur; 2° d'un cylindre ligneux; 3° d'une écorce secondaire bouillifiée fibreuse, et 4° d'un épiderme séparé de celle-ci par une zone de tissu détruit. Il n'y a pas encore bien longtemps que j'ai réuni ces différentes couches, très-généralement isolées. La dissociation si constante des couches des tiges est bien faite pour déconcerter.

Habitat. En quantité : dans la houille d'Avaize. — Dans le banc de charbon cru supérieur de la 6ᵉ, au Clapier, et dans le toit de cette couche. — Au toit de la 14ᵉ, à la Porchère. — Entre le Petit-Moulin et la couche Siméon. — A la carrière du Bois-Monzil. — A la sole des Littes, à Montrambert. — Près de la 13ᵉ, au puits Petin de la Calaminière. — Dans un lit de schiste, à la Malafolie.

Plusieurs : puits des Barraudes. — A la Terrasse. — Puits Jovin et Charles des Roches. — Dans les schistes charbonneux et le charbon de la Chazotte. — Dans les schistes de 9ᵉ à 12, au puits Saint-Louis du Bessard. — Ancien puits de la Chana. — Emprunt du Crêt-Pendant. — Au-dessus de la 2ᵉ au Grand-Coin. — Vers 170 m. au puits de la Culatte. — Tranchée de la Béraudière. — Toit de la couche du puits des Rosiers. — Au-dessus de la 8ᵉ, à Méons et à 75 mètres en dessous.

On en trouve : à Montessu. — 1ʳᵉ couche au puits n° 2 d'Unieux. — Puits Saint-Thomas de la Malafolie. — Toit du Péron Nord. — Galerie Baude. — Chez-Claudinon au Chambon. — Puits Beaunier et des Combeaux. — Schiste de la 15ᵉ, à la Porchère. — Puits Rambeaud, à Côte-Chaude. — Puits Marseille et Devillaine, à Montrambert. — Dans la houille de la 3ᵉ brûlante au Montcel-Ricamarie. — Dans la houille du puits du Clapier. — Emprunt de Montmartre. — Puits Avril de Montaud. — Puits du Gagne-Petit et Jabin. — Puits Stern. — Au Treuil. — Carrière du Soleil. — Dans la houille du puits Saint-Louis du Bessard. — Fendue du grand puits du Cros. — Au-dessous de la 13ᵉ, au puits Mars. — Puits Robert de Côte-Thiollière. — Toit de la 8ᵉ, au puits du Crêt de la Barallière et au puits Descours de Saint-Jean. — Saint-Chamond. — Puits David de la Chazotte. — Puits Lacroix du Montcel. — Puits de la Petite-Vaure, Saint-Louis, Voron, du Gabet et Baby de la Chazotte. — Puits de la Bâtie au Cros. — A 330 m. au puits Ravel. — A 19 m. au puits Ferouillat (Chauvetière). — Un lambeau au Sardon, et à peine une forme vague à Lorette.

Le mode *encarpatus* particulièrement : au puits Petin, au Treuil, à la Barallière.

Le mode *oculatus* principalement : en nombre au toit de la 6ᵉ au Clapier, au toit de la couche des Littes à Montrambert, au-dessus de la 14ᵉ à la Porchère. — Puits Petin de la Calaminière. — Dans les schistes charbonneux de la Chazotte. — Dans la houille du puits Palluat, Châtelus, de la Loire, de Grangette, et surtout dans celle d'Avaize; dans la houille de Roche-la-Molière. — Dans la houille du puits Saint-Louis du Bessard. — Troncs de plusieurs mètres au toit du Sagnat. — A 40 mètres au-dessus du Petit-Moulin.

Le mode *densatus* : à Montrambert, à Avaize, etc.

CALAMODENDROFLOYOS VALENS.

Toutes les écorces de Calamodendrées ne rentrent pas dans les modifications possibles du *Cal. cruciatus.* On en trouve sous la forme de grands tuyaux résistants, quelquefois un peu aplatis avec deux plis d'écrasement inférieur et supérieur, à paroi souvent de plus de $0^m,01$ d'épaisseur de houille, et encore moins distinctement sillonnés et articulés que l'état d'épaississement extrême du *Cal. cruciatus.* Un échantillon de Saint-Bérain, de la même forme que celle des longues tiges de 3 à 5 mètres couchées dans le toit du Sagnat, présente encore attenants quelques restes de bois d'*Arthropitus.* Un exemplaire de Blanzy possède, au contraire, quelques restes de bois de Calamodendron.

Habitat. Carrière de la Bâtie. — Carrière de la Marie-Blanche. — Mine de la Chauvetière (Muséum). — Au fond de niveau à 200 mètres dans la couche des Littes. — Dans la houille d'Avaize.

CALAMODENDREA RHIZOBOLA. (Pl. XXXI.)

On trouve dans les forêts fossiles de Saint-Étienne, concurremment avec les Calamites, mais en plus grand nombre dans les niveaux supérieurs, des bases de tiges debout, enracinées, fermes, réduites à leur écorce de houille ordinairement épaisse; tiges de toutes les articulations desquelles tombent en verticille des racines adjuvantes, simples ou rameuses, grêles et souvent très-nombreuses, ou épaisses et alors plus ramifiées, de $0^m,01$ à $0^m,05$, et réduites à une enveloppe de houille entourant un noyau de la même roche que celle qui remplit la tige.

A Autun, souvent le long des *Arthropitus* se trouvent empâtés ensemble de très-petits axes avec un cercle ligneux radié, que l'absence d'étui médullaire, jointe à la manière d'être des ramifications, porterait à considérer comme des racines adjuvantes.

Les tiges sont noueuses, et l'enveloppe de houille est renflée aux articulations par la sortie, normalement, des racines, tout d'abord charbonneuses, tombant pour s'étaler à leur extrémité. Les racines ont de $0^m,50$ à $1^m,50$ de longueur; leur enveloppe charbonneuse diminue et disparaît à l'extrémité libre.

Nous avons vu de ces tiges droites de 4 à 5 mètres de haut, pourvues de racines à toutes leurs articulations, ce qui, sur la tranche de terrain, leur donne un aspect très-particulier.

Les entre-nœuds ne sont jamais bien rapprochés. Le moule est cannelé régulièrement, mais les articulations sont d'ordinaire mal indiquées. Pas de cloison, pas d'épiderme intérieur, comme dans les Calamites.

On a décrit, sous les noms de *Calamites inæqualis,* Lindl., *Cal. obliquus,*

Göppert, etc., des tiges analogues à raison de leurs nœuds irrégulièrement tuméfiés.

Le *Calamites cruciatus*, dans l'état d'extrême épaississement de l'enveloppe de houille, est tout à fait adaptable à quelques-unes d'entre elles, qui continuent et achèvent alors par en bas la série des modifications examinées de cette espèce. La haute tige sans branches et sans feuilles à gauche du tableau A peut donc être tenue comme exactement restaurée.

Nous représentons pl. XXXI les principaux exemples de tiges enracinées de Calamodendrons, que nous avons relevées sur place, depuis plus de dix ans, aux environs de Saint-Étienne.

En général, les tiges s'atténuent lentement vers la base, où, et cela est à remarquer, les articulations s'éloignent au lieu de se rapprocher comme dans les Calamites, et où les racines deviennent plus rares, plus courtes, jusqu'à ce que, — et c'est là un fait capital, — la tige finisse en bas par ne plus être articulée elle-même.

Il y a des tiges qui fournissent à chaque nœud un petit nombre de moyennes racines simples assez charbonneuses (pl. XXXI, fig. 4); d'autres en émettent un grand nombre de plus petites (fig. 3). Quelques-unes en produisent d'inégales, et, dans ce cas, les plus puissantes, qui sont en même temps les plus charbonneuses, se ramifient sans aucun indice d'articulation, ce qui prouve bien que nous avons affaire à des racines.

Celles-ci sont plus nombreuses vers le bas que vers le haut (pl. XXXI, fig. 1), ou, au contraire, elles dominent plus haut en force et en nombre, sans que cela paraisse tenir à la nature de la plante elle-même, mais plutôt aux circonstances de son développement.

Habitat. Nombreux dans les forêts fossiles du Trève. — De même au Grand-Coin. — Plusieurs pieds à la sole de la couche des Littes. — Dans le toit de la 14e, à la Porchère. — Dans le massif de 9e à 12e, à l'Éparre.

Dans la sole de la 3e, à Montrambert, tige debout avec une grande extension de racines. Au Treuil et à la tranchée de la Chiorary, puissantes tiges avec une enveloppe de houille de plus de 0^m,02 et de grosses racines tombantes rares et très-charbonneuses (voir tableau A, à gauche); traces de tissu ligneux sous l'écorce. Petite tige à Château-Creux, avec écorce de houille comparativement épaisse (pl. XXXI, fig. 2). La pointe d'une tige de Roche-la-Molière (fig. 5), brusquement amincie, est remplie de sidéroligneux.

Dans quelques cas, l'enveloppe charbonneuse acquiert une épaisseur énorme, qui prouve bien que l'écorce devait être très-dense : petite tige du Quartier-Gaillard avec plus de 3 centimètres d'épaisseur de houille; tige moyenne du Treuil avec plus de 4 centimètres, ce qui doit étonner.

On trouve souvent du fusain tombé au fond de ces tiges, et ce fusain, — je l'ai toujours vérifié, — est du bois de *Calamodendron*.

Ainsi, au toit du Sagnat Midi, au Treuil et au Trève, tiges debout avec fusain de Calamodendron mêlé à la roche du noyau. Au Grand-Coin, petite tige entourée de $0^m,01$ de houille, pleine de fusain, plus ou moins encore en place, de *Calamodendron intermedium*, avec forte proportion de vaisseaux barrés, quelques-uns poreux, et avec prosenchyme très-pénétré de rayons médullaires. A l'emprunt Villefosse, petite tige avec racines charbonneuses, pleine de fusain de *Calamodendron congenium*; pareillement, à Blanzy, une tige où le même bois, moins désagrégé, forme une zone continue sous l'écorce. Enfin, dans une autre tige debout assez analogue, le fusain paraissait bien se rapporter aux *Arthropitus*.

Il n'y a donc pas de doute que les tiges enracinées dont il s'agit n'appartiennent aux Calamodendrées.

LES TIGES ENRACINÉES DE *CALAMODENDRON* SONT TERMINÉES EN BAS PAR DE VÉRITABLES RACINES PIVOTANTES DE DICOTYLÉDONES.

Les tiges debout de *Calamodendron* se terminent par de véritables racines dicotylédones, pivotantes, non plus articulées, car, si un embranchement s'en détache d'un côté, il n'y a plus, de l'autre, interruption de côtes, comme le montre fidèlement la figure 8, pl. XXXI. La figure 7 représente un maître pivot avec des ramifications nombreuses de divers ordres, le tout très-charbonneux et très-embrouillé.

Ces pointes de tiges debout renferment du fusain de *Calamodendron*, qui n'est pas toujours si fragmenté et déplacé que l'on ne puisse voir qu'il leur appartient positivement.

Les tiges de *Calamodendron* sont donc terminées par de véritables racines ligneuses.

DIFFÉRENCES DES TIGES ENRACINÉES DE *CALAMODENDRON* D'AVEC LES *CALAMITES*.

Les tiges enracinées de Calamodendrées sont réellement indépendantes, isolées, et ne tirent pas leur origine, comme celles des Calamites, les unes des autres ou de rhizomes traçants. Les racines tombent de toutes les articulations enterrées, tandis que les Calamites n'en poussent qu'aux rhizomes et à la base des tiges.

Écorce beaucoup plus forte, grossissante, renflée aux nœuds, ne paraissant pas diminuer beaucoup à la pointe inférieure, contrairement à ce qui a lieu dans les Calamites. Les articles, toujours assez longs, augmentent en bas en même temps que la tige y est atténuée, effilée, au lieu d'être écourtée et arrondie comme dans les Calamites. Articulations noueuses, imparfaites, au lieu d'être bien définies, et plutôt contractées, comme dans ces dernières plantes. Enfin les tiges de *Calamodendron* sont terminées par de véritables racines dicotylédones pivotantes et, sous ce rapport essentiel, elles diffèrent complétement des Calamites, qui n'ont que des racines adventives.

Cependant, si les tiges sont restées herbacées, les différences, plus faibles, sont plus incertaines, faute d'être accentuées. Mais du moment que les Calamites ont un port et un développement souterrain si différent des plantes qui nous occupent, elles ne peuvent moins faire que d'avoir une autre organisation.

CIRCONSTANCES TOPOGRAPHIQUES.

Les tiges en place de *Calamodendron* jouissaient de la faculté d'émettre, de tous leurs nœuds, à différentes hauteurs et avec régularité, des racines adjuvantes, qui tombaient au fond de l'eau et s'étalaient sur ou dans la vase; car le grès environnant passe au schiste près de la tige dans les interstices des racines, et les stratifications sont dérangées, double preuve que ces plantes ont influencé les dépôts et ont vécu, par conséquent, au milieu des eaux sédimentaires, en poussant des racines nouvelles au fur et à mesure de l'atterrissement des anciennes, tout comme les *Psaronius*. Les extrémités inférieures seules ont surgi d'un sol déposé, si elles ne s'y sont pas enfoncées. Ces tiges ont dû vivre le temps de dépôt d'une certaine épaisseur de terrain.

ASTÉROPHYLLITES GYMNOSPERMES?

Nous avons rattaché certains *Astérophyllites* d'apparence herbacée, à feuilles minces avec une côte moyenne, aux *Calamophyllites*, de composition et de formes différentes des *Calamodendron*.

Dans le nombre des *Astérophyllites*, n'y en a-t-il pas qui se rapportent aux Calamodendrées? Poser une pareille question, c'est pour ainsi dire la résoudre, lorsque l'on considère que les rameaux reproduisent l'organisation des tiges.

Et en effet, avec les *Arthropitus*, dont ils paraissent posséder la structure, se trouvent, dans les galets de la Péronnière, des *Astérophyllites* à feuilles très-coriaces, fibreuses. Il y a, en empreintes, des *Astérophyllites* fermes, avec feuilles denses, égales, dressées, coriaces, nerveuses, dont quelques-unes au moins, — et ce serait une distinction importante, — semblent bien parcourues par des nervures très-fines, égales et parallèles [1]; l'écorce des branches plus charbonneuses paraît avoir été en contact avec du bois; enfin leurs signes extérieurs se rapportent plutôt aux Calamodendrons qu'aux Calamophyllites.

Mais leur séparation d'avec les autres nous laisse perplexe.

C'est toujours un fait important de savoir qu'il y a plusieurs sortes d'*Astérophyllites*, d'organisation peut-être essentiellement différente, puisque les unes paraissent représenter des rameaux de plantes cryptogames et les autres ceux de Dicotylédones gymnospermes.

ASTEROPHYLLITES DENSIFOLIUS. (Pl. XXXII.)

A. à feuilles denses, charbonneuses, coriaces, avec bande nerveuse au milieu et deux bordures cellulaires épaisses; à articulations peu nettes aux branches et rameaux, avec bourrelet articulaire assez prononcé; à écorce striée assez épaisse; à verticilles foliaires ordinairement rapprochés dans les rameaux et imbriqués de manière à cacher l'axe.

Il y en a, à Roche-la-Molière, à feuilles si serrées que l'on ne voit plus, en quelque sorte, si l'on a affaire à des Astérophyllites; et d'autres du même endroit qui, par leur axe charbonneux, paraissent réellement ne pouvoir provenir que de plantes ligneuses.

Au recourbement des branches à la base, on voit qu'elles sont latérales;

[1] Le *Grammacites Feistmanteli* de Geinitz, ressemblant peu aux Astérophyllites, en serait un exemple, avec son axe mal noué et ses feuilles linéaires graminoïdes.

la planche XXXII, fig. 2, représente le sommet et la base d'une branche complète.

En bas d'une branche effeuillée de Roche-la-Molière, on distingue des cicatrices de rameaux distiques, placées sur les articulations, et non au-dessus, comme dans les Astérophyllites cryptogames, dont elle diffère sous d'autres rapports.

Elles sont associées à des débris calamitoïdes, et communément à l'*Equisetites infundibuliformis*, comme si ce gros épi pouvait s'y rapporter.

Habitat. Nombreux au toit du Sagnat Midi. — Plusieurs au toit du Péron. — Nombreux dans un schiste de la Roare. — Malafolie. — Au-dessus de la couche des Littes. — Béraudière. — Vers 170 mètres au puits de la Culatte. — Aux Barraudes. — Au Clapier. — A Montsalson. — Assez au toit de la 5ᵉ et au-dessus de la 2ᵉ, au Treuil. — Plusieurs au puits Camille du Cros et à la tranchée du bois Sainte-Marie. — Élargissement du puits Mars. — Puits de la Colonne (concession de la Roche), au Muséum. — Toit de la 7ᵉ, à Montieux. — Puits de la Bâtie. — Au Bois-Monzil. — A Villars. — A Méons, à 40 mètres au-dessus de la 8ᵉ.

Plus ressemblant à l'*Ast. rigidus*, à Montrond, à Combe-Plaine, à Gandillon.

ASTEROPHYLLITES SUBLONGIFOLIUS.

A. à très-longues feuilles de $0^m,10$ à $0^m,15$ et même plus, assez larges, finement et parallèlement nerviées, plus ou moins pliées en long; à branches sillonnées faiblement, entourées du plus grand feuillage, fléchissant sous son poids, non rameuses ou ne paraissant l'être qu'avec irrégularité. Nous en donnons le port au tableau A de végétation.

Nous avons lieu de conjecturer, mais sous bénéfice d'inventaire, que cette espèce, différente de l'*Ast. longifolius* proprement dit, correspond à quelque *Arthropitus*. Dans ce cas, certains de ces arbres, dont nous connaissons le mode de ramification, auraient porté un feuillage linéaire-aciculaire très-dense.

Habitat. Beaucoup dans un joint de la carrière du Bois-Monzil. — Assez vers 140 mètres au puits de la Culatte. — A Avaize. — Au Treuil. — A la Béraudière. — Sous la couche des Littes. — Couche des Combes. — Au puits Ricolin de Saint-Chamond.

ASTEROPHYLLITES VITICULOSUS.

Rameaux sarmenteux, dont les articulations, plus éloignées, portent des feuilles plus longues, plus larges, en désordre, retombantes aux branches et aux tiges (pl. XXXII, fig. 3), finement et également striées d'une manière distincte, ressemblant plus ou moins à celles des *Schizoneura*, dont les curieux *Ætophyllum*, selon M. Brongniart, pourraient bien être les rameaux fructifères très-modifiés. Cette espèce se distingue surtout par ses larges feuilles, manifestement striées par des nervures fines, égales et parallèles; les ramifications ne sont plus bilatérales; le moule, je dois le dire, rappelle une variété de *Calamites Cistii;* l'*Equisetites dubius* a des feuilles striées de la même manière; on trouve ensemble des graines et des chatons.

Habitat. Beaucoup dans un banc de la sole de 2e, au Treuil. — Puits des Combeaux, à Villars.

ORGANES DE REPRODUCTION.

Épis mâles. M. Williamson a exprimé que le *Calamostachys Binneyana* a un cylindre ligneux de Calamodendron[1]. Il m'a montré un petit *Volkmannia* que les lacunes de l'axe, les coins de bois aux joints, lient à l'*Arthropitus communis*, par l'intermédiaire d'un jeune rameau appartenant à cette espèce; cet épi paraît cependant porter des spores; mais le pollen peut ressembler aux spores. A Grand'-Croix, on trouve des *Volkmannia* silicifiés que l'axe, la nature des bractées, relient aux *Arthropitus*.

Il y a sans doute parmi les *Volkmannia* des épis sporifères et des épis mâles de Calamodendrées, ce qui ne doit pas surprendre lorsqu'on voit l'inflorescence des *Equisetum* offrir beaucoup d'analogie avec la fleur mâle des Cupressinées et ressembler à celle des *Taxus*. On trouve, outre les *Volkmannia* ordinaires, d'autres petits chatons imparfaitement articulés, comme celui qui est représenté pl. XXXII, fig. 4.

Graines. Maintenant quelles sont les graines que les *Volkmannia* gymnospermes ou ces chatons ont fécondées? Quoique je n'aie positivement rattaché aucune graine aux Calamodendrées, je soupçonne que les Polyptérocarpes peuvent leur appartenir, et je crois sincèrement que le *Stephanospermum achenioides*, Brongn., a reproduit l'*Arthropitus dadoxylina*. Dans les quartz de la Péronnière, en effet, les bois et les feuilles de Cordaïtes sont accompagnés de Cardiocarpes, et le bois de Calamodendrons, de Polyptérocarpes; cette association est constante. On ne voit d'ailleurs, dans ces quartz, que les débris de Calomodendron auxquels puissent être attribuées les graines ailées les plus nombreuses.

[1] P. 61, pl. VI, fig. 38, *On the organization of the fossil Plants of the coal-measures*, part V, *Asterophyllites*, 1873.

Je ne connais pas bien les inflorescences qui ont porté ces dernières graines. Si nous en avons vu quelques-unes associées par deux, nous avons lieu de croire que les autres étaient insérées autour de minces axes articulés.

On voit sur quelques jointures de tige de Calamodendron des points d'attache d'autres organes que les rameaux et les feuilles; ils peuvent avoir servi d'insertion à des épis mâles et à des épis femelles; mais si ce n'était qu'à une seule sorte d'épis, ceux-ci auraient été à double destination, comme un *Volkmannia* de Millery, près Autun, portant à sa base deux corps opposés, qui seraient alors des graines.

GÉNÉRALITÉS.

Les tiges sont formées de trois parties au moins : 1° d'une moelle, souvent très-considérable, jusqu'à 0m,20 de diamètre, creusée et cloisonnée, affectant la forme calamitoïde; 2° d'une zone ligneuse dicotylédone, plus ou moins compliquée; 3° d'une écorce parenchymateuse, primaire et imparfaite, dit M. Williamson, ce qui paraît vrai dans les rameaux jeunes; mais, dans les branches âgées, elle devient dense, épaisse, fibreuse en contact immédiat avec le bois. M. Williamson décrira un *Arthropitus* avec une épaisse couche de suber.

Les *Calamodendron* ont des formes de Calamites. M. Williamson a identifié les uns aux autres, mais d'après des spécimens qui me paraissent plus conformes aux *Arthropitus* qu'aux Calamites.

La périodicité de croissance qui se remarque à la surface des *Calamodendron* est absente dans les véritables Calamites, et si elle se trouve exprimée dans les *Calamophyllites*, c'est au moins avec un tout autre balancement des articulations.

Toutes ces tiges sont d'ailleurs différemment composées.

Après la description qui a été faite des organes divers des Calamodendrées, il ne paraîtra guère possible à un botaniste que leurs appareils de reproduction puissent être cryptogamiques et ne consistent qu'en strobiles sporifères, comme l'admettent

MM. Binney, Schimper, Williamson, qui par là sont amenés, contre toute analogie, à laisser ces plantes parmi les Cryptogames.

L'homogénéité du tissu dans les *Arthropitus* les place parmi les Gymnospermes, plus près des Cycadées que des Conifères. Les deux sortes d'éléments ligneux distinguent bien les *Calamodendron* de ce groupe de plantes vivantes, à part les *Gnetum;* mais l'arrangement des fibres ligneuses et vasculaires leur est tout à fait particulier. Cependant les graines ailées, si elles appartiennent, comme je le pense, aux Calamodendrons, contribueraient à relier, par l'apparence d'une secondine dans quelques-unes de ces graines, les curieux végétaux fossiles dont il s'agit aux Gnétacées.

Les *Calamodendron* paraissent avoir poussé surtout en hauteur. Leurs rameaux, systématiquement caducs (ce qui est rare dans le monde vivant) et peut-être articulés, couronnaient les tiges et appelaient la nourriture, principalement employée à l'allongement du bourgeon terminal. La marque des ramifications paraît, en effet, confinée à l'intérieur du bois épaissi; elle ne s'évase pas en cône jusqu'à l'extérieur, sauf, à ma connaissance, dans une seule tige de Saint-Bérain-sur-Dheune, où, de même que dans les bois dicotylédones, les branches persistantes ont laissé, dans toute l'épaisseur, des verticilles de cônes ligneux égaux, formés par la déviation successive des couches superposées du bois.

Les *Arthropitus* aussi devaient présenter des verticilles de rameaux au sommet des pousses; mais ces rameaux, non plus sans doute caducs, se développaient inégalement, les uns périssant sans règle, et les autres partageant avec la tige la force de végétation, ce qui a produit des arbres irréguliers, qui contrastent avec la tige simple des *Calamodendron,* ainsi que notre tableau A l'exprimerait fidèlement si nous avions multiplié davantage les branches et les ramifications de l'*Arthropitus* restauré.

Les tiges de *Calamodendron* n'acquéraient pas beaucoup d'épaisseur; nous n'en avons pas vu de plus de $0^{m},20$ de diamètre. Toute leur force végétative s'exerçait en hauteur. La grande généralité, par leur large moelle, donnent la mesure d'énormes bourgeons terminaux très-succulents et, par son creusement, témoignent de la plus rapide croissance. La nature herbacée que conservait longtemps le *Calamodendron cruciatum* dénote un allongement excessivement actif des tiges altières, s'élevant sous la forme de hautes colonnes simples, que nous avons lieu de supposer avoir atteint 30 à 40 mètres, ce qui est beaucoup pour leur petite section. Tandis que les *Arthropitus*, poussant tout d'abord avec une moelle encore plus volumineuse, donnaient des arbres singuliers, ramifiés très-irrégulièrement, bien que articulés.

Après avoir pris pied dans les dépôts formés, les tiges produisaient, à leur base baignée par les eaux courantes, de nombreuses racines adjuvantes, aériennes et aquatiques.

Pour le feuillage, que nous soupçonnons à peine, nous dirons que, si quelques Calamodendrons peuvent avoir porté des Astérophyllites denses, le *Calamites cruciatus*, si commun et si abondant dans le terrain houiller supérieur, n'est guère accompagné, et encore pas toujours, que de minces branches simples, articulées à distance avec de petites feuilles apparemment striées, comme les *Asterophyllites remotus* dont nous couronnons une tige, sous toute réserve, au tableau A.

Les arbres rameux d'*Arthropitus* ont pu être pourvus d'Astérophyllites divariquées, comme nous le représentons, ou parés d'Astérophyllites aux longues feuilles striées.

STEPHANOSPERMUM ACHENIOIDES, Brongn. (Pl. XXXIII.)

Il y a en grand nombre dans les quartz de Grand'Croix, presque toujours seulement avec les débris d'*Arthropitus dadoxylina*, auquel je devrais, en conséquence, les réunir, de petites graines couronnées fort curieuses, que M. Brongniart fera connaître et dont, en attendant, je donne une figure entière (pl. XXXIII, fig. 9, x) et deux coupes, l'une en long, l'autre en travers (fig. 9, y et z); graines à section transversale circulaire, oblongues, avec le testa prolongé vers le sommet en une coupe autour du goulot micropylaire effilé, comme le fait très-bien voir la section longitudinale.

Une empreinte de graine trouvée à Robertane paraît bien se rapporter à cette espèce.

On trouve, en empreintes, d'autres toutes petites graines, de quelques millimètres de longueur, ayant la même nature de surface et la forme couronnée aussi de l'espèce précédente.

Habitat. Aux Littes, à la Malafolie, à Méons, au toit de la 8e.

CARPOLITHES GRANULATUS. (Pl. XXXIII.)

Petites graines planes (pl. XXXIII, fig. 7), de forme et d'aspect variables, toujours marquées de points ronds notables, saillants et appartenant au testa; graines ovales, légèrement aiguës au sommet, obtuses à la base, avec rebord plus ou moins ailé entourant toute la semence, y compris le sommet.

Ces petites graines, fort communes, gisent ordinairement avec des débris de Verticillaires et paraissent devoir appartenir à quelques-unes d'entre elles.

Habitat. Abondant avec l'*Art. viticulosus* dans le mur de la 2e, au Treuil. — Nombreux avec des Astérophyllites à Villars. — Fréquent dans les schistes de 8e, aux Barraudes. — Dans le toit de la couche des Littes. — Tranchée de Montmartre. — Quartier-Gaillard. — La Bâtie. — Bois-Monzil. — Villars. — Porchère. — Méons. — Roche-la-Molière.

CARPOLITHES SOCIALIS.

On trouve le plus souvent en société, et assez fréquemment encore avec quelques *Asterophyllites*, des graines analogues, ovoïdes, plus petites, aplaties, souvent fripées comme des *Flegmingites*. (Voir pl. XXXIII, fig. 8.)

Habitat. Communay, Firminy, Montmartre.

MACROSTACHYA HUTTONIOIDES.

Je représente pl. XXXIII, fig. 10, un strobile que la nature rectinerviée des feuilles bractéales me ferait rapprocher de l'*Ast. viticulosus;* il a la forme des *Huttonia,* avec écailles très-étalées à la base, où elles forment plateau et paraissent avoir porté des corpuscules sur deux rangs, comme ceux que l'on voit à côté de cet épi [1].

MACROSTACHYA EGREGIA.

Je représente également pl. XXXIII, fig. 11, une empreinte strobiliforme

[1] Ce strobile éveillerait l'idée d'un *Cingularia,* genre formé pour de gros épis présentant déjà un certain degré de complication, si le docteur Weiss a bien observé le fait dont il parle et qu'il figure (*Zeitschrift der deut. geol. Gesell.,* t. XXV, 1875, p. 261 et 263), de corpuscules en deux ou trois rangs situés sur un second plateau supérieur séminal.

remarquable, formée, autour d'un axe, de disques perpendiculaires rapprochés, relevés, imbriqués.

Habitat. A Roche-la-Molière, à la sole Grille Midi et dans le toit de la couche du Petit-Moulin; nulle autre part ailleurs.

SPIRANGIUM CARBONARIUM, Schimper.

Nous avons trouvé à Villebœuf une empreinte que M. Schimper, de passage à Saint-Étienne, a immédiatement reconnue pour son *Spirangium carbonarium*, de la forme d'une longue capsule fusiforme, plurivalve, dont les valves, venant de la division du pédoncule, se contournent en spirale aplatie vers le milieu, étirée vers le sommet, où lesdites valves se prolongent, tordues encore, mais plus minces et plus foliacées qu'à la base.

On ne voit pas à quoi cette incompréhensible forme végétale est comparable dans le monde vivant. Son existence dans le terrain houiller avait même été mise en doute, malgré les deux figures que John Morris en a publiées de Coalbrockdale, celle d'un exemple de Wettin parue dans l'ouvrage de Germar et les deux spécimens de Mazon Creek, signalés par M. Lesquereux.

BOIS DIVERS.

Si je ne me fusse proposé que de décrire la flore houillère du bassin de la Loire, j'aurais évité de rien dire des espèces imparfaitement connues et j'aurais même omis les groupes douteux; mais, visant à donner l'inventaire de tous les débris de plantes, je dois encore signaler, avant de finir, quelques bois fossiles dicotylédones variés, qui témoignent, avec la multiplicité unie à la diversité des graines et des inflorescences, d'une flore beaucoup moins simple qu'on ne le suppose.

Pœciloxylon proprium. — On trouve, à l'état de fusain ou sidérifié, du bois assez commun dans les couches supérieures de Saint-Étienne, de l'aspect des *Dadoxylon*, mais, comme on peut déjà en juger à la loupe, sans rayons médullaires discernables et se montrant formé, sous le microscope, de fibres poreuses et barrées; le canal médullaire n'affecte plus la forme d'*Artisia*, si habituelle aux branches de Cordaïtes.

Pœciloxylon porosum. — Tige sidérifiée de Villars, formée d'une écorce charbonneuse entourant un corps ligneux de grosses fibres vasculaires à disposition rayonnante, séparées par des rayons médullaires formés de fines cellules allongées horizontalement; les fibres vasculaires énormes, vides et à mince paroi, poreuses, sont identiques aux vaisseaux des *Heterangium paradoxum*, *Selenopteris Radnicensis*, etc.; leurs pores, disposés non-seulement sur les faces radiales, mais encore tangentielles, produisent une réticulation rhombique plus ou moins écrasée, et donnent lieu, en s'ouvrant et en s'arrondissant, à une parfaite réticulation hexagonale.

Pœciloxylon partitum. — Tiges communes dans les quartz de Grand'Croix, dont le corps ligneux, recouvert d'une écorce, est divisé en quartiers, en secteurs inégalement épaissis, comme dans certaines lianes.

Ces tiges et beaucoup d'autres seront étudiées successivement par M. B. Renault, qui va entreprendre, sur les bois fossiles et autres organes de végétation, une étude comparée, laquelle, menée parallèlement aux études de M. Brongniart sur les graines, éclaircira sans aucun doute les questions relatives aux plantes phanérogames que les recherches sur les lieux n'ont pas résolues, ces deux études sur les végétaux silicifiés pouvant seules conduire à une juste appréciation de leurs véritables rapports avec les plantes vivantes.

On a pu remarquer combien sont constantes la séparation des organes et la désunion des couches des tiges, et combien est difficile l'appréciation des parties ainsi isolées. Nous avons fait notre possible pour reconstituer et déterminer les plantes de l'époque houillère; mais dans ce travail chaque jour apporte de nouveaux faits et ouvre de nouveaux points de vue.

Depuis la remise du texte, de nouvelles observations ont changé nos idées sur quelques espèces, et nous engagent à modifier l'arrangement des plantes dans l'index, qui, devant terminer la partie descriptive, présente en renvoi quelques notes additionnelles et les nouveaux *habitat* qu'il importe de connaître pour la suite.

Cet index résume l'état de nos connaissances actuelles sur la flore du terrain houiller supérieur, qu'il nous faudrait maintenant comparer à la flore carbonifère tout entière. C'est ce que nous ferons d'une manière plus opportune dans la 2ᵉ partie, chapitres I et II.

INDEX PLANTARUM FORENSIUM LITHANTHRACUM.

THALLOPHYTA.

Class. FUNGI.

Excipulites punctatus.
Hysterites Cordaitis, Gr.

CORMOPHYTA.

PLANTÆ VASCULARES CRYPTOGAMÆ.

Class. CALAMARIÆ, Endl.

Gen. foss. CALAMITES, Suck.
Calamites Suckowii, Brongn.[1].
— *Cistii*, Brongn.
— *ramosus*, Artis.
— *cannæformis*, Schl.
Calamites major, Weiss.
— *gigas*, Brongn.
— *pachyderma?*
— *anceps.*

CALAMOCLADUS, Schimp.
CALAMOSTACHYS, Schimp.
CALAMORRHIZA.

Gen. foss. (ASTEROPHYLLITES, Brongn.; CALAMOPHYLLITES, Gr.; ENDOCALAMITES, VOLKMANNIA, Stern.)
— (*Hippurites longifolia*, Lind.; *Asterophyllites equisetiformis*, Schl.; *Poacites zeæformis*, Schl.)
— *Volkmannia gracilis*, Presl.
— (*Calamophyllites communis*, Gr.; *Endocalamites varie approximatus*, Brongn.; *Asterophyllites hippuroides*, Brongn.)
— (*Calamophyllites ingens*, Gr.; *Endocalamites varians*, Stern.)
— *Asterophyllites rigidus*, Brongn.
— *Volkmannia effoliata*, Gr.
— *Volkmannia Ripageriensis.*

Gen. foss. ANNULARIA, Brongn.
Annularia minuta, Brongn.
(*Annularia sphenophylloides*, Zenker; *Volkmannia sessilis?* Presl.)
Annularia microphylla, Röm.; *intermedia.*
(*Annularia longifolia*, Br.; *Equisetites lingulatus*, Germar; *Bruckmannia tuberculata*, Stern.; *Sporangites reticulatus.*)

PINNULARIA, Lind. et Hutt.

Gen. foss. EQUISETITES, Stern.
Equisetites dubius.
(*Equisetites Geinitzii*, *Calamites approximatus*, Stern.)
Equisetites priscus? Gein.
Macrostachya infundibuliformis, Bronn.
Macrostachya Huttonioides.
Macrostachya egregia, Gr.

BORNIA TRANSITIONIS, Göpp.

Gen. foss. SPHENOPHYLLUM, Brongn.
Sphenophyllum Stephanense, Ren.
— *Schlotheimii*[2], Brongn.; *subsp. truncatum*, Schimp.
— *angustifolium*, Germ.; *subsp. bifidum.*
— *emarginatum*, Brongn.
— *saxifragæfolium*, Stern.
— *oblongifolium*, Germ.
— *majus*, Bronn.
— *Thonii*[3], Mahr.

[1] A Communay, à Gandillon, à Monteux.
[2] Beaucoup à Communay. — A Saint-Martin-de-Cornas. — A Monteux.
[3] Au-dessus de la 2e au Treuil. — Vers 500 mètres au puits de la Vogue.

Class. FILICACEÆ.

Circumscript. HETEROPTERIDES.

SPHENOPTERIS, Brongn.
Sphenopteris artemisiæfolia, Stern.
Sphenopteris trichomanoides, Göpp.
— *filifera*, Stur.
— *Gopperti*, Ett.
Sphenopteris Davallioides, Göpp.
— *elegans*, Brongn.
Sphenopteris Dicksonioides, Göpp.
— *Gravenhorstii*, Brongn.
Sphenopteris cheilanthoides, Göpp.
Pecopteris Dicksonioides.
— *cristata*, Brongn.
— *leptopteroides*.
Pecopteris ancimioides.
— *subnervosa*.
— *Pluckeneti*, Schl.
Prepecopteris, Gr.
Pecopteris dentata, Brongn., Gein.
— *Biotii*, Brongn.
— *pennæformis*, Brongn.; *obtusiuscula*, Gr.
Pecopteris aspidioides, Stern. (*flavicans*, Stern.; *Reichiana*, Göpp.).
Sphenopteris integra, Andrä.
Pecopteris erosa, Gutb.
Oligocarpia Gutbieri, Göpp.

RHACHIOPTERIS, Corda (*R. Forensis*).
Selenopteris.....
Anachoropteris pulchra, Corda.
Zygopteris Lacatii? Ren.
Clepsydropsis duplex, Ung., Will.

PITHOROPTERIS, Corda.

Subfam. PECOPTERIDEÆ.

PECOPTERIS, Brongn.; *ASTEROTHECA*, Presl.; *SCOLECOPTERIS*, Zenker.
Pecopteris cyatheoides, Brongn.
— *arborescens*, Brongn.
— *selaginorrhachis*, Gr.
— *pulchra* [1], Heer.
— *cyathea*, Brongn.
Pecopteris Candolleana, Brongn.
— *Schlotheimii*, Göpp.
— *hemitelioides*, Brongn.
— *truncata*, Germ.
— *oreopteridia*, Schl., Brongn.
— *euneura*, Schimp.
— *alethopteroides*, Gr.
— *fertilis* [2], Gr.
— *Lamuriana*, Heer.
Scolecopteris (*elegans*, Zen. *Ripageriensis*).

PECOPTERIS NEVROPTEROIDES, Brongn.
Pecopteris polymorpha, Brongn.; *Scol. conspicua*, Gr.
— *Bucklandi*, Brongn.
— *pteroides*, Brongn.
— *Cistii?* Brongn.

GONIOPTERIS, Presl.
Pecopteris unita, Brongn. (*emarginata*, Göpp.; *subsp. major*, Brongn.).
— *Lartetii*, Bureau (*elegans*, Germ.).
— *arguta*, Brongn.
Pecopteris marattiotheca, Gr.
— *angiotheca*, Gr.
— *danaeotheca*, Gr.

SPIROPTERIS, Schimp. (*vernationis*, *selaginoides*, *schizopteroides*).

STIPITOPTERIS, Gr. (*æqualis*, *punctata*, *delineata*, *verrucosa*, *notata*.)

CAULOPTERIDES.

MEGAPHYTUM, Artis.
Megaphytum M'Layi, Lesq., *vel Goldenbergii*, Weiss.
— *majus?* Presl.

CAULOPTERIS [3], Lind. et Hutt.
Caulopteris protopteroides, Gr.
— *perfecta*, Gr.
— *Cistii* [4], Brongn.
— *neomorpha*, Gr.
— *pygmea*, Gr.
— *minor*, Schimp.
— *porrosticha*, Gr.

[1] Cette espèce a des *synangium* à cinq capsules peu cohérentes.
[2] Cette espèce, pour la forme, ressemble à certains *Pecopt. Schlotheimii*.
[3] Plusieurs au puits de la Culatte, Reveux.
[4] A Combe-Plaine.

Caulopteris endorrhiza, Gr.
— *patria*, Gr.
— *stipitopteroides*, Gr.
— *distans*, Gr.

PTYCHOPTERIS, Corda.
Ptychopteris macrodiscus, Brongn.
— *obliqua*, Germ.
— *incerta*.

PSARONIOCAULON, Gr.
Psaroniocaulon sulcatum.
— *endogenitum*.

(PSARONIUS, Cotta; TRIMATOPTERIS, Corda; *sect.* ASTEROLITHI, Göpp.)
Psaronius in loco natali.
— *corteus*.
— *giganteus* (*radices*), Corda.
— *ogygius*.
— *lignosus*.

(PSARONIUS, Cotta; TUBICULITES, Gr.; *sect.* HELMINTHOLITHI, Göpp.)
Tubiculites relaxato-maximus.
— *coarctato-minimus*.

SUBFAM. NEVROPTERIDEÆ.

SECTIO. ALETHOPTERIDES.

Gen. ALETHOPTERIS, Stern.
Alethopteris Grandini, Brongn.
— *aquilina*, Brongn.

Gen. CALLIPTERIDIUM, Weiss.
Callipteridium ovatum, Brongn.; *vel mirabile*, Rost.
— *callipteroides*, Gr.
— *gigas*, Guth.; *vel densifolia*, Brongn.
— *nevropteroides*, Gr.

SECTIO. NEVROPTERIDES.

Gen. ODONTOPTERIS, Brongn. (*Cyclopteris emarginata*).
Odontopteris minor, Brongn.
— *Reichiana*, Guth. (*v. primigenia, alpina et lanceolata*).
(*Cyclopteris trichomanoides*, Brongn.; *fimbriata, conchacea, biauriculata, dentata, scissa, pinnatisecta, explicata*.)
Odontopteris Brardii, Brongn. (*crenulata*, Brongn.; *cyclopteris coriacea*).
— *genuina*, Gr.
— *flexuosa*, Gr.

Subgen. ODONTOPTERIS MIXONEURA, Weiss.
Odontopteris obopteroides, Gr.
— *obtusiloba*, Naum. (*obtusa, lingulata, subcrenulata*).
— *Schlotheimii*, Brongn.
— *nevropteroides*, Gr.
Cyclopteris macilenta.

Gen. NEVROPTERIS, Brongn. (*Cyclopteris integra*).
Nevropteris Loshii, Brongn.
— *flexuosa*, Stern.
— *gigantea*, Gein.
— *auriculata*, Brongn.
— *cordata*, Brongn.

Gen. DICTYOPTERIS, Guth.
Dictyopteris nevropteroides, Guth.
— *Brongniarti*, Guth.
— *Schützei*, Rœmer.

Gen. TÆNIOPTERIS, Brongn.
Tæniopteris jejunata, Gr.
— *abnormis*, Guth.

AULACOPTERIS, Gr.
Aulacopteris vulgaris.
— *conveniens*.
— *discerpta*.

MEDULLOSA, Cotta.
Medullosa carbonaria.
— *elegans*, Cotta.
— *Landriotii*, Ren.
— *simplex*, Gr.

DOLEROPTERIDEÆ.

Gen. DOLEROPTERIS [1], Gr.
Doleropteris flabellata.
— *gigantea*, Göpp.
— *cuneifolia*, Gr.
— *orbicularis*, Brongn. (*oblata*, Lind.; *hymenoides*).
— *pseudopeltata*, Gr.
Aphlebia pateræformis, Germ.

[1] Présumant que certaines inflorescences en spirale que j'aurais pu décrire comme *Schizostachys orbicularis* leur appartiennent, je me trouve conduit à placer ces frondes à la suite des Névroptérides.

Gen. *Schizopteris*, Brongn.
Schizopteris caryotoides, Stern. (*rhipis*).
— *lactuca*, Presl. (*lacineata*).
— *pinnata*, Gr.
— *cycadina*, Gr.

Schizostachys frondosus, Gr.
Botryopteris forensis, Ren.

Class. SELAGINEÆ, Endl.

Gen. *Lycopodites*, Gold.
Lycopodites decussatus, Gr.
— *Lycopodioides?* Feist.

Fam. LEPIDODENDREÆ.

Gen. *Lepidodendron*, Stern. (*Sagenaria*, Brongn.).
Lepidodendron Veltheimianum, Presl. (*Knorria imbricata*, Stern.; *Lepidodendron tetragonum*, Stern.).
— *rimosum*, Stern.
— *fusiforme*, Corda.
— *Sternbergii*, Brongn.
— *elegans*, Brongn.
— *corrugatissimum*, Gr.
— *Marckii?* de Röhl.

Gen. *Lepidofloyos*, Stern. (*Lomatofloyos*, Corda).
Lepidofloyos strobiliformis.
— *macrolepidotus*, Gold.
— *laricinus*, Stern.

Gen. *Pseudosigillaria*, Gr.
Pseudosigillaria protea, Gr.
— *monostigma*, Lesq. [1].
— *striata*, Brongn.

Knorria, Stern.
Knorria Selloni, Stern.

Gen. *Halonia*, Lind. et Hutt.
Halonia tuberculata, Brongn.

Lepidophyllum.

Gen. foss. *Lepidostrobus*, Brongn.
Lepidostrobus variabilis, Lind.
— *glossopteroides*, Göpp.
— *major*, Brongn.

Macrospori [2].

PLANTÆ PHANEROGAMÆ
DICOTYLEDONES GYMNOSPERMÆ.

Ordo. SIGILLARINÆ, Brongn.

SIGILLARIÆ.

Gen. *Sigillaria*, Brongn.

Sigillaria-clathraria, Brongn.
Sigillaria Brardii [3], Brongn., v. *Defrancii*, Brongn.
Catenaria decora, Stern.

Sigillaria-leiodermaria, Gold.
Sigillaria spinulosa, Germ. (*Ottonis*, Göpp.).
— *Grasiana*, Brongn.
— *lepidodendrifolia*, Brongn. [4] (*cuspidata*, Brongn.).

Sigillaria-rhytidolepis, Stern. [5].
Sigillaria Sillimanni, Brongn. [6].
— *elliptica*, Brongn.
— *Candollii*, Brongn. [7].
— *subrugosa.*
— *pseudo-canaliculata* [8].

Sigillaria-favularia, Stern.
Sigillaria tessellata, Steinb.
— *elegans*, Brongn.

[1] Nombreux dans le toit de la petite mine à Frigerin.
[2] Il y a à Rive-de-Gier des épis en quelque sorte formés de macrospores, comme si les écailles ne se fussent pas développées.
[3] Détournement du Gier. — A 40 mètres au-dessus de la 8e avec *S. spinulosa*, à Beaubrun.
[4] A la Terrasse, à Reveux.
[5] Une petite tige de Lorette présente en dedans, à quelque distance de l'écorce, un corps ligneux houillifié imparfaitement, avec une disposition rayonnante manifeste.
[6] Varié au toit de la petite mine à Frigerin.
[7] Concession de la Roche (au Muséum).
[8] Nouvelle forme du plat de Gier.

Sigillariophyllum.
Sigillariocladus, Gr.
Sigillariostrobus, Schimp.
Sigillariostrobus fastigiatus, Göpp.
— *rugosus*, Gr.
— *mirandus*, Gr.

Flemingites, Carr.
Sigillariocarpus?

Gen. foss. *Syringodendron*, Stern.
Syringodendron cyclostigma, Brongn.[1].
— *Brongniarti*, Gein. (*pachyderma*, Brong.).
— *magis minusve distans*, Gein.
— *alternans*, Stern.
— *valde flexuosum*, Gr.

STIGMARIÆ.

Gen. foss. *Stigmaria*, Brongn.
Stigmaria ficoides vulgaris, Brongn., Göpp.
— *minor*, Brongn., Gein.
— *attenuata*, Gr.

Gen. foss. *Stigmariopsis*, Gr.; *Syringodendron* (*radices*).
Stigmariopsis inæqualis, Gr.
— *abbreviata*, Gold.
— *tenuis*, Gr.

FRUCTUS SEMINAVE.

POLYGONOCARPI.

Gen. foss. *Trigonocarpus*, Brongn.
Trigonocarpus Nöggerathii, Stern.
— *schizocarpoides*, Gr.
— *Parkinsoni*, Brongn.
— *pusillus*, Brongn.
— *dubius?* Stern.

Musocarpus prismaticus, Brongn.
Codonospermum, Brongn.
Codonospermum anomalum.
— *minus.*

POLYPTEROCARPI.

Tripterospermum, Brongn.; *Polylophospermum Stephanense*, Brongn.; *Polypterospermum Renaultii*, Brongn.; *Hexapterospermum stenopterum et pachypterum*, Brongn.; *Eriotesta velutina*, Brongn.; *Ptychotesta*, Brongn., etc.

Carpolithes caudatus, Gr.; *subclavatus*, Stern.; *nucleus*, Gr.; *oblongus*, Gr.; *brevis*, Gr.; *sulcatus?* Stern.

Comp. amb. NOGGERATHIÆ.

Gen. *Noggerathia*, Stern.

Noggerathia psygmophylloides.
Nöggerathia cannophylloides, Gr.
— *ambigua.*

Pachytesta, Brongn.
Pachytesta gigantea.
— *incrassata*, Brongn.
— *Schultziana*, Göpp. et Fied.

Rhabdocarpus, Göpp. et Berger.
Rhabdocarpus rostratus, Gr.
— *subtunicatus*, Göpp.
— *conicus.*
— *astrocaryoides*, Gr.
— *carnosus*, Gr.

Ordo. CORDAITEÆ.

Cordaites, Unger.
Cordaites rotundinervis, rhombinervis et duplicinervis.

Dory-Cordaites, Gr.
Cordaites palmæformis, Göpp.
— *affinis*, Gr.

Botryoconus et *Samaropsis*, Göpp.
Botryoconus femina.
— *mas.*
— *Pitcairniæ?* Lind.
Samaropsis fluitans, Weiss.
— *Forensis*, Gr.
— *subacuta.*
— *dubia.*

Eu-Cordaites.
Corduites borassifolius, Stern. (*crassifolius*).
— *principalis*, Germ., Gein. (*v. correctus, patulus*).
— *angulosostriatus*, Gr.
— *tenuistriatus*, Gr.
— *lingulatus*, Gr.
— *foliolatus*, Gr. (*v. brevissimus*).
— *acutus*, Gr.
— *quadratus*, Gr.

[1] A Combe-Plaine. — Au Grand-Recou. — Toit de la petite mine à Frigerin.

Cordaites laxinervis, Gr.
— *subcocoinus*.
— *cuneatus*, Gr.
— *intermedius*, Gr.
— *alloidius*, Gr.

Poa-Cordaites.
Poa-Cordaites sublatifolius.
— *linearis*, Gr. (*v. acicularis, ramitoides*).
— *oxyphyllus*, Gr.

Cordaianthus, Gr.
Cordaianthus gemmifer.
Cordaianthus circumdatus, Gr.
— *glomeratus*, Gr.
— *foliosus*, Gr.
— *gracilis*, Gr.

Cordaianthus baccifer.
Cordaianthus subvolkmanni.
— *nobilis*, Gr.
— *subgermarianus*.
— *prolificus*, Gr.
— *dubius*, Gr.
— *racemosus*, Gr.

Cordaicarpus (*Cardiocarpus*, Brongn.; *Cyclocarpus*, Göpp. et Berg.)
Cordaicarpus major, Brongn.
— *emarginatus*, Göpp. et Berg.
— *Gutbieri*, Gein. (*subsp. fragosa, Ottonis*).
— *ovatus*, Brongn.
— *congruens*.
— *punctatus*, Gr.
— *drupaceus*.
— *expansus*, Brongn.
— *subreniformis*.
— *intermedius*, Göpp.
— *eximius*, Gr.
— *rotundatus*.
— *lenticularis*, Presl. (*v. Cordai*, Gein..
Diplotesta Grand'Euryana, Brongn.
Carpolithes subovatus, Cord.
— *subellipticus*, Stern.
— *subacuminatus*, Stern.
Carpolithes avellanus (*Sarcotaxus*, Brongn.; *Taxospermum*, Brongn.; *Leptocaryon*, Br.).
Carpolithes disciformis, Stern., Weiss.

Cordaicladus.
Cordaicladus subschnorrianus (*modus ornatus*).
— *ellipticus*.
Cordaicladus selenoides.
— *idoneus*.

Artisia, Stern.
Artisia approximata, Lind.
— *angularis*, Daw.
— *transversa*, Artis.
— *tantilla et hodierna*.

Cordaifloyos.

Cordaixylon.

Dadoxylon, End.
Dadoxylon Brandlingii, Lind.
— *intermedium*.
— *acadicum*, Daw.
— *Stephanense*.
— *subrhodeanum*.

Dicranophyllum, Gr.
Dicranophyllum Gallicum, Gr.
— *striatum*, Gr.

Walchia, Stern.
Walchia piniformis, Schlot.
— *hypnoides*, Brongn.

Fam. CALAMODENDREÆ.

Gén. Arthropitus, Göpp.
Arthropitus striatus, Cotta.
— *subcommunis*, Binney.
— *Dadoxylina*, Gr.
— *ezonata*, Göpp.

Gen. *Calamodendron*, Brongn.
Calamodendron striatum, Cotta.
— *congenium*, Gr.
— *intermedium*, Gr.
— *inversum*, Gr.
Calamodendrofloyos cruciatus, Stern. (*modus encarpatus, oculatus, densatus*).
— *valens*, Gr.

Calamodendrea rhizobola, Gr.

Allo-Asterophyllites.
Asterophyllites densifolius, Gr.
— *suboblongifolius*, Gr.
— *viticulosus*, Gr.

Bryon.

Stephanospermum achenioides, Brongn.
Carpolithes granulatus.
— *socialis*.
Spirangium carbonarium, Schimp.
Pœciloxylon proprium, porosum, partitum.

CONSIDÉRATIONS GÉNÉRALES.

1° SUR LA NATURE DE LA FLORE ET LA PHYSIONOMIE DE LA VÉGÉTATION CARBONIFÈRES.

Après avoir cherché à établir les groupes de plantes houillères par la considération des organes les plus importants, et avoir, sur les lieux, essayé, par le rapprochement des parties, de reconstituer les types principaux, me serait-il permis de résumer les développements qui précèdent par quelques généralités sur la nature de la flore et sur la physionomie de la végétation?

I

Les Calamariées, encore trop peu connues pour être bien appréciées, se décomposent en plusieurs groupes propres au terrain houiller; quelques-unes cependant paraissent comme les ancêtres des *Equisetites* secondaires; les Prêles en seraient les seuls représentants acuels.

Les Filicacées, si diverses, se rattachent, en général, aux tribus aujourd'hui en grande minorité, la présence des Polypodiacées dans le terrain houiller étant incertaine. Nous avons vu que la grande masse des Pécoptéridées et des Névroptéridées se lie à la sous-famille des Marattiacées, qui a joué le premier rôle, avec des formes et des structures à présent inconnues dans ces plantes vivantes. De nouvelles considérations m'engagent à placer à la suite les curieux *Doleropteris* et *Schizopteris*, qui, après tout, pourraient bien être des Ophioglossées.

Les Sélaginées, dont le rôle est aujourd'hui si restreint, ont occupé un rang considérable dans la végétation primitive par la variété, la richesse et l'ampleur des formes véritablement arborescentes qu'elles ont tout d'abord revêtues, en général.

Les Sigillarinées, que leur structure rattache aux Gymnospermes, seraient les plantes les plus étonnantes, si, avec une organisation ligneuse essentiellement dicotylédone, elles joignaient une fructification de Cryptogames, même de Cryptogames hétérosporées les plus parfaites, qu'une théorie allemande [1] rapproche des Gymnospermes. On a pu estimer que les *Stigmaria* et les *Sigillaria* occupent une place entre les Cryptogames et les Gymnospermes; mais de là à une liaison il y a loin, car il est difficile de comprendre un terme intermédiaire entre des plantes qui ont deux sexes et se renouvellent par des fleurs, et celles qui se reproduisent par spores, même par deux sortes de spores, les unes, les microspores, jouant le rôle de mâles par rapport aux macrospores. La fructification cryptogamique des Sigillaires a pour elle, il faut le dire, leur gisement avec des macrospores [2]. Mais comme aujourd'hui il n'y a pas d'Hétérosporées avec une structure dicotylédone, non plus que de bois exogène se reproduisant par spores, la vraisemblance nous force d'admettre que les Sigillaires ont porté des graines; s'il en était autrement, ces plantes, en élevant le niveau des Cryptogames vasculaires, diminueraient, il faut en convenir, l'intervalle, qui ne semblait pouvoir être franchi, entre ces dernières et les Gymnospermes.

On admet pour Cycadées des formes et des structures qui, prises isolément, ne sont pas sans laisser des doutes sur l'existence réelle de cette famille vivante, à défaut des organes de reproduction : les *Pterophyllum* du terrain permien sont insolites, et les prétendus *Cycadites* trouvés par Göppert dans le *grauwacke* et par Salter dans le terrain houiller se rangent probablement près des *Schizopteris* du type *Cycadina*.

[1] En voyant, dans le jeu sexuel des microspores identifiées aux grains de pollen, et le développement des macrospores assimilées au sac embryonnaire, des analogies de l'ordre intime entre les Sélaginelles et Isoëtes, et tout particulièrement les Dicotylédones gymnospermes.

[2] Les macrospores silicifiées de Grand'Croix, parmi des myriades de microspores, ont un testa dur qui se décompose en plusieurs couches de toutes petites cellules compactes; on voit, en outre, à l'intérieur, une membrane rétractée.

Les Nöggérathiées, à peine connues, s'annoncent cependant par des débris foliaires et des graines qui en feraient un groupe près des Cycadées.

Les Cordaïtées, si intéressantes par leurs organes de végétation, paraissent devoir se placer auprès des Taxinées; cependant les Dory-Cordaïtes, de foliation analogue, auxquels je me ravise fermement de joindre les *Samaropsis*, révèlent d'autres alliances, et sont plus proches, par les inflorescences, des Cupressinées.

Les Dicranophyllites ajoutent aux formes insolites des Conifères, que les *Walchia* représentent d'une manière manifeste.

Enfin les Calamodendrées, comprenant les bois d'*Arthropitus*, plus rapprochés des Conifères, et les bois de *Calamodendron*, à structure plus anomale, offrent un haut degré d'organisation et ont, sans doute, porté des graines très-parfaites. Le bois fossile qu'elles nous ont laissé semble devoir les mettre à l'abri du doute qui peut continuer à l'endroit des Sigillaires, sur le point de savoir si ce sont des Cryptogames ou des Gymnospermes. Ces plantes fossiles peuvent bien avoir des rapports avec les Gnétacées.

La flore du terrain houiller supérieur paraît ainsi se partager, par parties également importantes, entre les Cryptogames vasculaires et les Phanérogames dicotylédones gymnospermes [1], sans Angiospermes au point de vue de l'appareil de reproduction, sans Monocotylédones au point de vue de la structure.

Mais si quelques groupes ont des rapports approchés avec les plantes vivantes, la plupart s'en éloignent, même quelquefois beaucoup. On ne remarque pas de véritables liaisons génériques, et l'on peut dire que la flore primitive est empreinte, dans toutes ses parties, d'une très-grande originalité.

Elle comprend, en effet, des familles qui lui sont propres,

[1] Pour comprendre l'importance que ces dernières plantes sont parvenues à avoir, il n'y a qu'à considérer que les graines silicifiées et en empreintes de Saint-Étienne révèlent près de trente genres, alors que les Gymnospermes actuelles ne forment que quarante genres principaux, savoir : six genres de Cycadées, quatorze genres d'Abiétinées, douze de Cupressinées, cinq de Taxinées et trois genres de Gnétacées.

celles des Sigillaires et des Calamodendrées, que, à cause de cela, il est si difficile d'apprécier; et on pourrait remarquer que les plantes les plus anomales du monde vivant sont comme des restes en voie d'extinction de la flore primordiale carbonifère[1].

Un fait qui frappe d'autant plus (et qui n'en est que plus significatif) qu'il a trait aux plantes fossiles les plus analogues aux plantes vivantes, c'est la plus grande perfection (dans le sens d'une structure plus complexe, spécialisant les fonctions et dégageant les facultés) des premières, en opposition complète avec l'hypothèse du développement progressif. Ainsi nous avons vu que les Pécoptérides et les Névroptérides occupent, dans les Marattiées, le haut de l'échelle par la disposition plus régulière des faisceaux ligneux dans les *Psaronius,* par la composition fibro-vasculaire de ces faisceaux dans les *Medullosa,* qui atteignent en outre une phase plus avancée de développement. Déjà les *Palæopteris* du Culm sont des Fougères très-élevées en organisation, dit M. Stur, qui croit en outre les *Bornia* plus parfaits que les *Equisetum.* Les *Lepidodendron,* exprime le docteur Hooker, ont un port plus digne, une structure plus complexe que les Lycopodes d'aujourd'hui; ils ont une couche de suber (inconnu dans les Cryptogames actuelles). Les Conifères elles-mêmes, dit M. Göppert, par leurs rayons médullaires composés, sont plus parfaites qu'aujourd'hui. La structure des graines de Grand'Croix nous est garante de l'existence de Gymnospermes très-élevées en organisation. En sorte que la nature semble avoir donné du premier coup à ses œuvres toute la perfection dont elles sont capables. Sans doute, les Gymnospermes

[1] Les Équisétacées sont isolées parmi les Cryptogames. Les Marattiacées, actuellement rares, et les Ophioglossées sont enlevées par les Allemands de la classe des Fougères, à cause de l'organisation toute différente du sporange, et rapprochées des Lycopodiacées. Les Lycopodiacées ont des particularités à elles propres. Parmi les Gymnospermes que les organes de végétation, non moins que ceux de reproduction, tiennent à distance des autres Dicotylédones, les Taxinées se séparent des Cupressinées et des Abiétinées, plus variées et plus répandues; les Cycadées et les Gnétacées, de formes anomales, seraient plutôt précédées que représentées par les Sigillaires et les Calamodendrons.

sont au plus bas de l'échelle phanérogamique et diminuent l'intervalle qui sépare les Cryptogames vasculaires des Angiospermes; mais les deux premiers sous-embranchements sont mieux ou aussi bien représentés dès l'origine qu'actuellement.

II

La physionomie de la végétation est monotone, mais imposante par la noblesse du port des Cryptogames aussi bien que des Gymnospermes. Par leur feuillage simple, a exprimé feu M. Unger[1], les premières plantes terrestres ne ressemblent en rien à celles d'aujourd'hui.

Les végétaux herbacés sont rares dans le sens du mot; cependant beaucoup en ont la nature sous la forme arborescente.

Comme herbes vivaces, il n'y a guère dans le terrain houiller supérieur que les *Annularia, Sphenophyllum,* quelques Fougères, les *Doleropteris, Schizopteris;* les *Calamites, Asterophyllites, Nevropterides* sont de hautes et grandes plantes de nature herbacée; tous les autres végétaux peuvent être tenus pour arborescents.

La tendance à la plus rapide poussée verticale se manifeste par l'absence de développement axillaire, par les troncs les plus élancés sans branches. Les arbres produisaient bien des rameaux à leur extrémité, mais ceux-ci étaient généralement caducs, et la plupart des tiges ne se ramifiaient sérieusement qu'au terme de leur croissance en hauteur.

Rien de ce qui existe ne donne la plus faible idée des énormes bourgeons de 0m,50 à 1 mètre et plus, par lesquels poussaient les tiges de Sigillaires, qui se sont développées avec leur plein diamètre en hautes et puissantes colonnes, couronnées d'un long bouquet de feuilles linéaires dressées[2]. Les tiges énormément mé-

[1] *Die Urwelt in ihren verschiedenen Bildungsperioden.*

[2] Les tiges élevées de plusieurs Cycadées (*Cycas, Dion, Encephalartos*), par le grand développement de leur moelle et le faible accroissement de leur zone ligneuse, par leur forme droite et cylindrique, et le volume du bourgeon qui les termine, donnent cependant une idée de ce que devaient être les tiges des Sigillaires.

dulleuses des Calamodendrées ont une moelle de $0^m,05$, $0^m,10$ et $0^m,20$, qui nous donne la mesure d'une égale pousse, au moins aussi étonnante pour des tiges ligneuses dicotylédones. Les extrémités des Cordaïtes, avec un canal médullaire de $0^m,05$ à $0^m,10$, témoignent, concurremment avec les feuilles, d'une beaucoup plus active végétation que leurs analogues vivants.

Cependant il ne paraît pas y avoir eu de géants comme les *Sequoia gigantea* de la Californie, de 10 mètres de diamètre à la base, de 100 mètres de haut et de plusieurs milliers d'années d'existence.

Mais, par contre, les plantes houillères accusent une vigueur excessive de croissance, et par suite, sans doute, elles étaient bientôt à bout de force vitale et périssaient, épuisées, plus ou moins jeunes, comme les arbres qui poussent rapidement.

La plupart des tiges, pourvues d'un feuillage opulent, s'élançaient d'autant plus vite qu'elles produisaient peu de branches, alors surtout que leur intérieur restait lâche; la grande proportion des tiges succulentes, à tissu ample et peu incrusté et dont, par suite, les matières élaborées par les feuilles étaient consacrées à l'accroissement, nous est une preuve de la plus rapide végétation. Les arbres les plus ligneux mêmes ont leur tissu élémentaire plus large et moins incrusté qu'aujourd'hui [1].

Tout indique donc au moins une végétation très-active des arbres; il n'y a pas jusqu'aux bifurcations fréquentes de Sphénoptérides, comme des Névroptérides aussi, qui ne prouvent que la plus intense végétation était partagée par les plantes herbacées.

2° SUR LE CLIMAT DE LA PÉRIODE CARBONIFÈRE.

Si les plantes houillères étaient, comme celles des formations secondaires et tertiaires, alliées de plus en plus près aux plantes

[1] L'ouverture des fibres vasculaires de certains bois dicotylédones de l'époque houillère est souvent aussi grande que celle des vaisseaux propres d'Angiospermes; les fibres des Conifères paléozoïques ont, à l'ordinaire, de trois à cinq rangées de ponctuations, alors qu'aujourd'hui elles n'en ont généralement qu'une seule dans la tige.

vivantes, on pourrait, les déterminations étant exactes, déduire, par analogie, le climat des lois qui gouvernent la distribution géographique actuelle des végétaux. Mais, loin d'en être ainsi, on peut même douter que la considération des groupes importants puisse entrer en ligne de compte comme élément décisif, parce que les Marattiées fossiles, par exemple, si différemment constituées de celles d'aujourd'hui, pouvaient parfaitement s'accommoder d'une tout autre température que celle de 25°, qui leur convient actuellement.

De la nature tropicale de la flore on peut bien conclure à un climat chaud; de la diffusion des Fougères on a inféré qu'il devait ressembler à celui de ces petites îles isolées, chaudes et humides, où ces plantes atteignent leur maximum de développement, et où les Cryptogames augmentent jusqu'à y former la moitié des espèces végétales.

Il nous paraît bien préférable de recourir aux caractères de la végétation qu'à ceux de la flore, parce que, dans les végétaux, aucun acte de la vie ne s'accomplissant sans se ressentir du climat, leurs formes, tant intérieures qu'extérieures, doivent refléter les diverses circonstances de celui-ci, et cela d'autant plus que les plantes houillères, étant arborescentes pour la plupart, subissaient, par suite, davantage et plus longtemps, l'action des influences du dehors. Nous avons, en conséquence, fondé nos recherches sur la coïncidence nécessaire qui se voit entre le degré de force des éléments principaux et généraux, dont la combinaison forme le climat, et les caractères de végétation, lesquels, communs au plus grand nombre des plantes et indépendants des groupes, paraissent être le plus en rapport avec lui.

Les trois principaux facteurs du climat, ceux qui ont le plus d'action sur les plantes sont : la chaleur, l'humidité et la lumière.

Chaleur et humidité.

Sachant que la chaleur, jointe à l'humidité, accélère la végétation, on peut induire du caractère éminemment actif et vigoureux des plantes houillères que ces deux composantes du climat étaient dans les meilleurs rapports d'énergie commune. La nature singulièrement succulente des *Sigillaria* et des *Stigmaria* est la preuve, pour Lindley, d'une haute température accompagnée d'une grande humidité, et, pour le docteur Hooker, au moins d'une grande humidité; ces plantes, à la fois pourvues d'un feuillage dense et d'une structure séveuse, indiquent un climat de la zone tropicale, par application d'une remarque d'A. de Humboldt. La grandeur extraordinaire des vaisseaux signifie, pour Corda, que le climat était au moins tropical, et il aurait pu ajouter, en même temps très-humide, car, d'un côté, les plantes marécageuses des pays chauds ont un tissu aussi ample que mou, et, de l'autre, le tissu ligneux est aussi fin que dense lorsqu'il pousse lentement dans un pays froid et sec. Voyant nos chétives Cryptogames grandir sous l'équateur, où les Graminées deviennent arborescentes, M. Brongniart a supposé que, dans nos pays, la température était au moins égale et peut-être supérieure à celle des contrées les plus chaudes de la terre, et qu'elle réunissait, en tout cas, les conditions les plus favorables au développement de ces végétaux. Les Fougères en arbre, que nous avons vues si nombreuses dans le terrain houiller supérieur, ne peuvent plus vivre dans nos pays tempérés; or, il n'y a pas de végétaux dont la végétation luxuriante exige autant d'humidité que les Fougères, qui recherchent les lieux où la température, sans être élevée, est humide et uniforme.

On sait que la température seule, ou plutôt unie à l'humidité, favorise l'allongement, la poussée ascendante ou la polarité des plantes, qui, par cela seul, dénoteraient, à l'époque houillère, cette double influence portée au plus haut degré.

Comme les végétaux à racines aériennes semblent appartenir aux tropiques, là où la température est chaude et humide, on est en droit d'admettre que cette double circonstance était autrement mieux réalisée à l'époque houillère, à voir l'excessif développement radiculaire des Caulopténides et le grand nombre des racines aériennes des Calamodendrées, sans compter la nature épaisse et charnue de tant de débris de plantes.

Et comme la chaleur humide dispose les plantes à la phyllomanie, c'est-à-dire à pousser en feuilles, il n'y a pas jusqu'aux Cordaïtes qui n'apportent un supplément de preuves à la thèse que nous exposons.

Il paraît donc bien certain que, par la chaleur et l'humidité, le climat de la période houillère dépassait celui des contrées basses de la zone torride. Ce n'est pas à dire pour cela que ce climat dût être excessif, car l'organisation des plantes houillères ne permet pas de croire qu'elles aient vécu dans des milieux bien différents de ceux d'aujourd'hui. Unger, après avoir admis la température moyenne de 20° à 25°, telle que celle des îles de la mer du Sud (celle de Paris étant de 10°,8, celle de Lyon de 12°,5, celle du pays stéphanois de 10°,3), va jusqu'à dire que la végétation de l'époque houillère dénote un climat ardent et une humidité si excessive, que ni l'atmosphère pluvieuse des îles Chonos, ni la chaleur brûlante des tropiques ne peuvent en fournir une idée.

Seulement cet auteur se représente, en même temps, une lumière non directe, obscurcie par des vapeurs. Et pour expliquer l'extension de la flore jusqu'à l'île Melville par 75° de latitude, on admet que la lumière pouvait être restreinte. On a cité, à l'appui de cette hypothèse, que les Cryptogames peuvent se passer d'une lumière vive et se contenter d'une lumière diffuse, comme les Gymnospermes, à la rigueur; qu'il y a absence de Phanérogames angiospermes, dont le besoin de lumière est plus impérieux, et que d'ailleurs les Fougères aiment l'ombre. Lumière.

Cependant, la lumière, qui détermine les phénomènes de nutrition végétale, devait être au moins très-abondante, sinon très-vive, pour affermir les plantes houillères, dont le développement foliaire exigeait les plus actives respiration et exhalaison d'eau abondamment sucée par des plantes marécageuses qui poussent vite avec beaucoup de feuilles. Elle devait être, en tout cas, proportionnée à la chaleur et à l'humidité, dont les effets d'accroissement seraient suivis de l'étiolement, si la lumière n'agissait pour incorporer du carbone en proportion. On sait, en effet, que c'est la lumière qui fixe le carbone dans les plantes. Or, et l'argument doit être décisif, les tiges houillères présentent un trait commun, celui d'avoir une écorce non-seulement épaisse, mais si fortement imprégnée de carbone, au moins autant que celle (à 52 p. o/o de C.) des Fougères et des Palmiers, que, par la houillification, la réduction en volume a été si nulle dans les Sigillaires[1], que les caractères superficiels n'en sont pas altérés, et assez faible en général pour que l'entassement primitif à plat des écorces formant la houille n'ait pas éprouvé une plus grande réduction en épaisseur, par la houillification jointe à la compression, que les schistes, sinon même que certains grès. Les bois les plus denses de Cordaïtes et de Calamodendrons ont subi un grand retrait en comparaison des écorces, qui devaient être très-dures et très-carbonées. Et c'est justement à cette phlœomanie, concurremment avec la phyllomanie des plantes houillères, que nous sommes redevables de la plus grande partie des dépôts de houille, formés principalement, — on le verra, — d'écorces et de feuilles, avec une faible proportion de bois dispersé à l'état de fusain. Or, c'est la lumière qui, tout en subvenant à la combustion respiratoire, a fixé ce carbone, dont la masse prodigieuse donne la mesure certaine de la somme d'action de celle-là; si l'on peut tirer des conclusions par analogie, c'est bien ici que le rapport de cause à effet est pour ainsi dire absolu.

Mais si la lumière dut être abondante, ce n'est pas à dire qu'elle fût directe, la lumière directe étant plutôt nuisible que favorable à l'accroissement des végétaux, qui restent petits, très-ligneux, exposés au soleil ardent, deviennent grands, plus vigoureux, moins ligneux, à l'ombre, c'est-à-dire à la lumière affaiblie. Des expériences directes ont même montré que la décomposition

[1] J'ai trouvé, dans les nodules du Lancashire, que la partie houillifiée de l'écorce est formée de tissu extrêmement dense et compacte.

de l'acide carbonique est plus considérable sous l'influence de la lumière du soleil atténuée par un écran que sous l'action directe.

Quoi qu'il en soit au juste, il est bien connu que la végétation houillère est uniforme dans les contrées extra-tropicales jusqu'au cercle polaire, jusqu'au Spitzberg, dans l'océan Glacial par 74° à 80° de latitude, où il fait un froid excessif et une grande nuit de trois mois. Or les plantes houillères, arborescentes, succulentes, excluent l'absence de lumière et les froids rigoureux et continus. Par conséquent, il existait, à l'âge de la terre qui nous occupe, une distribution de chaleur et de lumière sur le globe bien différente de celle d'aujourd'hui.

On doit chercher l'explication du fait en dehors de la chaleur centrale, qui n'a pu avoir, — et on le démontre, — d'effet sensible sur le climat, et de la vapeur d'eau à l'état vésiculaire, reportant loin au nord une lumière trop atténuée, réfléchie, qui n'est plus assez physiologique. On peut supposer qu'une haute température existait dans les contrées boréales et y favorisait la végétation, alors que, entre les tropiques, où la présence du terrain houiller n'est pas encore bien constatée, le degré d'élévation qu'elle y aurait atteint, suivant la loi de répartition actuelle de la chaleur, aurait rendu la vie des plantes impossible; mais cette supposition ne satisfait pas à l'exigence de lumière, non plus que l'hypothèse des aurores boréales accidentelles ou celle d'une lumière électrique insuffisante.

Quoi qu'il en soit, le climat de la période houillère nous paraît bien avoir réuni à la fois une haute température, une grande humidité corrélative et une abondante action lumineuse nécessaire.

Composition atmosphérique.

On peut croire que l'atmosphère se composait d'éléments dans d'autres proportions qu'aujourd'hui. La quantité de vapeur d'eau qui accompagne une température élevée rendait déjà cette atmosphère très-lourde, sans, pour cela, lui faire perdre sa limpidité, et augmentait son pouvoir calorifique en diminuant le rayonnement. Quel était le rapport de l'oxygène à l'azote et à l'acide carbonique? M. Brongniart[1] a incliné à croire à une plus grande proportion d'acide carbonique, qui est favorable à la végétation jusqu'à un certain point plus élevé qu'aujourd'hui, mais au delà duquel il tue les végétaux, auxquels l'action vivifiante de l'oxygène est indispensable. En faveur de l'idée de M. Brongniart, on peut citer cette estimation de Von Dechen que les terrains carbonifères contiennent six fois plus de carbone que n'en renferme actuellement l'air atmosphérique; or on ne voit pas que les plantes houillères, reposant sur un sol sableux inondé, aient pu tirer d'ailleurs la plus mince fraction du carbone qu'elles nous ont légué en réserve dans le sein de la terre.

Invariabilité du climat.

On sait que les variations de climat se font sentir sur la végétation par la plus ou moins grande rapidité de pousse, et se traduisent, aussi bien à la surface que dans les tissus internes, par le degré d'allongement des caractères extérieurs et de grandeur des éléments anatomiques, de manière qu'une plante doit exprimer, sous ces deux rapports, les variations météorologiques auxquelles elle a été soumise, comme le démontrent les végétaux de nos pays, subissant un repos forcé à la suite d'un ralentissement de végétation, comparativement aux plantes intertropicales, dont la croissance est continue, à moins qu'elle ne soit interrompue par les alternances des saisons sèches et humides.

Lorsque l'on considère l'admirable et constante régularité des dessins corticaux des Sigillaires, on peut en induire sans hésiter que leur croissance était uniforme sous l'influence d'un climat invariable. Les altérations verticillaires que l'on y rencontre ne sont pas, comme on l'a prétendu, des preuves de suspension dans la croissance, mais d'accidents périodiques avec production d'organes interfoliaires tombés, fructifères sans doute, car les Lépidodendrons, dont l'inflorescence est terminale, ne présentent pas ces altérations. Ces faux verticilles, en effet, ne suivent pas un ralen-

[1] *Considérations générales sur la nature de la végétation qui couvrait la surface de la terre aux différentes périodes de la formation de son écorce*, p. 28.

tissement de végétation, et une remarque importante que j'ai faite sur plusieurs espèces, c'est qu'ils sont, au contraire, marqués par un étirement subit des cicatrices foliaires, à l'encontre des conclusions que l'on en a tirées.

Cependant les Calamophyllites et les Calamodendrées présentent bien une périodique décroissance des entre-nœuds, limitée par des verticilles raméaux, mais sans marque d'arrêt, et les prétendues zones concentriques du bois pétrifié de Calamodendron ont été reconnues par M. Binney comme dues à une différence de coloration plutôt qu'à un changement sensible dans les dimensions et la lignification des fibres vasculaires.

Quant aux Cordaïtes, leurs caractères extérieurs prouvent seulement que la végétation continue était atténuée lors de la production périodique des rameaux, laquelle, comme toute autre segmentation, est accompagnée de ralentissement.

La structure intérieure des tiges ligneuses est, pour ainsi dire toujours et dans tous les cas, celle qui résulte d'une végétation continue, sans arrêt périodique. Déjà Witham[1], en 1833, constatait que les bois du Lias et de l'Oolithe, par l'épaisseur et la limitation de leurs anneaux de croissance (cependant encore moins prononcés que dans les bois tertiaires), annoncent la succession de nos climats; tandis que les bois du terrain carbonifère en ont une si faible apparence qu'il faut au moins admettre que les changements climatériques étaient sans importance. Suivant M. Brongniart[2], les bois de Conifères du terrain houiller se distinguent par l'uniformité de densité des tissus, d'où résulte l'absence de zones distinctes d'accroissement. M. Göppert, qui croit en principe aux zones de croissance, concède qu'elles sont faibles et souvent indiscernables, répondant plutôt à des périodes de végétation et portant la preuve d'un haut climat tropical sans alternative de saisons[3]. M. Williamson estime que les bois de *Calamodendron*, comme les *Dadoxylon*

[1] *The internal structure of fossil vegetables*, etc., p. 68.
[2] Tableau des genres de végétaux fossiles.
[3] *Monographie der Fossilen Coniferen*, p. 260

d'Angleterre, n'ont pas de traces définies de couches concentriques d'accroissement qui puissent s'identifier à quelque variation périodique du climat[1]. On a bien cité des *Araucarites*, tels que, par exemple, l'*A. Tchihatcheffianus* de l'Altaï, comparable à l'*Araucaria Canninghami*, avec anneaux de croissance, correspondant à une réduction dans l'épaisseur des fibres, mais on n'a jamais trouvé que cette réduction allât jusqu'à des fibres sans pores. D'ailleurs, si le *Peuce orientalis*, Eich., du calcaire carbonifère de Petrowskaya, a des indications de zones de croissance, c'est d'une manière irrégulière, comme si, dit l'auteur de la *Lethæa Rossica*, cela était dû à des dérangements locaux de végétation. De sorte que l'on peut admettre que les véritables zones concentriques n'existent pas, contrairement au dire de M. Dawson, ou sont aussi peu accentuées que celles que l'on remarque dans les pays tropicaux où les écarts de température sont le plus faibles; leur indication dans le *Pinites medullaris*, par exemple, n'est pas due à un rétrécissement des fibres d'automne tout à coup suivies du bois plus lâche de printemps. La grande masse du bois des Conifères n'en présente aucune trace dans la plupart des espèces, *Peuce Withami*, *Pinites Brandlingii*, *Araucarites biarmicus*. Tout cela, concordant avec l'invariabilité des caractères extérieurs, démontre péremptoirement une végétation perpétuellement sinon également active, sans arrêt périodique, sous un climat invariable de printemps. Les Sigillaires et les Lépidodendrons, de constitution délicate, ne présentant aucune variation sous les deux rapports, permettraient même de supposer que les variations légères que présentent les tiges ligneuses sont plutôt en relation avec des phénomènes périodiques de végétation qu'avec le cours des saisons.

Je ne chercherai pas à expliquer cette constance du climat en des pays où actuellement la position relative du soleil détermine de grandes différences, et je ne suivrai pas ceux qui, contre la pensée de M. Élie de Beaumont, redressent l'axe de la terre sur

[1] *On the organization*, etc., part I, p. 493.

son orbe, parce que cette position, démontrée possible par les uns et impossible par les autres, entraîne, d'après ses inventeurs mêmes, des tropiques au cercle polaire, de grands écarts de température qui n'ont pu exister [1].

C'est sous les auspices d'une grande égalité, sans différenciation de climat, jointe à des mœurs identiques et favorables à la dispersion, que les flores carbonifères contemporaines d'Europe et d'Amérique, lesquelles furent sans doute en communication, doivent d'être si ressemblantes. Uniformité du climat.

On sait que les flores qui se développent sous nos yeux, dans les mêmes conditions climatériques, se ressemblent, et si elles diffèrent, par suite de leur éloignement, de leur passé et des obstacles à leur communication, les espèces, genres et familles de l'une sont remplacés par des espèces, genres équivalents et des familles très-voisines.

Or, à l'époque du terrain houiller, les flores n'étaient pas seulement semblables, équivalentes, mais, ce semble, égales et identiques, à tel point que l'on peut croire que la plus grande uniformité de climat régnait partout où se déposait le terrain houiller, entre le 30e et le 70e parallèle, sans hautes chaînes de montagnes et sans larges mers, qui se seraient également opposées à la libre expansion des plantes.

3° SUR LES FORÊTS FOSSILES DU TERRAIN HOUILLER.

(Voir pl. XXXIV.)

Les racines, souches et troncs d'arbres se trouvant aux lieux et places de leur croissance sont très-communs dans le bassin de la Loire, comme, du reste, dans tous les terrains houillers.

Les tiges encore debout, que l'on reconnaît aisément, quoi qu'en ait supposé M. Bischof [2], pour s'être développées dans la position qu'elles occupent, et non pour avoir échoué, après flottage, les

[1] Voir *Bull. géol.* 2e série, t. XXV, p. 277.

[2] *Lehrbuch der chemischen und physikalischen Geologie*, p. 825 et suiv.

racines en bas, sont généralement, à Saint-Étienne, des *Calamites* et *Calamodendron*, des souches de *Cordaites* et beaucoup de *Psaronius*, ces derniers posés fréquemment sur les couches de houille dans la zone des Fougères. Les troncs de Sigillaires et leurs racines ou Stigmariées (si généralement répandues dans le terrain houiller moyen et inférieur, et que l'on ne trouve, pour ainsi dire, que là où elles ont vécu) sont relativement rares dans le bassin de la Loire, sauf à Rive-de-Gier.

En se reportant à la description de ces fossiles, on peut déjà voir combien ceux en place sont généralement répandus.

Cependant nous voulons énumérer tous les niveaux et les endroits où, sans les rechercher, nous en avons vu; car le fait général de tiges debout dans toute l'épaisseur et l'étendue du terrain houiller est de nature à changer les idées admises sur son mode de formation.

Habitat. A Rive-de-Gier : Calamites au toit de la grande couche, aux Grandes-Flaches, au Mouillon, à Rive-de-Gier et à la Péronnière. — Cloches de Sigillaires fréquentes au toit de la Bâtarde, à Couzon, au toit de la grande couche, à Lorette. — Stigmariées, plein les schistes, principalement à l'est, et dans tous les débris de triage. — Dans la tranchée de détournement du Gier, aux Rouardes, au milieu du conglomérat, forêt fossile à sol multiple de tiges diverses clair-semées de *Cordaites*, *Psaronius*; un banc est rempli de racines, avec *Stigmariopsis*. — Chez-Huguet (Péronnière), lit avec *Stigmariopsis abbreviata*, et en dessous, des Calamites. — A Comberigole, dans le lit du Gier, en face du martinet Bajard, superposition de *Calamites Suckowii*, *Cistii*, dans un grès schisteux.

A Roche-la-Molière : couche de la Grille; au mur, des *Stigmaria ficoides*, entre le puits Derbins et la bifurcation Nord; à la sole de la branche Frécon, nombreux *Stigmariopsis inæqualis*, avec *Stig. ficoides*, et au toit, *Stigmariopsis inæqualis*; à la sole de la branche supérieure, nombreux *Stigmariopsis inæqualis*, et au toit, des *Psaronius*. — Couche du Péron; au midi de la faille du Buisson, *Psaronius* au toit; près du puits Dolomieu, *Psaronius*, *Stigmariopsis*, énormes troncs de Sigillaires, pieds de *Cordaites* au toit; à quelque distance au N. O. de ce puits, nombreux *Psaronius* au toit; à la galerie d'écoulement, petites tiges de Sigillaires au toit. — Couche du Sagnat; sous l'Essartery, quelques *Stigmariopsis* dans la sole; dans le midi, *Calamites* et *Cordaites* au toit; au nord du puits Sagnat, cloches et troncs de Sigillaires. — A une cinquantaine de mètres au-dessus du Petit-Moulin, derrière les fours à coke, forêt fossile de beaucoup de *Calamites* avec de hauts *Psaronius* s'élevant de plusieurs niveaux à travers 10 mètres environ de grès schisteux (voir pl. XXXIV). — A une cinquantaine de mètres au-dessous de la couche Siméon, tranchée de la Chiorary, superposition de *Calamodendrea rhizobola*, de *Cordaites*, et, un peu plus bas, de *Stigmariopsis* et de *Psaronius* à plusieurs niveaux. — Au rond du puits du Crêt, à la recette inférieure de la couche Siméon, *Psaronius*. — A la Combette, tiges diverses debout et racines en place au-dessous de la couche Siméon. A la tranchée du chemin de fer de Roche, *Stigmariopsis* à la sole d'une couche (Sagnat), et, un peu en dessous, fréquentes souches très-charbonneuses de *Cordaites*.

A Firminy : carrière Holzer, tiges diverses, dont *Psaronius*. — Carrière des Razes, tiges en place. — Toit de la 2ᵉ Malafolie, gros troncs debout (Chansselle). — Près le puits du Ban : Calamites en affleurement au Chambon; *Psaronius* et *Calamites* à Valchéry, *Psaronius* et *Cordaites* aux Platanes.

A Montrambert et à la Béraudière. — Butte de la Mine, sole de la 3ᵉ, sur 10 m. d'épaisseur, nombreuses tiges et souches de *Psaronius*, *Calamodendron* et *Cordaites*, et, au-dessous, des *Calamites* dans du gore; au-dessus du banc de grès de la carrière de ce nom, *Cal. Suckowii*. — Tiges debout à la margelle des puits Devillaine. — A une trentaine de mètres au toit de la 3ᵉ, dans le grès de la grande tranchée : *Psaronius*, *Calamites* et *Calamodendron*. — A une vingtaine de mètres au-dessous de la couche des Littes : diverses *Calamites*, *Psaronius*; à la sole de cette couche, *Calamodendron*, et à 15 mètres au toit, *Calamites*. — Dans le toit et la sole de la couche des Trois-Gores : *Calamites* et racines. — Sur la 3ᵉ Brûlante, au Montcel, tiges debout (Soulary). — A la margelle du puits Courbon, deux Calamites.

A Montmartre. — Emprunt du puits Boyer, à 150 mètres au-dessus de la 1ʳᵉ, *Calamites* et autres racines à plusieurs niveaux. — Plâtre du puits Rochefort, à 40 ou 50 mètres au-dessus de la même couche, tiges de *Cordaites*. — A Montmartre II, affleurement d'une mise de houille avec un mur plein de racines de Fougères.

Au Quartier-Gaillard. — Carrière du Grand-Coin, entre le banc de grès inférieur et les grès supérieurs, un grand nombre de tiges debout prenant naissance à plusieurs niveaux, *Calamites*, *Calamodendron* et *Psaronius*, un *Stigmariopsis*; et, surmontant ces grès supérieurs, *Calamites* clair-semés et bases de *Cordaites*, déjà dans les dessolardes de ces grès (voir pl. XXXIV). — Au toit de la 2ᵉ, à Chavassieux, nombreux *Calamites* et *Calamodendron*. — A fleur du sol à l'église de Côte-Chaude, plusieurs sortes de tiges en place. — A la Roche-du-Geai, *Calamites* debout au toit et *Psaronius* dans l'entre-deux de la 6ᵉ.

Au Cluzel. — Au-dessus de la carrière de ce nom, *Calamites* plantulaires, se trouvant aussi sur le bord du chemin près du puits Imbert. — A la Vigne, au bord de la route, *Stigmariopsis*.

Au Bois-Monzil. — A la sole d'un lit de houille schisteuse, souches de *Cordaites* et des *Stigmaria*. — Sur le banc de grès formant le toit de la couche, *Stigmaria*, *Calamites*, bases de *Cordaites*.

A la Porchère. — Dans le toit de la 14ᵉ, forêt fossile de *Calamites*, *Biotocalamites*, *Psaronius*, *Tubiculites*, *Medullosa*, *Dadoxylon*.

A Villars. — Au puits Beaunier, à 120 mètres au-dessous de la couche, *Calamites* et *Syringodendron*. — A la surface du sol aux Combeaux, vers 100 mètres au-dessus de cette couche, deux ou trois Calamites. — A l'emprunt Villefosse, *Calamodendron*. — A la Terrasse, *Psaronius* et souches de *Cordaites* répandus.

Au Treuil. — Toit de la 2ᵉ, butte Saint-Claude, grand nombre de tiges debout prenant naissance à différentes hauteurs sur plus de 20 mètres, principalement *Calamites*, *Calamodendron* et *Psaronius;* et dans le mur de gore de cette couche, beaucoup de *Cal. Suckowii* avec *Calamodendron* et *Psaronius.* — Aux déblais des Trèves, dans un banc inférieur de gore, petites *Calamites* et faibles *Psaronius;* au-dessus d'un intervalle, assise importante de forêts fossiles à sol multiple, de *Calamodendron, Calamites, Psaronius,* quelques *Cordaites* et *Syringodendron* (voir pl. XXXIV); dans le délaissé de la Rotonde, *Biotocalamites.* — En haut de la butte Saint-Roch, *Dadoxylon.* — A la carrière de la Marie-Blanche, tiges au toit de la 5ᵉ; *Calamites* à une vingtaine de mètres plus haut; et souche de *Cordaites* et un *Stigmariopsis* à une quarantaine de mètres au-dessus de ladite couche. — A la montée de la rue Robert, diverses sortes de racines en place dans la roche.

Au Soleil. — Carrière du Bardot, vers 100 mètres au-dessus des 2ᵉ et 3ᵉ rapprochées, nombreux *Calamites* dans un banc de taille exploitée; et sur ce banc, *Psaronius, Calamites* et *Calamodendron*; de même dans la carrière Fauriat, aujourd'hui remblayée. — Sur les pointes de la carrière Soubre, rares *Calamites.* — Carrière Levelut, *Calamites* et *Caulopteris.*

A Montieux. — Au toit de la 5ᵉ, bases de tiges énormes (Grosrenaud). — A la tranchée du chemin de fer, à côté du puits Saint-Simon et au-dessous de la couche des Rochettes, plusieurs tiges droites; au-dessus de la même couche, petites tiges et racines diverses.

A la Recherche de la Palle, banc rempli de *Stigmaria ficoides.*

A Méons. — Toit de la 12ᵉ, au puits Saint-Louis du Bessard, plusieurs petites tiges debout; vers 80 mètres au-dessus de la 8ᵉ, base de *Cordaites* près du puits Saint-Louis et *Syringodendron alternans* près du puits Saint-André; dans le sous-sol près du puits Saint-Claude, *Psaronius.*

A l'Éparre. — Souche de *Cordaites* au mur de la 8ᵉ et petites *Calamites* au toit. — A la tranchée du chemin de fer de Sorbiers, dans le massif de 9ᵉ à 12ᵉ et au-dessus, tiges diverses, notamment *Psaronius, Calamodendron,* quelques *Dadoxylon.*

Fendue Saint-Jean : dans le toit de la 8ᵉ, *Syringodendron, Calamodendron, Psaronius.* — Aux Baraques, en descendant à la Varizelle, un *Psaronius.*

Carrière Neyron, près Méons : sous la 13ᵉ, quelques rares *Calamites.*

Tranchée du bois Sainte-Marie : base de *Cordaites* à l'ouest et plusieurs *Calamites* à l'est.

Carrière de la Bâtie : plusieurs bases de *Cordaites.* — Emprunt de la Bâtie, au toit, dans un entre-deux et à la sole d'une mince couche, un certain nombre de *Calamites, Calamodendron, Psaronius, Cordaites.* — Près la Bérardière, un stock de *Cordaites.*

Carrière de Grange-Neuve, aux Roches : tige de *Psaronius* au toit de la 14ᵉ.

Carrière Bonnet au Montcel-Sorbiers : *Dadoxylon.*

Près de la Fouillouse, à Monteux : forêt de *Calamites Suckowii.*

A la Poizatière, lieu dit au Vert, sur le chemin de Sorbiers à Valfleury jusqu'au ruisseau de l'Angonon, forêt assez dense de *Calamites Suckowii, Cistii,* etc.; plus bas, quelques traces de petites tiges et de racines dans une alternance de roches schisteuses; et encore plus bas, racines en place dans un schiste charbonneux.

A l'ouest du bois de l'Angonan, près la Pacotière, *Psaronius* et autres racines.

A Saint-Chamond, en haut des carrières, *Calamites* dans un schiste gris; à Chavannes, *Syringodendron;* à Saint-Martin de Cornas, Calamite.

Quelques tiges de *Cordaites* debout dans le grès d'Assailly et de Manévieux.

On voit combien les tiges en place sont nombreuses et répandues; il y en a à tous les niveaux, et tout me dit qu'en cherchant bien on en trouverait un peu partout; car, dans les déblais de recherches de mines, on rencontre très-souvent des parties de tiges et de racines implantées perpendiculairement à la stratification et en place, par exemple :

Des *Calamites cannæformis* dans les roches du puits Saint-Louis et en quantité dans celles d'un toit de couche au puits Adrienne de la Malafolie; des *Calamites* dans les déblais du puits Saint-Joseph de la Béraudière; des *Calamites* et *Biotocalamites*, au toit de la Vaure, au puits Petin de la Calaminière; des *Calamites* dans les grès du puits David des Roches; de même dans un schiste grossier de Montbressieux; de même dans les grès schisteux de la carrière Sauzea et des Platières; des *Stigmariopsis* dans les élevages et rebanchages d'une couche au puits Merle de Pont-de-l'Âne; des racines, *Calamites, Psaronius*, dans un ancien sol de végétation, à 150 mètres au puits de l'Isérable; des racines, rhizomes de *Calamites, Psaronius* dans une roche de la grande couche d'Avaize; du terreau fossile sur toutes les haldes des mines à Rive-de-Gier, où les débris d'exploitation sont, comme à Communay, généralement traversés par des racines; des *Calamites, Stigmaria* dans du schiste argileux à Valjoly, etc.

Et des racines et radicules un peu partout, particulièrement au Treuil, à la Porchère, à Montrambert, etc.; on peut même dire que la plupart des schistes en sont plus ou moins pénétrés.

En sorte que l'on peut dire qu'il y a des restes de plantes *in situ* dans toute l'étendue et sur toute la hauteur du bassin houiller de la Loire; il y en a aussi bien dans les massifs stériles qu'au toit et à la sole des couches, dans les grès que dans les schistes. Et d'après ce que j'ai pu juger dans mes voyages, les divers autres bassins houillers du centre de la France en ont pour le moins autant et d'aussi généralement répandus.

Ce doit être là une règle commune à tous les terrains houillers, où l'on a presque partout signalé des tiges debout à différents étages. Sans vouloir renvoyer aux nombreux ouvrages où il en est fait mention, je dirai qu'en Nouvelle-Écosse, on a observé plus de soixante et dix sols de végétation répartis dans une épaisseur de 400 à 500 mètres de terrain; que les *South Joggins* sont remarquables, au dire de Dawson, par le grand nombre de plantes debout à une foule de niveaux; que sir Logan, le chevalier de la Bèche, le Survey, MM. Binney, Dawson, Dawes, en Angleterre, et sir Lyell, le docteur Rogers, en Amérique, ont attiré depuis longtemps déjà l'attention sur la présence constante et presque exclusive des *Stigmaria* à la sole ou argile inférieure (*underclay*) de toutes les couches de houille; que de semblables constatations ont été faites en Allemagne par Nöggerath, Von Dechen (en Westphalie), par M. Göppert, par M. Goldenberg à Sarrebruck, et que la même chose a lieu en Belgique, je crois, aussi généralement. Les couches de houille sont, en outre, souvent surmontées de troncs d'arbres verticaux formant par leur base de pose ce que l'on appelle chez nous des *cloches* (en Angleterre *pote holes*, en Allemagne *Eisenmänner*). Les argiles schisteuses du terrain houiller moyen sont assez généralement pénétrées de radicules.

On peut donc avancer que, s'il n'existe pas des traces de végétaux en place partout et à tous les niveaux, il y en a au moins aux différentes profondeurs de tous les terrains houillers. C'est ce que je voulais bien établir, avant de tirer les conclusions qui suivent, tant sur les circonstances que sur les conditions de dépôt du terrain houiller.

4° SUR LES MŒURS ET LA TOPOGRAPHIE DES PLANTES HOUILLÈRES.

Nous avons vu que les *Calamites* se plaisaient on ne peut mieux dans les eaux sédimentaires, en produisant des jets à des niveaux de plus en plus élevés au fur et à mesure de l'élévation du lit de dépôt, et que les *Psaronius* et *Calamodendron* s'en accommodaient aussi, en poussant des racines adventives ou adjuvantes pour remplacer celles qui étaient ensevelies par les sédiments.

Les Calamites contribuent principalement à la composition de ce que j'ai appelé forêts fossiles à sol multiple (*Comptes rendus*, t. LXVIII, p. 803), avec différentes autres sortes de tiges et de racines prenant naissance et étant brusquement tronquées à différentes hauteurs, dans un massif plus ou moins puissant de roches diverses; circonstances qui ont fait supposer, à tort, par C. Prévost et Lindley, que les tiges du Treuil figurées par Alex. Brongniart n'étaient pas en place.

La plupart des tiges vivaient très-bien dans les eaux sédimentaires; cependant il y en a, comme les *Stigmaria*, *Sigillaria* et même les *Psaronius*, qui paraissent avoir attendu des périodes de repos relatif pour prospérer sur un sol que l'on ne voit pas avoir émergé, en général. En prenant pied au même niveau, ces dernières tiges forment, surtout si elles sont nombreuses, de véritables forêts fossiles et, en se succédant à intervalles rapprochés, une superposition de forêts plutôt qu'une forêt à sol multiple; mais ces tiges sont souvent mêlées aux autres, en compagnie desquelles on voit qu'elles ont pu croître, baignées par une couche d'eau courante. Il en est de même des *Dadoxylon*, qui, suivant les cas, vivaient dans un sol inondé, marécageux ou soumis à la sédimentation. (Voir la planche XXXIV, qui représente aussi exactement que possible quelques forêts fossiles des carrières de Saint-Étienne.)

Les végétaux du terrain houiller paraissent être des plantes de terres basses, chaudes et humides, comme aujourd'hui les Fougères en arbre, ou comme des plantes subaquatiques peu exigeantes, moins sensibles aux différences de climat, mais généralement arborescentes, croissant dans une station qui comporte une flore pauvre, mais d'autant plus uniforme. La nature des végétaux houillers les a fait réputer, dès l'origine, comme plantes de marais et les *Stigmaria* mêmes comme plantes aquatiques, avant que l'on connût la structure de ces derniers. Nous avons vu que tous ont pu se développer au milieu des eaux courantes, avec quelques différences dans les aptitudes. Les uns, comme les Calamariées, se plaisaient davantage dans un sol sableux; les *Annularia*, dans un sol vaseux; les *Stigmaria,* dans un sol argileux compacte, rebelle à la végétation par son imperméabilité même, ce qui explique peut-être pourquoi ces plantes-ci excluaient les autres, mais pas si complétement que je ne leur aie trouvé associés des *Calamites ramosus* à Rive-de-Gier, de même que MM. Göppert et Geinitz en Silésie.

Toutefois ces plantes fossiles paraissent toutes avoir eu les mêmes mœurs (entendues comme les équivalents de l'instinct chez les animaux) et avoir pu vivre dans les mêmes conditions, par suite d'une organisation appropriée et en vue d'un but commun; nous en avons effectivement trouvé à peu près tous les types dans les forêts fossiles. Il n'y a donc plus guère lieu de se demander avec Lyell si, en dehors des plantes qui, d'ordinaire, remplissent les roches schisteuses, il n'y en a pas de coteaux dont les restes nous sont exceptionnellement parvenus; ni non plus de supposer, avec le docteur Hooker, que les Conifères, signalées à tort comme ne gisant que dans les grès et peu dans les schistes, ont vécu éloignées des Sigillaires et autres plantes qui ont formé la houille, et ont été apportées de plus ou moins loin par les eaux courantes.

Mais si les plantes de l'époque houillère paraissent avoir toutes partagé la même station de terres basses et inondées, s'ensuit-il que les forêts fossiles représentent les véritables forêts carbonifères, que l'on se figure avoir dû être des fourrés épais plutôt que des forêts ordinaires? Lorsque, comme au Treuil, des roches sont pleines de *Cal. Suckowii* couchés en compagnie des mêmes tiges debout, celles-ci, plus maigres, y dénoteraient le prolongement dans de moins bonnes conditions de forêts plus garnies, plus puissantes ailleurs. Dans les forêts fossiles, on ne trouve souvent que quelques espèces, dont les individus clair-semés ne sauraient représenter les véritables forêts carbonifères (qui ne pouvaient cependant qu'être à proximité, car tous les observateurs s'accordent à conclure de l'état de bonne conservation des empreintes, même les plus délicates, qu'elles n'ont pu être transportées de loin).

D'ailleurs, beaucoup de plantes très-communes n'indiquent leur présence dans les forêts fossiles que par la plus grande exception. En fait de Sigillaires debout, on a remarqué qu'il n'y a guère que des *Syringodendron*. Si à Saint-Étienne, parmi les empreintes, il y a pour ainsi dire toujours des *Annularia* flottants, nageants, on ne trouve guère moins souvent des *Sphenophyllum* et des *Asterophyllites*, qui sont des plantes de station moins humide. Les *Sphenophyllum* pouvaient cependant végéter dans une eau plus ou moins profonde; les plantes de terre sèche, très-rares dans les forêts fossiles, paraissent bien aussi avoir pu vivre, à l'occasion, dans l'eau, comme par exemple les *Odontopteris*, qui sont parfois accompagnés d'un chevelu radiculaire abondant.

D'après tout cela, on peut concevoir, principalement en dehors des aires de dépôts houillers en voie de formation, de vastes forêts étendues sur des terres basses, plus ou moins baignées par le pied, comme il y en a encore, mais seulement sur une bande plus ou moins étroite, le long de certains fleuves. Nous verrons plus loin (2e partie, chapitre III, p. 566) suivant quels modes d'association élective les diverses sortes de plantes se trouvaient réparties, et plus tard par quel ensemble de causes réunies elles ont formé les couches de houille.

5° SUR LES CONDITIONS DE DÉPÔT DU TERRAIN HOUILLER.

Les plantes houillères étant non marines, mais toutes terrestres, et les tiges debout si répandues dans toute l'épaisseur du terrain houiller, ne permettant pas de comparer les forêts fossiles aux forêts submergées et sous-marines des rivages de la Manche, prouvent d'une manière absolue que le terrain houiller, malgré son extension et sa régularité dans le Nord, n'est pas, en général, comme certaines spéculations continuent à le vouloir encore, de formation marine, pas plus paralique ou côtière que pélagique ou de haute mer; ce en quoi la géologie positive est d'accord avec la botanique fossile, le caractère marin des formations carbonifères anciennes disparaissant, de l'avis des géologues, presque entièrement dans le terrain houiller. Les couches de houille se sont toutes formées en dehors de la mer, même, a-t-on reconnu, celles situées au milieu du calcaire carbonifère.

Dès lors la distinction entre les formations limniques du centre de la France, de la Saxe, de la Bohême, pour lesquelles la désignation de bassin a été introduite, il y a plus d'un siècle, par Lehmann, et les formations marines de l'Amérique du Nord, de l'Angleterre, de la Belgique, de la Westphalie, de la Russie, etc., n'a plus de raison de subsister, puisque tous les terrains houillers ont été formés, les uns comme les autres, très-généralement en dehors de la mer.

Ensuite, les plantes houillères, étant non aquatiques, mais aériennes, nous démontrent avec non moins d'évidence que le terrain houiller n'est pas non plus de formation lacustre, en ce sens qu'il aurait pris naissance, comme on l'a dit, dans des lacs profonds où seraient venues se superposer tour à tour les couches diverses qui le composent. Tout prouve, au contraire, que les dépôts se sont ordinairement produits à une faible profondeur d'eau, alors que le fond était soumis à un abaissement lent et graduel, qui a pu être interrompu de temps à autre par des arrêts ou même des récurrences. Les caractères lithologiques et stratigraphiques des roches corroborent la preuve fournie par les tiges en place; car si on cherche à se rendre compte des circonstances au milieu desquelles ont pu se déposer, parmi les schistes, ces bancs irréguliers et ces lentilles de grès discontinues, si communs dans le bassin de la Loire, on sera conduit à supposer que ce ne peut être que sous l'action de courants d'eau assez peu profonds pour avoir pu produire des effets sédimentaires aussi variables. On sait que, dans les grès grossiers, les cailloux sont très-inégalement répartis. M. Binney, après Hutton, par la considération des caractères arénacés des roches, et le chevalier de la Bèche, par leur stratification souvent croisée, diagonale (*false bedding*), sont arrivés, chacun de son côté, à la même conclusion.

La disposition habituelle des bassins houillers en étages concentriques et rétrécis de plus en plus au milieu paraît devoir être, quoi qu'on en ait dit, consécutive à la formation, car les couches, parallèles et partout pénétrées de tiges droites, ont dû se former horizontalement sous une hauteur d'eau à peu près constante dans toute leur étendue. L'état actuel, en bassins, des formations carbonifères vient de relèvements latéraux, en faveur desquels le terrain houiller, encaissé, a été mis à l'abri des dénudations qui dissimulent les plus grandes failles, qui ont détruit une grande partie de ces anciens dépôts et ont restreint les couches supérieures au centre plus abaissé du vase. Nous verrons au chapitre III de la 2e partie jusqu'à quel point, en ce qui concerne le bassin de la Loire, cette règle générale souffre d'exceptions.

Les dépôts houillers, ne s'étant produits qu'à peu de profondeur, ne pouvaient continuer à s'accumuler qu'autant que le sol de la contrée était soumis à un abaissement lent, continu, comme cela a encore lieu aujourd'hui sur certains points du globe.

Ce doit être là une des conditions essentielles de continuation des dépôts houillers.

La formation paraît bien avoir éprouvé les mêmes alternatives de bonne et de mauvaise fortune dans la limite d'un pays exposé aux mêmes oscillations de niveau. Nous verrons, dans la 2e partie, pages 453 à 456, les systèmes houillers se présenter par grandes zones; nous verrons également au chapitre II, page 559, que, envisagés plus en détail, les dépôts carbonifères ne partagent la même composition que dans une région plus restreinte.

Il est clair que la formation a dû dépendre en outre de la configuration antérieure du sol, qui devait déjà être accidenté, mais suivant des lignes simples et peu variées, car les hautes montagnes sont généralement postérieures; les dépôts n'ont eu lieu que dans des ridements antérieurs, qui expliquent leur distribution. Fournet a admis que les terrains houillers du centre de la France sont les lambeaux d'une vaste formation démantelée. L'examen des roches indique, au contraire, des formations locales. Il y a sans doute des bassins, aujourd'hui séparés, qui ont été primitivement réunis; nous recherchons dans la 2e partie, chap. II, leur rapport de formation commune, qui peut mettre sur la voie de leur extension réelle sous les terrains plus récents.

La masse des sédiments du terrain houiller porterait à croire, d'après l'analogie, à l'existence, pendant la formation, au lieu de petites îles basses, de grands continents, dont les détritus auraient été arrachés et transportés par les eaux à l'embouchure des fleuves ou déposés sur leur parcours en des points soumis à l'affaissement. On a de la surface de terre émergée pendant cette période une autre idée reçue. Mais, tout grand que paraît avoir pu être le régime des pluies, il n'explique pas, en dehors de l'action de la mer, une accumulation aussi grande de dépôts sans l'existence de terres sèches vastes et déjà un peu accidentées.

La fréquence des tiges debout a fait dire qu'elles pouvaient bien indiquer un mode particulier de formation : si l'on ne doit pas perdre de vue qu'il existe des traces d'anciennes forêts dans des terrains plus récents et que, même dans les temps géologiques actuels, des sols de forêts marécageuses et des étages de troncs d'arbres rompus continuent à se superposer dans les deltas du Gange et du Mississipi, où le fond des eaux est soumis à un abaissement lent et graduel, on peut admettre comme point de départ, d'après tout ce qui précède, que les circonstances de formation devaient être très-particulières et en grande partie exclusivement propres à l'époque de la terre que nous étudions.

6° SUR LA FORMATION DES COUCHES DE HOUILLE.

Au sujet de la formation des couches de houille, les opinions ne sont pas encore fixées, parce qu'elles sont moins fondées sur les faits que raisonnées d'après les vraisemblances.

La théorie qui admet le transport était accréditée par Sternberg, Boué, C. Prévost, etc., lorsque l'idée de Beroldingen, de de Luc sur la formation *in situ*, mise en honneur par Hutton,

Alex. Brongniart, Élie de Beaumont, fut adoptée par MM. Lesquereux, Logan et Lyell, Göppert, etc.

Certains adeptes de la formation sur place à la manière de la tourbe, pour être conséquents, plaident la cause d'un climat modéré et même froid, et à tout le moins plus égal, plus humide que chaud, la température moyenne favorable aux tourbières (qui d'ailleurs ne se forment que dans les eaux acidules peu profondes et en mouvement sur un sol imperméable) étant de six à huit degrés, et les pays chauds étant contraires à la conservation des débris de plantes; or nous avons vu que l'inverse a existé. Humboldt, Ludwig et Naumann veulent, en outre, que la végétation houillère fût herbacée, tandis que de port elle est réellement arborescente.

M. Naumann, fidèle à son système d'éclectisme, admet les deux modes de formation, suivant les cas.

Certains auteurs rapportent les couches à un enfouissement de forêts carbonifères, quoique le calcul ait fait voir que la plus haute futaie n'est guère capable de fournir plus d'un centimètre d'épaisseur de houille répartie sur toute la surface.

Il y en a qui rattachent plus rationnellement les couches de houille aux débris d'une puissante végétation de terre sèche accumulés sur place pendant longtemps, quoique la disposition des restes de plantes dans la houille repousse ce mode de formation.

Tous les observateurs attentifs reconnaissent le concours exclusif des végétaux terrestres dont les empreintes se voient sur tous les feuillets formant la houille, dans laquelle on n'a jamais vu trace de plantes marines [1].

Cependant le docteur Mohr, ignorant sans doute les observations faites et que nous rapporterons, vient de ressusciter l'opinion de Parrot, suivant laquelle la houille est formée de plantes marines, presque exclusivement de *Fucus,* de Zostéracées. E. Robert avait eu l'idée, non moins gratuite, de l'intervention des Algues

[1] Voir 2e partie, page 394.

avec les Monocotylédones herbacées périssant pendant la longue nuit polaire, pour expliquer la formation de la houille au Spitzberg.

Je devrais passer sous silence l'hypothèse gratuite que la houille n'est pas formée intimement de végétaux, quand on la voit, à la loupe comme au microscope, entièrement organisée, et alors que Lindley, Göppert, Dawson, d'Eichwald, ont reconnu des traces de structure dans la houille la plus compacte [1].

Vogt a combattu la formation sur place. Voltz a inféré, de l'association des roches à la houille et de la structure feuilletée de celle-ci, que sa formation est de transport. J. Beete Jukes ne voit pas que la construction des couches de houille puisse s'accorder avec une autre origine que celle de l'entassement sous l'eau.

Si l'on cherche à s'expliquer ces différentes manières de voir des auteurs qui ont écrit sur ce sujet, on peut se figurer que les uns n'ont pas eu l'occasion de bien observer les gîtes de houille, et que les autres ignorent trop et la nature et le mode de conservation des débris végétaux. Et cependant c'est la moindre des choses de bien connaître les éléments de la question, c'est-à-dire les données du problème, avant de chercher à le résoudre.

Il y a longtemps que je réunis des notes sur la constitution des couches de houille; mais elles ne sauraient trouver place ici.

Je ne passerai pas outre, cependant, sans présenter quelques observations sur ce sujet.

Il ne faut point perdre de vue que la grande masse des tiges du terrain houiller sont rendues creuses par la désorganisation de l'intérieur et réduites à leur écorce houillifiée; les observateurs attentifs ont été frappés de ce fait, d'autant plus que, comme M. Göppert l'a fait remarquer, il est peu commun dans le terrain secondaire, et qu'il n'y aurait pas un seul cas de tige privée de son tissu ligneux dans les terrains à lignite. On en a cherché l'explication par ce qui se passe encore de nos jours dans les pays torrides et humides de l'Amérique du Sud, ou même sous l'in-

[1] Voir page 399.

fluence de l'air humide au milieu des forêts vierges de l'Amérique du Nord; on en a demandé aussi le secret aux expériences de Lindley et de Göppert, suivant lesquelles la macération prolongée produit le même effet. Sans vouloir diminuer cette double influence, on doit admettre que la nature des plantes houillères et les circonstances de formation sont pour beaucoup plus dans le résultat de l'opération qui a si généralement réduit leurs tiges à une enveloppe corticale houillifiée.

Or les tiges fossiles creuses gisent aplaties parallèlement à la stratification dans les roches carbonifères de la même manière que les feuilles, au point que ces deux sortes d'organes ont pu être confondus [1]; les tiges comme les feuilles sont entassées couchées les unes sur les autres, également sous forme de lames et lamelles de houille bien stratifiées, et cela d'une manière aussi évidente dans le charbon schisteux et même dans la houille compacte que dans les schistes charbonneux, les schistes et les autres roches carbonifères. Toutes les houilles se laissent voir formées par la superposition de lames corticales doubles et foliaires simples, et non du tout, comme certain lignite, par du bois flotté (le bois, d'ailleurs, dans le terrain houiller, outre que la proportion en est très-faible par rapport à la masse des écorces et des feuilles, se présentant non houillifié, mais à l'état de fusain très-dispersé dans les joints de la houille). Les lames et lamelles constituantes de celle-ci sont de la sorte tout différemment arrangées des minces débris enchevêtrés avec des chaumes normaux à la stratification de la tourbe la plus compacte, même de la *Schieferkohle* diluviale, que l'on cite comme preuve de la formation sur place. On enseigne que le caractère stratifié, plateux, appartient plus spécialement aux combustibles minéraux anciens. Tous les mineurs savent que la houille, essentiellement stratifiée comme une roche sédimentaire, passe souvent au schiste charbonneux. Le mode de conservation et de gisement des débris de plantes rend compte de la

[1] Voir page 122.

formation des plus minces filets charbonneux les plus étendus, aussi bien que des plus fines divisions schisteuses des couches de houille. Les plus petits lits de houille se montrent positivement composés d'empreintes d'écorces aplaties et de feuilles. C'est donc sans motifs qu'on a objecté à la formation par transport l'impossibilité où sont actuellement les cours d'eau de produire, avec les arbres et les branches qu'ils charrient, des couches régulières de matières végétales sans mélange de boue ou de sable. Tout indique que les couches de houille sont des dépôts, produits par les eaux courantes, d'écorces et de feuilles disposées horizontalement et empilées les unes sur les autres.

On chercherait inutilement dans la houille le moindre indice de tiges s'étant développées sur place. Ce qui sous ce rapport se remarque dans le centre de la France se vérifie aussi dans le Nord, où, si les *Stigmaria* font exception, ils sont toujours superposés à plat, tout comme les autres débris végétaux, dans la houille. Ce n'est chez nous que dans les interstratifications schisteuses qu'on trouve des souches en place au milieu des couches de houille.

Logan et autres ont tiré de la présence prétendue constante des *Stigmaria* à la sole des couches une preuve en faveur de la formation sur place. Il faut convenir que cette idée s'accorde avec cette circonstance que, dans le nord de la France, chaque couche de houille, reposant sur un sol à végétation, est recouverte d'une argile schisteuse remplie d'empreintes, rares dans les intervalles généralement schisteux; mais, faut-il encore le répéter, les débris de plantes n'ont pas la disposition qu'ils auraient dans la houille si celle-ci résultait de leur entassement sur place. D'ailleurs, dans le centre de la France les couches de charbon, séparées par des massifs plus épais de roches plus arénacées, reposent quelquefois directement sur le grès; les *Stigmaria* n'existent que rarement dans leur sole schisteuse ou ne s'y trouvent qu'en petit nombre et très-isolément. Et puis et enfin, — et c'est là un fait constant que j'ai bien observé, — lorsque des plantes en place existent au toit et au mur de couches, une séparation tranchée a toujours lieu aussi bien d'avec la sole que d'avec le toit : les racines sont rasées suivant le plan, d'ordinaire très-net, de la sole, et les souches du toit s'étalent sur le charbon sans jamais y pénétrer.

En somme, les choses ont dû se passer assez différemment de ce que nous voyons aujourd'hui, pendant la phase anthracitique de la terre.

CONTRIBUTIONS À LA FAUNE.

MOLLUSQUES.

UNIO.

J'ai trouvé plusieurs de ces petits Mollusques acéphales d'eau douce.

Habitat. Au-dessus de la 14e à la Porchère, à 50 mètres au-dessus de la 13e à Méons, au toit de la 8e à Montaud et à Méons.— Autre sorte de coquillages au puits Saint-Benoît comme à la carrière de Montmartre. De plus petites coquilles minuscules se voient dans les schistes de la 17e, à la Porchère.

ARTICULÉS.

VERMIS TRANSITUS (pistes d'Annélides, worm-tracks).

On trouve, principalement à la cime du terrain de Saint-Étienne, et de préférence dans les grès fins et micacés, des baguettes ou cordons sinueux de la grosseur moyenne du doigt, de longueur indéfinie, formés de la matière même du grès environnant, isolés ou remplissant la roche au point que celle-ci en paraît formée et pourrait être qualifiée de vermiculaire.

Des objets analogues des terrains de transition ont été pris d'abord pour des algues, et ce n'est que par un examen plus attentif des formes et une interprétation mieux raisonnée de l'état fossile, que feu Salter[1] décrit comme *Burrows of marine worms, so called worm-tracks*, les mêmes corps cylindricaux, longs, ondulés, entassés, enchevêtrés en grand nombre dans certaines roches cambriennes et que l'on avait primitivement décrits sous le nom de *Chondrites.* Lesquereux signale[2], dans les argiles micacées de Washington, des traces très-étendues ressemblant à de larges vers de grès incrustés dans une matrice de même matière. Dawson, qui croit que certains prétendus Fucoïdes siluriens sont des traces de vers, en a cité dans les lower coal-measures de la Nouvelle-Écosse[3]. Binney a parlé de traînes croisées et recroisées de vers sur la surface de certaines roches carbonifères d'Angleterre et d'Amérique,

(1) J. W. Salter, *On the fossils of North-Wales*, 1865, p. 243.

(2) *Botanical and palæontological report of the geological state Survey of Arkansas*, p. 306.

(3) *The Quarterly Journal*, etc., p. 74, t. XV, 1858.

semblables aux passages que les Annélides marins pratiquent sur les rivages sableux [1].

Ma première idée sur des formes organiques apparemment analogues du bassin de la Loire fut qu'elles représentent des algues.

Mais ce ne sont pas des traces de plantes, parce que ces corps cylindroïdes, d'allure sinueuse et tortueuse, dirigés dans tous les sens sans ordre, ne sont ni ramifiés, ni bifurqués, et n'ont aucune relation entre eux; il y a d'ailleurs absence complète de matière charbonneuse, et il serait vraiment impossible de concevoir par quel procédé les éléments de la roche auraient pu si complètement se substituer à la plante de manière à nous en conserver aussi fidèlement les formes. D'un autre côté, il est impossible d'admettre que, par elle-même, la roche ait pu prendre des formes aussi régulièrement constantes.

Je crois que ce sont des pistes d'Annélides terrestres errants, en raison de ce que ces corps vermiculaires, de grosseur invariable, de contour régulier, lorsqu'ils sont nombreux et traversent la roche dans tous les sens, s'échancrent les uns aux dépens des autres sans se déformer, les plus petits transperçant quelquefois les plus gros, comme si tous avaient été produits par des vers voyageurs qui, repoussant derrière eux la matière à déplacer, auraient passé et repassé à diverses reprises à travers la roche et les cylindres déjà formés, comme le confirme l'arrangement transversal du grès constituant sous la forme de calottes emboîtées dans le même sens de repoussement.

On sait que les Annélides sont communs dans tous les terrains par les traces qu'ils y ont laissées, et non par leur conservation à l'état fossile. Il paraît qu'ils abondent particulièrement dans les terrains paléozoïques, et il faut croire que, pendant le dépôt des couches supérieures de Saint-Étienne, il en existait en grand nombre de très-gros dans la boue des grès fins et micacés qui en sont remplis et même formés de leurs traces; mais c'étaient des Annélides terrestres, le terrain de Saint-Étienne n'ayant aucun caractère marin.

Habitat. Plein et formant en quelque sorte la plupart des grès fins de Valbenoite. — En masse au puits Bel-Air, sur le chemin de Terrenoire, à la Varizelle, à l'Horme. — D'intervalle en intervalle au puits Saint-Félix de Janon. — Entre la 7ᵉ et la 8ᵉ, à la tranchée de Monteil. — Entre la 8ᵉ et la 9ᵉ, à la Barallière et au Grand-Ronzy. — Au puits Crapaude. — Plus ou moins isolés sur la route de Saint-Chamond, au Grand-Cimetière, à Côte-Martin, à Saint-Romain-en-Gier. — Peu marquées au puits du Mont et vers 120 mètres au puits Saint-Benoit de Tardy. — Derrière le Palais des arts. — Plus ou moins au mont Ferré, sur les hauteurs de Montmartre et de la Béraudière, à Montrambert, au Chambon, à Izieux.

[1] Voir en outre *Jahrbuch der K. K. geolog. Reichs.*, 1866, p. 430, où il est question de traînées vermiculaires très-abondantes dans le culm de Moravie et de Silésie.

SPIRORBIS CARBONARIUS, Dawson.

Empreintes plus ou moins nettes de *Gyromices ammonis*, Göpp., généralement reconnu aujourd'hui pour une petite coquille spirale appelée *Spirorbis carbonarius*. Il y en a sur quelques *Stipitopteris* de Roche-la-Molière, du Quartier-Gaillard, du Treuil.

INSECTES (*Insectorum vestigia*).

Les ailes d'Insectes sont communes et assez variées; elles se rapportent aux *Blattina*, aux Termites.

Habitat. Forme particulière au puits Saint-Louis de Grand'Croix. — Puits Saint-Jean du Nouveau-Ban. — Deux espèces à la fendue des roches de Saint-Chamond. — Fendue de la Ronze. — Montcel-Sorbiers. — Deux exemples à la Chazotte. — Porchère. — Puits des Combeaux, à Villars. — Deux à Chavassieux. — Aux Barraudes. — Plusieurs au Bois-Monzil. — Fréquent dans le toit de la 8e, à Montaud. — Puits de la Culatte. — A Montmartre. — Au-dessus de la 2e, au Treuil. — Au Bardot. — Deux au nouveau puits de Méons. — A 470 mètres au puits Ambroise.

J'ai envoyé ces ailes d'Insectes à M. Schimper pour les soumettre à M. Heer; on y a reconnu : *Blattina carbonaria*, Germ.; *Clathrata*, Heer (les deux plus nombreux); *gracilis*, Gold.; *primæva*, Gold.; *helvetica*, Heer; *Freschii*, Heer, etc. Ces Blattes sont celles des régions houillères supérieures de Manebach et du Mont-Blanc, ou de Duttweiler.

M. Schimper a reconnu, en outre, un Scorpioïde.

POISSONS (*Piscium reliquiæ*).

On trouve de nombreuses écailles de Poissons avec plus ou moins d'Ichthyocoprolithes.

Habitat. Dans un gore noir, fissile, bitumineux de Montsalson. — Dans un schiste de la carrière Drevet à Montrambert. — Au Clapier; au Treuil (Locard). — Dans un schiste de Villebœuf. — Dans du gros gore à Tardy comme à Montmartre.

DIVERS.

Nombreuses petites coquilles terrestres ou d'eau douce, *Helix*, *Pupa*, etc., dans la couche de la Barge. *Cypris* parfaitement conservés dans un *Cardiocarpus* de Grand'Croix.

www.ingramcontent.com/pod-product-compliance
Lightning Source LLC
Chambersburg PA
CBHW060119200326
41518CB00008B/869

* 9 7 8 2 0 1 9 6 0 1 3 8 6 *